꿈꾸는 기계의 진화

뇌과학으로 보는 철학 명제

I OF THE VORTEX: From Neurons to Self by Rodolfo R. Llinás
Copyright ⓒ 2002 Rodolfo Llinás.
Published by MIT Press, department of Massachusetts Institute of Technology
All rights reserved.
Korean translation Copyright ⓒ 2019 by Booksense
This Korean edition was published by Booksense in 2019 by arrangement
with The MIT Press through KCC(Korea Copyright Center Inc.), Seoul.

이 책은 (주)한국저작권센터(KCC)를 통한 저작권자와의 독점 계약으로 북센스에서 출간되었습니다.
저작권법에 의해 한국 내에서 보호를 받는 저작물이므로 무단 전재와 복제를 금합니다.

일러두기

- 저자 주는 본문 옆에 작은 색글씨로 표기했다.
  - ⓔ 외부 실재를 표상하든 그렇지 않든 상상이나 꿈꾸기와 같은 경우
- 역자 주는 작은 회색글씨로 표기했다.
  - ⓔ 활동전위는 뉴런의 축색돌기axon: 몸에서 뇌와 말초신경의 정보 경로를 구성하는 전도성 섬유를 따라 이동하는 메시지이다.
- 단어와 개념에 대한 이해를 돕기 위해 영문을 비교적 많이 넣었다. 영문은 본문 옆에 작은 색글씨로 표기했고, 한자가 필요한 경우도 작은 색글씨로 표기했다.
  - ⓔ 폭풍을 표상表象, represent하는……
- 본문에 언급된 참고문헌은 저자의 이름과 년도를 작은 색글씨로 표기했다.
  - ⓔ ……아닐 뿐이다Llinás & Pare 1991.
- 본문 중에 저자가 언급되었을 때는 년도만 표기했고, 인용한 참고문헌 페이지는 확인이 가능한 것만 표기했다.
  - ⓔ 찰스 셰링턴1941, p.225이 말한 대로……
- 참고문헌이 여러 개 연속될 경우 저자가 같을 때는 이름을 앞에 한 번만 넣었고 다른 저자의 문헌이 이어질 때는 ';'으로 구분했다. 한 문헌의 저자가 여러 명일 때는 대표적인 저자의 이름만 넣었고 나머지는 '등'으로 표기했다.
  - ⓔ ……활동에 대한 이해를 발전시켜 왔다Llinás 1974, 1988; Stein 등 1984.
- 단행본과 연구 논문 등의 문헌자료는 「참고문헌」(380p~409p)에 담아놓았다. 저자명은 알파벳순으로 정리했다.

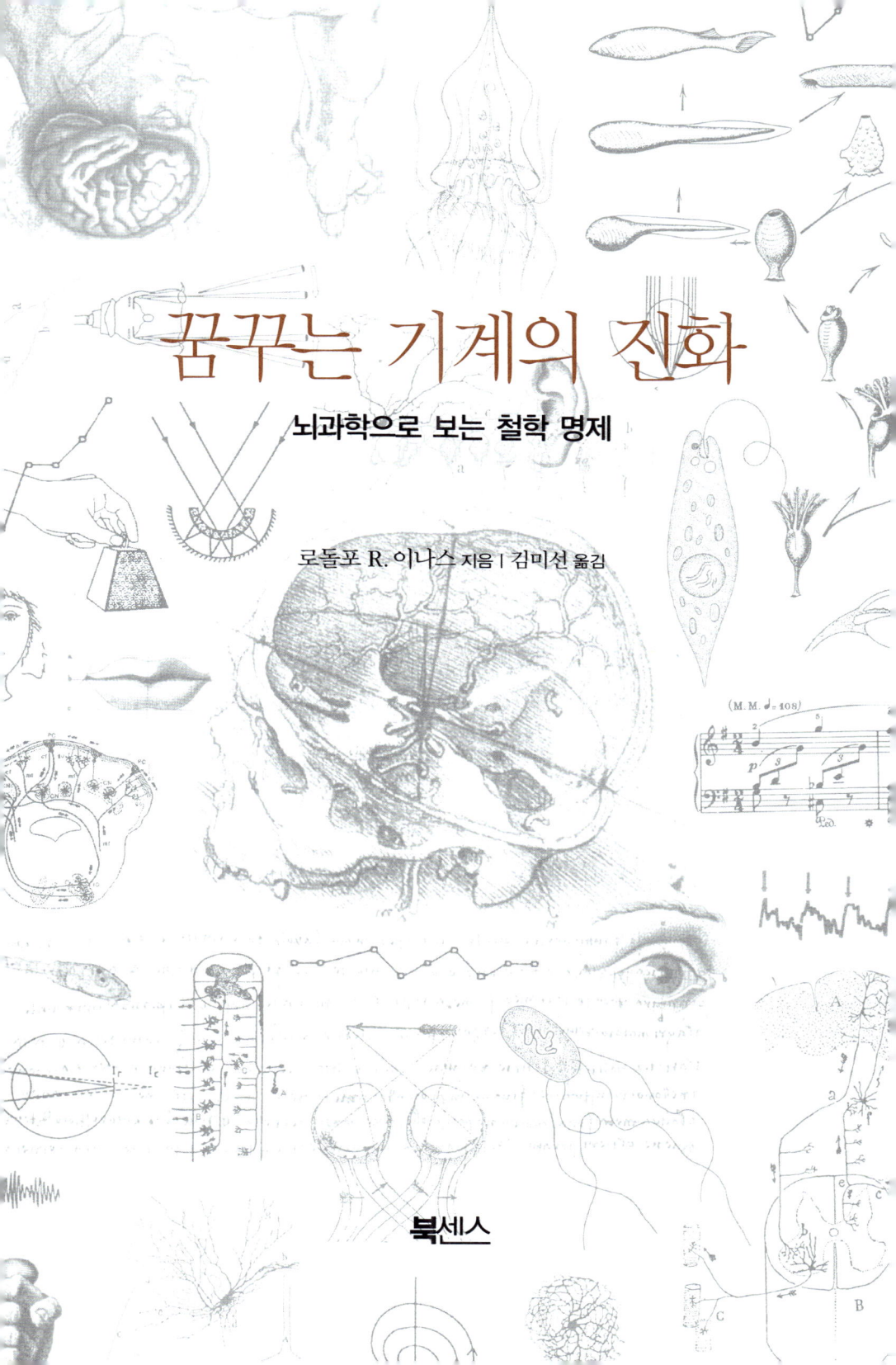

꿈꾸는 기계의 진화

뇌과학으로 보는 철학 명제

로돌포 R. 이나스 지음 | 김미선 옮김

북센스

 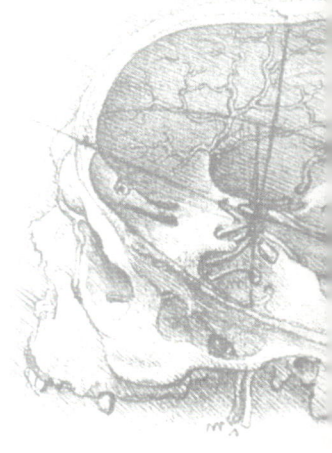

꿈 저 너머에 있는 것

가브리엘 가르시아 마르케스

나는 약 10년 전에 보고타에서 로돌포 이나스를 알게 되었다. 우리는 콜롬비아 정부가 교육 분야의 조직개혁을 위해 소집한 교육자 그룹에 속해 있었다. 나는 그 분야에서 아무런 권위와 확신이 없었지만 그 일을 수락했었다. 세사르 가비리아 대통령이 추진하는 계획과 제대로 선정된 스무 명의 콜롬비아 학자들의 뜻을 거스르지 않기 위해서였다.

2주 동안의 일정이 끝나자 나는 우리가 훌륭한 일을 해냈다고 생각했다. 하지만 작가인 나에게 무엇보다 중요했던 것은 이나스와 교육개혁과는 상관없는 대화를 나누면서 많이 배웠고, 우리 두 사람이 공통적으로 과도한 목표를 지니고 있다는 걸 알게 되었다는 사실이다. 그와의 대화를 통해 제대로 학교를 다니지 않고 소명의식도 없었던 내가 어떻게 전통적인 학업의 토대 없이, 그리고 시의 초자연적 재료에서나 나타날 수 있는 기적도 없이 작가가 될 수 있었는지를 스스로에게 물어볼 기회를 가졌다. 반면에 이나스에게는 자신의 과학적 영감과 굶주린 지성, 그리고 인간이 창조의 왕이 될 수 있지만 그것은 지금까지 우리가 지속해온 것과 아주 다른 길을 발견할 때에만 가능하다는 걸 확인해 볼 수 있는 기회였다.

처음 대화를 나눌 때부터 우리는 대부분의 공통된 관심사가 할아버지들 ― 그의 친할아버지와 나의 외할아버지― 로부터 왔다는 사실을 확인하면서 소스라치게 놀랐다. 우리의 할아버지들은 우리에게 삶에 대한 개념을 머릿속 깊이 심어주었는데, 그것은 현실을 있는 그대로 믿지 않고 설명이 가능한 것만 받아들이는데 매우 실용적인 방법이었다. 이나스는 축음기가 어떻게 작동하는지를 알고 싶었을 때 그런 경험을 최초로 했다. 글을 익히는 평균적 나이가 되기 전에 그에게 글을 가르쳐주었던 그의 할아버지는, 19세기에 일어났던 수많은 전쟁 중 하나에서 포로가 되었고 감옥에서 시계세공사 기술을 배웠다. 할아버지는 그에게 어떻게 시계의 태엽을 감는지, 그리고 시계가 어떻게 태엽을 풀면서 목적을 달성하는지를 보여주었다. 뿐만 아니라 온갖 종류의 태엽 장난감을 구해 그것들을 모두 열어 내부에서 태엽이 어떻게 작동하는지를 이해할 수 있을 때까지 그가 마음대로 가지고 놀며 망가뜨리도록 했다. 이와 마찬가지로 이나스가 가르쳤던 학생들도 그가 직접 보여주는 멋진 예를 즐길 수 있었다. 한번은 이나스가 학생들이 갑작스런 간질병 증세가 어떤 것인지를 확실하게 이해할 수 있도록 수업 도중에 바닥에 드러누워서 너무나 극적으로 간질병 환자 흉내를 낸 나머지 몇몇 학생들은 그가 정말로 간질병에 걸린 게 아닐까 두려워하기도 했다. 내가 아주 젊었을 때 우리 외할아버지가 돌아가셨는데, 이나스의 할아버지 역시 그가 아주 젊었을 때 돌아가셨다. 우리 두 사람은 각자의 할아버지를 떠올렸고, 마치 그들이 아직까지 살아 있는 것처럼 그들에 관해 말했다.

할아버지와의 경험은 이나스의 인생에서 놀라운 도약의 발판이 되었다. 그때까지 그는 자신이 이해하지 못하는 건 받아들이고자 하지 않았기 때문에, 나이든 사람들이 아무런 설명도 없이 억지로 머릿속에 주입시키려는 세상에서 벗어나기 위해 도망치기만 했다. 그 나이 때에는 나도 마찬가지였다. 나는 우리 가족의 실망과 좌절이었는데, 어느 날 장학사가 내게 일종의 시험을 치러 내가 너무나 똑똑한 나머지 바보처럼 보이는 거라는 자비로운 진단을 내려 나를 구해주었다. 이나스에게도 사람들은 똑같이 말했었다. 그는 얌전하고 신앙심 깊은 여선생님과 자기보다 약간 나이가 많은 여섯 명의 여자아이들과 몬테소리 학교에서 처음으로 그걸 경험했다. 그는 종종 "나는 좋지 않은 본보기였지요."라고 말했다. 그가 수업시간을 너무나 지루해 하자 그의 아버지는 그에게 학교에 계속 남아있는 게 중요하다고 가르치면서 수업은 듣지 않아도 좋으니 다른 아이들이 어떻게 하는지 만이라도 배우라고 했다.

그에게 가장 힘든 건 가톨릭이었을 것이다. 가톨릭 교리를 전혀 이해하지 못한 채 모두 달달 외워야 했기 때문이다. 말썽을 피우는 게 아닌데도 미사 시간에 말을 못하도록 하는 것에 그는 짜증을 냈다. 또한 신부가 아무도 제대로 쳐다보지 않은 채 공중으로 축복을 던져버리는데, 그것이 어떻게 신도들에게 이르는지 도저히 이해할 수가 없었다. 그의 순수 논리에 의하면 아무데나 마구 축복의 말을 던지면 안 되었고, 미사 집전 신부가 보내고 싶은 곳에 도달하기 위해서는 특정한 지리적 차원을 염두에 두고 던져야만 했기 때문이다. 이런 저런 이유로 종교 수업 시간은 그에게 하느님의 존재를 의심하게 만드는 데 도움을 주었을 뿐이었다. 아무도 그걸 어떻게 설명할지 몰랐을 뿐만 아니라, 세 사람의 서로 다른 인물이 실제로는 한 분의 하느님이라는 신학적인 수수께끼를 해석하도록 도와주지 않았기 때문이다.

그는 이 세상에서 혼자만의 삶을 살았다. 나중에 그와 같은 반 친구 중 하나는 아이들이 얼마나 그를 싫어했는지를 알려주었다. 같은 반 친구들이 산수시간이 얼른 끝나기를 기다리며 신음하는 동안, 그는 자전거를 타고 길모퉁이 가게에 사탕을 사러 가곤 했기 때문이었다. 그에게는 행복한 시절이었지만, 그 대가로 그는 학교를 세 번이나 옮겨 다닌 끝에야 힘들게 초등학교 3년을 인정받을 수 있었다.

그때부터 그의 인생은 자신이 이해할 수 없는 선생님들과, 자신에게 대답을 해주고 의문사항을 자연스럽게 해소시켜주는 사람들로 구분되었다. 후자에 속하는 사람들 중의 하나였으며 할아버지처럼 이해심이 많았던 아버지는 보고타의 고급 사립학교 '힘나시오 모데르노'에 그를 입학시켰다. 그곳에서 이나스는 독일에서 콜롬비아로 건너온 에르네스토 바임과 스페인에서 도착한 호세 프라트와 같은 훌륭한 선생님들의 가르침을 받는 행운을 갖게 되었다.

'힘나시오 모데르노'를 졸업하고 하베리아나대학교 의과대학에 입학하자,

이나스는 지나치게 협소한 방법을 사용하는 해부학을 배우면서 또 다시 좌초하고 말았다. 당시에는 골상학 공부에만 두 달이 넘게 걸렸고, 인체 해부를 배우는 데는 꼬박 2년이 걸렸다. 실습용 시체는 수술 교실에 그대로 남아 있었고, 학생들은 실험을 통해 검증해보지도 못한 200여 페이지의 이론을 암기해야만 했다. 절망에 빠진 이나스는 세 명의 학급 동료들과 함께 외과 수술기구와 해부학 책을 들고 한밤중에 몰래 수술 교실의 창문으로 들어갈 테니 눈감아 달라고 수위를 설득했다. 그들은 슈미즈를 자르듯이 급히 시체의 피부를 잘랐고 거즈로 깨끗이 닦은 다음, 해가 뜨기 전까지 신체 각 부위를 살펴보고 기록했다.

해부 테이블에서 피부가 벗겨진 해골을 발견한 사람들은 이를 악마의 소동으로 이해했다. 그래서 악마를 쫓아내기 위해 대주교를 데려와야겠다고 생각했다. 무도하기 짝이 없던 이나스와 그의 친구들은 사건이 커질 것 같자 잘못을 고백했고, 그것을 너무나 현명한 이유로 합리화시켜서 아무런 벌도 받지 않고 용서를 받았다. 시간이 흐르면서 그 일화는 해부학 수업의 방법을 바꾸는 전례가 되었고, 그 사건의 주범은 훌륭한 성적으로 학업을 무사히 마칠 수 있었다.

또 다른 중요한 순간은 의젓한 청년이 되어 갓 졸업한 의사 자격으로 신경학 기초 연구를 하기 위해 미국으로 갔을 때였다. 그는 그곳에서 성공적으로 학업을 이루었을 뿐만 아니라, 기존 수술 방법을 쓰던 외과 의사들과 맞서 싸웠다. 그들은 국부마취를 한 뒤 환자의 두개골에 구멍을 뚫고 귀를 막지도 않은 채 뇌수술을 하여 그들이 수술에 대한 상세하고도 잔인한 논의를 주고 받는 걸 환자가 모두 듣게 했던 것이다. 아마도 그때 그는 머리를 열지 않은 채 뇌의 기능을 관찰할 필요성이 있다는 생각을 하게 되었던 것 같다. 이는 그가 몇 년 후에 자기뇌전도MEG, 즉 머리를 천공하지 않은 채 인간의 신경활동을 측정하는 기적의 기계를 개발하는데 도움을 주었다. 이 기계는 뇌의 어느 부분에서 징조나 조짐이 만들어지는지를 발견하는데 많은 도움을 줄 것이다.

이나스는 생리학 박사학위를 끝마친 오스트레일리아에서 당시 치료가 불가능했던 뇌 질병들을 이해하기 위해 뇌세포 연구에 전념했다. 그는 그 연구에서 엄청난 창의력을 발휘했다.

그는 항상 우리 대화의 중심 주제를 이루었던 것과 계속 투쟁했다. 그것은 어떻게 우리가 생각을 하게 되고, 의식적이 된다는 건 무엇인지에 관한 것이었다. 그는 과학자로서, 나는 작가로서, 우리는 인간이 마침내 자기 자신을 이해하는 법을 배우기를 갈망했다. 그것은 너무나 훌륭한 과학적 주제이지만, 동시에 그것의 아름다움은 시와 비교될 수 있는 정도였다. "뇌는 꿈꾸는 기계입니다."라고 그는 말했다. 뇌는 사물의 진실을 드러내주는 훌륭한 신체 기관이다. 가령 무엇이 초록색이고 무엇이 빨간색인지를 보여주지만, 우리가 색깔을 인식하고 감상하는 것과 같은 색깔은 이 세상에 존재하지 않고, 우리가 색깔로 해석하는 것은 특정 진동이기 때문이다. 우리가 느끼는 척추의 통증도 마찬가지다. "그런데 통증은 내 몸 바깥에 있는 것일까?" 이나스는 조그만 목소리로 자신에게 중얼거린다. "아니야, 그것은 내 몸이 만들어 낸 거야. 그 고통은 내 몸이 지시하는 거야. 잠을 자는 동안 거의 꿈과 동일하게 재생할 수 있는 고통이 닥칠 것이므로 내게 조심하라고 일러주는 거야." 실제로 보고 듣고 느끼는 것은 그런 감각들이 제한하고 지시하는 뇌의 소유물이다. 거기에서 우리는 두 가지의 중요한 실마리를 엿볼 수 있다. 우리가 어떻게 생각을 하게 되고, 의식적이 된다는 건 무엇인지이다. 우리가 살고 있는 이 세상을 이해하는 유일한 방법은 우리가 우리 자신들을 이해하기 시작하는 것에 있다.

이것이 이 책의 핵심이다. 이 훌륭한 책에서 로돌포 이나스는 두개골이라는 외피로 보호된 뇌가 땅에 뿌리를 박고 고정된 식물들과는 달리, 우리를 자유롭게 움직이게 만들어주는 외부 세계의 모습을 전달할 정도까지 발전되어 왔다는 서정적인 논지를 제시한다. 더욱 놀라운 것은 어둠과 절대적 고요 속에 있는 감각이 몽상을 지배한다는 사실이다. 몽상은 뇌에 의해 만들어지면서, 우리의 생각과 욕망과 두려움으로 변한다. 스페인의 극작가 칼데론 델라 바르카가 '인생은 꿈'이라고 말한 것처럼, 몽상은 두 눈을 뜨고 꿈을 꾸는 이성의 기적인 것이다.

몇 달 전에 이나스는 처음으로 내게 이 책에 관해 말했다. 나는 이 책의 너무나 성숙한 결론에 눈이 부셨고, 그래서 평소처럼 "그런데 우리는 지금 어떤 지점에 있소?"라는 질문으로 그를 자극했다. 그러자 그는 나름대로 확신에 찬 표정을 지으며 대답했다.

"이제 현실은 살아 있는 체계이며, 우리가 현실의 일부라는 걸 알 수 있는 엄청난 지점에 도달했다는 사실은 이미 충분히 알려져 있습니다."

나는 궁금증을 참지 못해 마지막으로 창조적인 도발을 감행했다.

"그런데 아직도 약간 맥 빠진 결론 같지 않아요?"

"그럴 지도 모르지요." 그는 전혀 기가 꺾이지 않은 채 대답했다.

"하지만 지금은 그게 사실일지도 모른다는 반론의 여지가 없는 위안을 갖기 시작할 겁니다."

만족을 모르는 낭만주의자인 나는 우리의 꿈 저 너머에 있는 것을 발견하게 되리라는 확신을 가지고 내친 김에 그보다 멀리 갔다. 그러면서 뇌의 어느 장소에서 사랑이 싹트며, 그 기간은 얼마이고 그것의 종착점은 어떤 것인지를 물었다.

• 이 글은 노벨문학상 수상작가이자 『백년 동안의 고독』의 저자인 가브리엘 가르시아 마르케스가 쓴 스페인어판 서문으로, 울산대학교 스페인 중남미학과 송병선 교수가 우리말로 옮겼다.

차례

추천의 말　꿈 저 너머에 있는 것 : 004
머리말　　사고는 내면화된 운동이다 : 014

1장 마음의 기원

마음은 뇌와 같다 : 019
마음은 내면화된 운동 : 022
운동 조직에 대한 두 가지 관점 : 025
특별한 기억과 진정한 자아 : 027
뇌는 어떻게 의사소통할까 : 029
우렁쉥이의 회귀 : 035

2장 예측하는 뇌

움직이는 것들의 생존 전략 : 045
1초에 10^{18}번의 결정을 내릴 수 있을까? : 050
시간 해상도 떨어뜨리기 : 056
운동뉴런은 리듬을 타고 하나가 된다 : 061
근육, 다발로 묶어 조정하기 : 063
운동의 과잉완성 : 066
겁쟁이 뉴런 : 071
불규칙적인 떨림 : 074
아래올리브, 우리 몸의 메트로놈 : 078
올리브소뇌, 운동 조절을 위한 뉴런집합 : 083

3장 움직임과 생각의 출현

뇌, 세계와 신경계의 중계자 : 089
뇌로 유입되는 세계 : 095
최초의 떨림 : 097
감각의 메아리 : 101
협동운동과 신경회로의 이중주 : 102
내부 세계의 변환적 출력 : 103

4장 신경세포의 진화

나를 구성하는 전기적 사건 : 111
진핵 유기체의 탄생 : 115
세포들의 연합 : 118
칼슘과 인의 위험한 정사 : 121
초유기체, 포르투갈 군함 : 123
중간뉴런, 감각의 관제탑 : 126
뉴런은 어떻게 감각을 변환할까 : 128

5장 눈의 진화

꿈꾸는 기계 : 143
눈, 동물의 광합성 : 146
바늘구멍 눈 : 153
가리비와 코필리아의 눈 : 155
유리구슬 굴리기 : 158

6장 아, 소용돌이(vortex)

반응성을 넘어 주관성으로 : 167
할머니 세포 : 170
잠자는 동안에는 왜 듣지 못할까 : 175
소리 골라내기 : 176
의식, 시간의 일치 : 178
40Hz, 결합의 신호 : 183
결합한다, 고로 존재한다 : 184
자아, 예측의 중심 : 187
고유 벡터&엉클 샘 : 188
i of the vortex : 189
깨어 있는가 잠들었는가 : 190

7장 고정행위패턴 (FAP), 뇌의 자동 모듈

미리 만들어진 운동 테이프 : 197
FAP, 자아의 도우미 : 198
기저핵, FAP가 잠든 곳 : 201
투렛 증후군과 파킨슨병 : 207
움직임의 전략 : 210
전략과 전술 : 213
꽃병을 사수하라 : 218
언어, 전운동 FAP : 220

8장 감정, 행위의 전주곡

1,000척의 함대를 출범시킨 것 : 225
감정과 행위는 비례한다 : 227
감정이 일어나는 곳 : 233
보습코계, 설명할 수 없는 감각과 느낌 : 238
그냥 우리에게 오는 것들 : 241

9장 학습과 기억

변화에 맞는 조정 : 249
반복과 연습 : 250
유전적으로 타고나는 지식 : 252
춤추는 아기의 눈 : 253
리듬, 또 하나의 오래된 기억 : 254
사자의 습격 : 257
손자의 얼굴 : 259
몸의 기억 : 263
유전자에 기록되는 기억 : 268
개체발생적 전주곡 : 273
학습은 약간의 조정일 뿐이다 : 274
사자도 한때는 어렸다 : 277
오리 엄마 : 280

10장 감각질, 감각의 결합이 만든 보고(寶庫)

유령 몰아내기 : 287
감각의 지도 : 290
감각, 전기 활동의 분자 대응물 : 295
과학이 느낌을 이해할 수 있을까 : 298
단세포와 감각질 : 302
감각질의 양을 잴 수 있을까 : 305
감각질은 내부 신호를 만든다 : 309
입력의 산물, 출력의 원동력 : 312

11장 추상적 사고와 언어

추상과 감정 : 317
지향성, 운동의 표상 : 320
운율, 바스락거리는 언어 : 321
모방, 운율은 전염된다 : 327
사람의 언어 : 338

12장 집단 마음

의사소통 : 347
웹, 의사소통의 허브(hub) : 354
쓰레기라도 삼켜 : 359
스키너의 상자 : 363
마음을 가진 컴퓨터 : 366

감사의 말 : 374
옮긴이의 말 : 376
참고문헌 : 380
찾아보기 : 412

 # 사고는 내면화된 운동이다

　　　　과학적 관점에서 마음의 본성을 탐험할 때 기본이 되는 첫 번째 단계는 마음은 어떤 극적인 개입의 결과로 느닷없이 나타난 것이라는 전제를 뿌리치는 일이다. 마음의 본성은 그것의 기원과 발달 과정을 기초로 끝없이 작용하고 있는 생물학적 시행착오의 메커니즘을 가지고 있다. 마음mind, 혹은 내가 '마음상태mindness state'라고 부르는 것은 활발하게 움직이는 생물들이 원시적인 것에서 고도로 진화된 것으로 발달하는 과정을 통해 뇌 안에 생겨난 진화의 산물이다. 마음은 이렇게 생겨난 것이므로 진심으로 마음을 위한 과학적 기초를 연구하려면 엄정한 진화적 관점을 가져야한다.

　　　　마음이 어떻게 우리에게 왔는가 혹은 앞으로 보겠지만, 우리가 어떻게 마음에게 갔는가는 7억 년도 더 된 아름답고 풍성한 이야기이며, 생물학적인 모든 것이 그렇듯 아직도 쓰여지고 있는 이야기이다.

　　　　마음의 본성을 파악하기 위한 선행 조건으로 가장 중요한 것은 적절한 관점이다. 이원적 사고에 젖어 있는 서구 사회가 비이원적 철학의 기본 교리를 파악하기 위해서는 방향을 전환해야 하듯, 마음의 신경생물학적 본성에 접근하기 위해

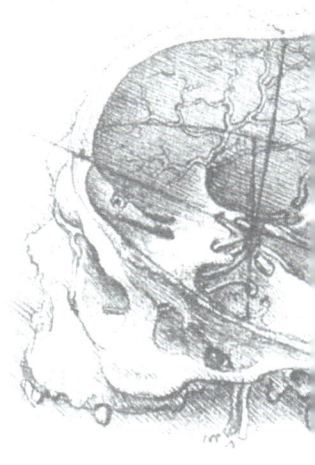

서는 관점을 근본적으로 바꾸어야 한다. 그러한 방향전환을 시도하는 것이 세인트 앤드류스의 강연에서 나에게 주어진 과제였다. 이 책은 내가 그 과제를 풀어가는 맥락에서 진행될 것이다.

　　찰스 셰링턴 Charles Sherrington은 1937년 에든버러에서 「인간 그 본성에 관하여 Man on his Nature, 1941」라는 제목으로 기포드 강연 Gifford Lecture을 하면서, 인간이 자신의 진정한 본성을 한 번이라도 직면하게 된다면 그로 인해 인간 문명의 붕괴를 유발할지도 모른다는 가능성을 암시했다. 그가 볼 때 인간은 분명히 자신을 가장 높은 계급의 야수보다는 가장 낮은 계급의 천사로 여기길 좋아하는 것 같다. 하지만 우리가 가공할 만한 마음의 본성을 완전히 이해하는 날이 온다면 그때는 더욱 더 서로를 존중하고 찬미하게 되리라는 게 내 생각이다.

i of the vortex

1

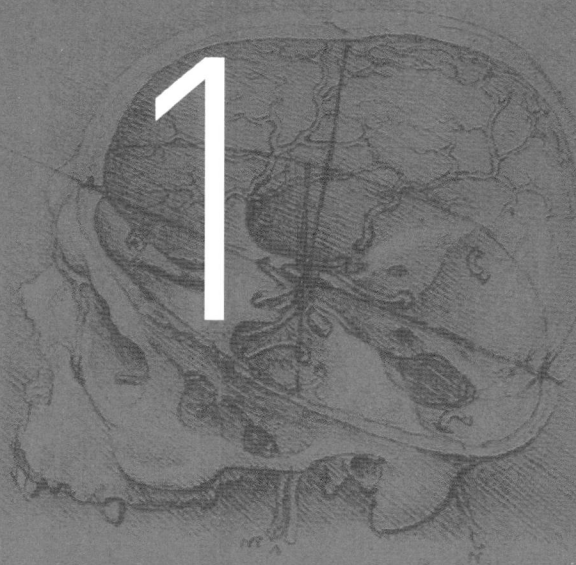

마음의 기원

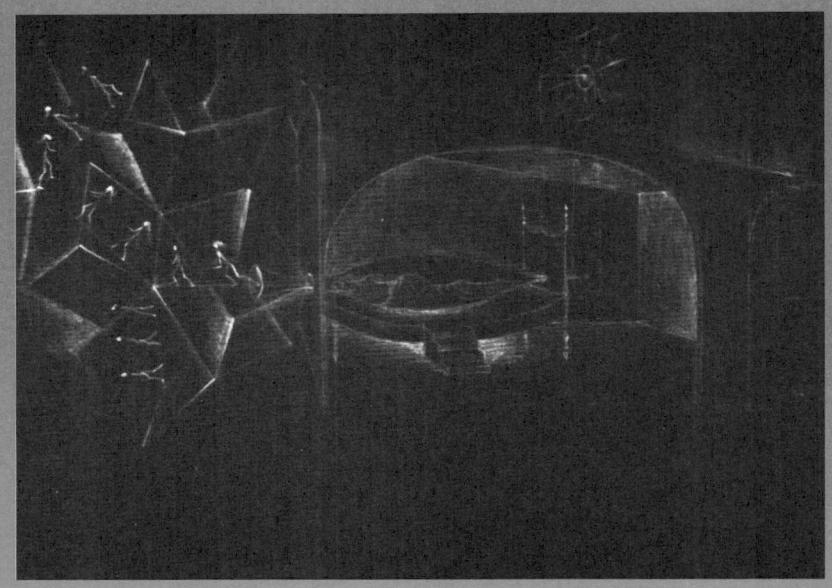

「꿈Sueño」, R. 바리오Vario, 1958년, 종이에 연필, 23×16cm.

마음은 뇌와 같다

　　마음에 과학적으로 접근할 때는 몇 가지 기본적인 지침을 고려해야 한다. 이 책은 추리 소설이 아니므로 여기서 사용할 마음이나 '마음상태'에 대해서 명확한 정의를 제시하겠다. 일원론적 관점에서 뇌와 마음은 나눌 수 없다. 마음mind 혹은 마음상태mindness state란 자기 자각self-awareness을 포함해서 감각운동 이미지sensorymotor image가 발생하는 전역적인global 뇌 기능 상태이다. 감각운동 이미지란 행동action을 일으키는 하나의 구별되는 기능 상태를 만들어내는 데 관련되는 모든 감각 입력의 결합을 가리킨다.

　　예를 들어 등이 가렵다고 하자. 등은 볼 수 없는 곳에 있지만 가려움은 내부 '이미지'를 만들어서 복잡한 몸 안의 한 위치를 알려주고 취할 태도까지 알려준다.

　　긁어라! 그것이 감각운동 이미지이다. 감각운동 이미지의 발생은 단순한 입출력 반응이나 반사가 아니다. 동물이 현재 하고 있는 행위의 맥락context 안에서 일어나기 때문이다. 개가 한쪽 발을 든 상태에서 다른 발로 등을 긁을 수 없는 것은 당연하다. 따라서 감각운동 이미지가 발생하고 운동 직전의 전운동premotor이 공식화될 때의 맥락은 내용content만큼 중요하다.

　　뇌 안에서 같은 공간을 차지하지만 자각을 지원하지 않는 다른 상태도 있다. 잠자는 상태, 마약에 취하거나 마취된 상태, 간질 대발작을 겪는 상태 등이 여기에 들어간다. 뇌가 이 상태에 있을 때는 의식이 사라진다. 모든 기억과 느낌이 서서히 사라진다. 그래도 뇌는 기능을 계속하면서 산소와 영양분의 정상적인 공급을 요구한다. 이런 상태에 있는 동안 뇌에는 어떤 종류의 자각도 일어나지 않는다. 심지어 자신의 존재에 대한 자각자기자각도 없어진다. 걱정, 희망, 두려움 등 모든 걸 잊는다.

반면, 나는 꿈꾸는 상태로 알려진 전역적인 뇌 상태를 인지 상태cognitive state로 간주한다. 꿈꾸는 사람의 감각에 의해 직접 조절되지 않으므로, 공존하는 외부 실재reality에 관한 게 아닐 뿐이다Llinás & Pare 1991. 오히려 이 상태는 뇌 안에 저장된 과거 경험, 혹은 뇌 자체가 본질적으로 하는 일에서 비롯된다. 또 하나의 전역적인 뇌 상태로 '자각몽lucid dreaming'이 있다. 자각몽을 꿀 때는 자신이 꿈을 꾸고 있음을 스스로 깨닫는다LaBerge & Rheingold 1990.

유리병 안에 절여져 실험실 선반에서 먼지를 뒤집어쓰고 있는 모습으로나 볼 수 있는 뇌는 1.5리터짜리 회색 물질 이상이다. 뇌는 뚜렷한 전기 활동을 일으키는 하나의 살아 있는 존재이다. 이 활동은 아마도 '스스로 조절되는self-controlled' 전기 폭풍electrical storm, 혹은 신경과학의 개척자들 중 한 사람인 찰스 셰링턴1941, p.225이 말한 대로 '마법에 걸린 베틀enchanted loom'과 같다고 말할 수 있다. 뇌와 중추신경계라는 베틀에서 수없이 많은 북shuttle이 왔다 갔다 하면서, 곧 사라지지만 늘 의미를 지니고 있는 무늬를 짜고 있는 것이다. 신경망의 넓은 맥락에서는 이 활동이 곧 마음이다.

마음은 뇌와 차원이 같다. 뇌의 모든 곳을 속속들이 차지한다. 그러나 마음은 어떤 주어진 순간에도 가능한 모든 폭풍을 표상表象, represent하는 게 아니라, 전기 폭풍과 마찬가지로, 깨어 있을 때 우리가 관찰하는 국지적 주변 세계의 상태와 동형同形인 것외부 상태를 재연하지만 변형된 재창조물을 표상한다. 꿈을 꿀 때는 감각 입력의 횡포에서 해방되므로 뇌 체계는 본질적인 폭풍을 일으켜 '있을 수 있는' 세계를 창조한다. 아마도 우리가 생각을 할 때 일어나는 일과 거의 흡사할 것이다.

살아 있는 뇌와 뇌가 일으키는 전기 폭풍은 뉴런 기능이라는 동일한 대상의 여러 측면을 서술하는 말이다. 요즘에는 중추신경계 기능에 관한 은유로서 컴퓨터 용어를 빌어 '뇌는 하드웨어, 마음은 소프트웨어'1995년 Block의 논의를 보라라는 말을 한다. 이러한 언어 사용은 잘못된 것이라고 생각한다. 작동 중인 뇌에서 '하드웨어'와 '소프트웨어'는 기능 단위인 뉴런들 자체에 서로 얽혀 있다. 뉴런은 '일찍 일어나는 새'인 동시에 '벌레'이기도 하다. 마음은 뇌의 기능상태와 일치하기 때문이다.

마음에 관한 논의로 돌아가기 전에 등의 가려움, 특히 감각운동 이미지의 순간, 즉 가려운 곳을 긁는 운동 사건motor event을 행동으로 옮기기 직전의 순간에 관해 다시 생각해보자. 감각운동 이미지에 내재하는 미래 감각, 즉 실행될 행동을 향한 끌어당김을 깨달을 수 있는가? 이는 마음상태 안에서 매우 중요하고도 오래된 부분이다. 생물학적 진화의 태동기부터 예측의 욕구, 즉 의도intention가 우리를 통치하고 유도하고 끌어당긴 결과 우리에게 감각운동 이미지사실상, 마음 그 자체가 일어난 것이다.

좀 더 구체적으로 논의해보자. 외부 실재를 표상하든 그렇지 않든 상상이나 꿈꾸기와 같은 경우 마음상태는 목표 지향적인 장치로 진화했고, 살아있는 유기체와 그 환경이 예측적이고 의도적으로 **상호작용할 수 있는 수단**이 되었다. 그러한 교류가 성공하려면, 물려받아 미리 배선된prewired 어떤 장치가 외부 세계의 내부 이미지를 만들어내야 한다. 그런 다음에야 외부 환경으로부터 감각을 변환해서 얻은 정보와 내부 이미지를 비교할 수 있다. 이 모든 게 실시간으로 지원되어야 한다. 유기체가 당면한 환경으로부터 얻은 실시간의 감각 정보와, 내부에서 만들어진 감각운동 이미지를 기능적으로 비교하는 걸 지각perception이라고 한다. 지각이 하는 일의 바탕이 되는 것은 예측prediction, 즉 쓸모를 염두에 두고 아직 일어나지 않은 사건을 기대하는 것이다. 예측이야말로 반사와 전혀 다르게 본질적으로 목표 지향적인 뇌 기능의 핵심이다.

마음은 내면화된 운동

마음은 어째서 그토록 신비할까? 그것은 어떻게 항상 그런 식으로 있어왔을까? 사고, 의식, 꿈과 같은 상태가 만들어지는 과정이 낯설면서도 매혹적인 이유는, 늘 외부 세계와 별다른 관련이 없이 생겨나는 것처럼 보이고 만질 수 없는 내밀한 것이기 때문이다.

뉴욕대학교 의과대학의 스티븐 J. 굴드Stephen J. Gould는 「유기적 설계의 단일성: 괴테와 제프리 초서로부터 유인원과 척추동물에서의 호메오 유전자적 복잡성의 상동관계까지 Unity of Organic Design: From Goethe and Geoffrey Chaucer to Homology of Homeotic Complexes in Anthropods and Vertebrates」라는 제목의 호머 스미스Homer Smith 교수 추모 강연에서 척추동물을 안팎이 뒤집힌 갑각류로 간주할 수 있다는 유명한 가정을 했다. 인간은 골격이 안에 있는 내골격성endoskeletal이고, 갑각류는 골격이 밖에 있는 외골격성exoskeletal이라는 것이다.

　　이 개념 덕분에 나는, 인간이 여전히 외골격을 유지했다면 어떤 일이 일어났을까에 대해 생각해보았다. 만약 그랬다면 어떻게 운동이 발생하는가의 개념도 사고나 마음의 개념처럼 이해할 수 없을지도 모른다. 인간은 내골격을 가지고 있기 때문에, 태어나면서부터 근육에 관해 잘 알게 된다. 근육의 움직임을 보거나 근육의 수축을 느낄 수 있고, 다른 신체 부위의 움직임과 근육의 관계를 분명히 이해할 수 있다. 그러나 안타깝게도 뇌가 하는 일에 관해서는 그렇지 못하다. 왜? 대뇌 덩어리의 관점에서 우리는 갑각류 뇌와 척수가 외골격으로 덮여 있는!이기 때문이다 그림 1-1.

　　작동 중인 뇌를 관찰하거나 만져볼 수 있다면, 근육 수축이 운동과 관련이 있는 것처럼 뉴런의 기능이 보고 해석하고 반응하는 방식과 관련이 있다는 사실이 분명해질 것이다. 갑각류에게 생각이 있다는 걸 전제로 할 때, 인간이 사고나 마음을 설명할 수 없듯이 갑각류는 운동과 근육 수축의 관계를 설명할 수 없을 것이다. 사실 인간은 움직이는 능력을 마음껏 즐긴다. 그렇기 때문에 우리가 근육과 힘줄에 관해서 실제로 이해할 수 있는 것이다. 동물들 중에서 몸 크기에 대비한 근육의 힘으로 보자면 인간은 꼴찌에 가깝다. 그런데도 인간은 강박적으로 '바벨을 들어 올려 때로는 스테로이드를 맞음서' 근육질을 키운 다음, 세계 대회를 열어 그 근육질이 얼마나 대칭적이고 비대한지를 비교하기까지 한다. 더욱 분석적으로 탐색하는 사람들은 이 귀중한 운동 기관의 성질을 묘사하려는 방편으로 줄자, 자, 힘 변환기 등을 동원한다. 그러나 IQ 검사는 있어도 뇌가 하는 일을 직접 측정하는 장비는 없다. 아마도 그런 장비가 있었다면 신경과학 분야에서 뇌가 기능적으로

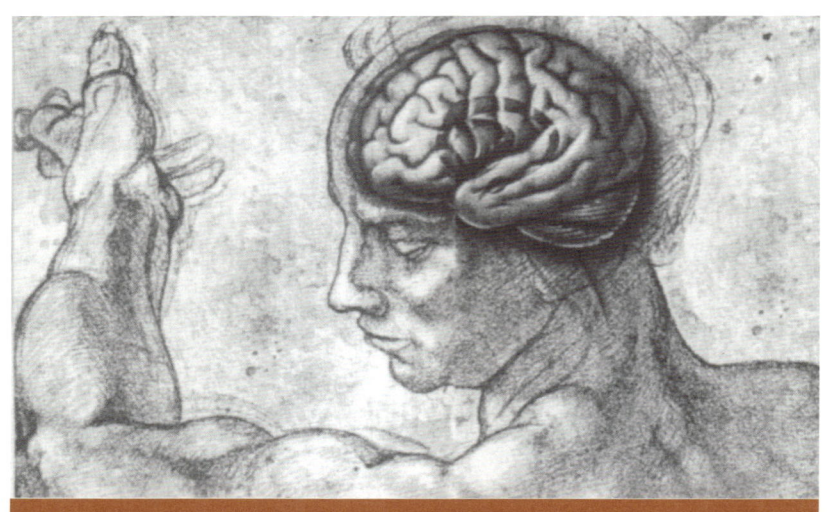

그림 1-1 레오나르도 다 빈치의 실물 스케치 중에서 상체와 머리를 자세히 보여주는 작품으로, 뇌의 이미지를 겹쳐 놓았다.

어떻게 조직되어 있는가에 대한 개념들이 그토록 많이 발생하지 않았을 것이다.

중추적인 운동의 발생과 마음의 발생에는 깊은 관계가 있다. 사실 그것은 동일한 과정의 다른 부분이다. 내가 볼 때, 진화적으로 태동되는 순간부터 마음은 운동이 내면화된 것이다.

운동 조직에 대한 두 가지 관점

20세기에 들어설 무렵, 운동의 실행이라는 주제에 관해 두 가지의 정반대 관점이 생겨났다. 윌리엄 제임스William James 1890를 필두로 한 첫 번째 관점은, 중추신경계라는 작동 조직을 기본적으로 반사론적인 것으로 보았다reflxological view. 이 관점에서 볼 때 본질적으로 뇌는 환경이 요구하면 순간적으로 가동되는 복잡한 입출력 체계이다. 운동의 원동력은 감각이고, 운동의 발생은 감각적 단서에 대한 반응이다. 이러한 기본 개념은 찰스 셰링턴과 그 학파1948의 획기적인 연구에 큰 영향을 미쳤고, 중추 반사central reflex 중추 반사의 기능과 조직 방식의 연구, 궁극적으로는 중추적 시냅스 전달synaptic transmission과 신경적 통합neuronal integration의 연구에 불을 댕겼다. 시냅스 전달과 신경적 통합에 관해서는 차차 이야기할 것이다. 이 모든 것이 오늘날 신경과학계에 중대한 역할을 했다.

두 번째 영향력 있는 접근법의 수장은 그레이엄 브라운Graham Brown 1911, 1914, 1915이다. 브라운은 척수가 반사론적으로 움직이지 않는다고 믿었다. 대신 척수를 조직하는 중추신경 회로들이 자기 참조를 기반으로 조직된 운동organized movement을 위해 필요한 전기적 패턴을 발생시킨다고 보았다self-referential view. 이는 외부 감각을 척수로 전달하는 경로인 구심성 신경이 경우 다리로부터 가는 경로을 절단한 동물의 보행에 관한 그의 연구를 기초로 한 것이었다. 이 상태에서도 동물은 여전히 조직된 걸음걸이로 걸을 수 있었다Brown 1911. 이를 바탕으로 브라운은 조직된 운동을 포함한 모든 운동은 본질적으로 감각 입력 없이 발생한다는 의견을 제시했다. 반사 활동은 걸음걸이 생산의 원동력이 아니라, 오로지 걸음걸이를 조정하기 위해서 필요한 것이라고 보았다. 예를 들어 외부 세계의 입력 없이도 보행이 한 걸음 한 걸음 이어지는 동안, 미끄러운 곳을 밟았다는 감각 입력은 반사적으로 우리가 넘어지지 않도록 리듬을 재조정한다.

브라운은 나아가 보행은 상호적인 신경 활동에 의해 척수에서 발생한다는 의견을 내놓았다. 척수의 한쪽 편에 있는 자율 신경망이 같은 쪽 팔다리의 근육들을 활성화하는 동안, 반대쪽 팔다리의 활동을 억제한다는 것이다. 그는 이러한 상호 체계를 '반씩 짝지어진 중추half-paired centers' Brown 1914로 묘사했다. 이와 같은 상호작용이 보행을 할 때 좌우 팔다리의 보조를 맞추어 준다 그림 2-5를 보라.

이러한 맥락에서, 보행을 하는 동안 반사 활동을 일으키는 감각 입력의 기능은 척수 운동망의 활동을 조정해서 불규칙한 지형에 활동출력 신호을 맞추는 것이다. 이제 우리는 척수와 뇌간에 있는 뉴런들의 본질적 전기 활동에서 비롯된 활동이 척추동물의 호흡 Feldman 등 1990과 보행 Stein 등 1986; Cohen 1987; Grillner와 Matsushima 1991; Lansner 등 1998 의 기초가 된다는 걸 안다. 무척추동물도 해부학적 배열은 척추동물과 매우 다르지만 유사한 활동을 하는 역동적 체계를 찾아볼 수 있다 Marder 1998. 시냅스 연결망에 의해 서로 다른 수준 간에 전달되고 조정되는 신경 활동의 역동성은 무척추동물도 척추동물에 뒤지지 않는다.

브라운의 시각은 많은 사람들이 여전히 높이 존중하고 있으며, 그의 시각을 기초로 한 연구들은 중추 뉴런의 본질적 활동에 대한 이해를 발전시켜 왔다 Llinás 1974, 1988; Stein 등 1984. 척수 기능에 대한 이 개념적 관점은 뇌간brainstem뿐 아니라 시상thalamus이나 전뇌forebrain와 같은 더 고차원의 뇌 기능 영역 뇌에서 마음이 궁극적으로 발생하는 영역의 작용으로도 연장될 것이다.

특별한 기억과 진정한 자아

브라운의 생각과 연관된 하나의 작업가설 working hypothesis은, 신경계 기능은 본질적으로 알아서 작동하고 감각 입력은 이 본질적 체계에 정보를 주는 게 아니라 그것을 조정한다는 것이다 Llinás 1974. 우리가 어린 시절 처음으로 귀머거리나 장님의 행동을 관찰했을 때부터 눈치챘듯이 감각 입력이 단절되면 뇌는 정상적으로 작동하지 않는다. 그렇다고 뇌가 외부 세계에서 오는 끊임없는 입력에 의존해서 지각을 만들어내는 것은 아니다 올리버 색스Oliver Sacks의 『화성의 인류학자』 중 「마지막 히피(The Last Hippie)」를 보라. 다만 맥락에 따라 그것을 조정할 뿐이다. 이 관점을 받아들인다면, 뇌는 심장처럼 최소한 두 가지 다른 의미에서 자기참조적인 닫힌계 closed system로 작용한다는 결론이 나온다. 첫째, 골격 안쪽에 갇혀 있으므로 직접 살펴볼 수 없다. 둘째, 전문화된 감각 기관을 이용해서만 보편성 universals을 알 수 있는 자기참조적인 계이다. 감각기관은 내부 상태를 구체화하는 방향으로 진화했고, 내부 상태는 유전적으로 물려받은 신경회로를 반영한다. 그러한 회로는 유전적으로 미리 결정된다 예를 들어, 우리는 학습하지 않아도 색을 볼 수 있다. 조상이 물려준 기능적 구조물로 이루어진 이 회로는 우리가 태어난 이후에 경험하는 것에 의해 더욱 풍부해지면서 특별한 기억과 함께 진정한 자아를 구성한다.

뇌가 하나의 닫힌계로 작용한다는 개념을 뒷받침하기 위해, 신경학의 세계로 눈을 돌려보자. 닫힌계 안에서 감각 입력의 역할은 정보를 공급하는 쪽보다는 진행 중인 인지 상태를 구체화하는 쪽에, 즉 내용보다는 맥락에 더 무게를 두는 것으로 보인다. 이는 척수에서 발생하는 신경 활동의 패턴을 조정하는 것으로, 걷는 활동을 조정하는 감각 입력과 다르지 않다. 여기서는 감각 입력이 척수에 의해 발생하는 걷기가 아니라, 뇌에 의해 발생하는 인지 상태를 어떻게 조정하는가에 관해 이야기하고 있다는 점만 빼면 원리는 같다.

안면실인증prosopagnosia은 신경이 손상되어 사람의 얼굴을 알아보지 못하는 상태이다. 미묘한 얼굴 특성을 비롯해 얼굴의 각 부분들은 알아볼 수 있지만, 전체적인 통일체로서의 얼굴은 알아볼 수 없다Damasio 등 1982; De Renzi와 Pellegrino 1998. 뿐만 아니라 안면실인증 환자의 꿈에 나오는 사람들은 얼굴이 없다Llinás와 Pare 1991, 나중에 이 문제로 돌아갈 것이다.

감각 단서의 중요성은 주로 더 큰 인지 상태나 통일체로 통합되면서 표현된다. 다시 말해서, 감각 단서는 이미 존재하는 뇌의 기능적 성향에 의해 표상을 얻는다Llinás 1974, 1987. 입력되는 감각 정보의 중요성이 이미 존재하는 뇌의 기능적 성향에 의존한다는 이 개념은, 얼핏 보이는 것보다特히 우리가 '자아'의 본성이라는 질문으로 파고 들어갈 때 훨씬 더 의미심장한 문제이다.

뇌는 어떻게 의사소통할까

그렇다면 중추 뉴런은 어떻게 신체의 운동을 조직해서 추진하고, 감각운동 이미지를 창조해서 사고를 만들어내는 걸까? 우리의 지식은 브라운의 시대 이래로 성장해 왔으므로, 오늘날은 위의 질문을 다음과 같이 바꿀 수 있다. 중추 뉴런의 본질적 진동 성질이 뇌의 정보 전달 성질과 전체적으로 어떤 관계가 있을까? 이 질문에 답하기 전에, 아직 다루어야 할 몇 가지 용어들이 더 있다. 본래부터 진동하는 뇌의 전기적 성질이란 무슨 뜻인지, 비교적 비전문적인 관점에서 설명하는 것으로 시작하자. 이 개념은 이 책에서 논의할 모든 것의 심장부에 있다.

진동

'진동 oscillation'이라는 단어를 생각하면 리듬 있게 앞뒤로 왔다 갔다 하는 장면이 떠오른다. 진자가 진동을 하고 메트로놈도 진동을 한다. 그것은 리듬 있는 rhythmic 진동이다. 칠성장어가 헤엄을 치면서 앞뒤로 꼬리를 휘젓는 운동 Cohen 1987; Grillner와 Matsushima 1991도 진동 운동의 훌륭한 예이다.

신경계에 속한 많은 유형의 뉴런은 본질적으로 특정한 유형의 전기적 활동을 하게 되어 있다. 전기적 활동은 뉴런에 특정한 기능적 성질을 불어넣는다. 이는 세포막에 걸린 미소微小한 전압 변동으로 나타난다 Llinás 1988. 이 전압은 고요한 물에 이는 잔물결로 보는 사인파 sinusoidal wave의 움직임과 유사한 방식으로 진동하지만, 약간 무질서하다 Makarenko와 Llinás 1998. 나중에 이야기하겠지만, 이 진동 덕분에 체계는 시간적으로 아주 민첩해진다. 이러한 전압의 진동은 뉴런의 세포체와 수상돌기의 국지적인 부근에서 유지되고, 진동수는 초당 1회 이하부터 초당 40회까지 분포한다. 이 전압의 물결을 타고, 그 물결의 정점에서는 활동전위 action potential 라는 훨씬 더 큰 전기적 사건이 일어난다. 이는 강하고 먼 곳까지 뻗치는 전기 신호를 형성해서 뉴런 대 뉴런 의사소통의 기초를 이룬다. 활동전위는 뉴런의 축색돌기 axon: 몸에서 뇌와 말초신경의 정보 경로를 구성하는 전도성 섬유 를 따라 이동하는 메시지이다. 목표 세포에 도달하면 이 전기 신호는 작은 시냅스 전위 synaptic potential 를 일으킨다. 본질적인 진동 성질과 조정하는 시냅스 전위는 하나의 뉴런이 자신만의 활동전위 메시지를 만들어서 다른 뉴런이나 근육섬유로 계속 전달하기 위해 사용하는 주조물이다. 사람의 몸에서 가능한 모든 행동은 운동뉴런 motor neuron 의 활성화에 의해 일어난다. 그것이 근육을 활성화하면, 근육이 궁극적으로 여러 운동을 조화롭게 편성하는 것이다. 이 운동뉴런은 차례로 '상류에' 위치한 다른 뉴런으로부터 메시지를 받는다 그림 1-2.

    뉴런이 보이는 전기적 진동의 마루와 골은 들어오는 시냅스 신호에 대해 한 세포가 보이는 반응성을 키웠다 없앴다 할 수 있다. 그것은 그 세포가 어떤 시점에 들어오는 전기적 신호를 '듣고' 반응할 것인지, 아니면 완전히 무시할 것인지를 결정한다. 이 책의 「4장」에서 더 깊이 논의하겠지만, 진동으로 전기적 활동을 전환 switching 하는 방식은 뉴런 대 뉴런 의사소통과 전체적인 네트워크 기능에 아주 중요하다. 뿐만 아니라, 전기적 접착제 역할을 해서 뇌가 발달 도중에 기능적이고 구조적으로 조직되게 해주기도 한다. 실제로 뉴런 활동의 동시성 simultaneity 은 뇌 작동에서 가장 많이 사용되는 방식이다. 끊임없이는 아니라도 동시성이 예측 가능하게 일어나게

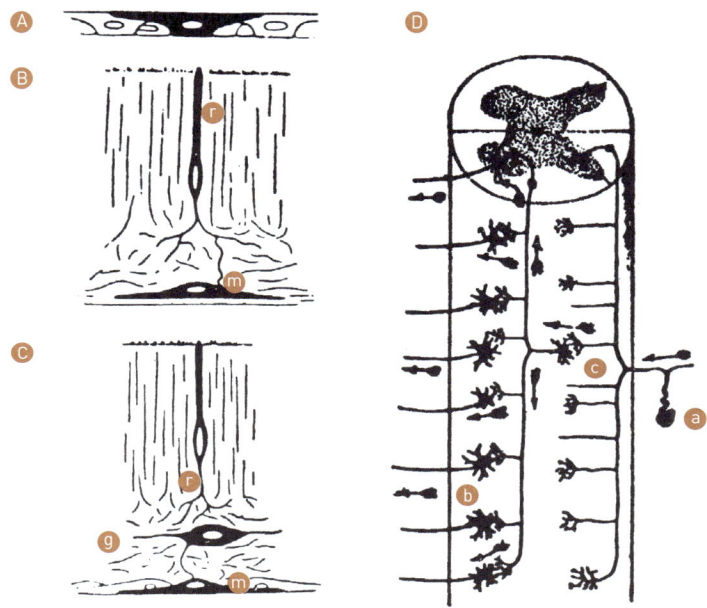

그림 1-2 신경계의 진화. 엄밀한 의미에서 중간뉴런(interneuron)이란 감각 장치(감각뉴런, sensory neuron)로서도 근육에 닿는 운동 명령의 종착역(운동뉴런)으로서도 외부 세계와 직접 의사소통하지 않는 모든 신경세포를 말한다. 그러므로 중간뉴런은 전적으로 다른 신경세포들하고만 정보를 주고받는다. 그것의 진화와 발달은 중추신경계 정교화의 기초를 대변한다. 위의 그림들은 초기 무척추동물에 존재하는 발달 단계들을 나타낸다. A에서, 원시 유기체(해면)로부터 진화한 운동성 세포(motile cell, 검은색)는 직접적 자극에 반응해서 수축의 파동을 일으킨다. B에서, 좀 더 진화된 원시 유기체(예컨대 말미잘)는, A에 있던 세포의 감각과 수축 기능이 두 가지 성분으로 분리되어 있다. (r)은 수용체(receptor) 혹은 감각세포이고 (m)은 근육(muscle) 혹은 수축 성분이다. 감각세포는 자극에 반응해서 근육세포 수축을 유발한다는 의미에서 하나의 운동뉴런 역할을 한다. 그러나 이 감각세포는 전문화되어, 자기 힘으로 운동을 일으킬(수축할) 수 없다. 이 단계에서 하는 기능은 정보를 수용하고 전달하는 것이다. C에서는, 감각 성분과 근육 사이에 제2의 뉴런이 끼어들었다(역시 말미잘에서). 운동뉴런인 이 세포는 근육섬유(m)를 활성화하는 역할을 하지만, 감각세포(r)의 자극에만 반응한다(Parker 1919). D에서는, 중추신경계의 진화가 진행되면서(이 예는 척추동물의 척수), 세포들이 감각뉴런(a)과 운동뉴런(b) 사이에 끼어들게 된다. 이것이 중간뉴런이다. 많은 가지들(c에 있는 화살표)이 중추신경계 안의 운동뉴런이나 다른 뉴런으로 감각 정보(a에 있는 화살표)를 분산시키는 역할을 한다. (Ramón y Cajal, 1911에서 수정.)

하기 위해서는 뉴런의 진동을 이용해야 한다.

결맞는 리듬과 공명

리듬 있는 진동을 보이는 뉴런들은 활동전위를 통해 서로의 주기에 동조한다. 그 결과 뉴런은 멀리까지 같은 위상으로 in phase, 즉 결이 맞게 coherently 진동하는 집단이 되어 활동의 동시성을 갖는다.

결이 맞는 물결을 타고 의사소통이 이루어진다는 점에서 결맞음 coherence의 문제를 생각해보자.

시골의 고요한 여름밤을 상상해보자. 짙은 정적 속에서 먼저 한 마리, 이어서 또 한 마리의 매미 소리가 들린다. 매미 소리는 금세 커진다. 중요한 것은 녀석들이 리듬 있게 한 목소리로 맴맴거린다는 점이다 똑같이 울려면 녀석들 모두에게 다음에 언제 울 지를 말해주는 내부 시계가 있어야 한다. 그러한 장치를 내부 진동자(internal oscillator)라 한다. 맨 처음 운 매미는 근처에 동족이 있는지 알아브려고 소리쳐 부른 것일지 모른다. 그러나 리듬 있게 맴맴거리는 매미들의 제창은 모여서 덩어리가 된 기능 상태가 된다. 이 리듬의 미묘한 변동이 전체 공동체에서 멀리 떨어져 있는 엄청난 숫자의 개체들을 향해 정보를 전달한다. 이와 유사한 사건은 일부 개똥벌레에서도 일어난다. 녀석들은 불빛 활동을 동기화 同期化, synchronize시켜 크리스마스 트리 불빛이 깜박이는 식으로 나무들을 환하게 밝힌다.

흩어진 성분들이 같은 위상으로 진동하고, 증폭되어 하나처럼 작동하는 이 효과를 공명 resonance이라 한다. 뉴런도 이러한 방식으로 공명을 한다. 실제로 어떤 구역에서 서로 같은 위상으로 공명하고 있는 한 무리의 뉴런이 아주 멀리 떨어진 다른 무리의 뉴런과 공명하기도 한다 Llinás 1988; Hutcheon과 Yarom 2000.

세포들이 직접 전기적으로 연결되어 있음으로써 뒷받침되는 전기적 공명이라는 성질 심장을 구성하는 모든 근육섬유들의 동시적 수축에 의해 심장이 하나의 펌프로 기능할 때 일어나는 것과 같은은, 아마도 뉴런들 간의 가장 오래 된 의사소통 방식일 것이다. 뉴런의 의사소통을 확대하고 정교하게 만들고 세부적인 차이를 전달할 수 있도록 화학적 시냅스 전달 체계가 생긴 것은 진화 과정 나중에서야 일어나는 일이다.

모든 뉴런이 줄곧 공명하는 것은 아니다. 서로 다른 뉴런 무리들이 서로 다른 시간에 일시적으로 공명이 일어나도록 전기적 활동의 진동 방식을 바꿔놓는 능력은 뉴런의 아주 중요한 성질이다. 진동 방식을 빠르게 바꾸지 못하면 항상 변화하는 주위의 실재를 표상할 수 없을 것이다. 진동을 나타낼 능력이 있는 서로 다른 뉴런 무리가 똑같이 들어오는 신호의 서로 다른 측면을 '지각'하거나 부호화할 때, 무리는 서로 같은 위상으로 공명하여 자신들의 힘을 모은다. 이것을 뉴런 진동 결맞음 neuronal oscillatory coherence이라 한다. 우연에 의해서가 아니라 본질적으로 진동하는 전기적 활동에 의해 존재하게 된 뉴런 활동의 동시성, 공명, 결맞음들은 인지의 근본이 된다. 그러한 뉴런의 본질적 활동이야말로 '자아'라는 개념의 바탕을 이루는 것이다.

본질적 성질이라는 원래의 문제로 돌아가보자. 뉴런, 그리고 뉴런들이 한데 얽힌 신경망이라는 뇌의 구성요소가 본질적으로 지니고 있는 전기적 반응성이 내부 표상 연결망을 만들어 기능적인 상태를 불러일으킨다. 이

상태는 들어오는 감각 활동에 의해서 보다 구체화되지만, 맥락 안에서 구체화되는 건 아니다. 즉, 뇌 기능에는 두 가지 별개의 성분이 있다고 할 수 있다. 하나는 사밀私密, private하거나 '닫힌' 계로 주관이나 의미와 같은 속성을 담당하며, 다른 하나는 '열린' 성분으로 감각운동 변환을 담당해서 사밀한 요소와 외부 세계 간의 관계를 다룬다Llinás 1974, 1987. 뇌는 대부분 닫힌 계로 작용하기 때문에, 단순한 번역기translator가 아닌 실재 묘사기reality emulator로 간주해야 한다.

    이를 인정하고 나면, 뇌 구성요소뉴런, 그리고 뉴런들의 복잡한 연결망가 가진 본질적인 전기적 활동이 실체entity, 혹은 기능적 구조functional construct를 형성한다는 사실을 이해할 수 있을 것이다. 나아가 이 실체는 외부 세계에서 일어나는 감각 입력을 효율적으로 변환하여, 거기에 대응한 운동 출력을 내보내고 있음이 틀림없다. 이처럼 복잡한 기능 구조를 어떻게 연구할 수 있을까? 우선 모형화해야 한다. 즉 뇌가 그러한 감각-운동 변환 성질을 어떻게 이행하고 있을지에 관해서 몇 가지 가정을 한다. 그런 다음 이 변환 성질을 위해 뇌가 실제로 하는 일이 무엇인지를 분명히 이해해야 한다. 뇌 구조가 실재 묘사의 기능을 수행한다고 가정하면, 다음엔 어떤 유형의 모형이 기능을 지원하는지 생각해보아야 한다.

    간단한 감각운동 변환에서 시작해보자. 운동 측면은 관절에 의해 서로 연결된 뼈에 근력수축성이 작용하면 이루어진다. 우리가 가정한 감각운동 변환 성질을 연구하기 위해서는, 근육의 수축 측면수학 용어로 벡터이 주어진 공간에서 운동을 수행하는 걸로 묘사할 것이다. 이 운동혹은 어떤 유형의 행동을 수행하기 위해 기여하는 모든 근육 수축의 집합은 '벡터 좌표 공간vectorial coordinate space'에서 규정될 것이다. 이러한 접근법을 쓸 때는, 각 뉴런이 운동 패턴을 형성하면서 만들어내는 전기적 활동 패턴이든 뇌 안의 다른 어떤 내부 패턴이든 추상적인 기하학적 공간 geometric space에서 표시되어야 한다. 이것이 바로 감각 입력이 일어나고 운동 출력으로 변환되는 벡터 좌표 공간이다 Pellionisz와 Llinás 1982. 무슨 소리인지 잘 모르겠다면, 표 1-1을 읽기 바란다.

우렁쉥이의 회귀

마음은 완전한 모습으로 어느 날 갑자기 나타난 것이 아니라는 첫 번째 논점으로 돌아가자. 어느 정도의 신중함과 약간의 교육수준만 있으면, 생물학적 진화에서 뇌의 기원에 관한 확실한 단서를 줄줄이 찾을 수 있다. 마음과 뇌가 하나라는 것에 동의하는가? 그렇다면 이 유일무이한 마음 기능의 진화는 신경계 자체의 진화와 확실하게 발걸음을 같이 해왔어야 한다. 신경계 진화의 원동력이 마음의 발생에 관한 역사를 형성하고 결정해 왔다. 다음 질문은 분명하다. 신경계는 어떻게, 왜, 진화했을까? 그 여정에서 자연은 어떤 중대한 선택을 해야 했을까?

첫 번째 논점은, 단세포 생물을 넘어선 모든 조직된 생명체를 위해 신경계가 꼭 필요한 것인가 하는 질문이다. 그 대답은 '아니오'이다. 식물과 같은 고착 생물을 포함해서 활발하게 움직이지 않는 생물은 신경계 없

표 1-1

실재의 추상적 표상

전기 전도성 재료로 된 젤라틴 같은 물질의 정육면체가 구형 유리 수조에 담겨 있다고 상상해보자. 용기의 표면에는 작은 전기 접점들이 있어서 하나의 접점과 다른 접점 간에 젤라틴을 통해 전기가 통과할 수 있다고 하자. 마지막으로, 젤라틴은 전기 접점들 간에 종종 전류가 흐를 때면 얇은 전도성 필라멘트로 응축되지만, 한동안 전류가 흐르지 않으면 무정형의 겔로 되돌아간다고 하자.

이제 복잡한 외부 상태(축구를 하는 중이라고 하자)를 변환하는 하나 이상의 감각계에 연결된 몇 개의 접점과, 운동계에 연결된 다른 접점들 간에 전류를 통과시키면, 전선처럼 응축된 경로들의 집합이 자라나서 감각 입력이 특정한 운동 출력을 활성화하게 된다. (이 전선들은 서로 상호작용하지 않는다는 것을 명심하라. 그것은 대부분 뇌의 섬유 경로와 마찬가지로 절연되어 있어서, 단락이 전혀 없다. 하지만 선에서 가지를 내어 복잡한 접속 행렬(connectivity matrix)을 만들어낼 수는 있다.) 더 복잡한 감각 입력을 만들어낼수록 차례로 더 복잡한 운동 출력이 만들어진다. '전선'의 밀림이 어항 속에서 자라나거나, 자극이 한동안 반복되지 않아서 녹아버릴 것이다. 이 전선 안에서 일어나는 복잡한 흐름은 일정한 감각 입력(원리적으로 감각에 의해 변환될 수 있는 모든 것)을 운동으로 출력시키는 프로그램이 된다. 한 예로 이 새로운 기계는 축구하는 로봇을 조종하는 데 사용할 수 있을 것이다(입출력을 처리하는 연산 방식으로서, 처리 방향이 출력층에서 출발하는 역전파 알고리즘(backpropagation algorithm)의 일반적 형태가 이렇다).

이 수조를 보면서 알 수 있는 건 전선의 복잡한 기하학 구조 어딘가에 축구 규칙이 들어 있지만, 그것은 축구하는 것 자체의 기하학 구조와는 아주 다르다는 사실이다. 직접 살펴봐서는 배선이 어떤 운동을 하게 하는지 알 수 없다. '축구'는 외부 실재에 존재하는 축구와는 다른 기하학 구조로, 게다가 추상적이고도 기하학적인 구조—다리도 심판도 축구공도 없이 오직 전선들뿐인—로 표상되고 있다. 따라서 그 체계는 축구하는 것과 준동형(準同形)이지만(축구하는 것처럼 보이지 않지만) 동형이다(축구하는 것을 규정할 수 있다). 이는 비디오카세트 안에 들어 있는 테이프와 유사하다. 자세히 들여다보아도 자기 부호 안에 새겨진 영화의 세부사항들에 관한 단서는 얻지 못한다. 단지 외부 세계의 표상만 있을 뿐이다. 그 안에 있는 좌표계가 감각 기관과 운동 '공장'—모든 근육과 관절의 집합이나 그에 해당하는 것—의 역동적 요소들을 사용해서 입력(감각 사건)을 적절한 출력(운동 반응)으로 변환시키는 것이다. 이러한 감각-운동 변환이야말로 뇌 기능의 핵심, 즉 뇌의 생업이다.

이도 성공적으로 진화했다. 이제 우리는 첫 번째 단서를 찾았다. 신경계는 활발한 운동을 조화롭게 편성해서 표현할 수 있는 생물학적 성질인 '운동성motricity'을 가진 다세포 생물세포군이 아닌을 위해서만 필요하다. 잘 조직된 순환계를 가지고 있지만 심장이 없는 식물이, 대부분의 원시 동물심장이 있는보다 진화에서 약간 나중에 나타났다는 점은 흥미롭다. 고착 생물은 사실상 신경계를 가지지 않는 쪽을 선택한 것 같다. 이상하게 들릴지 몰라도 이것은 재론의 여지가 없는 사실이다. 끈끈이주걱이나 미모사처럼 부분적으로 움직이는 식물들이 있다고 해도 달라지지 않는다.

그 이야기는 어디에서 시작될까? 어떤 유형의 생물에 눈을 돌리면 어렴풋한 초기 신경계와 고착성의 반대로 활발하게 움직이는 생물 간의 중요한 연결을 뒷받침할 수 있을까? 이 논의를 위해서는 원시 해초강Ascidiacea의 피낭동물아문tunicate 혹은 '우렁쉥이sea squirt'의 예를 드는 것이 좋겠다. 우렁쉥이는 등뼈의 기원인 척색notochord을 가진 동물로 인간의 생물학적 진화 연구에 있어 중요한 단서를 제공한다그림 1-3.

이 생물의 성체 형태는 고착성으로, 바다 속에 있는 안정한 물체에 뿌리를 내린다그림 1-4 왼쪽, Romer 1969; Millar 1971; Cloney 1982. 우렁쉥이는 일생 동안 두 가지 기본 기능을 수행한다. 즉, 바닷물을 걸러서 먹이를 얻고, 싹을 내서 번식을 한다. 유생 형태는 잠깐 동안대개 하루나 그 이하 자유유영을 하며, 300개 정도의 세포를 포함하고 있는, 뇌와 유사한 신경절ganglion을 갖춘다Romer 1969; Millar 1971; Cloney 1992. 이 원시 신경계는 평형포statocyst, 균형 기관, 빛을 감지하지만 덜 발달된 피부 조각, 그리고 척색원시적인 척수을 통해 주위 환경으로부터 감각 정보를 받아들인다그림 1-4 오른쪽. 올챙이를 닮은 이 생

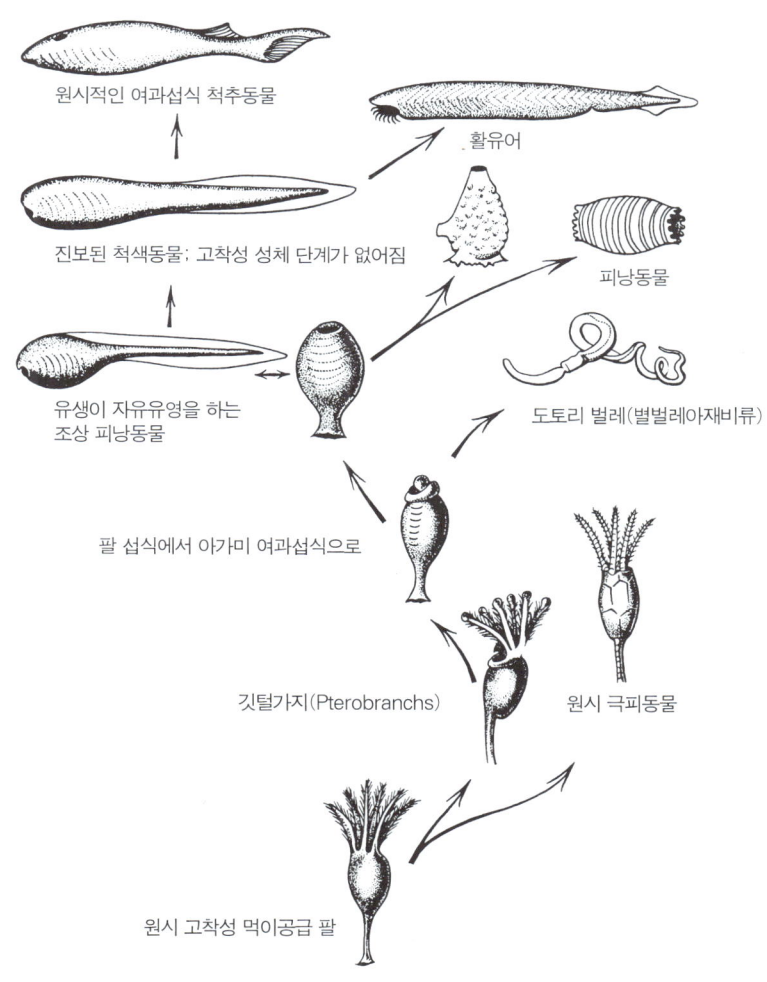

그림 1-3 척색동물 진화의 개략도. 피낭동물 혹은 우렁쉥이(해초강; 그림 1-4를 보라)는 고착성 성체 안에 아가미 기관이 고도로 진화된 한 단계를 대표하는 반면, 어떤 종의 유생(幼生) 단계는 자유유영을 한다. 운동 습성과 연관해서 척색과 신경색(nerve cord)이라는 진보된 특징을 보여준다. 자세한 사항은 본문을 보라. (Romer, 1969, p.30에서 수정.)

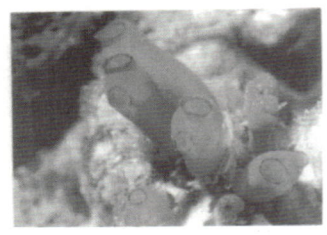
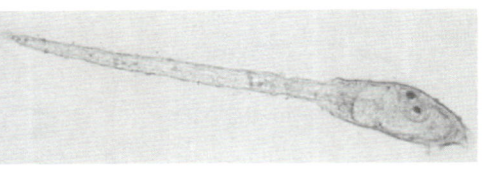
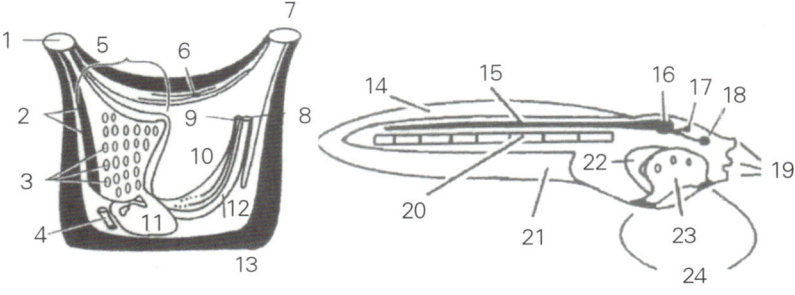

그림 1-4 우렁쉥이(해초강) 혹은 피낭동물. 기층에 고착되어 여과섭식을 하는 성체 단계(왼쪽)가 있고, 많은 경우, 자유유영을 하는 짧은 유생 단계(오른쪽)가 있다. 아래 왼쪽: 일반화된 성충 단생(單生) 우렁쉥이 그림. 검은 바깥 부분은 보호 '피낭'이다. 아래 오른쪽: 자유유영을 하는 전형적인 우렁쉥이 유생 혹은 올챙이 그림. 내장, 아가미와 관련 구조가 존재하지만, 기능을 하거나 열려있는 것은 아니다. (www.animalnetwork.com에서.)

1) 입수관 2) 내주 3) 새열 4) 심장 5) 아가미방 6) 척수신경절 7) 강관 8) 항문 9) 생식관 10) 간 11) 위 12) 장 13) 피낭 14) 등지느러미 15) 신경색 16) 뇌 17) 눈 18) 균형 기관 19) 점착 돌기 20) 척색 21) 배지느러미 22) 장 23) 아가미방 24) 수관

물은 이러한 특징 덕분에 자신이 헤엄치는 세계에서 끊임없이 일어나는 변화를 감당할 수 있다. 적당한 물질을 찾으면 Svane과 Young 1989; Young 1989; Stoner 1994 유생은 선택한 자리에 머리를 파묻고 다시 한 번 고착한다 Cloney 1982; Svane과 Young 1989; Young 1989. 일단 정지된 물체에 고착하면 유생은 척색을 포

함해서 자신의 뇌 대부분을 흡수, 문자 그대로 소화한다. 자신의 꼬리와 꼬리 근육조직까지 소화한 후에는 원시적인 성충 단계로 후퇴한다. 즉, 고착성인데다 단순한 여과 활동의 활성화를 위해 필요한 것 이외에는 진정한 신경계가 없는 상태로 돌아간다 Romer 1969; Millar 1971; Cloney 1982. 이를 통해 알 수 있는 사실은 신경계의 진화적 발달이 활발하게 움직이는 생물의 전유물이라는 것이다. 여기까지가 기본 개념이다. 원시 동물에서 뇌는 감각이 이끄는 유도 운동 guided movement이 일어나기 위한 진화적 선행조건이다. 왜냐하면 동물이 감각의 조정을 받는 내부 계획 없이 활동하고 움직이는 것은 위험하기 때문이다. 장애물이 없이 안전한 복도도 눈을 가리고 얼마쯤 걷다보면 눈을 뜨고 싶게 된다. 신경계는 계획 plan하기 위해 진화했다. 그 계획을 구성하는 건 목표 지향적이고 대개는 수명이 짧은 예측들로 매 순간 감각 입력의 검증을 받는다. 덕분에 생물은 외부 환경에 따른 내부의 계산, 즉 일시적인 감각운동 이미지에 따라 목표한 방향으로 활발하게 움직일 수 있다. 마음의 진화를 추적하는 우리의 다음 질문은 이제 분명해졌다. 신경계는 어떻게 예측이라는 정교한 작업을 수행하도록 진화되었을까?

i of the vortex

2

예측하는 뇌

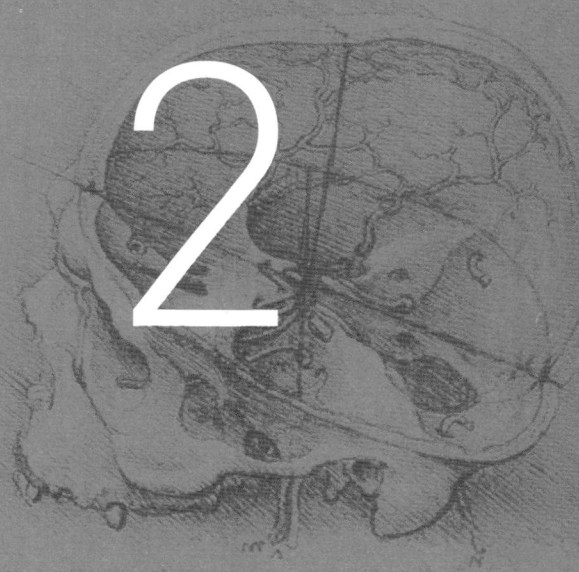

프로 테니스 선수 가브리엘라 사바티니Gabriella Sabatini가 공을 받아치고 있다. 앨런 쿡Alan Cook 의 허락으로 재인쇄. alcook@sprintmail.com, http://alancook.50megs.com

움직이는 것들의 생존 전략

1장에서 신경계는 활발하게 움직이는 생물에게만 필요하다고 주장했다. 만일 그렇다면 신경계는 생물의 진화적 성공에 어떻게 기여했을까? 생물은 생존을 위해, 먹이와 보금자리를 얻고 다른 누군가의 먹이가 되지 않기 위해 지능적으로 움직여야만 한다. 여기서 '지능적으로_{intelligently}'라는 단어가 의미하는 건 생물은 기초적인 전략을 지녀야 한다는 것이다. 최소한 자신이 생활하는 외부 세계에서 살아남기 위한 전술적 규칙에 의존해야 한다는 뜻이다. 생물은 들어오는 감각 자극을 기반으로 주어진 운동의 결과를 예측해야만 한다. 확실하게 살아남기 위해서는 환경의 변화에 알맞게 반응해서 운동을_{혹은 운동하지 않음을} 일으켜야 한다. 앞으로 일어날 사건의 결과를 예측하는 능력_{성공적인 운동을 위해 결정적인}은 광범위한 뇌 기능들 중에서도 가장 궁극적이고 공통된 것이다.

더 나아가기 전에, '예측'이라는 개념을 확실히 정의하는 게 중요하다. 예측이란 어떤 일이 일어날 것인지를 미리 내다보는 것이다. 예를 들어 우리는 맨발로 뜨거운 보도 위를 걸으면 데일 것이라거나, 막다른 길에 서는 차를 돌리지 않으면 내 몸과 차에 해로운 일이 일어날 거라는 결과들을 예측할 수 있다. 테니스공을 치러 달려 나갈 때는 시간과 공간의 어느 점에서 공과 라켓 면이 성공적으로 만날 수 있을지를 예측해야 한다.

곧장 맞붙을 태세의 두 마리 산양을 생각해보자. 녀석들은 서로를 살피면서 서서히 뒷다리로 버티고 일어서며 상대방이 자신의 체중을 앞으로 실으려는 찰나임을 암시하는 단서가 눈곱만큼이라도 있는지를 찾는다.

순간 반 발짝이라도 앞서는 놈이 유리하기 때문에, 숫양생물의 종류야 어떻든은 충돌에 맞서기 위해 공격을 예상할 수 있어야만 한다. 즉, 일격이 가해지기 전에 그것이 오고 있음을 예측할 수 있어야 한다.

예측하는 능력은 동물의 왕국에서 아주 중요하다. 종종 한 생물의 목숨을 좌우하기 때문이다. 그럼에도 불구하고, 예측의 메커니즘은 지금까지 들었던 예들보다 뇌의 신체 기능 조절에서 훨씬 더 보편적이라고 할 수 있다. 냉장고 안의 우유팩을 꺼내는 단순한 행위를 보자. 행동에 대해 집중해서 생각하지 않고도 원활한 경로를 통해 성공적으로 우유팩을 컵으로 가져가려면 우유팩의 무게, 미끄러운 정도, 채워진 정도를 예측해야 하고, 마지막으로 보상적 균형 compensatory balance 을 적용해야 한다. 일단 운동이 시작되면 들어오고 있는 감각 정보에 직접 반응하면서 운동과 보상적 균형을 조정한다. 그러나 손을 뻗기도 전에 이에 대한 계산, 즉 전운동 예측은 끝난다.

뇌의 예측 능력은 우리가 그냥 예측 능력의 효과를 깨달아서 생겨난 게 아니다. 예측은 그보다 훨씬 오래된 진화적 기능이다. 생각해보라. 날벌레가 눈에 앉기 직전에 자신이 눈을 깜박인다는 걸 발견한 적이 있는가? 최소한 의식 수준에서는 그 벌레를 보지 못한다. 그런데도 그 사건을 예상하고 벌레가 눈에 들어오는 걸 막기 위해 적절하게 눈을 깜박인다. 이 기본적인 방어 메커니즘의 심장부에 있는 것이 예측이다. 의식 수준과 반사 수준에서 끊임없이 작동하는 예측은, 전부는 아닐지라도 대부분의 뇌 기능 수준에 고루 미친다.

이 책을 시작할 때 마음상태를 언급했다. 그것은 외부 실재를 표상할 수도 있고 반드시 그렇지는 않을 수도 있지만, 살아 있는 유기체와 환경 간의 상호작용을 유도하는 목표 지향적 장치로 진화했다. 목표 지향적으로 움직이는 체계에서 예측이 성공할 확률은 타고난 메커니즘에 의해 결정된다. 나아가 우리가 할 수 있는 가정은, 예측에는 발원지가 있어야 한다는 것이다. 또한 예측 기관은 오직 하나만 있어야 한다는 것이다. 머리가 어떤 것을 예측하는데 꼬리는 다른 걸 예측한다는 건 말도 안 된다. 예측 기능은 집중돼 있어야 한다.

자아는 예측의 중심이다

예측은 뇌 안에 국한되어 있지만, 뇌 안의 단 한 장소에서 일어나는 건 아니다. 이 예측 기능들은 단일한 이해나 구조로 통합되어야 한다. 그렇지 않으면 그 최종 결과는 예측이 여러 개의 다른 기관에 기초할 때와 다를 바가 없다. 이 기능들을 끌어 모으는 건 무엇일까? 예측 기능을 담는 용기는 무엇일까? 그것은 우리가 자아라고 부르는 것 안에 있다. 즉, **자아는 예측의 중심**centralization**이다**. 자아는 의식의 영역에서 태어나는 게 아니라, 단지 자아가 있음을 아는 것 자기 자각이다. 이 관점에 따르면, 자아는 자신의 존재를 자각하지 않고도 존재할 수 있다. 자기를 자각하는 개체인 우리 안에서조차 자기 자각은 연속적으로 존재하지 않는다. 상어에게서 헤엄쳐 달아나야 하는 난국에 처했다면, 기를 쓰고 해안에 닿으려고 할 것이다. 지금 무슨 일이 벌어지고 있는지 모를 리가 없지만, 아마 속으로 '지금 나는 상어에게서 헤엄쳐 달아나고 있는 중이다'라고 생각하지는 않을 것이다. 그런 생각은 오직 해안에 닿아 안전해졌을 때에야 할 수 있다.

자기 자각의 개념은 뒤의 장들에서 논의하겠지만, 지금 가리키고 싶은 논점은 자아이다. 자아라는 가정된 '실체entity'를 기반으로 예측을 수행하는 뇌에 대해 이해한다면, 뇌에서 마음상태가 발생하는 방식에 도달할 수 있을 것이다.

이러한 예측 능력이 왜 일어나는가는 분명하다. 생존에 아주 중요하기 때문이다. 단일 동물매 순간과 모든 종진화 과정을 통틀어 활동적으로 움직이는 모든 종들에 걸쳐 예측 능력은 생존을 좌우한다. 예측하는 능력은 진화과정에서 어떻게 생겨났을까? 조금만 깊이 생각해보면 그 해답을 찾을 수 있다. 그러나 어떻게 신경계가 실제로 예측을 수행하는지를 먼저 이해해야 한다. 일단 그것을 알면 어떻게 자연이 이 놀라운 기능을 진화시켰는지에 대한 해답을 찾게 될 것이다.

예측을 하기 위해 신경계는 외부 세계의 감각 관련 성질과 내부 감각운동 표상을 빠르게 비교해야 한다. 신경계가 이 비교로 얻은 전운동을 운동으로 변환해서 정확한 시간에 실행할 때, 예측은 비로소 쓸모가 있게 된다. 신경 활동의 패턴이 내부적 중요성을 획득하면 감각 내용이 내부 맥락을 얻으면, 그 다음에 뇌는 무엇을 할 것인가 하는 전략strategy, 즉 또 하나의 신경 활동 패턴을 만들어낸다. 전략은 무엇이 올 것인지를 예측하는 내부 표상이라고 할 수 있다. 신경 활동의 전운동 패턴인 전략은, 다른 신경 활동으로 변환되어 적절한 신체 운동을 시작하도록 한다. 이 변환이 외부 세계의 맥락에서 구현되기 위해 예측이라는 내부 표상이 필요한 것이다.그림 2-1.

예측은 시간과 노력을 절약한다. 예측은 목표 지향적이며 활발한 운동을 성공적으로 실행하기 위해서뿐만 아니라, 시간과 에너지를 아끼기 위

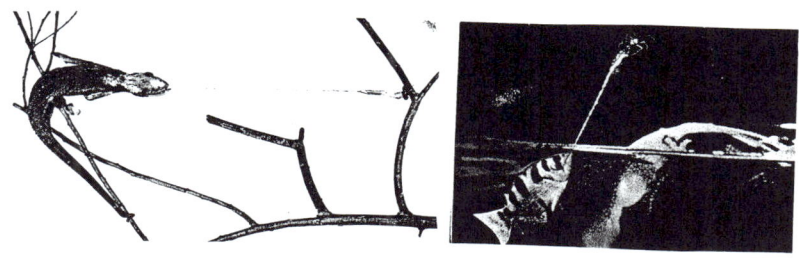

그림 2-1 다가올 사건을 예측함으로써 운동 실행을 계획하는 동물의 능력을 보여주는 두 가지 예. 왼쪽: 곤충을 잡기 위해 끝이 끈끈한 혀를 뻗었다가 끌어당기고 있는 카멜레온. 오른쪽: 동인도의 물총고기. 물방울을 빠르고 정확하게 쏘아 수면 근처의 곤충이나 거미들을 기절시켜 잡기 때문에 얻은 이름. (뉴욕동물학회 제공, Romer, 1969, pp.68, 167에서 수정.)

한 기능면에서도 뇌에 중요하다. 이는 약간 이상하게 들릴 수도 있다. 신경계, 특히 인간의 신경계가 지금까지 알려진 '처리장치 processor' 가운데 가장 정교하고 능력이 있다면, 시간과 에너지를 아낀다는 하찮은 염려 따위는 하지 않을 것 같기 때문이다. 그렇지만 변화무쌍한 외부 세계 그리고 내부 세계 역시를 다룰 때, 뇌의 활동은 연속성에 있어서 현실과 보조를 맞추지 못한다. 현실과 똑같은 것처럼 우리에게 느껴질 뿐이다. 처리 관점에서 볼 때 실생활에서 뇌는 불연속으로 작동한다. 외부 세계로부터 감각이 접할 수 있는 모든 정보를 취한 다음, 연속적으로 재빨리 옳은 결정에 도달하는 건 불가능하다. 뉴런은 빠르지만, 그렇게까지 빠르지는 않다. 주의할 점은 내가 아직 처리 processing의 전운동기 premotor phase만을 이야기하고 있다는 것이다. 외부 세계와 성공적으로 상호작용하기 위해서는 뒤이어 운동을 통해 뇌의 주어진 결정을 때맞추어 실행하는 것도 필수적이다.

뇌는 순간적인 의사결정 능력에 과도한 부담을 주지 않고 정보라는 연료를 공급하기 위해서 입력되고 있는 정보를 단편으로 나눈 다음, 필요한 정보에만 주의를 기울이는 것처럼 보인다. 뇌는 주어진 순간에 외부 세계에서 일어나는 일과 보조를 맞출 수 있도록 운동을 결정할 충분한 시간을 남겨두어야 한다. 또한 이전 순간의 처리를 방해받지 않으면서 다음 순간을 처리하기 위한 단계로 건너 뛸 수 있어야 한다. 다시 말해서 뇌는 다음 과제로 진행할 필요가 있을 때 한 가지 일을 붙들고 있을 수 없다. 이러한 작동 방식은 미리보기 look ahead 기능에서 나온다. 그것은 신경 회로의 타고난 성질이다. 예측은 단일한 뉴런 수준에서 시작된다. 이 논점은 운동의 조절 control 이라는 예를 가지고 설명할 수 있다.

1초에 10^{18}번의 결정을 내릴 수 있을까?

예측하는 능력은 점점 더 복잡해지는 운동 전략과 나란히 진화했다. 때문에 예측을 이해하기 위해서는 예측이 운동을 어떻게 조절하는지를 보아야 한다.

우유팩을 꺼내려는 냉장고로 돌아가자. 뻗고 쥐는 순서가 적절하게 실행되기 위해서는 적절한 수축 패턴 이와 더불어 팩에 닿기까지 허리를 구부리는 동안 몸을 지탱하기 위한 체위 근육들의 올바른 사용이 구체화되어야 한다. 이제 이 간단한 일련의 운동을 끌어내기 위해 뇌가 무엇을 해야 하는지를 생각해보자.

각 근육은 당겨지는 방향 벡터을 제공한다. 각 근육 벡터는 낱개의 근육섬유로 구성되어 있다. 근육섬유들은 무리를 지어 작동하는데, 한 무리는 같은 운동뉴런에 의해 공통적으로 자극되어야 한다. 이 근육섬유들의 무리를 운동 단위 motor unit라 한다 단일한 운동뉴런은 수만 개의 근육섬유를 자극한다. 주어진 근육은 그러한 낱개의 운동 단위 수백 개로 구성된다. 어떤 운동을 위한 자유도 degree of freedom의 총 수는 근육 수에 운동 단위 수를 곱하면 된다. 냉장고 안으로 손을 뻗는 운동은 테니스공 되받아치기에 비하면 간단하다. 그러나 기능적인 관점에서 보면, 간단한 운동조차 대부분의 신체 근육을 사용해서 천문학적인 숫자의 동시적 혹은 순차적 근육 수축과 자유도를 일으킨다. 우유팩의 예에서, 맨 처음 몸의 위치와 자세에 상관없이 오늘따라 허리가 아프다면 뻣뻣하고 평소와 다른 자세로 몸을 구부려서 팔을 팩 방향으로 가져갈 수 있다.

이 모든 잠재적 복잡성은 팔과 몸뚱이에 실제로 하중이 실리기 전에 존재한다. 아직 팩을 집어 들지 않았고, 최초의 뻗는 동작을 하는 동안은 단지 그 무게를 추측하는 수밖에 없다.

따라서 이 단순한 운동은 뇌가 그것을 분해한 다음 그 모두를 어떻게 다루는가를 이해하고 나면 단순한 게 아니다. 그러나 운동 조절 문제의 차원 dimensionality은 관련된 근육의 수, 당기는 힘과 서로 다른 각도만 가지고는 유도할 수 없다. 근육이 당겨질 수 있는 수없이 많은 방향과 그것의 시간적인 활성화 순서 간의 복잡한 상호작용을 고려해야만 진정한 차원을 구할 수 있다.

많은 운동 조절은 실시간으로, 일테면 '온라인으로' 일어난다. 자극이 없는 조건에서 운동이 일어나는 일은 별로 없다. 다음 상황들을 생각해보자.

가파른 언덕을 달려 내려가기, 숲길을 꼬불꼬불 돌아가기, 커피를 손에 들고 자동차 핸들 꺾기, 테니스에서 서브를 받아치기 위해 뛰어올라 몸을 펴기. 어느 주어진 한 순간에 수축시키는 근육들의 조합은 종종 원격 수용 자극teleceptive stimuli: 주로 청각이나 시각을 통해 취하는 먼 거리에서의 자극이나 운동감 각성 되먹임kinesthetic feedback: 움직이고 있는 몸의 느낌, 혹은 생각에 반응한 일련의 운동으로서 결정되고 실행된다.

일반적으로 최적의 조절 장치란 가능한 가장 원활한 운동을 생산하는 조절 장치라고 가정한다. 이는, 운동에 덜컹거림jerkiness을 일으키는 가속 과도현상accelerative transient을 최소화하기 위해 선택된 일련의 활성화에 미치는 전前방향 먹임feedforward과 되먹임feedback의 영향을 연속적으로 매 밀리초마다 혹은 더 빠른 표본 추출 속도로 감시해야 함을 의미한다. 이 말이 맞게 들린다 해도, 우리는 뇌가 그렇게 끊임없이 온라인 방식으로 운동을 조절하는 게 가능한지 알아볼 필요가 있다.

우유팩을 잡으려 할 때 사용하는 손, 팔, 어깨에 50개 정도의 주요 근육들이 있다고 하자. 위에 묘사한 발견적heuristic 공식을 사용하면 10^{15}이 넘는 근육 수축의 조합이 가능하다. 줄잡아 말해도 경이적인 숫자이다. 이 뻗고 쥐는 순서를 이어가면서 각 밀리초$_{ms}$마다 10^{15}개의 조합을 평가한 후 최고의 것 하나만 선택한다면, 매초$_s$마다 10^{18}번의 결정을 내려야 한다. 뇌가 컴퓨터라면, 이 비교적 단순한 뻗기와 쥐기를 적절하게 실행하기 위한 올바른 근육 조합을 선택하는 데 1엑사헤르츠exahertz: 1백만 기가헤르츠의 처리 장치가 필요하다는 뜻이다. 현실에서는 위의 각본조차도 지나치게 단순화된 것이다 Welsh 등 1995. 각 근육마다 최소 100개의 운동 단위들이 있고 각 근육 당김은 여러 묶음의 운동 뉴런과 관련된다는 것까지 고려하면, 운동 조절 문제의 차원은 자릿수가 더 커진다.

  뇌가 이러한 방식으로 운동 조절을 다루도록 진화했다고는 보이지 않는다. 특히 뇌 전체에 있는 뉴런이 10^{11} 단위임을 고려한다면 말이다. 이 중에서도 소뇌, 즉 논의해온 일련의 운동을 위한 대부분의 운동 조절 처리가 일어나는 뇌 부위에 있는 건 일부에 불과하다 Llinás와 Simpson 1981.

  운동의 연속적 조절을 위한 대안은 전 시간에 걸쳐서 신체 안에 있는 각 근육이 어떤 식으로든 독립적으로 조절되는 도식이다. 은유적으로 표현하자면 운동계는 별개 표상들 또는 근육 하나당 하나의 병렬 처리장치들의 저장고로 간주할 수 있다. 이러한 장치 안에서는 단일한 근육의 조절을 위한 기능적 부담이 크게 줄어든다. 따라서 한두 개의 근육밖에 관련되지 않은 운동 아주 인공적이고 드물긴 하지만을 어떻게 조절하는가의 문제는 수월해진다. 그러나 이 각본은 복잡한 협동 근육 muscle synergy의 조절에는 적용하기 어렵다. 협동 근육이란 주어진 운동을 일으키기 위해 잇달아 작용하는 한 묶음의 근육이다. 신장 伸長 반사 stretch reflex, 즉 굽힘근 flexor과 폄근 extensor 간의 관계에 작용하는 게 이러한 협동이다 그림 2-2. 예를 들어 우유팩에 손을 뻗는 동작에 관련된 근육은, 뒤이어 손으로 쥐는 동작이나 척수 회로의 반사 성질에 관련된 근육 묶음과 마찬가지로 하나의 협동근육이다. 하나의 연쇄 운동에 관련된 근육의 수가 증가할수록, 근육 활성화가 확실하게 단결되어 때맞추어 일어나려면 극도로 정확하고 오류 없는 동기화 요소에 더 크게 의존하게 될 것이다.

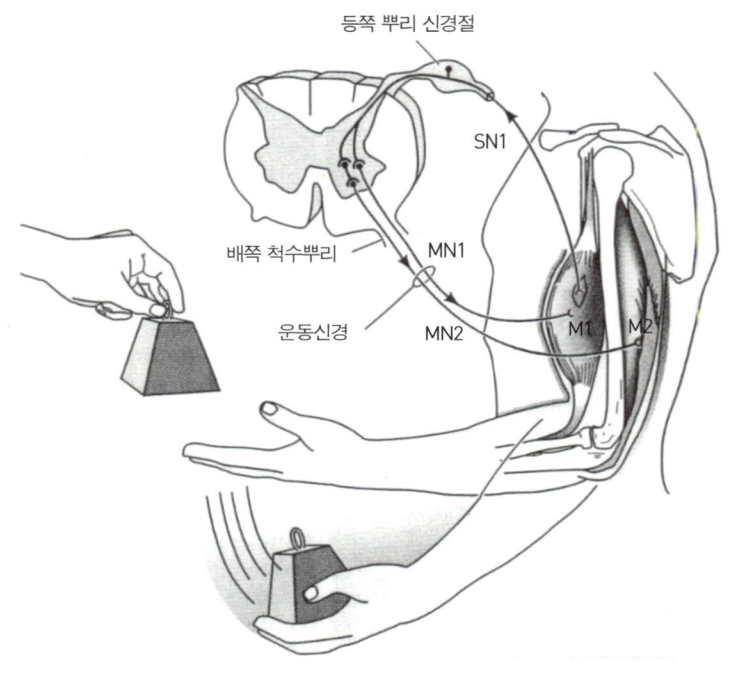

그림 2-2 신장 반사회로의 예. 손에 하중이 걸리면 이두근 굽힘근 안의 신장 수용체는 척수에 신호를 보내 이두근을 활성화하고, 상대 폄근인 삼두근을 억제한다. 그 결과, 가해진 무게와 더불어 팔 위치를 유지하거나 회복하게 된다. 전체적인 반사회로는 척수와 말초 안에 들어 있다. (Rosenzweig 등 1999, 그림 11-10에서.)

이 해결책은 신경계보다는 디지털 컴퓨터에 더 알맞은 것처럼 보인다. 그러나 디지털 체계의 요소들과 달리 뉴런은 아날로그이다. 즉, 뉴런은 반응 성질이 비선형 nonlinear 이어서, 그러한 병렬 처리 기계를 때맞추어 연속적으로 조절할 만큼 활동전위를 시간적으로 정확하게 발화하지 못한다.

이 시점에 분명히 해야 하는 건, 전 시간에 걸쳐 연속적으로 운동을 조절하면 뇌는 지나친 계산적 부담을 지게 된다는 점이다. 이 사실은 운동을 조절할 때 각 근육의 활동을 각각 병렬적으로 통제하든, 여러 근육의 조합을 선택해 이용하든 변하지 않는다. 물론 우리는 실제로 복잡한 운동을 하고, 경우에 따라서는 상당히 자주 한다. 이 논점을 더 파고들기 위해서는 다음 질문을 거쳐야 해결해야 한다.

1. 운동 조절의 차원 문제, 즉 어떻게 하면 순차적인 운동의 질을 크게 떨어뜨리지 않고도 뇌에 대한 엄청난 기능적 부담을 줄일 수 있는가?
2. 잘 확립된 뇌 기능의 어떤 측면이 이 문제를 푸는 단서를 제공할 수 있는가?

시간 해상도 떨어뜨리기

　뇌를 위해 운동 조절의 차원을 줄이기 위한 비교적 간단한 방법은 조절계의 시간 해상도를 떨어뜨리는 것이다. 즉 연속적으로 온라인 상태로 처리하는 부담을 제거하면 된다. 이는 운동 과제의 시간적 연속선 time line 을 작은 단위로 분해하는 방법이다. 이후 조절 장치는 분해된 작은 단위를 조종하면 된다. 이때 조절은 시간적으로 불연속이 될 것이고, 그러한 체계의 작동도 'dt 불연속(discrete) 시간(time) 경과의 간격', 즉 불연속 간격으로 일어날 것이다.

　여기서 중요하게 고려해야 하는 것은 심장이 박동하듯 이렇게 불연속으로 작동하는 박동성 pulsatile 체계가 운동을 조절하면, 그 운동은 연속적 실행의 결과로 매끄럽게 나타나는 대신 일련의 근육 경련이 된다는 점이다. 운동은 본래 연속적이 아니라 불연속적으로 실행된다는 걸 운동 생리학자들이 안 지는 백 년이 넘었다. E. A. 섀퍼 Schafer 는 1886년에 다음과 같이 추측했다.

　　수의근 voluntary muscle 의 수축 곡선은… 수축이 시작될 때와 연속되는 동안 정확한 규칙성을 가지고 서로 이어지는 일련의 파동을 변함없이 보여준다. 보이는 대로라면, 수축을 불러일으키는 수의적 자극에 대한 근육 반응의 리듬을 나타낸다고 해석할 수 밖에 없다… 파동은 뚜렷하게 볼 수 있고 크기와 순위가 매우 규칙적이어서, 1초에 열 번 정도 신경을 자극하면 일어나는 강직경련성 근육 수축의 그래프 기록을 본 사람은 그 곡선이… 수축의 곡선과 유사하다는 걸 추호도 의심하지 않는다.

강직경련성 수축tetanic contraction 혹은 강축tetanus은 근육을 높은 진동수로 자극했을 때 일으킬 수 있는 최대 힘이다. 섀퍼가 깨달은 건 수의근 수축에 8~12Hz 영역에서 분명하게 규정되는 리듬이 존재한다는 것이다. 섀퍼의 최초 보고에 따라 수의운동에 대한 8~12Hz 주기의 현상은 '생리학적 떨림physiological tremor'이라는 이름으로 집중적 연구 주제가 되었다. 1894년 해리스Harris는 팔, 손, 손가락, 혀의 근육들을 포함하는 다양한 근육에서 '수의강축voluntary tetanus' 손가락을 최대한 빠르게 굽혔다 펴거나 발을 자발적으로 최대한 빨리 흔들 때처럼, 한 근육 혹은 협동 근육을 최대 리듬 속도까지 자발적으로 수축시킴의 진동수를 측정했다. 8~12Hz의 불연속성은 그가 연구한 모든 근육에서 관찰되었다.

해리스는 나아가 "단일한 수의근 경련의 평균 속도는 초당 10 또는 11회로, 수의강축의 속도8~12Hz, 즉 초당 8~12회와 동일한 것으로 어림할 수 있는 수치이다."라고 말했다. 본질적으로, 단일한 근육 수준에서 보이는 게 전체적인 운동에 반영된다. 1910년 셰링턴은 슈베르트의 「피아노 사중주 8번」의 스케르초가 약 8Hz의 반복적인 손놀림을 요구한다는 것에 주목했다. 이는 전문적인 피아니스트가 보여줄 수 있는 손가락 운동 속도의 상한선에 가깝다. '라' 음절을 초당 11회 이상 반복할 수 없다는 걸 관찰한 그는 급기야 "동일한 하나의 운동을 반복하는 진동수는 한계가 초당 11회로 설정되어 있는 것처럼 보인다."고까지 말했다.

몇 년 후, 트래비스Travis 1929는 정지 자세에서 출발하는 수의운동은 대부분 생리학적 떨림과 같은 위상으로 출발함을 증명했다. 그는 "대부분의 예에서 수의운동은 떨림의 연장이다…그것은 그 떨림의 리듬을 방해하지 않고…뇌가 결정하는 운동의 멜로디와 조화를 이룬다."고 보고했다. 트래비스는 나아가 반복되는 수의운동의 최대 속도는 생리학적 떨림의 속도를 넘어설 수 없다는 의견을 제시했다.

좀 더 근래의 생리학적 떨림 연구는, 10Hz 리듬 불연속성과 운동 자체의 실제적인 출발 간에 아주 밀접한 관계가 있음을 밝혔다. 겉으로 보이는 운동은 인간이 의도한 운동 방향에 해당하는 생리학적 떨림의 위상에서 반영되기 시작한다는 트래비스의 연구 이후로 더 진척되었다.

1956년 마셜Marshall과 월시Walsh는 실험을 통해 수의운동에서의 생리학적 불연속성은 운동 속도나 팔다리에 부과되는 하중과는 무관함을 알았다. 수의적인 반복 운동의 최대 속도는 근육에서의 생리학적 떨림 속도를 넘어설 수 없지만, 떨리는 리듬의 주기는 변함이 없다. 떨리는 리듬은 운동의 속도나 근육에 작용하는 다른 힘의 유무와 상관없이 존재한다. 지난 15년 동안 생리학적 떨림의 8~12Hz 리듬은 수의운동 도중만이 아니라 자세를 유지하는 동안이나 가만히 받쳐놓은 팔다리에서도 관찰된다는 게 분명해졌다Marsden 등 1984.

최근에 베스베리Wessberg, 발보Vallbo와 동료들1995; Vallbo와 Wessberg 1993; Wicklund Fernstorm 등 1999은 느리고 '원활한' 손가락 운동그림 2-3에서 두드러진 8~10Hz 불연속성을 발견했다. 그들은 이 운동에 기여하는 신장 반사의 잠복기가 운동의 불연속성 타이밍과 일치하지 않는다는 걸 관찰한 후, 이러한 불연속성은 십중팔구 척수를 넘어 뇌 수준에서 발생한다는 의

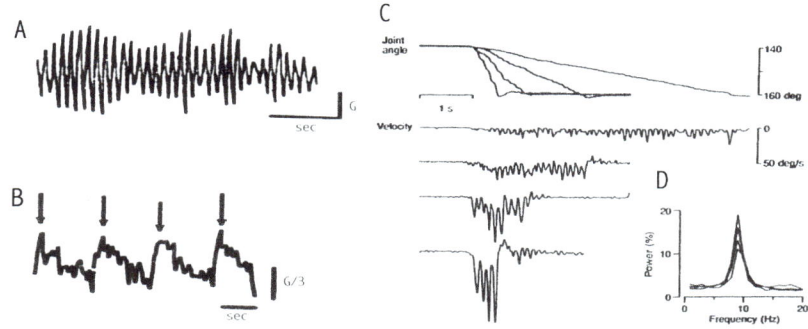

그림 2-3 떨림의 예. A, B: 정상적인 성인의 손목 굽힘과 폄에 대한 기록. 10Hz에서 운동의 리듬이 보인다(Schafer 1886). C: 피험자가 수행하는 여러 속도의 손가락 떨기를 보여주는 표본 추출 기록. 위의 기록은 각변위(angular displacement)를 보여주며 아래 기록은 각속도(angular velocity)에 해당한다. 추적 속도(track speed: 운동 속도의 1차 미분)는 4, 10, 25, 62도/초 (degree/second)였다. D: 위의 네 가지 속도로 같은 피험자를 160회 추적해서 얻은 거듭제곱 스펙트럼(power spectrum). 8~10Hz에 단일한 피크가 있다. (Vallbo와 Wessberg, 1993, 그림 4, p.680에서.)

견을 제시했다 Wessberg와 Vallbo 1995. 신장 반사는 근육섬유와 단편적인 연관 척수회로가 관련된 단순한 부적 否的 되먹임 negative feedback 메커니즘이다. 따라서 근육을 수동적으로 잡아당기면, 이 보완적인 반사가 뒤이어 수축을 일으킨다. 이 반사의 잠복기 신장에서 수축까지를 계산한 결과 그 반사가 위의 연구에서 보이는 떨림 성분들의 타이밍을 설명할 수 없다는 결론을 내릴 수 있었다. 이로부터 베스베리와 발보1995는 이 주기적 성분을 일으키는 원동력이 척수보다 상위의 뇌 구조로부터 나오는 것이 틀림없다는 의견을 제시한 것이다.

N. A. 베른슈타인Bernstein은 40년 전에1967 "운동 기관이 흥분하려

면 리듬을 통한 상호 동기화가 필수적이므로 이 떨림 진동수는 운동 기관 전체나 운동 기관의 주요 요소들이 흥분할 때 리듬 있는 진동이 나타난다는 표식이 아닐까?"라는 질문을 했다.

    수의운동에서 운동의 바탕이 되는 본성은 겉으로 보이는 만큼 원활하고 연속적인 게 아니다. 운동의 실행은 주기가 매우 규칙적인 일련의 불연속 근육 경련이다. 생리학적 떨림은 심지어 정지 상태 능동적으로 움직이지 않고 있을 때에서도 뚜렷하다. 떨림은 운동의 시작이나 움직이는 방향과 밀접한 관련이 있다. 예를 들어 상향 운동은 생리학적 떨림 위상의 상승 국면에서 시작된다 Goodman과 Kelso 1983.

    리듬 있는 불연속성은 무엇을 나타내는 걸까? 그것의 기능적 중요성은 어디에 있는 걸까? 이를 이해하기 위해 불필요한 가설을 잘라내는 절약의 원리 오컴의 면도날를 동원해서 무엇이 그 데이터에 적합하고 단순한 해답인지 알아보자.

    간명하게 설명하려면 운동을 조절할 때 뇌가 감당해야 하는 엄청나게 높은 기능적 부담을 고려해야 한다. 위의 예로 보면 이 리듬 있는 불연속성은 근육 조직 tissue 자체가 타고난 성질은 아니다. 오히려 이 생리학적 떨림은 본질적으로 박동하는 전뇌 forebrain로부터 내려오는 명령을 근골격 수준에서 반영한 것으로 보인다. 높은 계산적 부담을 피하기 위해 조절계가 불연속으로 작동한다면, 박동성은 불연속 체계에 이상적인 성질이다. 운동 조절을 불연속으로 조종하는 것은 기능적 부담을 줄이려는 단계에서는 옳은 방향이다. 하지만 그 모험은 보람도 없이 고르지 못한 운동으로 이어질 수 있다. 주어진 운동의 실행 과정에서 근육 집단이 때맞추어 적절하게 동기화될지 불확실하기 때문이다. 전 시간에 걸쳐 박동 식으로 조절함으로써 뇌의 부담을 덜어주는 것 이외에 어떤 이점이 있는지 알아보자.

운동뉴런은 리듬을 타고 하나가 된다

조절계 control system 는 독립적인 한 운동뉴런 집단에 박동성 입력을 보내 명령계 command system 가 내리는 지시를 실행하기 위한 준비를 시킨다. 그러면 운동뉴런들은 선형적인 반응성의 영역 안으로 균일하게 편향된다 Greene 1972. 박동성 조절 입력은 명령 신호에 대해 균일한 집단 반응을 보이기 위해서 비선형이고 독립적인 뉴런 성분의 집단을 '선형화 linearize' 하는 것이다. 주어진 운동을 위해 소집돼야 하는 운동뉴런은 주로 척수 수준에 분리되어 있다. 박동성 메커니즘은 운동뉴런 활동을 동기화하는 신호로 기능한다.

박동성 조절계는 짧은 운동 가속기간들이 관성 파괴 메커니즘을 제공하므로 신호가 근육의 마찰력과 점성을 극복하고 나아갈 수 있도록 돕는다 Goodman과 Kelso 1983. 눈에 갇힌 차를 앞뒤로 흔들어 끄집어낼 때도 이러한 유형의 운동이 도움을 준다.

마지막으로 주기적 조절계는 입력과 출력이 시간적으로 묶이도록 해준다. 다시 말해서, 이러한 유형의 조절계는 전체로 기능하고 있는 운동 기관에서 감각 입력과 내려오는 운동 명령이 통합되는 능력을 키워줄 것이다.

그렇다면 조절계와 명령계의 차이는 무엇일까? 조절계는 체계의 요소들이 총체적 명령을 실행하는 데 필수적인 알 필요가 있는 명령만을 보낸다 미세조정을 한다. 반면 명령계는 관련된 모든 요소에 총체적 명령을 동시에 내린다 "어떻게 하든 상관없으니, 해 놔." 이 두 체계는 함께 일해야 한다.

무엇을 해야 할지 아무 생각이 없는 사람은 도움이 안된다. 핵심적인 일꾼들이 없으면 완벽한 계획도 미완일 수밖에 없다.

뇌가 하는 일은 분업을 예로 들어 설명할 수 있다. 유일한 차이점은 시간의 틀이다. 뇌는 밀리초 영역에서 작동하므로, 신호가 떨어지자마자 스스로 초점을 재구성하는 민첩함이 필요하다.

지금 당장은 조절계에 초점을 맞추기로 하자. 명령계가 자아 예측의 중심라는 암시는 이미 했고, 그것은 나중에 다룰 것이다.

우리는 방금 운동 조절에서 뇌가 해야 하는 일을 줄이는 방법을 개념적으로 묘사하기 시작했다. 전에는 뇌가 운동을 원활하게 실행시키는 유일한 방법은 온라인의 연속 조종이라고 생각했을지 모르지만, 이제는 그것이 생리학적으로 불가능하다는 걸 안다. 대신 뇌는 집결해 있는 운동 병력들을 박동성의 불연속 신호 조절 휘하에 배속시켰다. 조절의 신호는 생리학적 떨림으로 근골격계에 반영된다. 박동성 조절 입력은 뇌에 계산적으로 부하가 걸리는 걸 막는 역할 외에도, 뉴런, 근육, 혹은 팔다리를 발화든 통합이든 운동이든 어떤 행동을 위한 역치에 가깝게 가져가는 역할을 한다. 운동 기관의 모든 수준에서 독립적인 요소들에 미치는 동기화 효과에 의해서 박동 신호가 불연속으로 작동하면 있을 수 있는 위험은 최소화된다. 전체로서의 운동 기관에는 "리듬을 통한 상호 동기화가 필수적"이라는 베른슈타인의 말을 상기해보자.

운동 조절의 기능적 부담이 어떻게 줄어드는가에 대한 개념적 연구에 들어가기 전에, 다루어야 할 게 있다. 오늘날 우리는 생리학적 떨림, 즉 내려오는 조절 신호_{조절 신호의 본성과 출처는 앞으로 간단히 논의할 것이다}가 근골격 수준에서 반영된 것임을 안다. 하지만 생물 발달 초기 단계에서 보이는 떨림은 단순한 반영이 아니다. 떨림은 근육 조직_{tissue}의 타고난 성질이면서 근육 조직에만 한정된 성질이다_{Harris와 Whiting 1954}. 이 떨림을 운동성의 근원적_{筋原的} 모멘트_{myogenic moment}라고 한다. 발달 과정에서 떨림은 운동뉴런이 근육과 접촉하기 이전에 일어난다_{운동뉴런은 처음부터 근육과 접촉하고 있는 게 아니라 나중에 접촉해서 근육을 움직이게 된다}. 다음 장에서는 떨림이 어떻게 근육으로부터 그것을 자극하는 운동뉴런으로, 그리고 그것을 움직이는 상위 운동뉴런으로 '전달'되고 점점 더 '안쪽으로' 들어가 조절계와 명령계가 되는지를 볼 것이다.

처음부터 말해왔듯이 진화적으로 사고_{思考}는 내면화된 운동이다.

근육, 다발로 묶어 조정하기

뇌를 위한 운동 조절의 차원 줄이기라는 논점으로 다시 돌아가 보자. 우리는 이제 이 조절계가 시간적으로 불연속으로 작용한다는 걸 안다. 불연속 조절계는 정보망이 연속해서 온라인 상태로 있는 데서 오는 부담을 줄여준다는 것도 알게 되었다. 그렇다면, 뇌가 근육을 하나하나 조절하는 대신 집단으로 묶어 한꺼번에 조절하게 하는 것도 도움이 되지 않을까? 근육 집단muscle collective이란 우유팩을 잡는 운동에서처럼 동시에 활성화되는 근육들의 무리이다. 어떤 목적을 성공적으로 달성하는 하나의 근육 집단, 혹은 근육 집단들을 시간적으로 줄 세운 게 협동 근육muscle synergy이다.

뇌가 조절하는 목표 단위가 개별적인 근육이 아니라 근육 집단이나 협동 근육이라면, 그것을 조절하는 뇌의 기능적 부담은 크게 줄어들 것이다. 단일한 근육이 아닌 근육 집단을 조절하면 운동의 자유도degree of freedom 수치가 줄어들 뿐만 아니라 이에 필요한 기초 계산이 단순해진다.

복잡한 반사에 대한 초기 연구들은, 뇌가 개별 근육의 조절을 통해서가 아니라 근육 집단을 통해 운동을 조절한다는 걸 설명하는 데 도움을 주었다. 예를 들어 전정척수반사vestibulo-spinal reflex는 평형을 잃기 시작할 때 자동적으로 체위를 바로잡아 주는 메커니즘이다자전거를 타고 모퉁이를 돌 때는 기울여라!. 이 반사메커니즘은 여러 관절을 포함한 근육의 집단을 활용하며, 다른 많은 척수 수준에서 나오는 운동뉴런들에 의해 자극된다Brooks 1983. 이 반사에서 독립적인 다수의 근육이 어떤 시점이 되면 정형화한 행동을 개시한다stereotyped and time-locked performance는 사실은 분명히 초기 연구자들에게 시사하는 바가 있었다. 근육은 단일한 명령에 의해 활성화되고 단일한 기능적 존재로 조절된다는 뜻이다. 어떤 복잡한 운동을 수행하는 데에는 근육 활동들의 비교적 일정한 결합이 바탕이 된다는 의미이다.

실제로 우리가 하는, 혹은 할 수 있는 모든 운동은 배선된 근육 활동의 정형적 패턴으로 이루어져 있지 않다. 대부분의 복잡한 수의반사와 반대로서의 운동은 서로 다른 근육 조합이 포함되는 수많은 다른 방법을 써서 성공적으로 실행할 수 있다. 예를 들어 우유팩을 왼쪽에서 잡기도 하고 반대쪽에서 잡기도 한다. 유용한 대안이 많다고 해서 근육 집단이 시간과 에너지를 절약할 필요가 없는 건 아니다. 근육 집단과 협동 근육이 운동의 바탕이 된다는 생각은 운동을 조절하는 신경적 조직에 대한 관점을 재조정하는 데 도움이 된다.

이제 근육이 종종 조합으로 사용된다는 것, 고정되거나 배선된 협동 운동은 유일한 법칙이 아니라는 것, 근육 조합은 복잡한 운동을 실행하는 동안 분명히 역동적으로 변화한다 그래야 하므로는 것을 알았다. 조절되는 단위가 개별 근육이 아닌 근육 집단이라는 사실은 운동 조절의 과정에 어떤 역할을 할까? 집단 단위 조절은 복잡한 운동을 진행하는 과정에서 필요할 때에는 조절계가 역동적으로 자신의 형태를 바꾸어 집단을 순간적으로 주조하고, 재빨리 용해시키고, 재배열시킬 수 있어야 한다. 중추신경계는 주어진 운동 과제를 수행하기 위한 수없이 많은 해결책을 가지고 있기 때문에 뇌가 조직한 기능적 협동 근육은 필연적으로 순식간에 해체되는 구조여야 한다. 많은 반사에서는 명백하고 정형적이며 불변하는 근육 활성화 패턴을 쉽게 알아볼 수 있지만 행동 안에서 협동 근육의 활성화 패턴을 알아보기는 쉽지 않을 것이다.

인간의 몸이 근육 집단들의 '과잉완성 over complete' 체계라고 한다면, 조절계가 내릴 수 있는 선택에 어느 정도의 다양성과 융통성이 보장될 것이다. 우유팩을 꺼낼 수 있는 여러 방법을 생각해보면, 과잉완성이라는 개념은 분명해진다. 운동 조절계가 유사한 기능적 협동 근육의 과잉완성된 저장고로부터 선택한 몇 가지 협동 운동이 임무를 합당하게 잘 완수한다면, 이같은 방식은 분명히 조절계의 부담을 줄이고 정확성에 대한 요구나 매번 옳은 선택을 해야 하는 요구를 덜어줄 것이다.

운동의 과잉완성

이 일련의 생각을 계속하기 위해서, 수의운동의 빠른 실행은 작용 형태가 다른 두 가지 성분으로 이루어졌다는 안을 제시할 수 있다. 첫 번째 성분은 운동의 종점 손을 우유팩에 가까이 가져가기을 향한 전방향 먹임의 탄성적 도중에 수정되지 않는 접근 feedforward, ballistic approximation 이다. 여기서는 선행하는 감각 정보만을 사용해서 운동의 출발 궤도를 형성한다 열린 고리 open loop. 다시 말해서, 우유팩에 손을 뻗기 전에 그것을 보는 것 만으로 감각 정보는 전운동 조절계로 곧장 입력 전방향 먹임되어 그 체계가 다음에 취해야 할 적절한 접근 행동을 선택하도록 한다.

두 번째 성분은 운동을 미세 조정한다. 이 성분은 '닫힌 고리 closed loop'를 운영한다. 운동이 실행되고 있는 동안 촉각 단서, 운동감각 단서, 전정 균형 단서, 시각 단서 팩을 찾기들을 사용해서 감각 정보를 다시 입력 되먹임함으로써 운동을 다듬을 수 있다는 의미이다. 되먹임 미세 조정 덕분에 우리는 실수로 냉장고 문이나 케첩 병을 건드리더라도 손을 뻗는 동작의 궤도를 수정할 수 있다. 그리고 일단 우유 팩을 잡은 후에는 알게 된 무게와 미끄러운 정도를 기초로 동작을 조정할 수 있다. 이러한 이유로 전방향 먹임 조절을 예측적이라고 하는 반면, 되먹임 조절은 반사적이라고 할 때도 있다.

그린 Greene 1982 은 복잡한 수의운동에서 전방향 먹임 성분의 바탕이 되는 협동 근육은 다양한 근접 추정치 ballpark estimate 로부터 선택된다는 의견을 내놓았다. 근접 추정치는 요구되는 종점에 근접할 수는 있지만 정확하게 도달하지는 못한다. 이러한 도식에서 되먹임 조정을 해야 하는 운동의 크기는, 전방향 먹임의 기여로 요구되는 종점에 도달할 수 있는 정확도에 반비례한다. 주어진 운동 과제를 위해 더 적합한 협동 근육을 선택한다면, 전방향 먹임 성분에 의해 생겨난 편차를 조정하는 데 필요한 후속 노력의 양이 줄어들 것이다. 그러나 오직 하나의 협동 근육만 요구되는 운동 종점에 근접할 수 있다면, 잘못된 선택을 했을 때는 운동을 조정하며 많은 수정을 가해야 할 것이다. 하지만 앞에서 말했듯이, 과잉완성 덕분에 요구되는 운동에 참여할 협동운동들은 많이 있기 때문에, 절대적으로 정확하게 선택할 필요성은 줄어든다. 선택이 근접 추정치 안에 들어 있는 한, 전방향 먹임 방식으로 운영해서 저축한 여력으로 되먹임에 소요되는 후속 노력을 보상해 줄 수 있다.

마지막으로, 운동계가 선택권 저장고의 오염을 방지하기 위해 무의미하거나 제대로 적응하지 못한 근육 집단을 골라버린다면, 운동 조절 문제의 차원은 더 줄어들 수 있다. 무의미한 협동 근육은 운동을 종점으로 가게 하는 되먹임 조정의 기회를 얻기 힘들기 때문에 운동계에 많은 양의 작업을 추가로 부과한다. 쓸모 있는 협동 근육을 선택하려면 운동계를 의미 있는 근육 집단 쪽으로 치우치게 하는 타고난 메커니즘이 필요하다.

3장에서 뇌의 예측 능력이 어떻게 진화로부터 일어났는가를 살펴보면, 근육 집단에도 심오한 의미가 있다는 사실이 명백해질 것이다. 마치 예측은 한 곳에서만 일어나야 하는 것과 같다.

지금까지의 요약

운동의 조절과 뇌의 예측 성질 간의 긴밀한 관계를 더 깊이 들여다보기 전에, 지금까지를 요약해 보기로 하자.

뇌가 예측을 수행해야 하는 두 가지 근본적인 이유를 논의했다. 첫째, 행동적 수준에서 활발하게 움직이는 모든 생물은 외부 세계와 의미 있는 방식으로 상호작용하기 위해 예측 능력을 가져야만 한다. 둘째, 지능과 활발한 운동을 통해 외부 세계와 빠르게 상호작용하지 않는다면, 그 생물의 삶은 필연적으로 지금보다 더 위험해질 것이다.

예측은 이 단계에서 감각운동 이미지의 형성 formation, 사실상 공식화 formulation, 즉 외부 세계의 맥락화 contextualization 에 의해 일어난다는 걸 이해했다. 듣기, 보기, 만지기와 같은 감각 메커니즘이 보고하는 외부 세계의 성질들은 무엇이 올 것인가에 대한 내부 전운동 이미지를 참조한다. 이어서 내부 세계와 외부 세계의 이러한 비교에 대한 해답이 구체화된다. 즉 적절한 행동이 취해지고, 운동이 이루어진다. 이 과정에 의해 극적인 전이가 일어난다. 무엇이 올 것인가의 내부 이미지가 외부 세계로 구현되는 '승격 upgrading' 이 일어나는 것이다.

또한 예측 성질에 의해 형성된 전운동과 감각운동 이미지들이 단일한 구조로 이해되려면, 예측이 집중되어야만 한다는 걸 알게 되었다. 이는 사실상 인지적 결합 cognitive binding 의 문제이다. 인지적으로 결합된 단일 구조를 공식화하는 신경 메커니즘은, 눈을 감아라, 벌레가 온다고 말하는 잠재의식적 감각운동 이미지를 단일 구조로 만들어내는 메커니즘과 동일하다.

뇌가 예측에 의해 작용해야만 하는 두 번째 이유는, 에너지를 보존하여 운동 조절의 엄청난 부담을 덜기 위해서이다. 운동은 그것이 실행되는 동안에는 원활하고 연속적으로 보이지만 사실은 연속적이지 않다는 게 분명해졌다. 운동은 줄곧 불연속으로, 박동으로, dt 미리보기 기능 간격으로 만들어지고 조절된다. 이 고도로 주기적인 조절 신호는 근육 안에 8~12Hz의 생리학적 떨림으로 반영된다. 이 떨림은 움직이는 동안과 정지해 있는 동안에도 일어난다. 이 박동성 전운동 조절 신호는 연속된 온라인 상태로 유지되지 않기 때문에 소모되는 시간과 계산적 부담을 줄인다. 그리고 운동 기관의 모든 요소를 동기화함으로써, 요소들 모두가 명령 신호를 듣고 단일 구조로 주어진 운동을 때맞추어 실행할 수 있게 하는 역할도 한다.

뇌가 조절을 위한 목표 단위로 개별 근육 대신 근육 집단을 사용하여 시간을 절약한다는 것도 보았다. 기능적 협동 근육들이 과잉완성된 저장고가 있어서 빠른 수의운동의 출발 단계를 선택할 수 있다. 때문에 대가가 비싼 되먹임 조절을 최소로 유지함으로써 계산 에너지는 더 보존된다. 조절계는 운동 종점에 상당히 근접하는 기능적 협동 근육을 많이 가지고 있다. 따라서 그 체계에 특정한 기능적 협동 근육의 활성화를 강요하지는 않으므로 시간을 벌어준다. 마지막으로, 운동계는 가장 효과적으로 임무를 완수할 수 있는 협동 근육만 고려함으로써 계산 부담을 더 낮춘다.

지금까지 논의한 모든 것으로부터 공통적인 실마리를 찾을 수 있다. 뇌가 예측을 하려면 공을 제대로 때리기 위해 시간과 공간 안에서 테니스 라켓을 움직일 때처럼 초점을 빠르고 극적으로 재구성할 수 있어야 한다. 그런 의미에서 생각해 볼 때, 뇌는 어느 시점에서나 '오직 이 순간에 무엇을 아는 것이 중요한가 what-is-important-to-know-at-this-moment-only'를 기초로 작용한다는 게 분명해진다. 실제로 선택의 여지가 없다. 뇌는 다른 일을 할 시간이 없는 것이다!

유사한 방식으로 뇌는 실재 묘사기, 즉 의식 경험 생성기로 작용한다. 외부 세계의 재구조물을 이음매 없이 흐르는 꿈과 같은 영화로 건네주기 위해서, 뇌는 영원히 앞을 내다보고 있어야 한다. 불연속적인 시점에 초점의 방향을 조정하면서, 불연속 시간 간격을 건너뛰는 와중에 그 모든 조각을 한데 모아야 한다. 그러므로 예측은 쉽게 해체되는 빠른 초점 재구성의 원동력임을 알 수 있다. 뇌가 무언가 알 혹은 사용할 필요 때문에 협동 근육을 소집하고 부린 다음 해산시키는 방식과, 의식 수준에서 초점이 다시 구성되는 방식은 동일하다. 운동과 인지를 위해 서로 다른 전략을 사용한다면, 그것은 이상한 뇌인 것이다. 이 장 마지막 절의 목표는 어째서 그러한가에 대한 수수께끼를 푸는 것이다.

겁쟁이 뉴런

지금까지 배운 것들을 가지고 현미경의 배율을 키워 좀 더 자세히 들여다 보자. 운동 조절계가 어떻게 일을 하는지, 즉 실제로 어떻게 전 시간에 걸쳐서 불연속으로 운동을 조절하는지 알아보아야 한다. 거기서부터 의식의 본성과 발생 역시 시간적으로 불연속이라는 사실을 이해할 수 있을 것이다. 그러나 신경 회로가 어떻게 실제로 예측을 할 수 있다는 건지를 먼저 이해해야 한다.

20년 전, 안드라스 페요니스 Andras Pellionisz와 나는 신경회로가 어떻게 예측을 하는지를 알아내려고 애썼다 Pellionisz와 Llinás 1979. 우리가 도달한 결론은, 뇌는 각각의 신경세포들 간에 존재하는 전기적 행동의 차이를 이용해서 예측을 한다는 것이다. 어떤 뉴런은 자극에 매우 민감한 반면 어떤 뉴런은 덜 민감하므로, dt 미리보기 기능은 신경회로에 의해 테일러급수 전개 Taylor Series Expansion 라는 수학적 기능과 유사한 과정을 통해 주어질 수 있을 것이다 테일러급수란 한 점에서 그 함수의 미분값의 합들로 그 함수를 표현하는 것이다. 신경전압 펄스의 순간적인 변화율(즉 미분값)의 무한 수열의 합으로 외부 상황을 인식한다는 관점에서 미분 dt를 테일러 급수와 유비관계로 언급. 이는 우리가 내내 논의해 온 dt와 똑같다. 이것은, 매우 민감한 뉴런은 주어진 신호가 완전히 수습되기도 전에 반응함으로써 '출발신호보다 먼저 뛰어나가거나' 신호를 예견하고 싶어 하는 경향이 있을 거라는 의미이다. 이 뉴런은 자극이 얼마나 센지를 측정하는 대신 자극이 얼마나 빨리 변화하는가에 반응한다. 이 '겁쟁이 Nervous Nelly' 뉴런은 자극의 변화

속도에 반응함으로써 수학적 미분과 유사한 무엇인가를 이행한다. 즉, 외부 세계에서 변화하고 있는 게 무엇이든 그것보다 더 빨리 반응한다.

오늘날 컴퓨터 프로그램은 뉴런이 뇌 안에서 하는 일과 매우 유사하게 주식시장의 주가 변동을 예측하기 시작했다. 감시하던 주식 가격이 일정한 속도로 떨어지기 시작하자마자, 프로그램은 팔라는 명령을 이행한다. 어찌 된 일인지 확인하려고 기다리지 않는다. 그 경향이 역전되면 다시 주식을 산다. 여러 대의 컴퓨터가 서로 다른 주식들을 감시하면서 이러한 연산을 빠르게 수행하고 있다면, 그로 인해 돈을 벌 것이다. 가격이 아니라 가격의 변화 속도에 반응하는 것이다. 프로그램이 아주 적은 이윤밖에 낼 수 없다 해도 이 작은 이득은 누적된다. 더 중요한 것은 이러한 운영 방식은 결코 우리를 파산시키지 않는다는 점이다.

나란히 놓여 있는 여러 대의 컴퓨터가 각각 외부 세계에서 일어나는 한 사건의 서로 다른 측정치를 동시에 취하고 있다고 상상해보자. 일부는 빠르게, 일부는 중간 속도로 외삽外揷, extrapolating, 즉 알고 있는 자료를 근거로 추정을 하고, 마지막 일부는 그 사건을 실시간으로 측정한다면, 그 사건이 실제로 완료되기 전에 컴퓨터는 가상의 결과를 재건할 수 있다. 이것이 dt 미리보기 기능이다. 바로 신경회로가 하는 일이다. 곤충이 들어와 앉기 전에 눈을 감는 것은, 곤충이 접근하는 속도를 어림해 볼 때 그것이 아주 빠른 시간 안에 열린 눈으로 착륙할 거라는 외삽에 의해서이다. 그 결과, 눈은 곤충이 도달하기 전에 닫힌다.

테니스를 할 때에도 같은 메커니즘이 작용한다. 내가 라켓을 휘두르는 건 내가 공을 보는 시간에 실제로 그 공이 있는 위치를 향해서가 아니라

라켓이 도달했을 때 공이 있으리라고 외삽하는 위치를 향해서이다. 앞에 있는 차가 속도를 줄이기 시작하자마자 가볍게 브레이크를 밟을 때처럼, 현재에서 약간 더 미래로 들어가는 시간에 일어날 사건을 고려할 때도 똑같은 메커니즘이 작용한다고 추론할 수 있다. 우리는 모든 것이 특정한 방식으로 계속된다면 곧 어떤 사건이 일어나리라고 추정함으로써 미래를 계획한다. 더 먼 미래를 계획할수록 실수할 가능성은 높아진다.

신경회로가 이렇게 dt 미리보기 과정을 수행한다는 게 놀랍지만, 이러한 기능은 뇌가 어떤 일을 더 잘하거나 더 빨리 해보려고 만들어낸 발명품이 아니다. 오히려 이것은 예측적 방식으로 작용해서 전운동 이미지들을 만들어내도록 뇌를 진화시킨 자연선택의 유전流轉에서 나온다. 이 미리보기야말로 뇌가 자신이 할 일, 즉 우리가 변화하는 매 순간마다 외부 세계와 협상을 벌일 수 있도록, 가능한 빠르고 효과적으로 실재를 묘사하고 곧 흩어지는 일을 뒤처지지 않고 계속할 수 있게 하는 유일한 방법이다.

뇌는 어떻게 실재를 묘사하고, 어떻게 마음상태를 만들어낼까? 우리는 뇌가 어떻게 운동을 만들어내고 조절하는지에 대한 이해를 더 진전시켜야 한다. 1장에서 뉴런의 전기긴장성electrotonic: 전류를 통했을 때 신경, 근육에 일어나는 긴장을 통한 결합과 진동, 공명 상태의 발생에 관해 대략적으로 논의한 것을 기억해보자. 그러한 개념들은 박동과 협동을 바탕으로 하는 운동의 조직을 이해하는 기본이 된다.

불규칙적인 떨림

잠시 1장으로 돌아가 그레이엄 브라운의 중요한 연구를 떠올려보자. 브라운은 운동계의 활동이 반사론이 아닌 자기참조를 기반으로 해서 조직된다고 보았다. 반사론적 관점에는 운동의 실행이 외부 세계로부터 도달하는 감각 단서에 의해 추진된다 되어야만 한다는 생각이 있었다. 반대로 브라운은 운동의 실행이 중추 신경회로에 의해 추진된다는 의견을 제시했다. 즉 회로의 기능적 성질이 적절한 활동 패턴을 만들어냄으로써 신체가 조직된 운동에 들어가도록 '의지를 전달한다'고 했다. 이 관점을 자기참조적 self-referential 이라고 하는 이유는, 외부 세계로부터 일어나는 정보는 충분히 조직된 운동 행동을 일으킬 수 있지만, 생리학적으로 운동을 발생시키는 데 필수적인 것은 아니기 때문이다. 브라운은 진행 중인 운동의 조정에는 감각 입력이 필수적이지만 운동의 발생에는 감각 입력이 필요치 않음을 증명했다 그림 2-4. 이 논점은 수의운동의 두 가지 기본적인 조절 성분과 다시 관련된다. 내부에서 발생하는 최초의 전방향 먹임 성분 feedforward component 은 실행 도중에 감각의 되먹임을 요구하지 않는다. 후자의 되먹임 성분 feedback component 은 수의운동을 미세 조정하기 위해 주변에 감각 입력을 요구한다.

브라운의 연구에 따르면, 이것은 메커니즘의 문제이다. 반사나 감각 입력이 아니라면 도대체 무엇이 중추회로의 심장부로부터 원동력을 제공하여 조직된 운동을 만들어낼 수 있다는 것일까? 이 질문에 대한 답은 서서히 밝혀지고 있다. 하지만 운동 조절의 체계를 이해하는 데 자기참조적으로 접근하는 방법은 뉴런의 본질적 진동과 발생에 반드시 필요한 특정

그림 2-4 적절한 외부 자극 없이 유발되는 자기참조적이고 정형적인 행동 패턴의 예. 작은 연못에서 홍관조가 먹이를 찾아 수면으로 떠오른 송사리에게 먹을 것을 주고 있다. 여러 주가 넘도록 새는 물고기들에게 먹이를 주었다. 아마도 그 새의 둥지가 파괴되었기 때문일 것이다. 자기의 새끼들을 잃어버리자, 어쩔 수 없는 어미의 본능에 부적절하게 반응하고 있었던 것이다. 즉, 자신의 새끼와 유사한 자극(벌리고 있는 작은 입들)을 보자 타고난 정형적 행동(고정행위패턴(fixed action patterns))이 유발된 것이다. 이 행동은 유전적으로 결정된 것으로, 환경적 자극과의 복잡한 상호작용을 보여준다. 네덜란드의 동물행동학자인 니코 틴베르헌Niko Tinbergen은 척추동물에서 그러한 행동을 일찍이 연구한 사람들 중 하나다. (『Animal Behavior』, N. Tinbergen, New York: Time Inc., 1966에서.)

이온 흐름들이 발견됨으로써 추진력을 얻었다 Llinás 1988.

뉴런의 진동 행동은 운동 기관이 하나의 전체로 조직적으로 작동하는 것과 관련이 있음을 분명히 해야 한다. 걷기나 긁기 운동에서, 그리고 생리학적 떨림과 같은 불수의적인 리듬 운동에서 보듯이 진동 행동은 분명하고 리듬 있는 활동을 일으키는 바탕이 되거나 최소한 그것과 관련이 있다. 떨림과 수의운동 유발과의 관계를 생각하면 근육에서 보이는 8~12Hz의 주기적 활동은 박동을 통해 척수보다 상위에서 불연속적으로 작용하는 운동 조절계를 반영한다는 걸 알 수 있다. 나아가 이 체계는 운동 기관의 요소들을 하나의 전체로 동기화시키는 것으로 보인다. 동기화의 도움으로 여러 가지 전운동 신호들이 조합되어야 의미 있는 운동이 생겨날 수 있다 그림 2-5. 운동에 통제력을 발휘해야만 하는 갖가지 뉴런 경로들은 분명 광범위한 전도 속도 신경 신호 속도를 가지고 있을 것이다. 이를 고려할 때, 이 조절계가 비연속적으로 작동한다는 건 놀라운 일이다. 최종 운동에 기여하는 여러 신경 요소들 하나의 운동과 관련된이 다른 요소들과 동시에 활동을 일으킬 시간을 생리학적으로 미리 통지받을 수는 없기 때문에 조절계는 시간을 재는 장치를 가지고 있어야 한다. 이 장치는 불규칙하게 일어나는 많은 사건들 중에서 우리가 선택하고자하는 특정한 사건을 제대로 선택할 가능성을 높여준다. 시계나 시간을 재는 장치의 핵심이 바로 진동하는 주기적 행동이다.

      조절계가 운동 조절 신호들을 동기화시켜서 운동이 조직되고 신속한 방식으로 실행되도록 하기 위해서는 중심에 있어야만 한다 근육이나 척수에는 살지 않는다. 척수는 리듬 운동을 유지할 능력이 있는 것 이상 머리가 잘리고도 18개월을 돌아다녔다는 콜로라도의 '머리 없는!' 수탉 마이크도 척수는 남아있었다이지만, 척수 혼자 힘으로 지시된 운동을 조직해서 일으킬 방법은 없다. 중앙 시계장치는 진동하는 뉴런 행동과 더불어 진동하는 집합체 ensemble 행동 여기저기 있는 한두 개의 뉴런으

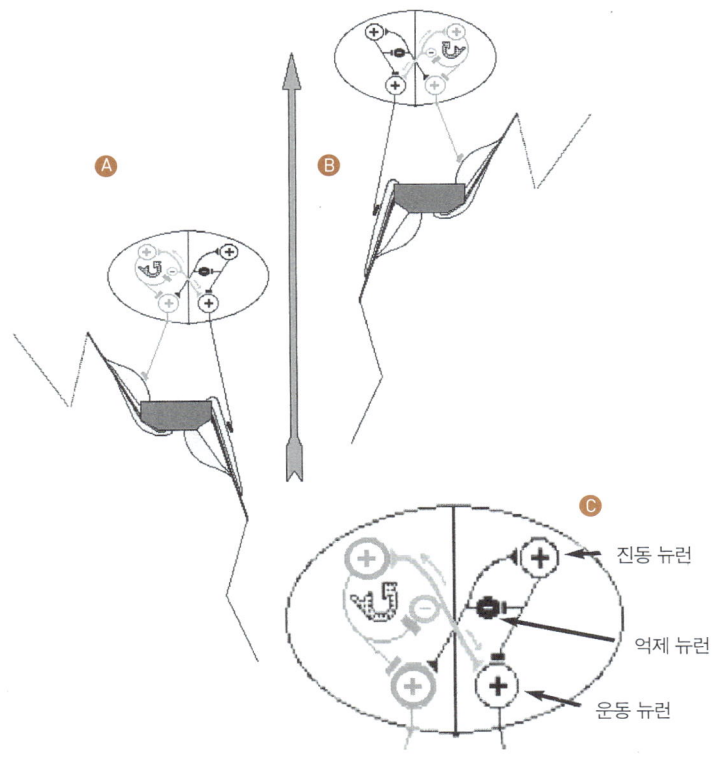

그림 2-5 반씩 짝지어진 중추(half-paired center). 지시된 운동(directed movement)의 바탕이 되는 정형적 진동 행동은 이 그림과 같은 회로에 의해 추진된다. 왼쪽 팔다리에 있는 굽힘근에 분포하는 운동뉴런을 자극하면 동시에 오른쪽 팔다리에 있는 상대편 운동뉴런이 억제된다. 반대로 오른쪽 운동뉴런을 자극하면 동시에 왼쪽 운동뉴런이 억제된다. 교대로 짝지어지는 이 자극과 억제는 신경축의 더 높은 곳에 자리잡고 있는 운동발생중추(central pattern generator)에 의해 조절된다. (발표되지 않은 R. Llinás의 그림.)

로는 조직된 운동 실행의 시간을 맞추기에 충분치 않다도 보여주어야 한다. 운동 자체와 명백하고 깊은 연관이 있어야 하는 것은 물론이다.

아래올리브, 우리 몸의 메트로놈

아래올리브핵inferior olivary nucleus; IO과 같은 여러 중추 뉴런 집단핵은 운동 협응movement coordination에서 기본적인 역할을 한다. IO 뉴런의 경우 축색들이 무리를 지어 신경 섬유 다발을 형성하여 소뇌로 어울려 들어간다 그림 2-6. 소뇌는 대뇌의 뒤쪽에 위치하며 운동 협응을 조절한다. 아래올리브 말단으로부터 소뇌피질의 주요 뉴런들로 가지를 뻗음으로써 생겨나는 섬유들을 푸르키니에 세포Purkinje cell라고 한다. 이는 뇌 안에서 가장 큰 신경세포이다. 오름섬유climbing fiber라 불리는 IO 축색의 말단은 푸르키니에 세포에서 가지를 치고 있는 수상돌기손가락 모양의 투사로 또 한 면을 이루는 위를 향해 기어오른다 그림 2-6. 수상돌기dendrite는 다른 뉴런으로부터 입력을 받는다. 앞서 말했듯이 대부분의 운동 조절 처리는 소뇌에서 일어나며, 척추동물 중추신경계에서 가장 강력한 시냅스 입력의 일부인 오름섬유는 운동 조절에서 중요한 역할을 한다Eccles 등 1966. 푸르키니에 세포가 소뇌의 목표 뉴런을 억제하기 때문이다Ito 1984, p.61. IO나 오름섬유가 손상되면 운동의 타이밍과 3차원 공간에서 운동의 정확한 타협에 당장 심각한 손실을 일으킨다. 즉, 타이밍도 틀리고 배치도 틀린다. IO가 타이밍에서 중요한 역할을 하기 때문에 이 체계가 손상된 동물은 새로운 운동 행동을 학습하는 데 문제가 생긴다Welsh 등 1995; Welsh 1998. 하지만 이는 현대의 일부 과학자들이 믿듯이, 소뇌가 운동을 학습하는 자리라는 의미는 아니다.

　　　　IO 세포의 축색은 소뇌 오름섬유의 기원이 된다그림 2-6. 그러한 세포로부터 얻은 세포내 기록intracellular recording 4장을 보라은 이 세포에서의 막전위 전압transmembrane voltage이 자발적으로 진동한다는 것 8~12Hz에서을 증명했다. IO 세포는 활동전위극파를 1~2Hz초당 극파 수의 진동수로 발화한다Llinás 1981. 매 진동마다 발화하는 건 아니지만, 발화할 때는 파동의 정점에서 일어난다. 그러한 IO 활동은 고립된 현상이 아니라 많은 종에 걸쳐 보이는 현상이다.

　　　　오늘날 우리는 IO 세포가 활동전위를 리듬 있는 방식으로 발화한다는 것을 안다. 이 진동 발생의 기초가 되는 막 전도도membrane conductance의 복잡한 상호작용이온 흐름에 관해서도 많은 걸 알게 되었다. 이 리듬 있는 활동을 재생적 발화regenerative firing라고 한다. 그러한 활동을 하는 세포들은 세포로 전해지는 흥분을 일으키는 입력이 없어도 활동전위들을 생성할 수 있기 때문이다Llinás와 Yarom 1981a, b.

　　　　서로를 전기적으로 탐지하는 많은 세포에서 동시에 일어나는 전기 활동의 패턴이 오름섬유에 의해서 소뇌피질의 푸르키니에 세포와 운동을 추진할 수 있는 소뇌핵 안의 세포로 전해진다고 상상해보자그림 2-6 위를 보라. 소뇌가 운동 협응 조절의 대부분을 처리하는 신경 영역이라는 점을 기억한다면, 우리는 운동의 조절을 위한 타이밍 신호에 더 가까워지고 있는 것이다. 여기서의 논점은, 우리가 움직이지 않을 때조차도 아래올리브의 진동

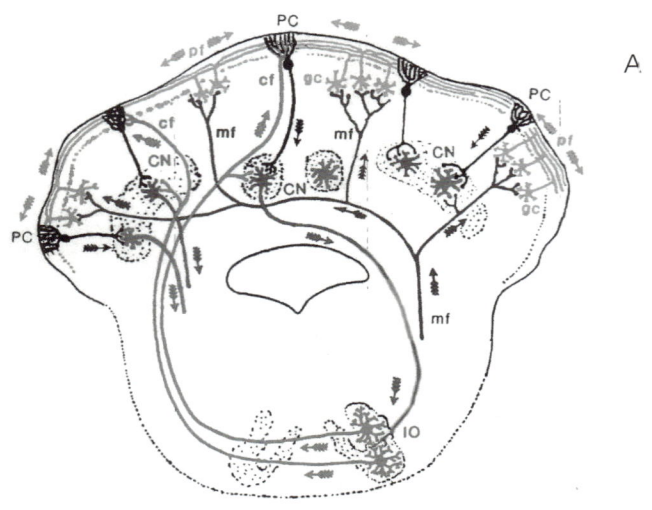

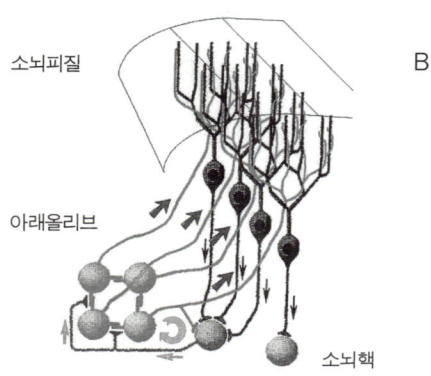

그림 2-6 A: 아래올리브(IO)와 소뇌피질, 소뇌핵(CN) 간의 연결을 보여주는 회로도. (Llinás 1987, 그림 23-5에서 수정.) B: IO─소뇌─CN 고리의 세부도. IO의 오름섬유 축색은 푸르키네 에 세포 위에서 끝나는 반면, 푸르키네 세포 축색은 CN으로 투사되어 CN에서 끝난다. CN 세포 는 그것의 축색을 차례로 IO를 향해 다시 투사한다. (Llinás와 Welsh, 1993, 그림 1에서 수정.)

은 10Hz에 가까운 떨림을 초래한다는 것이다 Llinás 등 1975. 이 약간의 운동 생리학적 떨림은 악기 연주를 배울 때 메트로놈이 하는 것처럼 시간 운동에 도움을 준다. 흥미롭게도 10Hz보다 더 빨리 움직일 수 있는 사람은 없다.

이 대목에서 베른슈타인의 말을 한 번 더 인용하는 게 좋겠다. "운동 기관이 흥분하려면 틀림없이 리듬을 통한 상호 동기화가 필수적이므로 진동수란 운동 기관 전체나 운동 기관의 주요 요소들이 흥분할 때 나타나는 표식이 아닐까?" Bernstein 1967.

우리는 생리학적 떨림에 관해 논의했고, 그것이 근골격 수준에서 중추적 타이밍 메커니즘을 반영한 거라고 추측했다. IO의 해부학적 구조와 기능의 연구는 모두 협응 운동의 발생을 위해 요구되는 IO가 전운동 신호들의 리듬 있는 편성을 위한 타이밍 메커니즘으로 작용하고 있다는 생각과 일치한다. 그러나 그 증거는 아직 맛보지 못했다. 떨림을 쫓아 뇌까지 들어왔으니, 다시 그것을 쫓아 내려갈 수도 있을 것이다.

표 2-1에 자세히 설명했듯이, 떨림에 대한 IO의 관계를 나타내는 강력한 과학적 증거가 존재한다. 중요한 하나의 질문은, 수의적인 리듬 운동을 수행할 때 IO가 리듬 있게 활동하는가 하는 것이다. 우리는 수의운동의 시작이 떨림의 위상과 높은 연관성이 있다는 걸 안다. 한 연구에서는, 마취되지 않고 자유롭게 움직이는 쥐가 혀를 박동하듯이 내미는 동안 푸르키니에 세포 활동을 여러 개의 미세전극으로 동시에 기록하여 깨끗하고 확실한 IO의 활동 패턴을 관찰하였다 Welsh 1998. 여기에서 자세히 다루진 않겠지만, 이 발견은 박동하는 운동 조직이 전체적으로 리듬 있는 IO의 출력과 충분한 관련이 있으리라는 생각에 상당한 힘을 실어준다 Smith 1998; Welsh 1998.

표 2-1

하르말린(Harmaline)

하르말린이라는 특별한 약물은, 아래올리브(IO)에 직접 투여하면 아래올리브 뉴런의 막 전위 진동을 강화시켜 아래올리브 뉴런을 강력한 10Hz의 동기적 발화 상태로 고정시킬 수 있다. 하르말린을 체계적으로 투여하면 근육의 리듬 있는 활성화를 몸 전체에 퍼뜨린다. 이 현상은 매우 강하고 정형적인 10Hz의 떨림으로서 관찰된다(Villablanca와 Riobo 1970; Lamarre 등 1971; de Montigny와 Lamarre 1973). 하르말린 처리를 한 후 세포 내 기록을 보면 고도로 반복적이고 리듬 있는 활동이 단일한 올리브 세포에 나타난다. 푸르키녜 세포 수준에서 반영되는 이 활동은 10Hz 떨림과 시간이 일치하고 장시간 기록해도 내내 그 상태를 유지한다(그림 2-7), (Llinás와 Volkind 1973; Llinás 1981). 아래올리브를 실험적으로 파괴하자, 하르말린을 투여해도 행동적 떨림은 없었다(Llinás 등 1975).

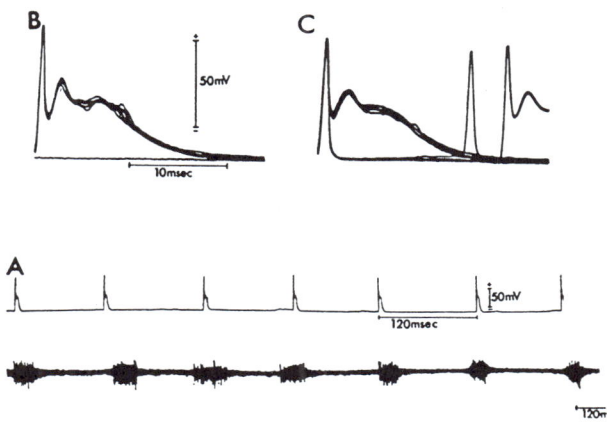

그림 2-7 하르말린의 체계적 혹은 국소적 적용은 아래올리브에 10Hz의 동기적 발화를 일으킨다.

올리브소뇌, 운동 조절을 위한 뉴런집합

　우리는 상당한 시간을 들여서 운동 조절이라는 논점에 초점을 맞추었다. 지금쯤 마음이 어떻게 진화로부터 일어났는지를 향해 가는 탐험에서 상당히 멀리 표류한 것처럼 보이겠지만, 사실은 훨씬 더 가까이 왔다. 계속해서 나아가기 전에, 뇌가 어떻게 운동을 조절하는가에 관해 배운 것들을 요약하기로 하자. 마음의 진화에 대한 생리학적 하부구조를 향해 돌진하는 동안, 지금부터 말하는 개념과 원리들이 필요할 것이다. **뇌가 조직된 운동을 조절하는 것으로부터 마음과 그 본성이 발생했다.**
　전 시간에 걸쳐서 뇌가 운동을 연속적으로 조절하고, 근육 하나하나를 동시적이지만 독립적으로 조절한다면, 뇌 안의 모든 뉴런들이 활용하더라도그러지도 않지만 생리학적으로 지탱할 수 없는 기능적 부담을 지게 된다. 대부분의 운동 처리는 소뇌와 관련해서 들어오고 나가는 체계에 의해 다루어진다. 따라서 운동 조절은 운동 출력을 가능한 모든 운동 중에서 가장 적합하면서도 작은 부분집합으로 제한조절하는 과정으로서 이끌어야 한다. 그러한 최적화는 엄청나게 많은 계산을 단순화하는 뉴런 기능의 원리로부터 태어나야 한다.

지금까지 논의한 것을 미루어 볼 때, 이 최적화와 단순화 과정은 줄곧 불연속일 것이다. 그리고 그러한 박동성 조절의 표적은 기능적인 근육 집단들, 즉 연쇄 운동의 주어진 한 측면을 위해 함께 일하도록 '기대'되거나 미리 결정된 협동 근육이 될 것이다. 박동성인 이 조절은, 자주 작용해서 가속 과도기를 최소화함으로써 운동에서 덜컹거림을 원활하게 다듬어야 한다. 마지막으로 이 조절은 유연해야 한다. 즉시 조절의 형태를 바꾸어, '오직 이 순간에만 사용할 필요가 있는need-to-use-this-moment-only' 협동 근육들을 조합 및 재조합해서 충당할 수 있는 거의 무한한 능력이 있어야 한다. 조절계의 그러한 능력은 연쇄적인 수의운동 도중에 소집되고 버려지는 근육 배치의 유동성을 시간적으로 똑같이 반영해야 한다.

생리학적인 관점에서는, 올리브소뇌 체계가 운동 조절을 최적화하고 단순화할 수 있는 뉴런 집합의 제1후보임을 확실히 명하고 있다. 올리브소뇌 체계는 시간적으로는 박동성이고, 공간적으로 빠르고 역동적으로 자기를 재구성한다.

분할된 시간의 단편이 명확히 계산될 수 있어야 예측이 가능하다.

이 작은 시간의 조각들이 명확해야만 필요할 때 그것을 적절하게 작동하고 조절할 수 있다. 우리는 짧은 보폭으로 운동을 만들어내기 때문에 모범적인 진동 운동은 잘 조절할 수 있다. 확실치 않을 때 일정량 이상의 운동을 투입하지 않는다. 이것을 조심스럽게 혹은 자신 없이 움직이기 moving cautiously or tentatively 라 한다. 그러한 운동 전략이 생존에 항상 도움이 되는 건 아니다. 권투선수는 100ms 안에 주먹을 날릴 수 있다. 주먹이 오는 걸 보지 못하면 피할 수 없다 자신 없이 피하는 건 대안이 아니다. 그렇다면 '주먹이 오는 것을 본다'는 건 무슨 뜻일까? 상대의 어깨가 앞쪽으로 움직이고 있다면 200ms 후에 주먹이 따라오리라는 걸 알아야 한다는 뜻이다. 권투에는 빠른 예측과 빠른 실행이 필요하다는 점에서 주식 투자와 닮은 점이 있다. 둘 다 정보 입력을 근거로 한 예측과 시간적으로 긴밀하게 공조하는 실행을 보여주는 예다.

  이 모든 것은, 심지어 냉장고에서 우유팩을 꺼낼 때조차도 중요하다. 우리가 우유팩의 무게를 잘못 판단해서 무거운 줄 알고 힘껏 팩을 들어 올리다가 어이없이 냉장고 윗칸을 때리는 일이 종종 일어나는 걸 보면 알 수 있다.

i of the vortex

3

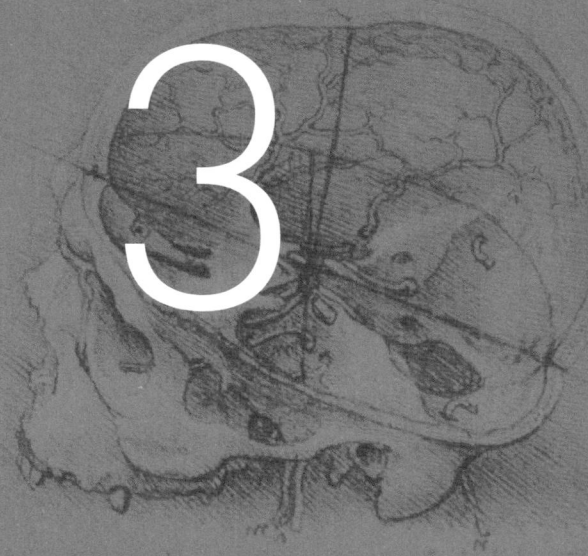

움직임과 생각의 출현

원뿔 반사거울에 비친 나비의 일그러진 사진, 런던과학박물관 과학과 사회 사진도서관, 1848.

뇌, 세계와 신경계의 중계자

오늘날의 과학은 통합보다는 고립된 분석 성향이 강하다. 신경과학의 연구도 예외는 아니다. 흔히, 뉴런과 그것이 엮어낸 그물망의 성질을 객관적으로 서술하는 선 이상으로는 손을 뻗지 못한다. 분자 수준으로부터 정신물리 수준까지 이음매 없이 이어지는 분석의 필요성을 믿는 우리와 같은 사람들은 이 광범위한 접근법이 감각계의 연구에 이용되어 왔음을 깨닫고 기운을 얻는다.

일반적으로 시각계visual system에서는 눈의 기하학적 성질과 빛을 굴절시키는 성질이 광파의 파면을 상image으로 변환함으로써 진화의 모든 수준에서 시각계가 구성되기 위한 맥락배경이 형성된다고 본다. 통합을 지향하는 이 경향은, 다른 감각 기관에 관한 사고에도 반영된다. 오늘날의 관점에 의하면, 속귀 안의 달팽이 코르티기관에 속한 기저막그림 3-1의 공명 성질은 소리를, 전정기관에 속한 반고리관들의 공간적 배열은 머리의 각가속도angular acceleration를, 각각 신경적으로 표상하는데 필수적인 좌표계를 제공한다는 것이다. 그러나 말초 감각계로부터 멀어져가면서, 각 수준의 분석이 궁극적으로 얽혀 들어가야 하는 전체적인 맥락에 대해서 불분명해 진다. 그러므로 이 장에서 나의 목표는 맥락에 따른 분석의 시도와 뇌의 이해하는 능력이 어떻게 조직 구조의 진화와 긴밀하게 연관되어 있는지를 설명하는 것이다.

1장과 2장에서 활발하게 움직이는 모든 생물에게 예측 능력이 없어서는 안 된다는 걸 보았다. 따라서 중추신경계는 필수이다. 그러한 생물은

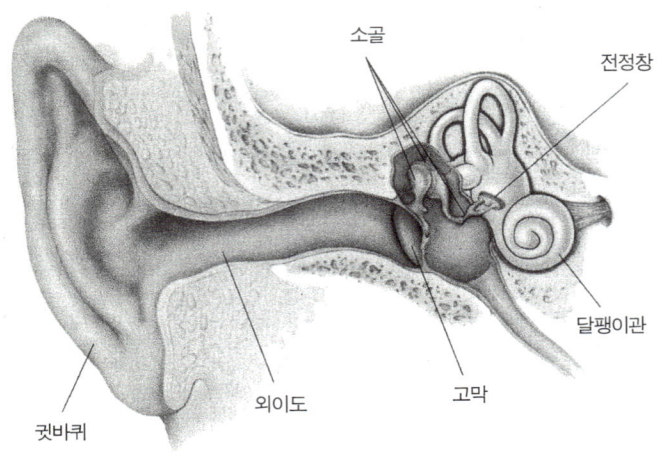

그림 3-1 바깥귀, 가운데귀, 그리고 달팽이 코르티기관이 들어 있는 속귀를 포함한 청각계의 그림. (Bear 등 1996, 그림 11-3에서.)

뚜렷한 전략을 가지고, 단순하지만 무자비한 자연선택이 지배하는 세계에서 자신이 활동하는 결과를 내부적으로 참조해야 한다. 외부 세계를 참조하거나 이해하는 방법은, 감각관련 성질이나 외부 세계에 존재하는 '보편성'을 내부에서 만들어지는 감각운동 이미지와 나란히 놓고 기능적으로 비교하는 것이다. 2장에서는 감각운동 이미지가 뇌의 본질적 성질을 통해 발생한다는 것과, 그러한 성질은 운동 실행을 위해 재빨리 근육 협동운동을 조직해서 적용하는 성질과 모든 면에서 유사하다는 것에 대해 알아보았다. 순식간에 모였다가 흩어지는 뉴런 활동의 기능적 패턴인 전운동 구조는, 자신이 하는 운동의 결과를 판단하기 위해서 외부 실재를 묘사해야 한다.

이 외부 세계의 성질, 즉 보편성은 어떤 식으로든 뇌의 기능적 작업이나 뉴런 회로로 유입embedding되어야 한다. 그러한 내면화, 즉 보편성을 내부 기능 공간으로 유입하는 건 뇌 기능의 정수 중 하나이다.

그렇듯 복잡하고 순간적인 실체를 생리학적 관점에서 서술할 수 있을까? 대답은 '그렇다'이다. 이 장에서 나중에 그렇게 할 것이다. 이 시점에서는 뇌의 기능적 기하학functional geometry을 참고함으로써 그 과정을 시작할 것이다.

뇌는 실제로 아무 것도 계산하지 않는다. 계산이 앨런 튜링Alan Turing의 디지털 '범용 컴퓨터universal computer'를 특징짓는 0과 1의 연산 처리를 의미한다면Turing 1947; Millican과 Clark 1996. 우리의 실재 묘사기는 주로 조정되고 통제된 운동성을 위한 선행조건으로서 작용한다. 방법은, 다가올 사건의 예측 이미지를 만들어서 생물이 그에 따라 반응하거나 행동하게 만드는 것이다. 그러한 이미지는 행동이나 목적 있는 행위를 위한 계획 기반으로 작용하는 전운동 주형이라고 생각할 수 있다. 모든 살아 있는 형태에서 의식이 생겨나는 기초라고 생각할 수도 있다.

뇌는 어떠한 진화 흔적도 없이 미지의 장소로부터 존재로 그냥 튀어나온 게 아니다. 나면서부터 이미 나머지 신체가 가진 만큼, 뇌도 자신의 복잡한 구성에 대한 선험적 명령을 지니고 있을 것이다. 뼈, 관절, 근육이 무엇이고 각각의 역할이 무엇인지는 태어날 때부터 신체의 기하학적 구조 안에 새겨져 있다. 우리는 또한 태어날 때, 가소성plasticity이라는 특질, 즉 순응적이도록 미리 설계된 생물학적 요인을 변화시킴으로써 우리가 사는 세계의 환경에 적응하는 능력을 소유한다. 인간의 언어는 좋은 일례이다. 인간은 발달 과정에서 몇 년이 가도 들려오지 않는 음소들은 머릿속에서 지워버림으로써, 인간의 음소를 알아들을 수 있는 선천적인 능력을 갈고 닦는다 Kuhl 등 1997; Kuhl 2000. 이 과정에서 다른 언어에 대조되는 것으로 인간 언어를 습득하는 능력을 향상시킨다. 그러나 명심할 것은, 가소성은 분명히 규정된 제한조건 안에서만 일어날 수 있다는 점이다. 2장에서 보았듯이, 우리는 아무리 훈련하고 노력해도 10Hz보다 훨씬 빠른 운동은 할 수 없다 Llinés 1991. 특정한 운동으로 근육량을 크게 늘릴 수는 있지만, 몸 안에 있는 개별적인 근육 섬유들의 수는 바꿀 수 없고 오직 근육의 부피를, 그것도 어느 선까지만 늘릴 수 있다. 이 규칙은 뇌에도 적용할 수 있다. 즉, 신경계의 본질적 구성은 가소성과 학습을 통해 강화될 수 있지만 미리 정해진 점까지만 그럴 수 있다.

그렇다면 궁금할 것이다. 뇌의 지각 성질이 다시 학습될 수 없다면, 처음에는 어디에서 어떻게 생겨날까? 물론 진화를 통해 생겨났다. 예를 들어 태어났을 때의 시각계를 보면 신경계 기능의 타고난 능력을 실제로 자세히 관찰할 수 있다. 시각적 상에 어떤 의미를 지정하는 능력은 빛이 망막을 때리는 순간부터 영장류를 포함한 대부분의 동물에게 존재한다 Wiesel과 Hubel 1974; Sherk와 Stryker 1976; Ramachandran 등 1977; Hubel과 Wiesel 1979. 이는 우리를 신경학적인 선험 명제 a priori의 개념으로 데려간다. 이는 임마누엘 칸트 Immanuel Kant 1781 시대 이래로 철학적 논점이었으므로, 기본 개념 자체는 전혀 새로운 게 아니다. 오늘날의 유일한 차이점은, 우리가 신경세포와 뇌의 기능적 성질에 대해 알기 때문에 이전까지 인식론적 관심사였던 신경학적 선험 명제라는 논점을 발달적, 계통 발생론적인 관심사로 받아들일수 있다는 점이다.

뇌가 어떻게 예측적인 감각운동 표상을 이용하고, 이어서 보편성의 집합을 추출하고 유입해서 외부 세계를 표상하게 되었는가 하는 깊은 질문들을 향해 들어가기 전에, 뇌는 감각에 의해 조정되는 닫힌계라는 논점을 제기해야 한다. 기억할지 모르지만, 열린계란 환경으로부터 받은 복잡한 입력을 반사적으로 처리한 다음 다시 외부 세계로 돌려보내는 계이다.

이 관점을 논리적으로 연장하면, 중추신경계는 날 때부터 빈 서판tabula rasa에 가까운 배치로 되어 있을 수 있다. 그렇다면 중추신경계는 기본적으로 학습하는 기계가 되어야 한다. 이 관점은 아직도 널리 스며 있고, 신경망neural network이라는 과학의 지류에 의해 가장 지지를 받는다. 또한 이 관점은 실제로 결과가 매우 현실적이어서 중요한 제어 기법을 더해주고 전자산업에도 커다란 영향을 주었다. 그러나 이 접근법은 다른 응용분야에서는 유용한 반면, 신경계 자체의 실제적인 기능에 관해서는 거의 아무 것도 설명해주지 않는다. 게다가 서로 다른 종들 간에도 일정한 기능을 하는 신경계 영역이 분명히 존재한다는 관찰에는 대답할 말이 없다. 그런 점에서 신경과학자들은 종 안에서와 종들 간에서까지 나타나는 표현형phenotype: 관찰 가능한 물리적 특성의 기본적 유사성이 뉴런 기능과 관계가 있다고 믿는다. 따라서 이 분야의 연구자들은 뇌 구조가 유전적 결정론의 통제 하에 있다고 가정하므로 빈 서판 개념에서는 멀어져 있다.

한편 닫힌계 가설closed-system hypothesis; Llinás 1974, 1987은 주로 조직이 본질적인 이미지를 만들어내는 방향으로 맞물려 돌아가는 자기활성화계self-activating system를 옹호한다. 1장에서, 시상피질계의 주어진 특성상 외부 세계로부터 오는 감각 입력은 그 순간에 이미 존재하는 뇌의 기능적 성향, 즉 내부 맥락을 통해서만 중요성을 얻을 수 있다는 걸 보았다. 따라서 자기 활성화계는 꿈꾸는 상태나 백일몽 나중 장에서 논의에서 일어나는 것처럼, 실재 입력이 없는 상태에서조차 실재를 묘사하는 묘사적인 표상이나 이미지를 생성하는 능력이 있어야 한다. 이로부터 아주 중요한 결론을 끌어낼 수 있다. 기능의 본질적 질서가 뇌의 기본적인 핵심 활동을 대변한다는 것이다. 이 핵심 활동은 감각 경험을 통해, 그리고 외부 세계 혹은 내부에서 발생한 이미지나 개념에 대해 반응한 운동 활동의 결과를 통해 조정될 어느 점까지! 것이다. 이러한 관점에서 감정 emotion 은 내부에서 발생하는 본질적 사건의 훌륭한 예라고 볼 수 있다. 그 자체로 원시적 형태의 전운동 주형을 보여주는 훌륭한 예이기도 하다. '화를 참아라!' 에서처럼 흔히 감정이 행동으로 드러나는 걸 억제하는 운동 억압 motor suppression 또한 운동 영역의 일부로 간주할 수 있다면, 그러한 주형은 진화된 척추동물일수록 더 뚜렷하게 나타나기도 한다. 이 논점은 이어지는 장들, 특히 8장에서 더 철저하게 다루어질 것이다.

우리의 가설로 돌아가자. 즉 닫힌계로서의 중추신경계는 진화 시간을 거치면서 처음에는 감각계와 운동계 간의 단순한 연결 관계를 다루는 뉴런 그물망으로 발달되었음에 틀림없다. 신경계가 진화함에 따라, 신체를 묘사하는 좌표계에 의해 발생하던 제약들이 신경계 안의 기능 공간 속으로 서서히 유입되었다. 이로부터 생물은 자신의 몸에 관해 활동에 의존해서 대부분의 새끼 동물이 보여주는 놀이 행동—사실은 내부 기능 공간 성질들의 진정한 탐색—에서처럼 자연스럽게 이해하게 되었다. 이러한 이해가 목적 있는 운동의 선행조건이라는 데에는 누구나 쉽게 동의할 것이다. 나아가 몸의 여러 측면에 관해 유전적으로 선택된 선행조건들과 마찬가지로, 신경계 안의 기능 공간 속으로 좌표계를 유입하는 일 역시 유전적으로 서서히 결정되었다Pellionisz와 Llinás 1982. 철저한 다윈론에 의하면 신경학적 선험 명제는 척추와 무척추 계통발생론에 따라 수억 년 세월 동안 발달되었음을 볼 수 있다. 여기서 이 책 첫 절의 포괄적인 메시지가 나온다. 즉, 인지란 단지 하나의 기능 상태인 것이 아니라, 뇌의 본질적 성질이며 신경학적 선험 명제이기도 하다고 간주할 수 있다. 인지하는 능력은 학습될 필요가 없다. 단지 특별한 인지의 내용content은 우리 주변의 특별한 것에 특정하게 연관되어 있는 상태로 학습되어야만 한다.

뇌로 유입되는 세계

이제 뇌가 어떻게 해서 외부 세계의 성질들을 유입하게 되었는지, 이를 어떻게 수행하는지, 이 현상이 마음처럼 놀라운 기능 공간을 생성하는 것과 어떤 진화적 관계가 있는지를 살펴보는 일로 돌아가자.

뇌가 어떻게 외부 세계의 성질과 신경적으로 생성된 외부 세계 성질의 표상 간의 엄청난 차이를 중재하는지에 관한 일반적인 생각에서 시작하자. 한때 알았던 누군가의 얼굴을 그린다고 가정해보자. 편의를 위해 내 그림 솜씨가 상당히 좋다고 하자. 원하는 작업을 성공적으로 실행하는 데 연관되어야 하는 수많은 입출력 뇌 사건들을 생각해보자. 운동을 섬세하게 실행하기 위해서는 내가 가지고 있는 그 사람의 내부 이미지, 즉 외부 세계에서 일어나는 감각 입력으로부터 뇌가 형성했던 이미지를 재생 외면화해야 한다. 뇌 안에 있는 기능 공간의 어떤 본성이 그러한 내부 이미지를 구축하고 평가한 다음 외면화할 수 있게 하는 것일까? 모든 내부 이미지의 외면화는 운동, 즉 그림, 말, 손짓을 통해서만 실행될 수 있다. 여기서 강조해야 하는 것은, 사실적인 것이든 추상적인 것이든 뇌에게 무언가를 이해시키려면 세계 안에서 움직여서 감각이 유도하는 경험을 바탕으로 외부 세계를 조작해야 한다는 점이다. 길게 논의했던 전기긴장성 결합과 진동을 통한 결합이라는 개념으로부터 어떻게 내면화 과정, 즉 '유입'이 일어날 수 있었는지를 설명해보겠다.

여기 좋은 예가 있다. 심장은 어떻게 진화했을까? 처음엔 불분명하지만 해답은 아주 간단하다. 단세포 운동성을 조직화하는 진화 과정을 통해 거시적인 운동성이 나온 것이다. 기계론적으로 말해서, 단세포들의 생체 전기적 성질을 조정하자 단세포들이 모여 하나의 '체계 system'가 발생했다는 뜻이다.

단세포 운동성은 수축성 기관 contractile machinery을 자극함으로써 유도된다. 흔히 생체막에 걸린 이온 농도 차를 원동력으로 하는 세포 표면의 본질적인 전압 진동이 수축성 기관을 리듬 있게 조정한다. 실험실에서도 낱개의 심장 세포들을 접시 위에서 키워 저절로 뛰도록 만들 수 있다 DeHaan과 Sacks 1972; Mitcheson 등 1998을 보라. 심장 단세포들이 일단 서로 닿으면, 한 세포가 다음 세포에 전기긴장적으로 결합되면서 함께 뛰기 시작하는 것이다. 이 단계에서 보이는 게 수축의 파동이다. 이 파동은 전류에 대한 전압의 비, 즉 임피던스impedance가 맞추어진 연결망으로부터 힘을 얻어 성립된다. 이렇게 생겨난 껍질이 맞접혀 주머니 혹은 심방들이 만들어져 가므로, 수축성은 공간에 고르게 등방성으로 분포되지 않는다. 주머니에 가해진 기하학적 형태는 수축하는 세포 껍질을 단순한 수축 파동이 아닌 하나의 펌프로 변형시킨다. 단세포의 운동성과 본질적인 진동 성질은 특이한 위상학적 재조직을 통해 연결망으로 진동성질들을 결합시킴으로써 하나의 거시적인 사건을 만들어냈다. 이는 모든 운동 유형의 기초이며, **뇌의 조직과 기능은 진화를 통한 운동성의 유입에 기초한다**Llinás 1986을 참고는 우리의 논의에 큰 영향을 미칠 것이다.

최초의 떨림

일반적인 뇌 구성 전개를 잘 예시하는 사례로 연골어류 상어의 경우를 생각해보자. 상어의 배아는 산소가 통하는 알껍데기 속에서 발달한다. 발달 중인 배아의 조직에 산소가 골고루 분산되려면 알 안쪽에 있는 액체 난형질가 계속해서 움직여야 하므로, 배아는 사인곡선을 그리며 리듬 있게 진동한다. 여기서 우리가 알게 되는 아주 중요한 점은, 이 발달 단계에서는 운동이 신경계 활동에 의해 이루어지는 게 아니라는 사실이다 Harris와 Whiting 1954. 근육조직으로 구성되고 리듬 있는 운동을 하는 근육세포들은 아직 각각의 운동뉴런에 의해 자극될 필요가 없다! 그렇다면 근육이 어떻게 작동하는 것일까? 이 발달 단계에서 근육세포들은 모두 전기적으로 결합되어 있다Blackshaw와 Warner 1976; Kahn 등 1982; Armstrong 등 1983. 심장이 아니라는 점만 빼면이것은 한 마리 동물이다 위에서 언급한 심장의 예와 매우 유사하다. 이런 방식으로 결합되어 있으므로 한 근육 세포의 수축을 일으키는 전기적 신호는 세포에서 세포로 빠르게 확산된다. 그리고 그 동물 전체 수준에서 보이는 리듬 있는 진동이 완성된다. 이 운동은 순전히 근육세포 자체에서 생겨나므로, 이 사건을 운동성의 '근원적' 단계myogenic stage라고 한다Harris와 Whiting 1954. 운동성의 근원적 단계는 여러 가지 중요한 생리학적 기능에 영향을 미친다. 예를 들면, 바다 속에서 그 동물이 나아가는 궁극적인 진행 운동 방향을 구성하기 시작한다.

다음 발달 단계에서는 아주 중요한 기능적 변형이 일어난다. 척수가 목표 근육을 향해 여행하거나 '이주' 하는 운동뉴런의 축색을 내보내기 시작하는 것이다. 이 시점에서 운동뉴런들도 전기긴장적으로 결합된다O'Donovan 1987; Walton과 Navarrete 1991; Mazza 등 1992; Kandler와 Katz 1995. 자라나는 축색이 목표 근육 세포에 접촉하여 분포하기 시작하면 전기화학적 시냅스2장에서 말했던를 형성하고 동시에 근육세포는 전기적으로 결합된 상태를 마감한다Armstrong 등 1983. 이것이 근원적으로 유도된 운동성의 종말이다. 여기서 알 수 있는 건 진동 운동을 만들어내는 능력이 근육세포에서 척수 내부로 옮겨갔다는 사실이다그림 3-2. 근육 덩어리의 운동성이 척수 뉴런 회로의 연결망과 본질적인 전기적 성질 안으로 유입되었다는 뜻이다. 이것이 **신경적 운동성**neurogenic motricity이라고 알려진 단계이다.

따라서 신경적 운동의 임피던스는 근육의 성질과 밀접하게 대응된

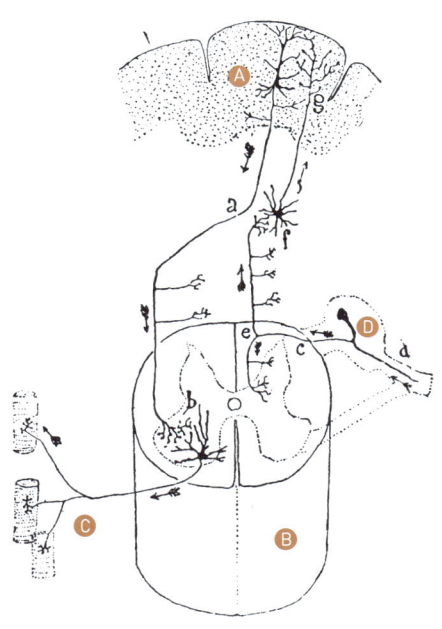

그림 3-2 체성감각이 입력되고 대뇌피질에서 수의운동을 자극하는 중추 경로의 그림. A: 대뇌피질. B: 척수. C: 척수 운동뉴런으로부터 입력을 받는 근육섬유. D: 말초로부터 배근신경절(dorsal root ganglion)을 거쳐 들어오는 구심성 섬유(afferent fiber). (Ramón y Cajal, 1911, 그림 27에서.)

다역동적 성질이 같다. 결론은, 동물의 외부 성질이 뇌 안에 내면화되기 시작했다는 것이다. 운동뉴런은 체계의 더 윗부분인 뇌간이 시점에는 역시 전기긴장적으로 결합되어 있는이 운동뉴런과 시냅스 연결을 시작할 때까지 전기긴장적 결합을 유지한다Armstrong 등 1983; Bleasel과 Pettigrew 1992; Welsh와 Llinás 1997; Chang 등 2000.

그때 운동뉴런의 전기긴장적 결합은 풀리지만 체계의 윗부분은 전기긴장적 결합을 유지한다. 이 발달 단계에서 운동뉴런은 전기긴장적 결합이 풀리게 되는 것 외에도 정해진 근육 집단의 활성화와 특정한 관계가 없는 신경계의 다른 부분들로부터 시냅스 입력을 받기 시작한다. 이렇게 추가된 입력은 동물의 전신 운동에 더 많이 관여하면서 전정계를 끌어들인다. 전정계란 운동성의 전신적 성질들에 관해 운동 신경망^{따라서 근골격계}에게 정보를 주는 평형기관이다. 내가 똑바로 헤엄치고 있을까, 아니면 거꾸로 헤엄치고 있을까? 그것은 동물이 지구 중력이나 중력에 수직으로 운동하는 관성적 결과와 같이 자신의 몸보다 큰 좌표계를 고려하여 ^{상하좌우를 '생각' 해서} 자신의 운동성을 조직하도록 돕는다. 그런 다음 대뇌화^{encephalization: 뇌의 형태나 연결망과 같은 성숙된 측면의 형성}가 등장한다. 몸이 긴 동물은 저항이 최소인 경로를 따라, 즉 장축 방향으로 움직이는 경향이 있다. 이로부터 차례로 가장 흔한 운동 방향, 말하자면 전진 방향이 등장한다. 전진 방향이 정해진 동물은 주위 환경에서 새로운 것과 마주칠 때 다른 쪽 끝보다 앞쪽 끝을 통해서 더 자주 마주치게 된다^{당연히 다른 쪽 끝은 자연적으로 도태되는 경향이 있다}. 앞쪽 끝이 후각이나 시각과 같은 원거리 수용 감각계를 배치할 가장 적절한 위치가 되는 건 당연한 결과다. 입도 이 지휘 선단에 있게 되고, 여기서 뇌와 더불어 머리가 발달한다. 외골격, 즉 두개골은 뇌를 보호하는 범퍼의 역할을 하게 된다. 같은 맥락에서, 다시 마주치고 싶지 않은 소화의 산물은 뒤쪽으로 배출된다.

감각의 메아리

그러므로 우리는 운동성의 성질이 내면화되고 있음_{문자 그대로 짐승이 자력갱생하고 있음!}을 본다. 그것은 외면적인 운동성이 안으로 도입되었음을 설명하는 유일한 길이다. 이 방법에 따르면 중추신경계의 위쪽에서 운동을 끌어당긴다. 바깥쪽으로부터 성질을 취하여 즉시 안쪽으로 끌어들이는 체계이다. 이 성질은 본질적 진동 성질과 전기적 결합을 통해 신경축을 타고 끌려 올라가 대뇌화 중인 뇌 안으로 들어간다. 그래서 우리가 새로이 얻게 된 것은 무엇일까? 생각하는 능력, 그것이 운동의 내면화로부터 일어나게 된 것이다. 이는 1장에서 생각이란 가능한 성공적 운동 전략의 수가 늘어나면서 태어난 중추적 사건이라고 언급한 바 있다. 남아 있는 문제는 생각이 운동을, 단순히 신체 부위의 운동이나 외부 세계에 있는 사물의 운동 뿐만 아니라 지각이나 복잡한 개념의 운동도 표상하는가이다.

운동성의 유입은 실제로 어떻게 달성되며, 왜 그것을 알아야 할까? 아마도 이것이 어떻게 달성되었는지 혹은 달성되는지를 이해하는 과정에서, 우리는 자신의 본성에 관해 알게 될 것이다. 내면화의 메커니즘은 스스로 사고를 처리하는 방식, 마음의 본성, 경험에 의한 학습의 본성과 매우 밀접하게 관련되어 있기 때문이다. 또한 내면의 메커니즘은 본질적으로 진동하는 전기적 성질을 활성화하고 전달함으로써 운동성을 유입하기 때문이다. 운동뉴런은 본질적으로 발화 *fire* 하고, 근육은 리듬 있게 수축한다. 그리고 근육과 관절 안의 수용체는 운동에 반응하여 운동뉴런이 운동을 제대로 만들어냈는지, 그 운동이 신체 좌표계에서 어떤 방향인지를 운동뉴런에게 다시 알려준다. 다시 말해 운동뉴런을 자극하면, 감각의 메아리를 얻는다. 그 메아리는 운동 명령에 대한 신체의 반응과 어떤 식으로든 관련되어 있는 것으로 보인다. 실제로 발달 도중의 배아는 작은 간질 발작과 다름없는 여러 차례의 근육 떨림을 일으킨다 Hamburger와 Balaban 1963; Bekoff 등 1975. 이는 은유가 아니다. 간질 활동은 종과 개인을 넘어 보편적이고 사회적이며 환경적인 요인과 무관하다는 점에서 모든 기능 상태 중 가장 원시적인 것에 속한다. 이런 점에서, 기침이나 재채기와도 약간 비슷하다.

협동운동과 신경회로의 이중주

머리화cephalization: 머리 발달의 상향 행진은 배아 발달, 즉 개체 발생 ontogeny에서 뿐만 아니라 더욱 더 느리게 계통 발생 phylogeny에서도 볼 수 있다. 예를 들어, 칠성장어 성체의 계통 발생 단계는 운동뉴런이 전기적으로 결합된 신경적 운동성의 단계이다 Ringham 1975; Christensen 1976; Shapovalov 1977; Batueva와 Shapovalov 1977; Batueva 1987]. 따라서 칠성장어의 운동성 이 경우 헤엄은 심장의 운동성처럼 본질적인 뉴런 활동이나 이 뉴런들이 전기적으로 결합되어 있는 방식과 관련이 있다. 왔다 갔다 하는 움직임은 한 벌의 심장박동과 같다. 뉴런은 근육을 움직이고, 근육은 동물이 지나가고 있는 지형의 울퉁불퉁함을 고려 단순히 경험하여 뉴런에게 바깥 세계에 관해서 메시지를 돌려준다. 일테면 그 동물이 뚫고 헤엄치는 해류나 기어가는 바닥의 변화에 관해.

여기서 결정적인 진화적 요점이 드러난다. 운동을 발생시키는 자산을 운동 패턴 발생장치와 구분하는 것이다. 전문화된 패턴 발생장치 운동뉴런과 그것의 연결망는 스스로의 조합적 성질에 의해서 훨씬 더 복잡한 유형의 운동성을 만들어낼 수 있다. 예를 들어 걷기를 근육 자체의 본질적 성질에만 맡겨둔다면, 우리는 그렇게 멀리 가지 못할 것이다. 걷기 위해서는 걸음걸이와 관련하여 적절하게 엇갈리는 협동근육에 조화롭고 리듬 있는 원동력을 주기 위해 척수 신경회로의 본질적 성질이 필요하다. 심장은 저절로 뛰지만 그 본질적 리듬의 주기를 조정하는 것은 뇌간인 것과 비슷하다.

내부 세계의 변환적 출력

지금쯤 독자는 진화가 어떻게 세포생물학적 규칙들을 적용하여 외부 세계의 성질을 신경계 조직 구조의 본성 자체로 유입시켰는지 감을 잡았을 것이다. 다음 단계는 이 유입 과정이 신경계 기능에서 어떻게 재현되는지를 알아보는 것이다. 오늘날 뇌 연구에서 가장 중요한 논점은 아마도 외부 세계에 있는 보편성을 내부 기능 공간으로 내면화 혹은 유입하는 문제일 것이라고 지적하면서 이 장을 시작했다. 이제 내부 기능 공간 internal functional space이란 무엇이고, 뇌가 닫힌계로서 작동한다고 할 때 그것은 어떻게 작용해야 하는지 이야기해보자.

한 유기체가 외부 세계와 성공적으로 타협하기 위해서는, 신경계가 감각 입력을 거쳐 도달하는 외부 세계의 보편성을 신속하게 다룰 수 처리하고 이해할 수 있어야 한다는 걸 알았을 것이다. 처리된 정보는 이어서 잘 실행되는 운동 출력으로 전환되어 외부 세계로 다시 전달되어야 한다. 생리학적으로가 아니라, 개념적으로 무정형인 감각 입력과 운동 출력 간의 변환 영역이 바로 내부 기능 공간이다. 이 공간의 성질과 외부 세계의 성질이 같지 않다는 건 분명하지만, 그래도 운동 출력이 유용하게 표현되기 위해서는 연속성이 있어야만 한다. 뉴런으로 구성된 내부 기능 공간은 외부 세계의 성질을 표상해야 하므로 어떤 식으로든 그것과 준동형이어야 한다. 번역가가 자신이 번역하는 서로 다른 두 언어 간에 개념적인 연속성을 유지하면서 작업해야 하는 것처럼 내부 기능 공간 역시 개념적 연속성을 지켜야 한다.

그렇다면 내부 기능 공간은 어떻게 작동할까? 이제 감각에서 얻은 외부 세계의 성질과 뒤이은 운동 출력 간에 준동형의 연속성을 제공하기 위해서는 이 공간의 번역적 translational, 사실은 변환적 transformational 성질이 무엇을 도와주어야 하는지 물어야 한다. 그것은 내부 세계와 외부 세계 좌표계 간의 차이, 그리고 지각과 실행 간의 연속성이 어떻게 존재할 것이고 존재해야 하는가를 묻는 진지한 질문이다. A. 페요니스 Pellionisz와 나는 십 년이 훨씬 넘는 연구 기간에 걸쳐 일련의 논문에서 이 질문을 언급했다 Pellionisz 와 Llinás 1979, 1980, 1982, 1985를 보라.

감각운동 변환이 좌표계와 무관하다는 사실을 직관적으로 아는 데 도움이 되는 예는 다음과 같다. 그리기의 예 그림 3-3로 돌아가자. 이번에는 내가 한때 알았던 사람의 얼굴을 두 가지로 변형해서 그려보자. 첫 번째 변형은, 적절한 크기의 데생용 목탄으로 어깨와 팔꿈치 관절을 주로 써서 커다랗게 그리는 것이다그림 3-3 A 왼쪽. 두 번째 변형은, 팔뚝을 단단히 고정시키고 손가락만을 움직여서 얼굴을 그리는 것이다그림 3-3 A 오른쪽. 이 그림은 첫번째 그림보다 훨씬 작을 것이다. 다음엔 사진기술로 크기를 보정해서그림 3-3 B 두 그림을 겹친다그림 3-3 C. 두 얼굴은 놀랍도록 비슷할 것이다물론 내가 그림을 잘 그린다면! 그림 3-3은 유명한 화가의 작품이다. 이 예가 말하는 건 무엇일까? 얼굴의 내부 표상은 전적으로 다른 감각 좌표계와 운동 좌표계를 써서 외면화할 수 있다는얼굴을 표상하는 내부 벡터는 좌표계와 무관하게 운동 실행 공간으로 변환된다는 것이다. 이는 뇌의 텐서tensor 성질좌표계와 상관없이 하나의 벡터를 다른 벡터로 변환해주는이 감각운동 변형에서 작용한다는 분명한 사례이다.

뉴런의 기하학

두 번째 조직 원리뉴런들 간의 공간 관계보다는 시간 관계에 기초한 역시 똑같이 중요하다. 시간적 사상寫像, temporal mapping은 기능적 기하학의 한 유형으로 볼 수 있다Pellionisz와 Llinás 1982. 최근까지 이 메커니즘은 연구하기가 힘들었다. 많은 수의 뉴런에서 발생하는 활동을 동시에 측정해야 하고, 신경과학에서 보편적으로 고려하는 요인도 아니기 때문이다. 시간적 사상 가설의 주요 신조는 간단히 요약할 수 있다. 공간적 사상에 시간의 성분을 더하고 반복되는 시상피질 공명을 통해 공간적 사상과 시간적 사상이 겹쳐지면, 범주화categorization처럼 가능한 표상들의 엄청나게 큰 집합이 생겨날 수 있다는 것이다. 주관성을 만들어내는 게 시상과 피질 간의 시공간적 대화이다.

중추신경계CNS의 경우, 순간적인 섬광이 아니라 각각 전도 시간conduction time이 다른 일련의 빛중추신경계에서는 축색들으로 움직이는 대상의 사진

그림 3-3 운동 좌표계와 감각 좌표계를 다르게 설정한 외면화. A: 부다페스트의 화가 아놀드 그로스Arnold Gross가 팔꿈치와 어깨를 자유롭게 움직여서 그린 커다란 그림과, 움직임을 손으로만 제한했을 때 그린 똑같은 작은 그림(오른쪽 아래)을 보여주는 합성 사진. B: A의 작은 그림을 확대한 것. C: A와 B를 겹친 것으로, 두 그림 간의 유사성을 보여준다. (Llinás 1987, 그림 23-6, p.355에서.)

을 찍는 것에 비교할 수 있다. 그런 식으로 지연 시간이 다른 뉴런 신호들을 통해 중추신경계 안에 외부 실재의 내부 '사진'을 만든다는 건 동시적인 외부 사건들이 중추신경계 안에서는 다르게 표상된다는 걸 의미한다. 반대로 전도 속도가 다른 뉴런 집단이 동시에 발화를 시작해도, 동시적인 외부 사건 한 벌을 만들어내지 못할 것이다. 뇌 안의 어느 위치에 뉴런들이 동시 발화를 위해 기준으로 삼는 시계가 있다고 하자. '동시 발생'을 시계로 확인하는 것은 '정해진 시간에 일어나도록 맞추어진' 사건들이 시계에 순간적으로 아니면 동시에 접근할 수 있을 때에만 가능하다. 중추신경계에서 조절되는 사건 예컨대 운동의 속도와 조절하는 신호 서서히 전파되는 뉴런 발화의 속도의 차이는 축색을 통해 동시에 시계에 접근할 만한 크기가 아니므로 동시성은 성립될 수 없다. 따라서 이 개념은 뉴런 체계의 내부 기능에 적용할 수 없다.

중앙 시계에 의한 공간 타이밍 문제의 생생한 예를 원한다면, 군대 본부에서 무선 신호가 아니라, 말 탄 전령을 통해 고속으로 움직이고 있는 탱크들의 배치를 조정하려 한다고 생각해보라.

초고속의 명령 신호를 사용할 수 없다면 동시성의 개념에 의존하지 않는 대체적인 공간 타이밍 방식을 찾아야 할 것이다. 같은 맥락에서 '뇌 시계'와 같은 장치가 설사 존재한다고 하더라도 그것을 사용해서는 중추신경계 안에서 일어나는 사건들의 동시성이 확립될 수 없기 때문에 뇌는 대체적인 공간 타이밍 방식을 사용하고 있는 게 틀림없다.

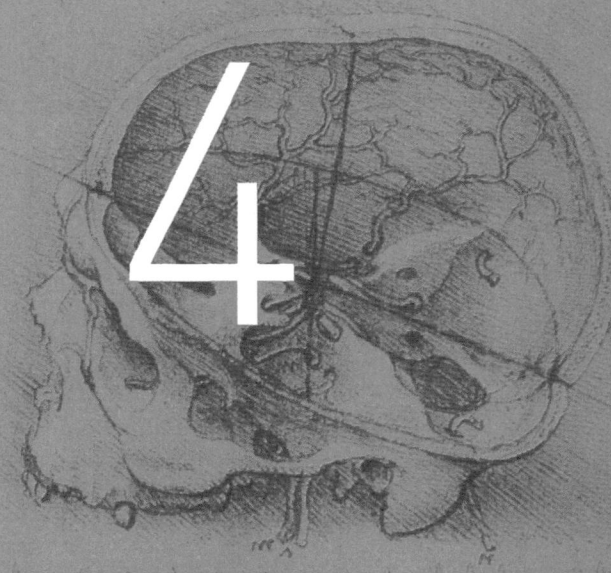

4

신경세포의 진화

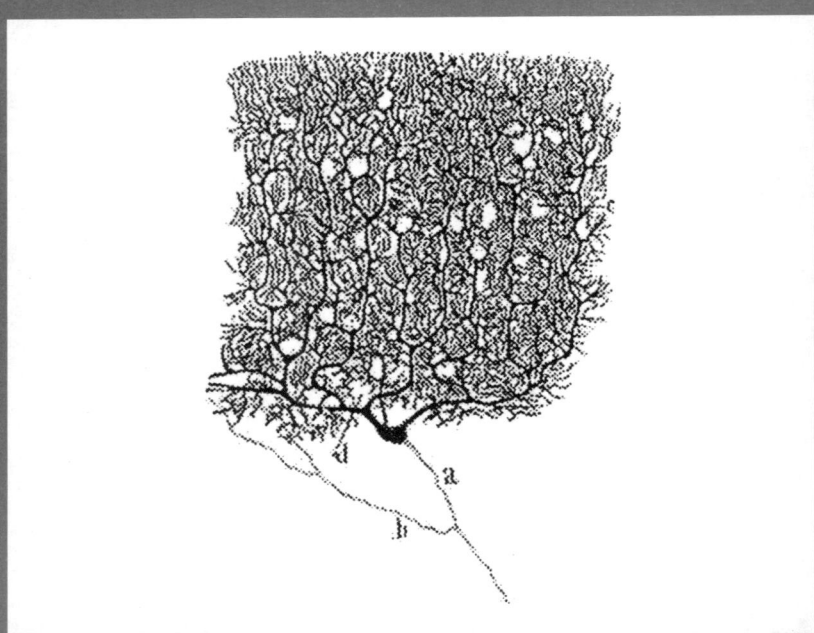

전형적인 뉴런의 그림

나를 구성하는 전기적 사건

　　마음은 뇌가 만들어내는 많은 전역적 기능 상태들 중 하나이다. 그러므로 마음은 뉴런의 공동체society가 만들어내는 많은 상태들 중 하나라고도 할 수 있다. 앞에서 마음의 개념과 더불어 운동성의 진화적 유입을 원동력으로 마음이 얻어진 방식을 검토했다. 이제 전기생리학과 생물물리라는 기초 원리들을 사용하여 이 관점의 토대를 다져보자.

　　마음의 작용에 관한 문제를 다루기 위해, 우리는 진화과정에서 신경계가 발생하기까지 적용되어온 게 틀림없는 세포생물학적 규칙들을 묘사할 수 있다. 진화적 시행착오라는 자연선택의 접근을 단세포 수준과 전체적인 동물 수준 양쪽에서 묘사하는 것이다.

　　먼저 신경세포의 성질을 확인해야 한다. 신경세포는 스스로 그물처럼 엮인 공동체를 조직해서 보편성을 표상하고 외부 세계와 실시간으로 의미 있는 상호작용을 할 수 있게 해준다. 이 성질은 미시 수준에서는 뉴런의 본질적 전기 흥분성, 시냅스 연결, 그것이 엮는 그물망의 구조가 제공하는 전기 활동이다. 거시 구조는 쉽게 이해할 수 있다. 예를 들어, 망막 안에 상호 연결된 뉴런은 안구의 검은 안쪽 표면에 고루 퍼지는 투명한 박막 조직을 형성해서 눈의 앞쪽에 있는 렌즈가 박막 표면에 빛의 상을 투영할 수 있도록 해야 한다. 망막을 연결시킨 뉴런들은 망막에 맺힌 상의 의미 있는 표상을 전기적 수단을 통해 뇌까지 전달해야 한다.

　　그물망이 외부 세계 이미지를 뇌로 내면화하고 그 이미지를 운동 행동으로 변환할 수 있는 것은 뉴런의 전기적 성질들에서의 차이와 연결성

표 4-1

단 세 포 의   전 기   활 동 을   연 구 하 는   방 법

신경세포, 말하자면 아래올리브 신경세포의 본질적인 전기적 성질을 연구하다 보면, 세포의 막 전위에서 포크처럼 생긴 동조된 진동 리듬을 볼 수 있다. 시험관에서 기록한 이 전기적 진동의 진동수는 4~12Hz, 혹은 초당 4~12회 진동 영역에 분포한다(Llinás와 Yarom 1981a, b). 그러한 전기적 성질의 증거는 개별적인 뉴런의 내부에 미세전극을 꽂아 직접 기록해서 얻는다.

세포내 기록을 하는 미세전극은 1~1.5mm 직경의 전도성 액체를 채운 유리관이다. 가늘고 뾰족한 끝은 단세포의 막을 뚫고 들어갈 수 있고, 세포 기능에는 어쩌다 최소한의 손상을 줄 뿐이다. 아주 가는 마이크로피펫을 녹이고 잡아당겨서 형태를 잡는다. 일종의 작은 고문대(사지를 잡아당기는)를 써서 마이크로피펫의 양 끝을 같은 힘으로 동시에 반대 방향을 향해 잡아당겨 기계적으로 장력을 가한다. 이 줄다리기 도중, 가운데를 전기 필라멘트로 가열하면 유리가 녹으면서 장력이 피펫을 늘인다. 가는 실이 될 때까지 잡아당겨 유리 가운데가 끊기면, 이제 미세전극 두 개의 출발 단계를 완성한 것이다. 당긴 후에도 각 미세전극의 끝은 독특한 모양을 유지한다. 구멍의 직경은 마이크론의 50분의 1만큼 작게 만들 수 있다. 사람 머리카락 굵기의 천분의 일보다 작아서 육안으로 볼 수 없는 길이이다.

잡아당긴 후, 주사기를 통해 전극에 이온 용액을 다시 채워서 전도성 매질을 공급한다. 그런 다음, 찌르는 움직임을 아주 정확하게 조절하는 조작 기계(마이크로미터 나사)에 미세전극을 고정시킨다. 이제 미세전극은 단세포에 작살을 꽂을 수 있다. 매질을 채운 이 전극에 대개 은으로 된 전선을 뒤쪽 끝으로부터 삽입한다. 전선은 소켓을 거쳐 아주 민감한 증폭기로 연결된다. 증폭기에서 나오는 출력 신호는 여파(filter)되고 더욱 증폭된다. 그 신호는 오실로스코프에서 보이는 것은 물론 디지털화되어 컴퓨터에 저장되기도 한다. 종종 스피커로도 보내져 각 전기적 사건을 '들을' 수도 있다.

전극 끝의 직경이 작으므로 미세전극은 아주 뾰족해진다. 이것이 중요하다. 전극 끝이 뉴런의 얇은 막을 뚫고 들어갈 때 막이 찢어지지 않아야 하기 때문이다. 막이 찢어지면, 세포외액(뉴런 바깥의 이온 용액)이 세포내액과 곧장 이어지면서 미묘하게 균형을 이루고 있는 이온 용액이 즉시 변해버린다. 이는 세포 안쪽의 깨지기 쉬운 전기화학적 환경을 심하게 망가뜨린다. 세포를 죽이지 않으면 다행이다. 전극 끝을 정확히 어떻게 다루어야 뇌의 특정한 영역의 특정한 핵 안에 살고 있는 한 뉴런(세포체 직경이 전형적으로 20마이크론 단위인)의 세포막을 뚫는데 성공할 수 있다는 따분한 묘사는 늘어놓지 않겠다. 오실로스코프에서 전압계 바늘이 기우는 것을 보면 도움이 된다. 그것은 전극 끝이 어디에 있고, 어디로 가고 있는지를 판단하는 나침반으로 사용된다. 뉴런을 뚫는 작업과, 이어서 전기 활동을 감시하고 기록하는 데 관련된 수고는 모래밭에서 바늘 하나를 찾는 것만큼 인내와 성실함을 요구한다는 사실을 말하는 것으로 충분하다.

덕분이다. 그러한 그물망은 빠르게 이동하는 전기 폭풍을 일으켜서 빠른 속도로 항상 변화하는 외부 실재를 내부적으로 표상하기도 한다. 이때 흩어지는 뇌의 전기적 사건들이 마음을 구성한다. 그 사건들은 워낙 풍부해서 우리가 관찰하거나 상상할 수 있는 모든 것을 충분히 표상할 수 있다. 그물망 안에서 일어나는 이 전기적 사건들이 '우리'를 구성하는 것이다.

일상적으로 전기생리학적 기록을 하는 우리 같은 사람들에게, 살아 있는 하나의 뉴런이 자신의 특별한 언어로 이야기하는 소리를 듣고 이 언어가 오실로스코프 화면을 가로질러 깜박이면서 전기적 패턴으로 분출되는 걸 보는 것만큼 신기하고 흥분되는 사건은 드물다. 그러한 세포내 기록 intracellular recording 기법은, 다른 뉴런들로부터 하나의 뉴런으로 어떤 활동의 전기적 패턴이 오고 있는지를 말해줄 수도 있다 표 4-1. 내가 개별적인 뉴런의 변동하고 있는 전기적 성질을 언급하는 것은, 그런 방법으로 전기적 성질을 특징지어야 하기 때문이다. 전기 전위의 세포외 기록 extracellular recording이나 세포막 조각 집게법 patch clamping membranes: 전극과 세포막 표면 간을 단단히 봉합하여 막에 걸린 각 이온 통로를 통해 이온들이 운반하는 미세한 전류의 움직임을 기록하는 방법과 같은 기타 전기생리학적 기법도 있다. 이에 관해서는 필요할 때 논의하겠다. 정착된 절차를 통해 동물이나 수술 도중의 인간에게서 얻는 뇌의 단세포 기록은 뇌 기능과 신경과 질환 진단에 중요한 단서가 된다. 또한 산소가 공급되는 이온 용액이나 시험관에서 배양한 세포 안에 살아 있는 상태로 보관한 조직 조각에서 기록을 얻을 수도 있다.

진핵유기체의 탄생

지리학자들은 지구의 나이가 대략 45억 살이라고 본다. 고생물학자는 우리가 알고 있는 첫 번째 생명이 지구가 태어난 지 4억~5억년 후에 외계로부터 심어졌거나 과정을 다른 장소로 옮김, 생명 없는 습지의 유기 고분자 집합체로부터 오랜 시간에 걸쳐, 말하자면 자발적으로 생겨났으리라고 추정한다 Margulis와 Sagan 1985. 지구가 냉각된 직후에 생명이 시작된 것처럼 보이기도 한다. '원핵 原核 생물 prokaryote'로 불리는 이 원시 생명 형태는 본질적으로 오늘날 우리가 아는 박테리아나 박테리아를 닮은 유기체와 연관이 있는 단세포 유기체였다. 원핵생물은 원래의 계통에서 거의 변하지 않았다고 믿어지므로, 진화의 세월에 걸쳐서 '고도로 보존되었다 highly conserved'고 말한다. 좋은 일례는 장에 살면서 도움을 주는 대장균 Escherichia coli, 그림 4-1, 왼쪽이다. 우리가 배설하는 고형 폐기물의 많은 부분을 차지하는 게 대장균의 사체다. 이 박테리아가 신체의 다른 부분에 있을 때는 도움은커녕 심각한 감염을 일으킬 수 있다.

이 초기 생물은 본질적으로 두세 유형의 층으로 덮인 작은 구역 compartment이나 주머니이다. 가장 안쪽에 있는 것은 세포막 membrane으로, 지질양층 脂質兩層, lipid bilayer이라는 얇은 지방질 싸개이다. 이 바깥에는 일반적인 보호를 맡고 있는 프로테오글라이칸 proteoglycan 세포 외벽이 있다. 세포벽 바깥이 '섬유막 capsule'이라는 제3의 덮개로 덮여 있을 때도 있다 Margulis와 Sagan 1985; Margulis와 Olendzenski 1992; Cole 등 1992; Lengeler 등 1999. 주머니 안에는 내액 internal fluid 혹은 세포질 cytoplasm이 들어 있다. 이 액체 안에

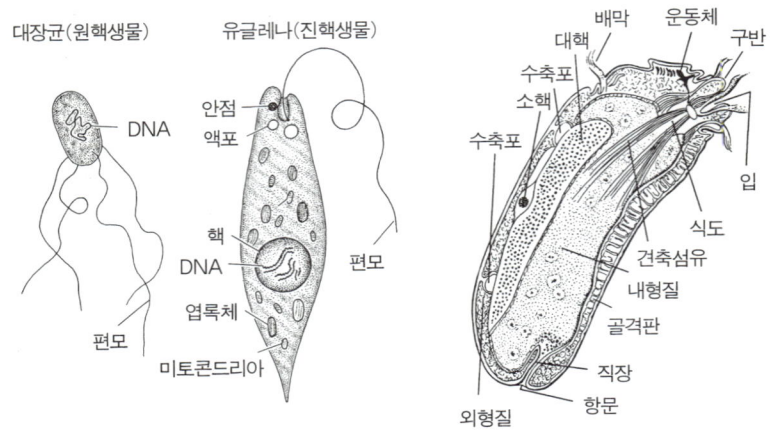

그림 4-1 원핵(왼쪽)과 진핵(중간, 오른쪽) 단세포 생명형태의 예. 왼쪽: 대장균. 중간: 유글레나(Euglena). 전문화되지 않은 전형적 원생동물로 핵, 미토콘드리아, 엽록체를 보여준다. 오른쪽: 에피디늄(epidinium). 영구적인 입 구조와 식도, 직장, 항문을 포함한 소화계를 가지면서 광범위한 전문화를 보여주는 단세포. 움츠릴 수 있는 유사 근육섬유가 유사 신경망의 조절을 받으며 입과 식도를 움직인다. 운동 기관도 유사 신경망이 조절한다. 이 섬유들은 모두 모여 명령중추나 운동발생중추와 유사한 단일 운동체(motor mass) 안에 연결된다. (왼쪽과 중간 그림은 Gould와 Gould, 1989, p.10에서; 오른쪽 그림은 Simpson 등, 1957, 그림 3-13, p.54에서.)

DNA, RNA, 리보솜 ribosome, 그리고 진화의 유전적 암호를 읽기 위해 필수적인 효소 장치들이 흩어져 있는 걸 볼 수 있다. 그러나 원핵생물은 더 현대적인 형태의 세포인 진핵 眞核, eukaryotic 세포 '진정한 세포' 처럼 유전 물질이 하나의 핵으로 분리되어 있지 않다.

　　그 다음 약 6억 년에 걸쳐서는 원핵생물의 일부가 처음으로 다른 생물에 기생함으로써 결국 다른 원핵생물과 상호 유익한 방식으로 결합하는 걸 학습했다. 이것이 '공생symbiosis'의 생물학적 의미이다. 시간이 흐르면서 원생동물의 공생은 더욱 정교한 단세포 유형을 형성했다. 아마도 이 진화 과정에서 최초의 진핵세포예로는 Margulis와 Olendzenski 1992; Ridley 1996을 보라가 나타났을 것이다. 진핵세포는 원핵세포보다 크고 뚜렷한 외막이 있고, 막은 핵과 세포 소기관윤곽이 뚜렷한 내부의 작은 기관들과 같은 구역을 둘러싸고 있는 더 풍부한 내부구조를 가지고 있다그림 4-1, 중간, 오른쪽. 원핵생물의 경우처럼, 진핵생물도 세포가 생존하는 데 필요한 단백질을 내부에서 제조한다. 이 제조된 단백질 중 일부는 구멍을 뚫고 세포 외막 안에 삽입되도록 전문화되어 있다. 이 단백질은 신호를 보내 세포 안에서 일어나는 많은 자기 특유의 사건을 조절하는 것은 물론, 세포 안팎의 물질 교환을 조절하기도 한다.

따라서 우리는 지방 세포막인 '벽' 안에 본래부터 작은 생명의 섬들을 가지고 있는 것이다. 그 섬들은 대개의 경우 외부 세계에 대해 닫혀 있다. 이 생명의 구역은 전문화된 막 경로를 거쳐서만 바깥 세계와 의사소통을 한다는할 수 있다는 의미에서, 닫힌계로 볼 수 있다. 이 구역은 대부분, 복잡하지만 질서 있게 얽혀 있는 하나 이상의 긴 아미노산 사슬로 이루어져 있다. 이 단백질은 지질 막에 걸쳐 자신을 삽입함으로써 특정한 수용체, 이온 통로, 혹은 펌프 역할을 하는 신호 체계 기능을 한다. 이 원시적인 생명의 구역이 모든 생명을 지금의 모습으로 완성한다. 닫힌계의 가동은 아주 오래 전에 시작되었다. 마음이 그러하듯 생명은 여러 구역이 모인 것이다.

처음으로 단세포 진핵 유기체가 나타난 이후, 그것들이 결합하여 협동하는 세포 군집과 소위 최초의 다세포 생명 형태로 진화하기까지 추가로 20억 년이 걸렸다일반적인 참고자료로는 Margulis와 Olendzenski 1992; Ridley 1996을 보라는 사실은 무언가를 깨닫게 해준다. 마치 진핵세포는 가까이 뭉친 세포 공동체를 이루지 않기를 선택한 것처럼 보인다. 20억 년은 아주 긴 기간이다. 자연이 최초의 단순한 '동물'을 만드는 데 성공한 이후, 나머지 동물의 왕국 전체가 약 7억 년 안에 등장했음을 생각해보면!

세포들의 연합

생명이 단세포로부터 다세포 형태로 이동하기까지 어째서 그렇게 엄청난 시간이 걸렸을까? 우선, 자연이 실제로 '동물', 즉 고도로 조직된 세포들의 공동체를 만든다는 게 무엇을 의미하는지 살펴보아야 한다. 거기에는 합의된 공통성과 구성원 간의 의사소통, 그리고 구성원 중 최소한 다수가 지지하는 포괄적인 한 벌의 규칙이 있어야 한다. 여기에 수수께끼에 대한 열쇠가 있다. 진화적으로 보기에는 최초의 단세포 생명을 만드는 일보다 단세포들에게 의사소통 능력을 불어넣어 생물학적으로 의미 있게 정보를 교환하도록 하는 작업이 훨씬 더 복잡했다!

사실 우리가 판단할 입장에 있는 건 아니지만 그래도 20억 년은 세포 대 세포 의사소통을 발명하기에 어마어마하게 긴 시간이므로 그 이유에 관해서는 추측밖에 할 수 없다. 어쩌면, 전문화되기 전의 세포 뭉치는 단순한 생존적 이득을 제공하지 않았기 때문일 수 있다. 약간 이기적이지만, 아마도 깊은 곳에서 우러나오는 진실이었을 것이다. 하지만 일단 단세포 생명으로부터 다세포 공동체_{한 동물}로 전이가 일어나자, 생명에 대해 완전히 새로운 접근법이 발달했고, 이후로는 언제나 우리와 함께 해왔다.

이 접근법은 단세포_{자아로서의 '개체'}에 대한 총체적 헌신과 반대로, 세포 공동체_{자아로서의 '집단'}에 대한 총체적 헌신을 강조하는 것이다. 마침내 동물이 발생했을 때 예정된대로 진정한 의미의 '공동 죽음_{corporate death}'이 창조되었다. 단세포 유기체는 분명히 파괴될 수 있다. 하지만 우리는 그것이 평범하게 그 자체로 '죽는' 것이 아니라, 단지 분열할 뿐이라는 사고의 유희를 해볼 수 있다. 오늘날 살아 있는 모든 아메바는 수천 년에 걸쳐서 그저 수없이 둘로 나뉘었을 뿐 한 번도 정말로 죽은 적이 없었다는 뜻이다. 마지막 녀석_{첫 번째 녀석}이 밟힐 때까지 불멸의 존재인 것이다. 반대로, 다세포 공동체에 속한 특정 세포 집단이 죽으면 다른 세포가 얼마나 건강한가와 상관없이 우선적으로 전체가 무너진다_{사람이 심장이나 뇌에 입은 총상으로 죽을 때처럼}. 단세포의 능력_{그리고 목적}은 자신의 생명을 유지하고 보호하는 것이라는 아주 중요한 원칙이 무효가 되었음을 나타낸다. 세포 공동체에 대한 헌신은 다세포로 된 우리 존재의 핵심에 있다. 여기서 각 세포는 자신의 생존 원칙을 공동체의 생존 원칙으로 대체한다. 다세포 유기체에서는 상황이 힘들어진다고 각 세포가 집단에 대한 유대를 깨고 달아날 수 없다. 그 능력은 이미 청산된 것이다.

다세포 공동체가 됨으로써 세포들은 한 묶음의 자유를 다른 한 묶음의 자유와 교환한다. 단독으로 협상하고 삶의 위기에 홀로 맞설 자유를, '연합'해서 집단으로 협상하고 그로 인해 한 집단으로 이기거나 질 자유로 교환하는 것이다.

동물 발생을 위한 두 번째 선행조건은 꼼짝 못하게 붙잡아서 채워 넣은 굶주린 세포들에게 고에너지의 연료를 배달하기 위한 체계를 개발하는 것이었다. 그 체계에는 매우 밀집된 세포 집단에게 순환계를 통해서 질 좋은 영양분을 공급할 수 있는 산화적 물질대사 oxidative metabolism와 소화계가 필수 단계로 포함되었다. 따라서 식물들과 달리 외골격이 없는 단세포는 특정 영양분을 가진 축축한 환경 밖에서 생존할 수 없다. 진핵생물은 산소 없이 오래 버틸 수 없다. 동물은 가장 중요한 이 액체 환경을 자기 안에 가두어 자기 소유의 바다 혈액과 세포외액를 가지고 다님으로써 문제를 해결했다.

진화의 역사에서 동물이 발달하는 데 그토록 오랜 시간이 걸린 세 번째 이유는 세포의 복잡성이다. 진정한 세포 대 세포 의사소통이 존재하려면 실제로 무엇이 따라야 하는지 생각해보자. 먼저 유전 계통이 다른 세포들이 일종의 생분자적 언어를 개발함으로써 통치되는 일반 시민, 즉 모든 생명체를 감싸 안는 생물학적 국가를 일으켜야 한다. 본질적으로 세포는 시행착오를 통해 서로 깨끗한 신호를 주고받고 해석하는 능력을 획득해야 했다. 처음에는 아마도 상호 세포 분열의 딸세포가 불완전하게 튼리되어 세포질의 '다리'를 보유하거나 세포 표면상의 점액다당류인 '풀'에 의해 묶임으로써 그렇게 되었을 것이다 원시적인 세포 군체인 볼복스(volvox)에서 볼 수 있듯이; 참고자료로는 Kirk 1998을 보라. 후에는 이질적인 세포 집단이나 다음의 군체와 같이 더 떨어져 있지만 유전적으로는 가까운 친척으로서, 마지막으로 유전 암호는 같지만 각 암호가 그것의 일부만을 표현함으로써 위에 언급한 세포 전문화가 가능해진 동질적인 집단으로 함께 있게 되었다.

의문이 생긴다. 진화적 관점에서 볼 때, 이 새로운 질서의 철학에서 얻는 것은 무엇일까? 해답은 명백하다. 세포 집단에는 단세포들이 얻지 못하는 창발적 emergent 성질이 있다는 것이다. 세포 집단의 창발적 성질 가운데 하나는 집단에 속한 개별 세포들이 차별화되는 능력, 즉 자신의 자율성을 희생하면서 특정 과제를 위해 전문화되는 능력이다. 생존을 위한 모든 조건이 하나의 요소 안에 존재해야 하는 단세포 생명 형태로는 불가능한 영역이다.

칼슘과 인의 위험한 정사

세포 대 세포 의사소통에서의 위대한 발전은, 세포가 칼슘 이온 농도를 조절하기 위해 발달시킨 능력에서 나왔다 Kretsinger 1996, 1997; Pietrobon 등 1990; Williams 1998. 칼슘은 주기율표에서 가장 반응성이 큰 원소들 중 하나로 극히 다루기 어려운 원소이다. 해수 염도에서는 10밀리몰 millimole 혹은 $0.4g/\ell$ 에서 완충되는 걸 알 수 있다 즉, 바닷물 1리터 안에 용해되는 칼슘 이온의 농도는 0.4g이다. 그 농도를 넘으면 칼슘의 높은 반응성이 결정 형성 인산칼슘과 탄산칼슘 을 일으켜, 대리석이나 조개껍질처럼 된다. 따라서 칼슘은 '돌'을 만들지 않고서는 물에서 나트륨이나 칼륨처럼 높은 농도 수백 밀리몰 영역 로 있을 수 없다. 돌이나 기타 결정은 생명과 정반대의 것이다.

그럼에도 불구하고 자연은 칼슘을 생명을 위한 필요조건으로 진화시켰고 그것을 매우 정확하게 조절하는 법까지 학습했다. 격렬하게 반응하는 이 원소가 어떻게 진핵 생명체의 구조 안으로 짜여 들어갔을까? 또 다른 원소인 인$_{phosphorus}$과 위험한 정사를 벌인 결과이다 $_{Kretsinger\ 1996,\ 1997}$.

인은 진핵 생명체에서 매우 중요하다. 근육 수축이나 신경세포 활동과 같이 에너지 소모가 많은 업무를 지원해야 하는 진핵 유기체에게는 연료 분자로부터 가장 질 좋은 가용 에너지를 얻을 수단이 필요하다. 산화적 인산화$_{oxydative\ phosphorylation}$ 과정을 거치는 이 작업에는 산소가 필수적이다. 그러나 진핵 생명체가 산화적 인산화를 위해 인을 계속 싣고 다니려면 반응성이 높은 칼슘을 막아내는 법을 배워야 했다. 그렇지 않으면 칼슘은 세포에서 인을 훔쳐내어 결정화할 것이고 생명까지 훔쳐갈 것이다. 셰익스피어 비극의 극치다. 따라서 파란을 일으킬만한 사건은 막아야 한다. 진핵 생물은 칼슘을 인식해서 결합하는 분자를 개발함으로써 위협을 처리했다. 칼슘이 세포 안에서 마음대로 돌아다니는 걸 막아서 인과 밀통할 잠재적인 위험에 대비한 것이다.

진핵세포와 칼슘의 관계는 초기 인간과 불의 관계와도 같다. 우리의 조상은 불을 통제할 필요가 있었고, 그 관계는 '너무 가깝지도 너무 멀지도 않은' 관계여야 했다. 불을 통제할 수 있게 되면서 인간은 강한 동물이 되었다. 인간이 불의 통제법을 배운 것처럼, 진핵생물은 칼슘의 통제법을 배웠다. 진화는 칼슘에 칼모듈린$_{calmodulin}$이라는 단백질의 마구$_{馬具}$를 채워, 극히 유용한 목적을 위해 이 원소의 반응성을 이용하기 시작했다.

일단 인이 안전하게 고립되어 산화적 인산화에서 자신의 역할을 수행하자, 진핵세포는 효율적으로 운반되는 산소를 이용할 수 있었다. 칼모듈린의 개발과 함께 칼슘/칼모듈린 착물$_{complex}$은 아주 정교한 신호 체계로서 중요한 세포내 도구가 되었다. 보통 세포 내의 자유 칼슘 농도가 매우 낮은 덕분에 '2차 전령 역할 second messenger roles'을 할 수 있었다. 이 역할은 정보 전달에 있어서 매우 중요하다. 효소 반응이 빠르고 국지적으로 유발되도록 조절하여 근육세포 수축, 축색 연장, 시냅스 전달, 예정된 세포사망 programmed cell death과 같은 많은 사건을 유도하기 때문이다. 진핵생물 진화에서 정점을 이루는 이 사건은 세포들이 상호 의사소통하는 공동체의 일부로 조직되기 위한 생물학적 필요조건들을 제공했다.

초유기체, 포르투갈 군함

이 드라마의 다음 단계를 위해, 바다 밑바닥에 뿌리를 내리고 일생을 여과섭식으로 보내는 고착성 바다 식물인 우렁쉥이를 다시 방문할 것이다. 우렁쉥이는 번식할 때가 되면 싹을 내어 유생을 내보낸다. 유생은 짧은 시간 동안 자유유영을 하는 피낭동물이다. 앞서 말했듯이, 이 작은 친구는 원시적인 '뇌' 하나 이상의 신경절, 기초적인 '눈', 균형을 위한 기관을 탑재하여 유영의 요구에 타협하는 장비를 잘 갖추고 있다 Romer 1969. 한때 고착성 성체로부터 자유롭게 헤엄쳐 나왔던 유생은 외진 틈바구니를 찾아서 정수리를 박고 자신의 뇌 대부분을 소화시키고서 그 종의 더 원시적인 고착성 성체 형태로 퇴행한다. 여기서 얻을 교훈은, 뇌는 활발하게 움직이는 생물을 위해서만 필요하다는 것이다.

이제 신경계를 잉태한 진화적 압력을 생각해보자. '포르투갈 군함

Portuguese Man-O'War' 과 같은 원시적인 무뇌 생물은 원동력이 되는 기본 개념이 이미 작동중임을 알 수 있다. 그림 4-2. 포르투갈 군함은 '초유기체super-organism'로 상호의존적이면서도 유전적으로는 무관한 유기체들의 군체이다. 이 유기체는 그 자체가 유전적 관련이 있는 세포들로 구성된 세포 군체이다. 유기체 일부는 부력을 위해, 일부는 전체 군체 보호를 위해, 일부는 여전히 번식과 섭식의 목적을 위해 전문화되어 있다. 그러나 이 구성원 혹은 각 군체 간에는 세포적 의사소통이 있으므로, 뇌가 없음 집중된 신경망이 없음에도 불구하고 군함은 협동이 가능하다.

어떻게 그럴 수 있을까? 군함을 구성하는 별개의 세포 군체들이 신경계 하나 없이도 알아서 서로를 '감각' 요소 역학적 에너지, 열에너지 등 여러 형태의 에너지를 감지하는 세포들와 '운동' 요소 촉수의 오므림을 일으키는 세포들로 관련지어 조직했기 때문이다. 감각 기능과 운동 기능의 그러한 연결성은 해파리가 밝은 파란색 부낭 가장자리를 몇 분마다 한 번씩 수면 아래로 당겨 기체실의 세포 조직을 다시 적시는 것에서도 볼 수 있다. 여기서의 감각 단서는 주로 조직의 '건조도'이다. 예컨대 해면처럼 아주 원시적인 다세포 유기체의 감각운동 변환을 보면, 운동세포 motile cell: 운동을 일으키는 세포 역시 수축의 파동으로 감각 자극에 직접 반응하는 걸 알 수 있다. 즉, 건드리면 매번 같은 방식으로 움직인다. 반응의 크기는 기본적으로 자극의 크기에 비례한다. 이러한 형태의 직접적 자극운동 결합을 육상 식물에서도 많이 볼 수 있다. 진화의 사다리를 올라가 말미잘의 세포 메커니즘을 보면 해면에서처럼 한 유형의 세포로 결합되었던 감각 기능과 수축 기능이 이제 별개의 두 요소로 진화적 분리를 시작했다. 감각 기능 역할을 하는 세포가 자극에 반응해서 전기

그림 4-2 '포르투갈 군함(Portuguese Man O' War)'. 태평양과 인도양, 북대서양 멕시코 만류의 열대와 아열대 지역에서 발견된다. 수면에 뜨는 부력은 부레와 유사한 3~12inch 길이의 부낭(float)에 기체가 채워져서 생긴다. 이 부낭 아래에 폴립(개체) 무리가 있고 거기에 촉수들이 매달려 있다. 촉수의 길이는 9m(어떤 종에서는 50m)쯤 된다. 촉수는 쏘는 구조를 가지고 있어서, 작은 물고기 등의 먹이를 마비시킨다.

충격 impulse 혹은 자극의 크기에 따라 일련의 충격들을 일으킨다. 그 충격은 운동 요소나 수축 세포가 일을 시작하도록 방아쇠를 당긴다. 여기서 주목할 흥미로운 사실은 감각 세포의 기능이 전문화되었다는 점이다. 더 이상 자기 마음대로 운동을 만들어낼 수 없는 대신 정보의 수용과 전달이라는 선택된 역할을 맡은 것이다. 근육이나 운동세포 수축을 추진하는 역할만 한다는 점은 운동뉴런과 유사하다. 그 다음 진화 단계는 감각세포와 운동세포 사이에 운동뉴런을 삽입하는 것이다. 운동뉴런은 근육섬유를 활성화하는 역할을 하지만 감각 세포의 활성화에 대해서만 반응을 한다.

중간뉴런, 감각의 관제탑

중추신경계의 진화가 진행되면서, 감각뉴런과 운동뉴런 사이에 또 하나의 뉴런이 등장해서 나란히 놓이는 걸 볼 수 있다. 이 세포를 '중간뉴런 interneuron'이라고 한다. 엄밀한 의미에서 중간 뉴런은 신경계 바깥의 세계와 직접 의사소통하지 않는 모든 신경세포이다. 중간뉴런은 전적으로 다른 뉴런과의 쌍방향 시냅스 접촉을 수단으로 신호를 주고받으며, 감각 입력을 운동계 운동뉴런과 그것이 자극하는 근육세포의 여러 성분으로 경로를 변경하고 분산시키는 역할을 한다. 척추동물의 척수를 살펴보면, 중간뉴런이 적소에서 받은 감각 정보를 운동뉴런이나 중추신경계 안의 다른 뉴런에게 나누어 주고 있는 걸 볼 수 있다. 흔히 중간뉴런이 널리 가지를 뻗음으로써 얻는 커다란 장점은 '여러 개의 고삐로 방향을 조종하는' 능력이다. 소수의 감각세포를 활성화하고 있는 감각 자극은 작은 중간뉴런 집합을 활성화할 것이다. 그것은 차례로 많은 척추 연결 구획을 통해 많은 수의 수축 요소와 관련된 복잡한 운동 반응을 유발할 것이다. 풍부하게 가지를 뻗어 나아가는 이 연결망을 통해, 동물은 신체를 따라 늘어선 많은 근육을 써서 정확한 전신 운동을 수행하게 된다.

중간뉴런을 척수에만 살고 있는 뉴런의 일종으로 생각해서는 안 된다. 중간뉴런은 중추신경계 전체에서 발견되며, 감각세포와 운동뉴런 사이에 하나가 아니라 여럿이 늘어서 있을 수 있다. 외부 세계와 직접 의사소통하지 않는 모든 신경세포라는 중간뉴런의 정의에 따르면 시상피질 세포 그렇게 따지면 피질시상 세포도 역시 중간뉴런이다. 그런 의미에서 우리 뇌를 구성하는

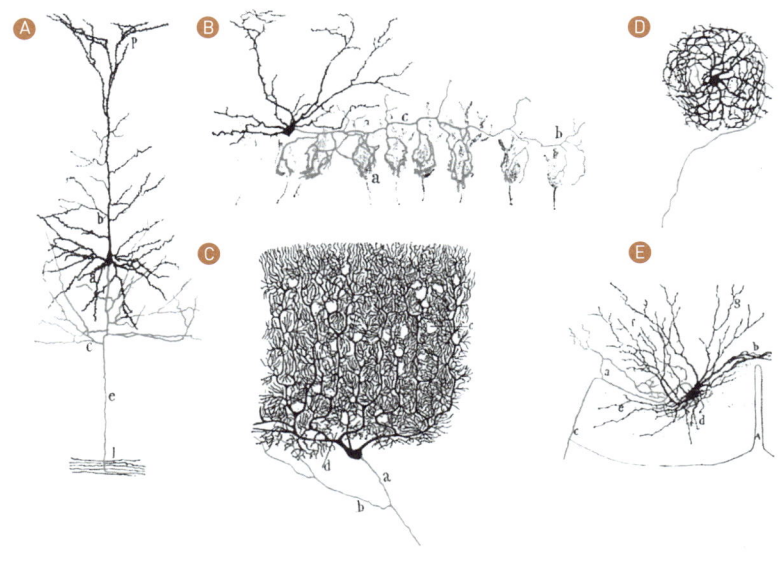

그림 4-3 뇌와 척수의 뉴런 그림. A: 토끼의 대뇌피질에 있는 피라밋 세포(pyramidal cell). B: 소뇌의 바구니 세포(basket cell). 축색이 다수의 푸르키니에 세포들 위에서 바구니를 닮은 배치로 끝난다. C: 사람의 소뇌에서 얻은 푸르키니에 세포. D: 아래올리브 세포. E: 야생 고양이의 척수 운동뉴런. 축색이 복측근(ventral root)을 통해 척수를 빠져나와 근육 위에서 끝난다. (Ramon y Cajal, 1911을 따름.)

압도적인 다수의 뉴런이 중간뉴런이다 그림 4-3. 현대 용어로 정의한다면, 중간뉴런은 자신이 살고 있는 영역 뇌 영역 바깥으로 축색을 투사하지 않는 뉴런이다. 따라서 국소회로뉴런 local circuit neuron으로 불리기도 한다. 다른 뇌 영역과 접촉하는 건 투사뉴런 projection neuron이라고 한다. 이런 측면에서 생각할 때 뇌의 대부분은 거의 모든 시간 동안 닫힌계로 기능한다는 게 더욱 분명해진다. 이 복잡하게 얽힌 뉴런 덩어리가 감각운동 변환을 수행하는 닫힌계로 작용한다. 외부 세계로부터 이 계로 정보가 들어오면 계는 생존을 위해 필요한 활동적이고 목적 있는 운동을 외부 세계로 돌려보낸다. 이 뉴런이야말로 운동 전략이 생겨나고 이행되는 기능 공간이다. 우리가 생각하는 장소인 것이다.

뉴런은 어떻게 감각을 변환할까

그렇다면 뉴런이란 무엇일까? 뉴런 혹은 신경세포는 진핵세포의 놀라운 전문화specialization를 성립시키는 요소이다. 전문화는 세포의 집합체가 하는 자연적인 '계산computation'을 진화시켰다. 일단 진화되자 신경세포는 모든 동물 형태의 뇌에서 중심 구조가 되었다. 즉, 정보를 전달하는 장치이자 내부 세계를 건축하고 후원하고 기억하는 장치가 되었다. 외부 실재를 모방하는 뉴런들로 구성된 내부 세계는 외부 실재로부터 그것의 작동 원리를 훔쳐 인지의 결과를 다시 외부 세계로 주입한다.

뉴런은 항상 커져만 가는 감각운동 변환의 복잡성을 수용하고 조정하기 위해서 존재하게 되었다. 뉴런은 그 일을 어떻게 할까?

뉴런은 본질적으로 전압을 발생시킬 수 있다 그림 4-4. 이 전압을 '막전위membrane potential'라고 한다. 그 전압 차가 설정되어 유지되는 것은 뉴런의 바깥쪽에 있는 이온 종양이나 음으로 대전된 나트륨 및 칼륨 같은 원자와, 커다랗고 투과되

128

지 않는 대전된 분자들과 안쪽에 있는 이온 종이 상대적으로 나뉘어 있기 때문이다. 이 전하 분리가 일어나는 것은, 세포막을 통과할 수 없는 불투과성 커다란 대전 분자들이 존재하고 뉴런 막 안에는 각각 특정한 이온만을 선택적으로 통과시키는 아주 작은 통로들이 존재하기 때문이다. 어떤 통로는 항상 열려 있고 어떤 통로는 일시적으로만 열린다. 주어진 순간에 개별 통로의 상태를 결정하는 인자는 많다. 이것이 바로 뉴런 막을 '반투과성'이라고 하는 이유이다. 뉴런은 또한 전기화학적 기울기 아래를 보라에 대항해 활발한 '펌프질'로 특정한 이온을 세포 안으로 들여보내고 특정한 다른 이온은 세포 밖으로 내보내면서 반투과성 막 내외의 상대적인 전하 분리를 유지한다 이온 통로를 일반적으로 검토하려면, Hille 1992를 보라.

세포 안팎의 이온 환경이 다르다고 가정하면, 한 통로가 열리면서 그것을 통과하도록 허락된 특정한 이온 유형이 통로를 가로질러 흐를 것이다. 대전된 입자의 운동 여기서는 통로를 통과하는 속도는 전류를 일으키므로 '칼륨 막 전류'라는 말은 뉴런 막에 걸친 '칼륨 통로'가 일시적으로 열렸을 때 칼륨 이온이 통과하면서 운반하는 전류를 말한다. 그러한 전류는 주어진 이온에 작용하는 '추진력 driving force'의 방향에 따라 안쪽을 향할 수도 있고 바깥쪽을 향할 수도 있다. 이 추진력을 정하는 게 전기화학적 기울기 electrochemical gradient 이다.

반대끼리는 끌리므로 양으로 대전된 이온은 음의 환경을 찾고, 음으로 대전된 이온은 양의 환경을 찾는다 십중팔구 양의 환경으로 움직인다. 즉, 전기적 중성을 향해서 움직인다. 이것이 기울기의 전기적 부분이다. 이온은 또한 같은 농도를 좋아한다. 예를 들어 막 한 쪽의 나트륨 이온 농도가 높으면,

나트륨 이온들은 막을 건너가서 분포를 균등화할 것이다. 이온은 운동을 할 '의지'가 있는 게 아니라 확산diffusion이라는 단순한 마구걷기random walk 에 의해 움직이는 게 전부이다. 영역 간의 농도 차이를 없애기 위해 움직이는 것이다.

한 공간 영역에 더 많은 이온이 있다면 높은 농도 영역에 있는 이온이 낮은 농도 영역으로 이동할 확률은 낮은 농도 영역에 있는 소수의 이온이 높은 농도의 영역으로 이동할 확률보다 훨씬 크다. 이것이 기울기의 화학적 부분이다. 그래서 세포 내외의 전기적 추진력과 농도 차의 합이 이온 방향흐를 수 있다면을 결정한다. 그 이온이 흐를 수 있는가 없는가는 투과성 permeability의 문제이다.

이온 통로

세포막에 걸린 이온 통로가 '열린다'는 건 이온이 움직이는 경로가 생긴다는 뜻이다. 우리는 이 통로를 특정한 한 유형 혹은 몇몇 유형의 이온에 대해 '투과성'이라고 말한다. 통로가 닫히면 특정한 이온에 대해 불투과성이 된다. 이때 막 전류의 세기를 결정하는 것은 이온들이 각각의 통로를 통과하는 운동 속도이다. 이 속도는 세 가지를 기반으로 한다. 첫째, 얼마나 많은 통로가 열려 있는가. 둘째, 열린 통로에 적절한 이온 종이 존재하는가이를 통로 선택성이라 한다. 셋째, 주어진 이온에 작용하는 추진력이 있는가이는 전기화학적 기울기를 낮춘다. 이온을 세포 안 또는 밖으로 움직이는 데 작용하는 추진력이 없으면 전하의 알짜 이동이 없으므로 전류 흐름도 없다.

그러므로 세포막에 걸리는 전압은 반투과성 막에 의해 유지되는 전

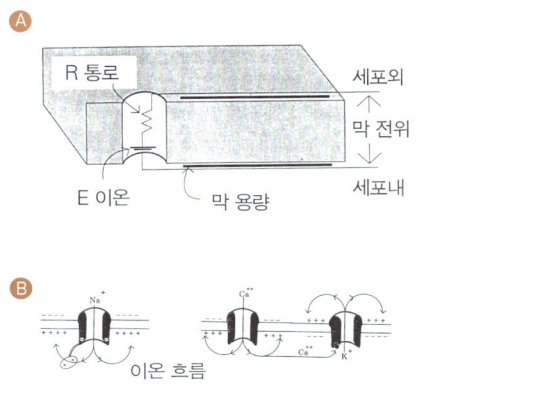

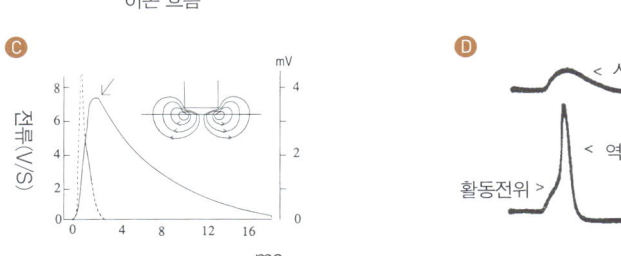

그림 4-4 뉴런이나 근육섬유를 포함해서 흥분할 수 있는 세포가 지닌 기본적인 전기적 성질들. A: 막은 저항기와 축전기가 나란히 있는 전지를 모형으로 삼을 수 있다. 막 안에 삽입되어 있는 것은 리간드나 전압에 의해 활성화되는 이온 통로로, 막에 걸리는 전류 흐름을 선택적으로 허락한다. 열렸을 때 통로를 통과하는 전류의 방향은 막에 걸리는 전위, 투과성 이온의 전하, 세포 내외간 이온 농도의 기울기에 의존한다. B: 이온 통로의 예. 보이는 Na+와 Ca2+ 통로는 전압으로 활성화되는 반면, K+와 Cl- 통로는 리간드(각각 Ca2+와 신경전달물질 GABA)에 의해 열리고 닫힌다. C: 단기 지속성 전류(점선, 왼쪽 눈금)에 의해 생겨나는 흥분성 시냅스후 전위(excitatory postsynaptic potential, EPSP, 화살표, 오른쪽의 mV 단위)의 막 전위 변화를 보여주는 시간과정의 예. 막에 걸리는 전압이 떨어지는 속도는 막 '전지'의 저항기적 성질과 축전기적 성질에 의존한다. D: '역치' 수준으로부터 시냅스 전위(위 곡선)에 의해 유발되는 활동전위(아래 곡선). 각 곡선의 정지 막 전위는 시냅스 전위가 가해지기 전의 수준이다.

하 분리에서 기인한다는 걸 알 수 있다. 반투과성 막은 이온 선택적 통로를 통해 특정 이온만이 전기화학적 기울기를 따라 통과하도록 허락한다. 이 막 안에는 이온을 운반하는 다른 단백질효소이 있어서 어떤 이온은 세포 안으로 어떤 이온은 세포 바깥으로 활발하게 펌프질을 한다.이온의 전기화학적 기울기에 맞서서 일어나므로, 일을 요구한다는 점에서 첫 번째와 다른 과정. 이른바 '정지 세포resting cell'뉴런이 실무율 신호(아래 활동전위를 참조), 즉 활동전위를 발화하지 않고 있을 때에서는 이 전압을 '정지 막 전위resting membrane potential' 라고 한다. 세포 바깥을 임의로 밀리볼트mV라고 했을 때 정지전위는 전형적으로 -70mV 단위이다. 막의 안과 주변에서 일어나는 어떤 전기적 사건들로 인해 뉴런은 탈분극depolarization 될 수 있다. 막 전위가 0mV를 향해 양의 방향으로 변화하거나 음의 전위가 줄어든다는 의미이다. 세포는 과분극hyperpolarization 되어 막 분극이 -70mV보다 음의 값으로 더 커질 수도 있다. 거기에는 '역치threshold' 라는 특정한 전압 수준이 있다. 역치는 정지전위에 대해서는 양의 값으로 -55mV에 가까운 어딘가에서 일어난다. 막이 -55mV로 탈분극되면 양의 전하가 뉴런 안으로 이동하므로시간이 가면서 막 영역에 누적된다 한 벌의 전압 의존적 통로들이 극히 짧은 시간 동안 열린다.특정한 막 전압에서만 활성화된다. 새롭게 열린 이 통로들은 더 많은 양의 전하를 안으로 흘려보낸다연쇄 반응. 그 결과 활동전위action potential가 발생한다. 즉, 단기간1초의 천분의 일 지속되는 단일한 탈분극 파동이 일어난다. 그 진폭은 이온 이동을 위한 추진력이 소진되어 더 이상 커질 수 없을 때까지 매우 빠르게 커진다. 활동전위의 진폭은 약 100mV이며밖에서 볼 때 -70mV에서 +30mV 부근 양의 전위까지 자기재생적인 방식으로 축색을 따라 이동한다.

활동전위

활동전위가 '실무율悉無律, all-or-none'을 따른다는 것은, 모든 퇴출 expulsion이 그렇듯이 일어나거나 일어나지 않거나 둘 중 하나이기 때문이다. 이 특성은 연쇄 반응chain reaction의 본성에서 기인한다. 연쇄 반응은 추진력이 주어지면 최대한 커질 수밖에 없다. 일단 활성화되면 변함없는 크기로 축색을 따라 내려가고 일단 시작되면 멈추기도 어렵다. 이 활동전위 혹은 '극파spike'는 솔리톤soliton: 입자처럼 작용하는 고립파이다. 즉 세포체의 '축색소구axon hillock'로부터 축색을 따라 '축색종말axon terminal'까지 내려가는 한 방에 한 파동으로 전파이다. 이 종말은 각각 다른 뉴런과 접촉해서 '시냅스'를 형성하고 있다. 신경종말은 목표 뉴런의 어떤 영역과도 시냅스를 형성하지만 가장 흔한 접점은 목표 세포의 수상돌기이다. 수상돌기는 가지를 이루는 투사projection로 다른 뉴런들로부터 충격 전파impulse를 받는 안테나의 역할도 한다. 주어진 수상돌기 '나무'에 달린 시냅스의 수는 수만 개가 쉽게 될 수 있다. 수상돌기는 양일 수도 있고 음일 수도 있는 시냅스 전류가 들어오면 '가지'를 따라 '줄기'와 세포체 안으로 인도한다. 거기서 양이거나 음인 이 전위들은 막을 건너는 동안 합산된다. 음보다 양이 커서 세포를 $-55mV$까지 탈분극 시킬 정도가 되면 세포는 활동전위를 발화한다 그림 4-4 D

이 실무율적 활동전위가 모든 뉴런에서 충격 전파 형태로 유지된다고 생각하면 안 된다. 활동전위가 시냅스전 뉴런의 축색종말에 도달하면 이 탈분극으로 인해 신경전달물질이 방출된다 다시 전압 의존적 메커니즘을 통해. 앞서 언급했듯이 이 특수한 분자들은 세포 간 전령이다. 두 세포 간의 공간, 즉 '시냅스 간극synaptic cleft' 그림 4-5 뉴런들은 사실 물리적으로 연결되어 있지 않다. 액체로 채워

저 있는 뉴런 간의 공간은 대략 20나노미터, 혹은 20×10^{-9}미터이다을 건너 확산되어, 수용하는 뉴런 혹은 시냅스후 뉴런 막의 특정한 수용체에 결합한다. 이런 방식으로 활성화되면 수용체는 대개 수상돌기에 있는 시냅스후 세포막에서 관련 이온 통로의 동역학에 변화를 일으킨다. 이 변화는 수상돌기 막을 통과하는 이온들의 흐름을 바꾸어서 작은 전류를 일으키고 막에서 국지적으로 작은 전압 이동, 시냅스 전위 synaptic potential'라 불리는을 일으킨다.

시냅스 전위

시냅스 전위는 등급전위 graded potential 라고도 불린다. 활동전위와 달리 시냅스 전위는 mV의 몇 분의 일로부터 수십 mV까지 크기가 다양하며, 소포 vesicle에서 방출되는 각각 축소형 전위 miniature potential 라고 브르는 소량의 전달물질 양자(量子)에 의해 생겨난다 그림 4-6 왼쪽 위. 이 작은 막 분극이 많이 모여서 시냅스 전위가 만들어진다. 시냅스 전위는 시냅스후 막을 따라 쉽게 사그라지기 때문에 시냅스 연접부에서 조금만 떨어져도 관찰되지 않는다 그림 4-6, 오른쪽 위. 시냅스 전위 자체는 연쇄 반응의 성질이 없지간 활동전위라는 연쇄반응 사건을 유발할 수 있는 국지적 사건들이다.

시냅스 전위 각각은 작지만 합쳐지면 커다란 전위가 된다. 단기간에 이러한 사건들이 충분히 일어나서 전위가 흩어져 없어지지 않고 세력이 커져 세포체까지 전도되면 이러한 과정을 막의 케이블 성질이라 한다, 누적된 전위가 세포를 −55mV까지 탈분극시키면서 수용하는 세포 안에 활동전위가 일어난다 그림 4-6 A.

뉴런에서 뉴런까지의 신호 전달은 처음 활동전위 형태일 때는 전기

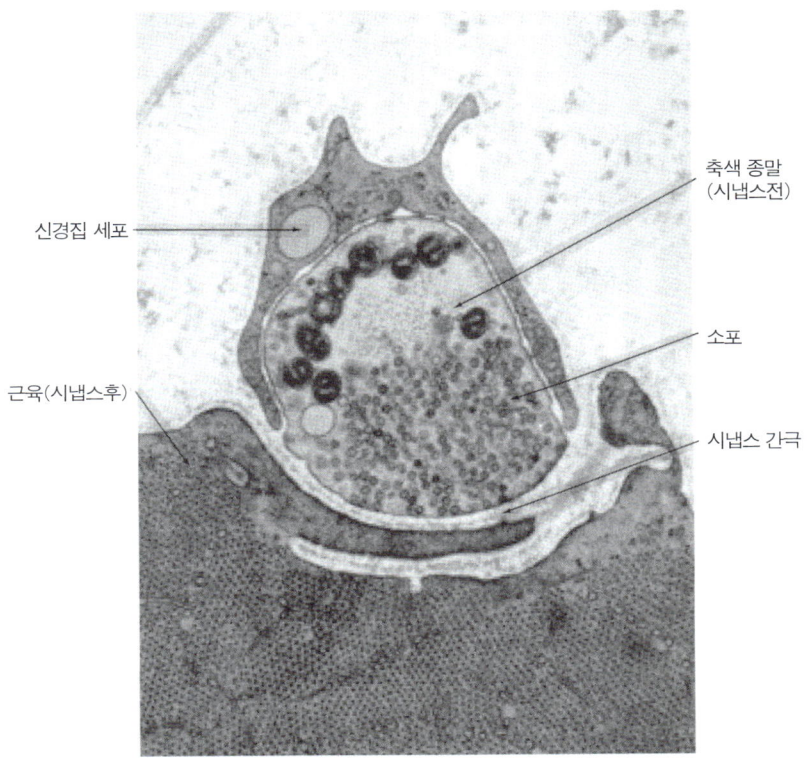

그림 4-5 근육섬유에 신경근육 접합을 이루고 있는 운동뉴런 축색 종말을 보여주는 전자현미경 사진. 축색 종말에는 신경전달물질 분자들이 채워져 있는 작은 주머니인 시냅스 소포가 들어 있다. 시냅스 소포는 시냅스 전달 과정에서 시냅스전(축색) 성분과 시냅스후(근육) 성분 간의 공간으로 내용물을 방출한다. 신경전달물질 분자들은 시냅스 간극을 건너 확산되어 근육막에 있는 수용체와 결합한다. 이는 이온 통로들을 열어 막을 탈분극시키면서 시냅스 전위를 발생한다. 시냅스 전위가 충분히 큰 탈분극을 일으키면, 활동전위가 유발되면서 근육 수축으로 이어지는 일련의 사건들이 시작된다. 근육 안에 보이는 육각형으로 배열된 점들은 근원섬유의 단면으로, 근육섬유의 수축 기관이 들어 있다. (T. Reese 박사 제공.)

적이었다가, 시냅스 전달 형태일 때는 화학적이었다가, 다음 활동전위에서는 다시 전기적이 된다. 이것이 바로 뉴런 의사소통을 '전기화학적 결합electrochemical coupling' 혹은 '전기화학적 신호electrochemical signaling'라고 부르는 이유이다.

전기긴장적 결합

2장에서 전기긴장적 결합을 이야기했다. 이러한 형태의 뉴런 의사소통 덕분에 아래올리브핵이 단일한 뉴런 집합체로서 같은 위상으로 진동할 수 있음을 보았다. 뉴런 간의 확산 공간인 시냅스 간극이 20나노미터nm 단위인 화학적 시냅스와 반대로 전기긴장적으로 연결되는 뉴런은 훨씬 더 가까이 다가가서 서로를 이을 다리를 만든다. 전기 전도성인 이 다리를 간극 결합gap junction이라고 한다 Bennett 1997, 2000. 그러한 결합으로 두 개 혹은 그 이상의 뉴런 간에 간극 결합 통로가 생긴다. 연결된 뉴런 중 하나에 형광 염료를 주입하면 염료는 이 통로를 따라서 세포 사이로 막힘없이 흐른다. 이 간극 결합 통로는 세포 간의 직접적인 이온 전도전류를 허락하여 세포를 전기적으로 결합시킨다. 전기긴장적 흐름에는 신경전달물질이 없으므로 세포에서 세포로 전기가 흐르면서 생기는 전압 이동에서의 지연은 거의 없고, 있다고 해도 매우 적다. 전기화학적 신호의 과정은 전달물질의 방출, 간극을 건너는 확산 시간, 이어지는 전달물질의 결합, 그리고 관련된 이온 통로의 활성화를 통해 막의 국지적인 영역 안팎으로 전류가 흐르도록 하는 데 따르는 많은 단계들 때문에 미세한 흐름의 지연이 있었다. 이 모두에는 대략 1~5ms가 걸린다. 그러나 전기긴장적 연결의 경우, 이온 흐름은 이

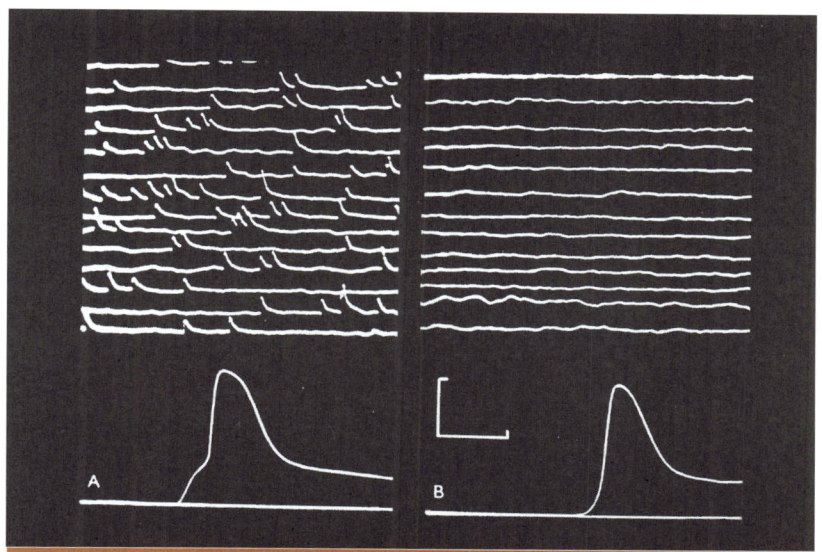

그림 4-6 신경근육 접합부(neuromuscular junction, nmj)에 가까운 근육섬유(왼쪽)와 먼 근육섬유(오른쪽) 안쪽에서 얻은 세포내 기록.
위: 자발적 시냅스 전위의 기록(축소형 흥분성 시냅스후 전위(miniature excitatory postsynaptic potentials), MEPPs). 신경 종말의 단일한 시냅스 소포로부터 신경전달물질이 방출됨을 나타낸다. 오른쪽에 시냅스 전위가 기록되지 않는 이유는 전극 위치가 시냅스 자리에서 떨어져 있기 때문이다. 시냅스 전위는 점차 감소하므로 시냅스 자리에 가까운 곳에서만 기록될 수 있다.
아래: 시냅스 자리에 가까운 곳(왼쪽)과 먼 곳(오른쪽)에서 기록한 시냅스 전위와 그것이 유발하는 활동전위. 오른쪽에 시냅스 전위가 보이지 않는 것은 기록하는 전극의 위치가 점차 감소하는 신호의 진원지로부터 멀리 떨어져 있기 때문이다. 활동전위가 기록되는 것은, 멀리 떨어진 기록 전극의 위치까지 막을 따라 재생되면서 전파되기 때문이다. (Fatt와 Katz, 1952에서.)

미 열려 있는 닫혀 있을 수도 있지만 통로를 통과하고 세포 내부가 상호 연결되어 있으므로 전류가 세포 사이로 직접 흐른다. 결과적으로 뉴런이 활동전위를 발화하면 그 뉴런에 전기적으로 결합된 모든 세포는 동시에 그 신호의 일부를 받지 않을 수 없다. 신호가 충분히 크면 그 자체가 결합된 세포 안에서 활동전위를 발화시킨다.

　그러한 전기 흐름은 쌍방향일까? 연구 결과 많은 간극 결합이 전류의 흐름을 고르게 쌍방향으로 조절한다는 사실이 밝혀졌다 Bennett 2000. 아래올리브IO 세포들의 전기적 연결에서 쌍방향성을 볼 수 있다. 덕분에 그러한 세포들은 전기적으로 하나의 커다란 세포로 기능할 수 있다 검토를 위해서는 Welsh와 Llinás 1997을 보라. 그러나 모든 간극 결합이 쌍방향으로 작동하는 건 아니다. 어떤 간극 결합은 이온을 통해 전류 흐름을 한 방향으로만 전달하므로 다음 뉴런에게는 동시에 신호를 보내지만 그 세포로부터 신호를 돌려받지는 못한다 Furshpan과 Potter 1959.

　전기긴장적 결합으로 세포들 간에 직접 전류가 흐른 결과 상호 연결된 세포들은 빠르고 동기적synchronous으로 발화한다. 이렇게 해서 '집합체ensemble' 신호가 일어난다. 이러한 유형의 신호 덕분에 뉴런의 집단은 널리 흩어져 있으며, 멀리 떨어져 있는 뉴런들에게 간결하고 동기적인 신호 패턴을 전달할 수 있다. 전기적 결합에 의해 생겨난 동시성 덕분에 이 신호는 단세포 혼자의 '광야에서의 외침'이 아니라 많은 세포들이 함께 발화하는 '대중의 부르짖음'이 된다. 그것은 독창이 아니라 합창이다. 이 시간적 결합의 문제는 우리가 의식에서 이음매를 느끼지 못하는 것과도 관계가 있다.

　전기긴장적 결합은 발달 과정에서도 중요한 역할을 한다. 3장에서 근원적筋原的으로 리듬 있게 떨리는 근육의 운동성에서 뇌가 진동하면서 공명하는 기능으로 내면화하는 데는 동시적 신호 전기긴장적 결합 덕분에 가능한가 중요한 역할을 한다는 걸 살펴보았다. 간극 결합 통로의 직경이 비교적 크다는 사실도 전기긴장적 결합에 도움이 된다 Bennett 2000. 간극 결합은 이온 뿐만 아니라 발달과 세포 기능에서 내부적으로 중요한 조절 역할을 하는 비교적 큰 분자들의 흐름을 가능하게 한다. 그것이 없었으면 큰 분자는 주어진 크기로 세포 안에 들어가기가 더 힘들었을 것이다. 간극 결합 통로의 직경은 대략 1.5nm로 작은 펩타이드peptide와 고리모양 아데노신 일인산cyclic adenosine monophosphate, CAMP과 같은 매우 중요한 분자가 세포들 사이를 통과할 수 있게 해준다Simpson 등 1977; Pitts와 Sims 1977; Kam 등 1998; Bevans 등 1998을 보라. 그렇게 큰 분자는 세포막의 이온 통로를 거쳐서는 세포 안으로 들어갈 수 없다. 이는 발달 중인 뉴런들 간을 조절하는 동시성의 한 형태로 볼 수 있다.

그러므로 뉴런의 기본적인 기능적 단일성은 전기적인 것이다. 뉴런의 전기긴장적 상호작용과 활동전위는 시간적 결합을 도우면서 뉴런이 통합될 수 있는 뼈대가 되어준다. 반면 화학적인 동시에 전기적인 시냅스 전달은 여러 세포 요소들을 단일한 다세포 기능 상태로 결합시키는 기본적 주조물이다.

i of the vortex

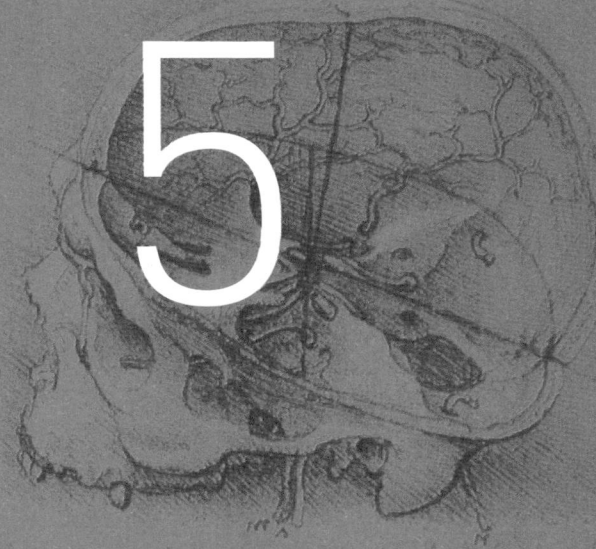

5

눈의 진화

「네모로 시작해서 동그라미로 끝나다Square Beginning-Cyclic Ending, I-V」, 알프레드 젠슨Alfred Jensen, 1960년, 캔버스에 유화, 각각 50×50inch인 패널 다섯 개로 이루어진 전체 50×250inch 그림 중 4번 패널. 페이스 윌덴스테인Pace Wildenstein 제공. 엘렌 페이지 윌슨Ellen Page Wilson 사진.

꿈꾸는 기계

　　동물을 형성하는 진화적 원동력은 무엇일까? 그토록 장엄하고 복잡한 세포 기반 구조가 어떻게 생겨날까? 한 마리 동물이 가진 엄청나게 다양한 형태와 기능의 기관organ에 대해 무슨 말을 할 수 있을까? 생리학적 분업의 관점에서 인간의 생체 기관은 신체의 전문화된 구성 성분들로 종종 단독으로 고유한 기능적 역할을 맡고 있다고 생각한다. 대부분의 경우 유기체가 단기적으로 주어진 일생을 운영하기 위해, 그리고 장기적으로 종을 영속시키기 위해서도 신체 기관은 지극히 중요하다. 심장이니 눈이니 간이니 하는 것들은 모듈module, 즉 개별적인 국소 장치들이다. 여러 면에서 어떤 기관은 뇌처럼 한 동물 안에 들어 있는 전문화된 닫힌 공동체로 간주할 수 있다. 그러나 여러 닮은 점 가운데에서도 하나의 예외가 있다. 뇌는 그 본성과 작용에 있어서 근본적으로 닫혀 있다. 어떤 감각으로도 뇌는 직접 관찰할 수 없다. 뇌는 보이지도 소리를 내지도 콩닥거리지도 않으며, 부풀었다 줄어들었다 하지도 않고, 맞아도 아픔을 느끼지 못한다. 뿐만 아니라 뇌는 우리가 다른 사람의 아픔을 공감하거나 경외심을 가지고 우주를 관찰할 때처럼 육체에 정박하지 않고 먼 곳에 있는 것처럼 보인다.

　　우리가 뇌라고 부르는 이 닫힌 유기계는 감각의 성질에 의해 제한되지 않는다는 이점이 있다. 깨어 있는 상태는 감각이 인도하고 형성하는 꿈과 같은 상태 꿈은 깨어 있음과 유사한 상태라는 의미에서인 반면 일상적인 꿈은 감각과 전혀 관련이 없음을 생각해보라. 뇌는 세상의 풍부함을 받아들이기 위해 감각을 사용하지만 감각에 의해 제한되지는 않는다. 털끝만큼의 감각 입력

없이도 일을 할 수 있다. 뇌의 본성과 하는 일은 신경계를 나머지 우주와는 아주 다른 유형의 존재로 만든다. 반복해서 말했듯이 뇌는 실재 묘사기이다. 그 계가 닫혀 있다. 따라서 아주 다르다는 말의 의미는 그게 '모든 것 everything'을 표현하는 또 다른 방식이어야 한다는 것이다. 다시 말해서 뇌 활동은 다른 모든 것을 위한 은유metaphor이다. 원하든 원치 않든 간에 인간은 기본적으로 현실 세계의 가상 모형을 건설하는 꿈꾸는 기계이다. 그것이 아마도 700그램의 질량과 14와트의 '어둠침침한' 전력만을 가지고 우리가 할 수 있는 최선일 것이다 Erecinska와 Silver 1994.

더욱 수수께끼인 것은 이 고유하고 특이한 기능적 구조, 닫힌 세포계가 자신은 무엇이어야 하고 자신의 기능은 무엇이어야 하는가라는 선험적 명제a priori를 모르고도 형성된다는 것이다! 어떻게 이렇게 될 수 있을까? 이는 뇌가 모든 기관과 공통적으로 가지고 있는 진화 과정의 신비 중 하나이다. 모든 기관은 선험적으로 완벽한 최종 계획도 없이 복잡하고 고유한 구조를 가지고 유능하게 기능하도록 발달했다. "하지만 잠깐, DNA 안에 미리 예정된 유전적 특질이나 발달 계획이 있잖아?"라고 물을 것이다. 글쎄, 물론 유전적 특질도 관련되지만 유전적 특질이란 각 세대의 위대한 시절에 관한 옛날이야기가 누적된 결과일 뿐이다. 유전적 특질을 구성해가는 이야기에는 무엇보다도 중요한 줄거리가 없으며 결말도 없다. 풍부한 특징과 탕 하는 출발 신호가 있지만 그 다음에는 결코 끝나지 않는 이야기의 중간이 있을 뿐이다. 정말 궁금하다.

마음의 조상인 신경계가 진화에서 나침반이나 지도 없이 출발했다면, 마음이 우리에게 온 과정을 어떻게 이해할 수 있을까? 다른 모든 기관은그것이 들어 있는 동물처럼 같은 방식으로 시행착오에 의해서 그리고 끝없는 과정 속에서 발달했는데…….

신경계를 발달시키기 위해서 자연은 바깥 우주의 성질로부터 배워 그것을 유익한 방식으로 도입해야 했다. 3장에서, 유입의 중요성을 이야기했다. 이제 이 과정에서 첫 번째 단계가 무엇인지를 물을 때다. 우리가 어떻게 외부 세계의 분열된 성질들을 받아들여 단일한 전체의 맥락 안에 집어넣을 수 있을까? 진화는 외부 세계의 보편성과 뇌라는 닫힌계 사이의 전문화된 중계 메커니즘인 감각 기관을 '발명'해야 했다. 우리가 감각의 중계나 변환 과정을 순간적 수준 momentary level에서 이해한다면, 아마도 외부 성질의 이러한 '받아들임 taking in' 이야말로 진화의 모든 과정에서 자연이 생명에게 요구한 일이라는 사실을 이해할 수 있을 것이다. 순간적 수준이란 예를 들어 지금처럼 책을 읽으면서 빛의 패턴을 어떻게 받아들이는가 하는 수준이다. 그 패턴은 머릿속에서 이 페이지의 단어들을 구성하고 어떤 식으로든 하나의 목소리로 등장한다. 수천 년을 굴러가며 체계가 유입하고 '기억' 할 때 그 결과는 무엇일까? 빛을 탐지하는 기능을 하는 원시적인 광수용체는 눈이라는 놀랍도록 복잡한 기관으로 진화했다. 한때 우렁쉥이에게 평형 메커니즘이었던 여전히 그러한 원시적인 평형포는 그물처럼 얽힌 뇌의 하부계인 전정계로 진화했다. 예측적 움직임의 숙련도를 높이고 완성시키면서 생존율을 높이기 위해 오랜 시간 연마되어 온 감각계가 지극히 섬세한 뇌의 도구로 진화했다.

우리의 묘사가 필연적으로 감각 기관으로 기우는 경향이 있는 건 사실이지만 그럴 필요는 없다. 외부 세계에서 보편적 성질을 유입하는 데서 비롯된 학습은 손과 발, 꼬리와 깃털 뿐만 아니라 모든 기관 형성의 원동력이 되었다. 그러나 이 과정에 대한 이해는 감각 기관을 통해 하는 게 더 쉽다. 감각 기관은 외부 세계로부터 뇌라는 내부 세계로 들어가는 직접적인 도랑이고 뇌는 이 책에서 관심을 끄는 초점이기 때문이다. 예를 들어 간은 같은 진화적 압력의 원리 아래 발달했지만 여러 면에서 다소 직접성이 떨어진다. 간은 인간이 섭취한 독을 몸에서 제거하는 일을 돕기 위해 진화되었다. 그러나 독성은 대개 종에 따라 상대적이며 보편적이지 않다. 우리를 병들고 죽게 만드는 것이 쥐나 바퀴벌레에게는 맛있는 간식이 된다. 보편적 성질 universals 이란 외부 세계로부터 일어나면서 모든 생명에게 불변인 성질을 말한다. 예컨대 광파에는 온도나 중력처럼 보편적인 성질이 있다. 이 성질들은 생명이 마주쳐야 했던 강력하고 변치 않는 최초의 현상에 들어간다. 생명은 그것에 의해서 다듬어져 왔다. 하지만 그것을 다 이해할 수 있을까? 일단 '본다'라는 하나의 기능과 '눈'이라는 한 벌의 기관을 생각해보자.

눈, 동물의 광합성

이제 감각 기관에 대해 알아볼 참인데 이 장에서는 눈이 중심 예다. 눈은 빛을 뇌 안에서 유용한 설명서로 변환하기 위해 다양한 형태로 발달했다. 근본적으로 뇌는 외부 세계로부터 감각 기관을 자극하는 특정한 성질만을 받아들이고 라디오나 TV 전자파는 직접 느끼지 못한다, 그 결과 얻어진 입력은 뉴런의 전기 활동으로만 전달된다.

우선, 시각이란 무엇인가?

'본다'는 건 무슨 뜻일까? 시각 기관은 왜 그렇게 생겼으며 그것이 뇌 즉 마음에 관해 가르쳐줄 수 있는 것은 무엇일까? 시각에 관한 뛰어난 보고서로는 Zeki 1993을 참조하라.

눈 그림 5-1 A, 특히 망막 빛에 민감한 부분은 진정한 중추신경계의 연장이다 그림 5-1 B. 망막에 있는 뉴런은 엄청나게 빽빽하고 멋진 회로를 이루어 뇌가 빛으로 해석하는 전기 메시지를 보낸다. 4장에서 특정한 회로가 보이는 특유의 행동과 기능을 일으키는 원인은 단순히 뉴런 회로의 집합체 성질만으로 이루어지는 게 아님을 알았다. 집합체의 구조 심장의 경우처럼와 그러한 구조를 통한 맥락과 의도가 회로에 거시적 성질을 준다. 이 구조 architecture, 혹은 모듈은 일반적으로 유형도 다르고 본질적인 전기적 성질도 다른 뉴런 요소들로 이루어진다. 일부는 흥분성이고 일부는 억제성이다. 눈의 경우, 망막은 이 전략의 훌륭한 예가 된다. 그러므로 육체의 눈과 마음의 눈으로 몇 가지 신기한 눈의 진화를 들여다보자.

모든 눈은 태양으로부터 에너지를 얻는 유기체와 함께 시작되었다. 태양 에너지는 생명에 절대적으로 필요한 존재이다. 우리는 최초의 태양 숭배 집단인 채소 왕국 덕분에 지구상에 존재한다. 풀과 나무와 녹조류는 직접적인 길을 택한 결과 빛 또는 태양 에너지를 먹이로 바꾸도록 진화했다. 이것이 바로 광합성 photosynthesis이다. 광합성은 식물에게 탄수화물, 단

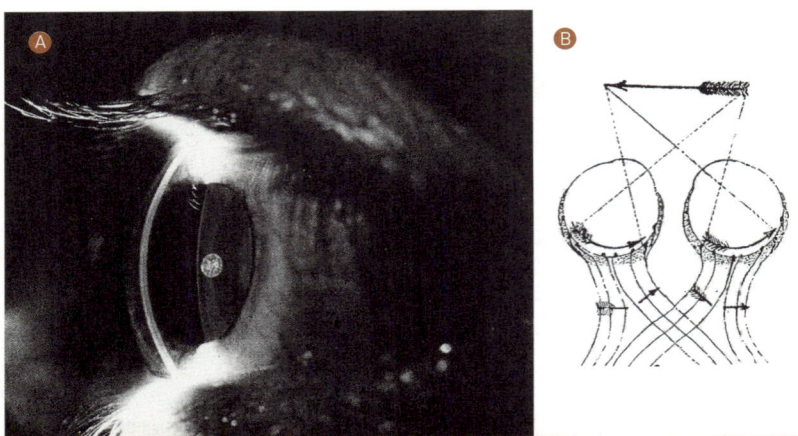

그림 5-1 A: 옆에서 본 사람 눈의 사진. 빛은 투명한 각막을 통해 눈으로 들어간다. 각막에서 대부분의 빛이 꺾인다. 눈동자에 찍힌 흰 점은 반사된 빛이다. (Hubel, 1988, p.35에서.) B: 망막의 뉴런 구조를 단순화한 그림. (Cajal, 1911, 그림 571에서.)

백질, 지방을 만들 수 있는 방법을 제공한다. 따라서 풀과 나무와 녹조류는 스스로 먹이를 만든다. 아주 영리한 해결책이다. 반면 동물은 더 교활하다. 빛 에너지를 뉴런에서 '볼 수' 있는 활동 패턴으로 바꾼 다음 식물을 그리고 서로를 먹는 것이다.

　　식물과 녹조류는 왜 '보지' 못할까? 앞서 지적했듯이 움직이지 않기 때문이다. 녹조류는 움직이기는 하지만 주변 환경에 대처할 만한 속도로 움직이지는 못한다. 녹조류는 스스로 먹이를 만들고 씨를 뿌리거나 다른 꽃의 수분을 통해서 '짝짓기'를 한다. 활발하게 움직일 수 없어도 효과적인 생존 전략을 가지고 있는 것이다. 식물들은 가시나 화학 퇴치제를 써서 포식자를 물리칠 수 있다. 풀과 나무가 맞서야 하는 포식자가 누구인가를 생각해보면 활발하게 움직이는 능력은 별 도움이 되지 않는다. 기생충은 몸에 붙어 다니고, 메뚜기와 딱따구리는 날아다닌다. 나무에게 날거나 움직이는 기적 같은 능력이 주어진다 해도 과연 포식자의 속도를 앞설 수 있을지 의문이다.

나무는 달리거나 날지 못하며 가지로 적을 때려 쫓아버릴 수도 없다. 나무가 그나마 조금이라도 움직이는 건 굴광성 phototropism 때문이다. 녹조류처럼 빛을 좋아하는 생명 형태가 빛을 향해 굽어지는 경향 말이다. 그러나 이것은 자기참조 운동 형태라기보다는 2장에서 이야기했던 제임스의 반사론 관점에서 생각하는 게 더 정확하다. 나무는 활발하게 움직이지 않는다. 그것이 나무에게 뇌가 필요하지도 존재하지도 않는 이유이다. 나무의 생존은 예측에 달려 있지 않은 것이다.

활발하게 움직이는 생물의 경우 보기, 듣기, 냄새 맡기와 같은 '원거리 지각'은 외부 세계의 협상을 통해 예측 능력을 키워준다. 위협을 확인할 때 반드시 외면의 존재를 통해 만지거나 맛보아야 한다면, 그 생물은 위협을 사후에야 확인하기 십상이다. 때문에 위협이 오고 있음을 미리 볼 수 있다는 건 좋은 것이다. 실제로 포식자가 다가오고 있는 상황에서 만지기나 맛보기를 통한 감각 변환은 너무 아슬아슬하다. 이런 경우 너무 아슬아슬하다는 건 늦었다는 뜻이다. 그렇기 때문에 예측 시간을 더 벌어서 뇌의 예측성을 활용하기 위해 원거리 지각이 생겨난 것이다.

예측을 위해 눈이라는 굉장한 기관을 만들어낸 이유는 초기 생물에서부터 빛을 느낄 필요가 있었기 때문이다.

바다에서는 수면과 해저면을 분간하기 위해 필요했다. 육지에 사는 생물에게는 안전을 위해서 필요했다. 밤중에 간식거리를 찾으러 나와 불을 켰을 때 가구 틈으로 쏜살같이 사라지는 바퀴벌레를 보면 알 수 있다. 대개 어둠 속에 숨는 것이 해가 비치는 곳에 숨는 것보다 효과가 있다. 빛을 분간하는 이 기능은 원래 상이미지을 보는 것, 심지어 그것을 만드는 것과도 아무 상관이 없었다. 단순히 빛이 있는지 없는지를 느낄 필요가 있었을 뿐이다.

이 단계에서 광원의 방향을 느끼는, 엄청나게 도움이 되는 능력을 얻으려면 아직 진화되기 전의 어떤 기관이 필요했다. 눈의 기원이 된 기관의 변천 과정 빛의 탐지 대 광원의 방향 탐지을 이해하려면 먼저 빛의 변환 과정을 알아야 한다.

빛은 광자photon라는 사건으로 이루어져 있다. 광자가 파동처럼 행동하는 입자인지 아니면 입자처럼 행동하는 파동인지 아니면 둘 다 아닌지에 관한 논란은 계속되고 있다. 생리학적 관점에서는 광자가 에너지 묶음양자으로 수용체를 활성화하는 게 중요하다고 생각하지만 태양에서 방출되는 이 전자기 양자의 파장wavelength 역시 매우 중요하다. 광자의 다른 파장은 우리에게 다른 색깔로 해석된다.

파동을 닮은 이 입자는 초당 300,000km에 가까운 속도로 직선으로 이동한다. 광자는 상호작용을 해서 서로를 보강하거나 소멸시킨다 광자가 특정한 점을 지날 확률을 각 경로 확률의 합으로 구하는 리처드 파인만의 역사총합Sum Over Histories, Feynman과 Hibbs, 1965에서. 그 때문에 무언가 반사되어 없어지더라도 빛은 계속해서 직진한다. 빛은 굴절될 수도 있다. 한 매질로부터 다른 매질로 공기로부터 물이나 유리로 통과할 때 그 궤도의 각도가 변할 수 있다는 뜻이다. 빛이 새로운 경로에 도착한 후에도 매질이 변하거나 큰 중력장에 의해 공간이 휘지 않는 한 그것은 직선을 유지한다. 매질에 의해 빛의 궤도가 꺾이는 각도는 그 매질의 '굴절률 refractive index'이다. 꺾이는 강도가 높을수록 굴절률이 높은 것이다.

빛은 반사해서 사물에 부딪혀 튈 수도 있고 굴절해서 사물을 뚫고 지나갈 수도 있으므로 우리를 둘러싼 우주의 광학적 성질을 알려줄 수 있다. 빛은 붙잡히거나 흡수될 수 있다. 빛이 직진한다는 사실은 특히 중요하다. 다루기도 쉽고 출처를 알기도 쉽다는 뜻이기 때문이다. 빛이 직선 궤도를 따르고 주변에 얼마든지 널려 있다는 사실은 시각의 진화에 필수적이었다. 덕분에 눈을 때리는 광자가 정확하고 충성스러운 전령으로 외부 세계의 먼 경치를 알려주는 기능을 할 수 있기 때문이다.

광자는 색깔 있는 물질에 '붙잡힌다'. 바꾸어 말하면 물질은 특정한 광자들을 흡수하기 때문에 색깔을 띤다. 앞서 말했듯이 광자는 여러 파장으로 온다. 이동하는 광선은 사인 곡선을 그리며 이동한다. 봉우리에서 봉우리까지 골짜기에서 골짜기까지의 일정한 거리를 파장이라고 한다. 사람이 볼 수 있는 색깔 영역의 파장인 가시 스펙트럼은 수백 나노미터 nm 혹은 10^{-9}m이다. 예를 들어 파랑으로 보이는 것은 420nm 파장 영역에 속하는 빛이고 빨강은 더 긴 550nm 파장 영역에 속한다.

빛의 진동수 frequency는 파장과 역수 관계이다. 파장이 길수록 진동수는 낮다. 진동수는 1초 간 일어나는 파동 사이클의 숫자다. 파장이 길어 봉우리 간의 간격이 크면 파동 사이클은 적어지고 진동수는 낮아진다. 진동수는 속도와 같지 않다. 빛의 속도는 변하지 않는 상수이다 빛의 속도가 변할 수 있다는 최근의 논의는 일단 제외하자.

자연광은 전체 색깔 스펙트럼의 모든 빛 진동수를 합한 것이다. 그렇다면 파란 빛을 흡수하고 있는 것은 앞에 있는 동료의 파란 책일까, 아니면 내 눈일까? 파란 빛을 붙잡고 있는 것은 눈이다. 파란 빛을 흡수한 게 책이라면, 파랑의 정보가 어떻게 나의 뇌에 도달하겠는가? 그 책 표지에 든 색소는 파랑 이외의 다른 색깔 진동수들을 흡수해서 멈추거나 붙잡은 것이다. 파랑은 반사되었다. 그것도 직선으로. 이 진동수의 광자가 눈에 도달한 것이다. 그러나 파랑이라는 개념은 외부 세계에 존재하지 않는다는 점을 명심하라. 파랑이라는 개념은 특정한 파장 420nm 영역에 대한 뇌의 해석일 뿐이다.

진동수가 '파랑'이라는 이 빛의 광자를 흡수하고 멈추고 있는 것은 나의 눈이다. 이것은 뉴런이 광수용체 photoreceptor 라는 광자를 흡수함으로 이루어진 것이다. 광수용체에서는 아주 오래된 단백질의 일족인 옵신 opsin 이 발견되는데 이것은 시각 색소의 한 성분이다. 옵신은 제2의 분자인 발색단 chromophore, 실제적인 광자 사냥꾼 과 긴밀하게 상호작용하면서 빛의 자극에 따라 수용체 세포를 활성화시킨다. 파란 책의 경우, 높은 비율의 파란 광자가 나를 향해 반사되면서 파란 광자를 붙잡는 광수용체가 큰 비율로 활성화되었던 것이다.

이제 막 광자를 감지하려고 하는 우리의 원시적 생물인 감광성 피부 조각, 광수용체, 반사, 굴절로 돌아가자.

바늘구멍 눈

광수용체 뉴런은 붙잡히는 광자의 수를 '셈'하여 빛의 세기를 측정한다. 광자가 붙잡힐 때마다 광수용체의 막 전위가 약간씩 변하기 때문에 빛은 점진적인 막 전위 단계로 측정된다. 사람은 광자 한 개의 수준을 감지할 수 있다.Hubel 1988. 광자를 세는 광수용체 집단에서 이루어지는 전기 활동 패턴을 통해 수용되는 빛의 크기를 알 수 있다. 광수용체가 광자의 수를 세는 패턴의 변화를 보면 광원그림자, 포식자의 변동을 측정할 수 있다. 드디어 한 조각의 감광성 피부photosensitive skin 혹은 '안점eye spot'이 있는 원시적인 생물이 생겨난 것이다.

밤과 낮을 알고 빛이 있는 곳이 따뜻하다는 걸 아는 능력은 생존에 많은 도움이 되었다. 그러나 이를 바탕으로 생물이 향상될 수 있을까? 빛을 잡는 일을 어떻게 더 잘하게 될까? 한편 실제로 100여 개의 광수용체가 들어 있는 털 달린 외피 세포로 이루어진 Land와 Fernald 1992 감광성 피부 조각으로는 밖에 있는 것의 상을 만들어내지 못한다. 그러나 이 광수용체 '조각'은 면적을 넓혀가기 시작하면서 자연스럽게 컵 모양이나 구덩이pit를 형성하는 경향을 보인다. 따라서 빛이 곧장 앞에서 오면 컵의 뒤쪽이 활성화된다. 다른 각도로 오는 빛은 컵을 비대칭적으로 활성화하는 경향이 있다. 이로부터 아주 조잡한 방향성이 생겨 기껏해야 상하나 좌우뿐이지만 분화가 일어난다. 구덩이를 닮은 많은 눈은 실제로 빛의 빠른 변화움직이는 그림자에만 반응한다.

이어 진화에서 놀라운 사건이 일어난다. 100여 개의 광수용체가 들

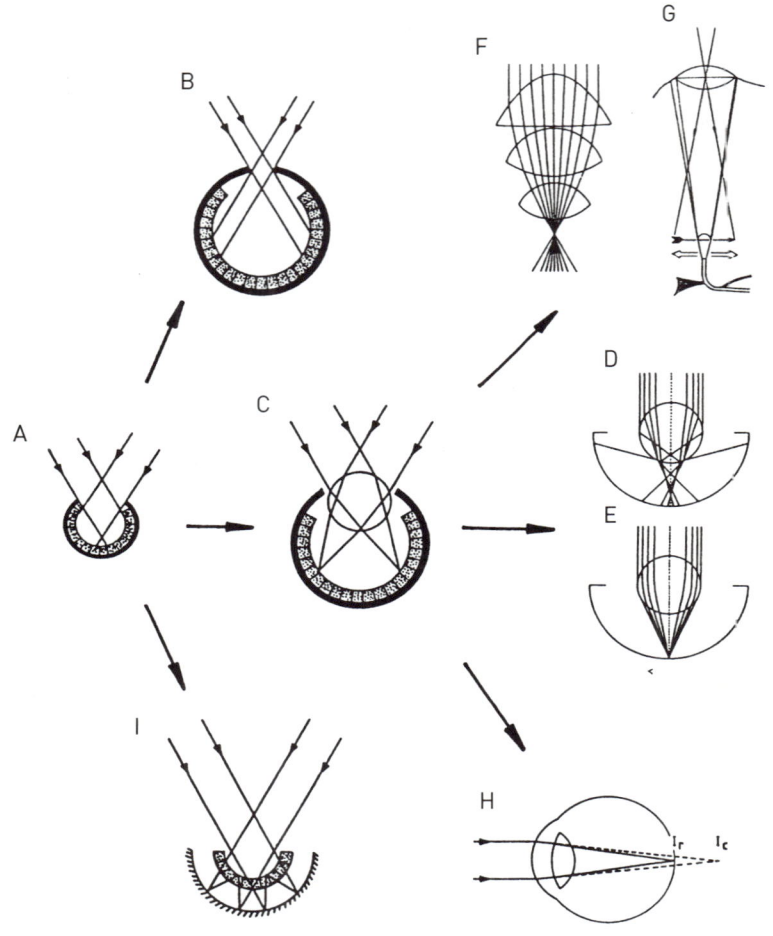

그림 5-2 방이 하나인 눈의 진화. 화살표는 특정한 진화 순서가 아닌 구조적 발달을 나타낸다. A: 오목 눈(pit eye). B: 앵무조개(Nautilus)에서 발견되는 바늘구멍 눈. C: 렌즈가 달린 눈. D: 균질한 렌즈. E: 불균질한 '매티슨(Matthiesen)' 렌즈. F: 수컷 폰텔라(Pontella: 동물성 플랑크톤의 일종) 눈의 다중 렌즈. G: 코필리아(Copilia: 동물성 플랑크톤의 일종)의 렌즈가 두 개인 눈(그림 5-4를 보라). 실선 화살표는 상의 위치를, 겹 화살표는 두 번째 렌즈를 훑는 움직임을 보여준다. H: 각막과 렌즈가 있는 사람의 눈. I_c는 각막만으로 형성된 상. I_r은 망막에 맺힌 최종 상. I: 가리비의 거울 눈(mirror eye). (Land와 Fernald, 1992, 그림 1, p.6에서.)

어 있는 이 컵 모양 피부 조각이 더 늘어나면서 구경 앞에 있는 열린 부분의 직경이 줄어들면서 사방이 덮인 오목한 주머니 모양의 구조가 되는 것이다. 여기서 '컵 눈cup eye'이 생겨난다. 컵은 결국 작은 구멍을 제외하고 완전히 닫히게 된다. 이것이 '바늘구멍 눈pinhole eye'이다. 바늘구멍은 렌즈 역할을 한다. 실제 세상 속 이미지는 뒤집혀서 광수용체 표면에 투사된다. 마지막으로 투명한 상피上皮 형태의 렌즈가 진화되어Ali 1984 더 나은 상을 얻을 수 있게 된다그림 5-2.

가리비와 코필리아의 눈

이제 허구보다 더 이상한 사실의 영역으로 들어가보자. 여름이면 우즈홀 해양생물연구소에서 일하는 내 친구 엔리코 나시Enrico Nasi와 마리아 델 필라 고메즈Maria del Pilar Gomez는 광수용체와 가리비 눈 연구의 전문가들이다. 이 맛있는 연체동물은 두 껍질이 만나는 곳에 둥글고 파란 눈을 여럿 가지고 있다. 이 눈은 전 방향을 자세히 들여다볼 수 있다. 그런데 엔리코와 마리아에 의하면 그 눈은 매우 이상했다. 망막이 안구의 뒤쪽 끝에 기대고 있는 사람의 눈과 달리 가리비의 눈은 안구의 중심에 영사 스크린 같은 두 개의 망막이 등을 맞대고 위에서 아래로 걸려 있다. 이 스크린은 안구를 앞뒤로 반씩 나눈다. 두 개의 망막 중 앞쪽 망막이 눈으로 들어오는 빛의 강도를 측정하도록 되어 있다. 빛은 이 망막을 통과해 눈의 뒤쪽에 닿는다.

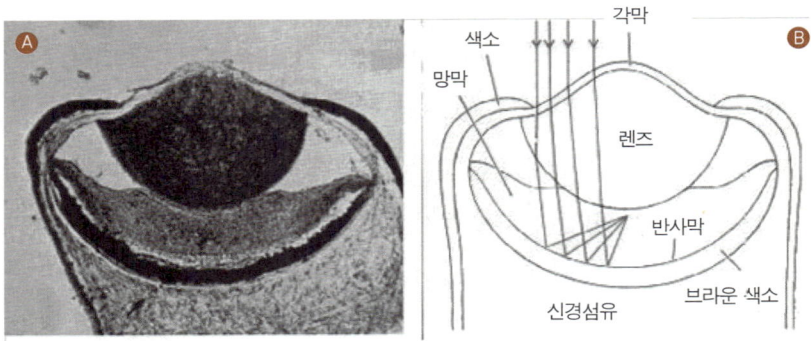

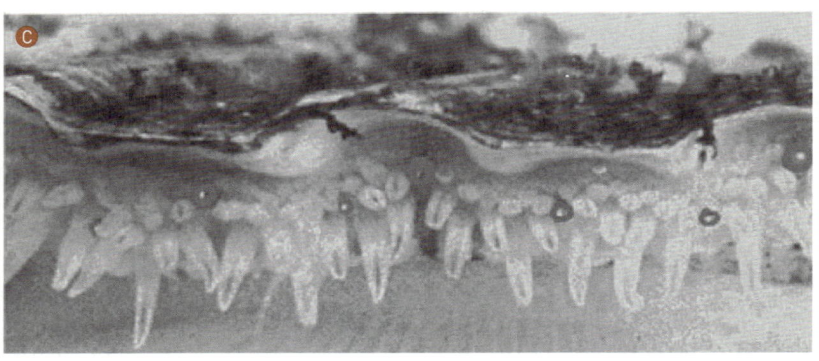

그림 5-3 가리비의 눈. A: 눈의 단면. 척추동물의 렌즈 눈과 달리 렌즈와 망막 사이에 광선이 모이는 분명한 구역이 있다. 가리비 눈의 렌즈는 반달 모양의 망막과 맞닿아 있다. 망막 뒤에는 극히 얇은 거울(이 확대 수준에서는 알아볼 수 없는)이 있고, 이어서 두꺼운 층의 검은 색소가 있다. B: 이 그림은 이 눈에 들어가는 빛의 경로를 보여준다. 렌즈에 의해 약하게만 굴절된 빛은 망막을 지나 반구형 반사막에 도달하고, 반사막은 그 빛을 모아 망막 위층에 드문드문 있는 광수용체 세포들에게 돌려보낸다. 빛은 망막을 통과한 이후에 감지되기 때문에 가리비 눈은 대비에 민감하지 않다. C: 두 껍질이 열린 틈을 통해 보이는 연체동물 외투막을 따라 작은 방울 같은 가리비의 눈이 보인다. 직경이 약 1mm인 각 눈 안에는 반짝이는 반구형 거울이 들어 있다. 눈은 시야를 따라 그림자나 어두운 윤곽의 움직임을 감지하여 포식자의 접근을 알아차릴 수 있게 해준다. 대비 감도가 낮은 이 눈은 주광성(phototaxis), 즉 어둡거나 밝은 곳으로 이동하는 성질을 보이는 데에도 유용할 것이다. (Land 1978, pp.127, 130에서.)

이곳은 거울 처리된 표면이다! 뉴턴의 망원경에서처럼 거울에 닿은 빛은 두 번째 망막 위로 다시 초점이 모아진다. 이 두 번째 망막은 뒤의 거울이 만든 상을 받는다. 양 망막은 안구의 적도 눈의 앞과 뒤를 각각 북극과 남극이라고 하면에서 방사되는 시신경을 통해 메시지를 밖으로 내보낸다 그림 5-3.

갑각강 중 패충아강에 속하는 기간토키프리스 Gigantocypris와 같은 바다 무척추동물 중에는 렌즈가 아닌 포물선 모양의 거울로 이루어진 눈을 가진 것도 있다 그림 5-4. 이 거울은 빛을 모아 성냥 대가리처럼 생긴 망막에 초점을 맺는다 전구를 전구 모양의 망막으로 생각하면, 차의 전조등과도 약간 비슷하다 Land 1980. 더욱 이상한 것은, 이종돌기바다달팽이 heteropod sea snail 와 깡충거미 jumping spider 등의 망막에 있는 수용체가 폭으로는 몇 개밖에 없고 길이로 수백 개가 있어서 끈과 같은 모양이라는 점이다. 이 동물들이 눈을 돌려 탐색할 때는 망막이 활 모양으로 휜다 Land와 Fernald 1992. 그러나 이상하기로는 코필리아 Copilia의 눈만한 게 없다. 코필리아는 나폴리 근처의 지중해에서 발견되는 바다 무척추동물이다 그림 5-5. 이 동물의 투명한 렌즈는 비행기 창문처럼 테두리가 고정되어 움직일 수 없다. 테두리 안쪽에는 두 번째 렌즈와 작은 광수용체 집단이 있다. 광수용체는 텔레비전 수상기에서 주사선이 지나가는 것처럼 1초에 다섯 번씩 수평선을 그리면서 렌즈를 훑는다.

이는 무엇을 뜻하는 것일까? 원래 빛을 흡수하는 기능만 했던 표면이 중간 단계를 거쳐 상을 만들어 내는 표면으로 진화할 수 있다는 것이다! 이 피부 조각은 고도로 전문화된 기능 모듈이 되어 눈이라는 하나의 기관이 된 것이다.

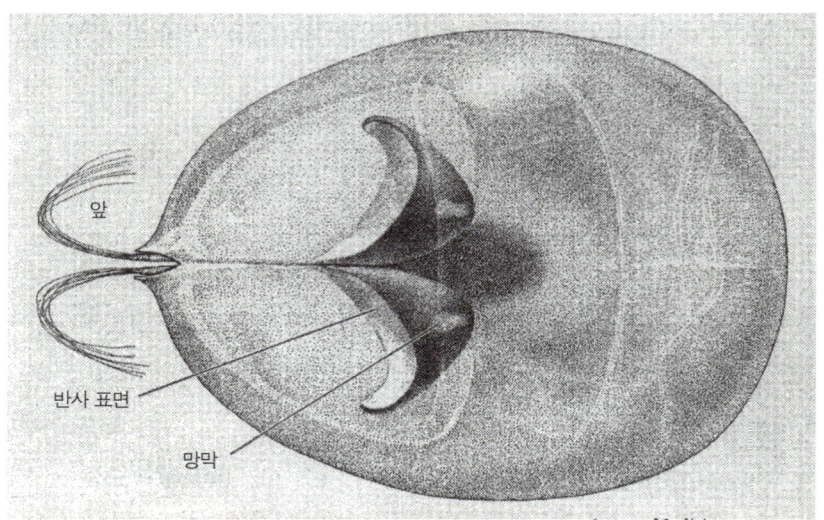

그림 5-4 또 다른 거울 눈. 심해 갑각류인 기간토키프리스는 커다란 반사 눈(reflecting eye)을 가지고 있어서 깊이 1,000m 바다 속의 극히 희미한 빛(주로 발광 갑각류나 물고기의 발광 기관에서 나오는)도 감지할 수 있다. 이 가리비의 머리는 길이가 1cm정도로 몸체의 반을 차지한다. 두 개의 반사 눈은 가리비를 완전히 둘러싼 오렌지색 껍질 중에서 투명한 창 부분으로 덮여 있다. 옥스퍼드대학의 알리스터 하디Alister Hardy 경은 가리비의 눈을 '커다란 차의 전조등'에 비유했다. 하디는 그 거울들이 빛을 모으는 역할을 할 거라고 처음으로 추측한 사람이다. (Land, 1978, p. 131에서.)

유리구슬 굴리기

세포의 타고난 복잡성으로부터 체계의 복잡성이 비롯된다. 세포는 자신이 무엇이 될 것인가 하는 선험 명제를 모른 채 그렇게 되었다. 이는 창발적 성질이다. 체계는 완성된 상태이거나 없거나 둘 중 하나가 아니라, 진화한다. 그 과정이 이렇게 복잡한 걸 보면, 직관적으로 어떤 끝개attractor:

공간에서 근처의 운동 궤적들을 일정한 한 점이나 곡선으로 끌어들이는 힘나 공정 process이 눈의 진화를 인도한 것처럼 보인다. 그러나 공정이란 그런 게 아니다. 거기에는 눈이 되려는 의도가 없다. 눈이 등장한 발자취를 따라가 보면 거의 모든 해법을 찾을 수 있다. 그 체계는 평평한 망막이 될지 갈릴레이 렌즈가 될지 몰랐다. 단지 구조적으로 그럴 듯한 모든 걸 시도했고 그 시도 중 하나가 당시에 기능적 이점이 있었을 뿐이다. 이러한 해법이 가진 공통점은 무엇일까? 직진, 반사, 굴절과 같은 빛의 성질을 이용해 상을 만들어낸다는 점이다. 이 부분을 이해하면 우주적인 차원에서 상상 가능한 시각계에 대해서는 전부 이해할 수 있다.

  진화적으로 생물이 빛을 상으로 만드는 데 있어서 거의 모든 걸 시도했다는 사실을 어떻게 알 수 있을까? 모른다. 하지만 단순히 광수용체가 그토록 오랜 세월동안 주변에 있어왔기 때문에 그랬을 가능성이 높다. 사실 모든 걸 시도한 게 아닐 수도 있다. 하지만 이렇게 생각하기로 하자. 감탄할만한 일들은 자연이 설계하지 않음에도 불구하고 생겨난다. 다른 예를 들어보자.

  유리구슬 한줌의 값은 얼마일까? 2~3천원쯤? 하지만 유리구슬 장사도 먹고 살아야 하니 실제 제조 원가는 몇 원에 불과할 것이다. 그렇게 싼 값으로 어떻게 그렇게 완벽하게 매끈하고 동그란 구슬을 만들 수 있을까? 게다가 구슬에는 아름다운 무늬가 있다. 그러면 어떻게?

  대부분의 사람들은 탄환 제조탑을 떠올릴 것이다. 탄환 제조탑에서는 녹인 납을 분사해서 냉각된 액체 속으로 떨어뜨린다. 납은 떨어지면서 굳어 어느 정도 동그란 모양이 된다. 어떤 액체라도 충분히 높은 곳에서 던

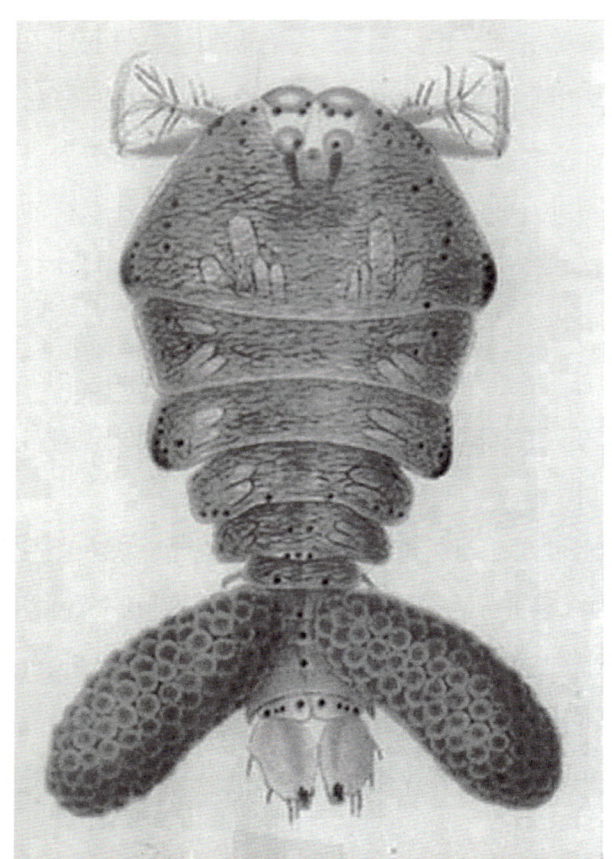 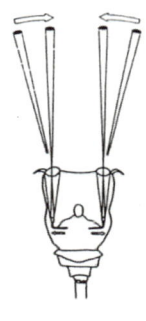

그림 5-5 왼쪽: 요각류(橈却類, copepod) 코필리아. 오른쪽: 눈의 그림. 망막은 3inch 원호에 해당하고 총 14inch의 원호를 훑을 수 있다. (http://www.nmnh.si.edu/iz/copepod)

지면 공 모양으로 굳을 것이다. 그러나 유리구슬을 생산하기 위한 방법으로는 너무 비싸다. 또한 어떤 조절 방식으로도 원하는 무늬를 넣을 수 없다. 게다가 완벽하게 둥글어지지도 않을 것이다. 대신, 유리를 녹여서 아직

말랑말랑할 때 막대로 만든 다음, 무늬를 집어넣고, 짧은 원통으로 자른다. 그런 다음 연마제와 함께 통에 넣고 굴린다. 일정 기간 굴리고 나면 완벽하게 둥글어지거나 최소한 그에 가까워진다.

유리구슬을 만드는 방법은 진화를 거치는 동안 생물에게 일어나는 일과 같다. 무언가를 충분히 오래 구르도록 내버려두면 거의 완벽해져서 나온다. 그러한 것이 마구잡이 충돌과 인내의 힘이며 자연이 가진 지능의 총합인 것이다. 거친 모서리, 홈집, 불량품 등은 자연선택에 의해 체계적으로 떨어져 나간다. 남아서 다음 세대로 계속해서 전달되는 건 이로운 측면, 즉 효과가 있고 생존에 도움이 되는 것들이다. 그리고 생존은 자연선택의 연료이다.

이에 반대되는 관점은, 생물 발달의 완성은 결코 많이 굴린다고 해서 얻어지는 게 아니라는 사실이다.

생물에서 '완벽'이란 무슨 뜻일까? 보는 행위 seeing 와 같이 특별하고 전문화된 임무를 최소한의 노력을 들여 최대한 효과적으로 수행하는 것이다. 그러기 위해서는 상을 만드는 눈이나 균형감각을 갖게 해주는 전정계처럼 외부 세계와의 협상을 유리하게 해주는 국소 장치인 모듈을 만들어야 한다. 그러한 장치를 구축하는데 오랜 시간이 걸렸다는 건 가장 싸고 품이 덜 드는 방법을 선택했다는 뜻이다.

동물의 눈을 어둠 속에서 볼 수 있을 만큼 크게 만들기 위해서 운동성을 줄여야 한다면 그 대가는 너무 크다. 자연은 이것을 안다. 그러므로 지구상에서 거대한 눈은 볼 수 없다.

진화에 대한 존경심은 건재하지만 나는 그것이 기본적으로 게으름이라는 보편 법칙의 산물로 설명될 수 있다고 믿게 되었다. 이 법칙은 편리함과 유용성을 바탕으로 한다. 저항이 최소인 경로를 택하라. 빛[일광]은 공짜다. 사용하는 데 한 푼도 들지 않는다. 그래서 무슨 일이 일어나는가? 빛이 공짜이고 붙잡기 쉽다는 사실을 이용하려는 진화적 동기를 진전시킨 결과, 스스로의 먹이를 만드는 식물이 생기고 눈은 외부 세계의 상을 만들 수 있는 피부 조각을 만든다. 이 모든 것은 보다 쉬운 길을 택한 결과이다. 쓸 만한 건 취하고 그렇지 않은 건 버린다. 무엇보다도 위험은 피한다.

그러나 우리는 이제 더 깊은 문제에 직면했다. 우리는 튀는 광자들로부터 외부 세계의 상을 만들도록 진화한 눈을 가지고 있다. 하지만 상이란 무엇인가? 상은 실재의 단순화이다. 뇌는 실재를 단순화시키고 있는 것이다. 외부 세계를 단순화하는 것이지만 아주 유용하다. 상은 낯선 형태로 쓰인 외부 세계의 단순화된 표상이다. 모든 감각 변환은 외부 세계르부터 일어나는 보편성의 단순화된 표상이다. 뇌 작용의 본질은 매우 칸트적[이원론]이다. 뇌는 내적 의미를 가진 기하학을 만들어서 외부 세계의 분열된 측면들을 표상하고 있는 것이다. 내부 기하학은 그 동기가 된 외부 세계의 기하학과 무관하다. 이것이 바로 측정에 이용하는 좌표계와 무관한 뇌의 벡터 혹은 벡터 변환 능력이다.

색깔은 단지 특정한 진동수의 에너지를 변환하는 방식이다. 뱀은 적외선을 볼 수 있지만 인간에게는 열로 느껴진다. 머릿속에 든 이미지가 세계의 표상에 불과하다는 건 분명하다.

눈이란 튀는 빛의 기하학을 유입하는 뉴런들이고 뇌는 외부 세계에 존재하지 않는 추상적인 기하학을 측정하고 인식하는 한 벌의 좌표계이다.

숲의 향기란 외부의 기하학으로 존재하지 않는 내부의 추상이다.

감광성 피부 조각이 눈이 된 것처럼 언어도 같은 길을 걸었다. 둘 다 외부의 분열된 성질들을 기하학적으로 내면화하는 전문화된 장치이다. 따라서 다음과 같은 흐름을 알게 된다. 조각→주름→컵→바늘구멍→눈. 원시그물망의 발생에서 기능적 체계의 성숙까지, 원시언어에서 언어_{어쩌면 여전히 원시언어인지도!}까지의 발달과 유사하다.

나는 '나'를 하나의 닫힌계라고 말하지만, 그렇다고 세상에 홀로 존재하는 유아론자_{唯我論者}는 아니다. 그럴 수가 없다. 내가 진화에 의해 만들어진 방식이 바로 외부 세계의 성질을 내면화하는 방식이기 때문이다.

i of the vortex

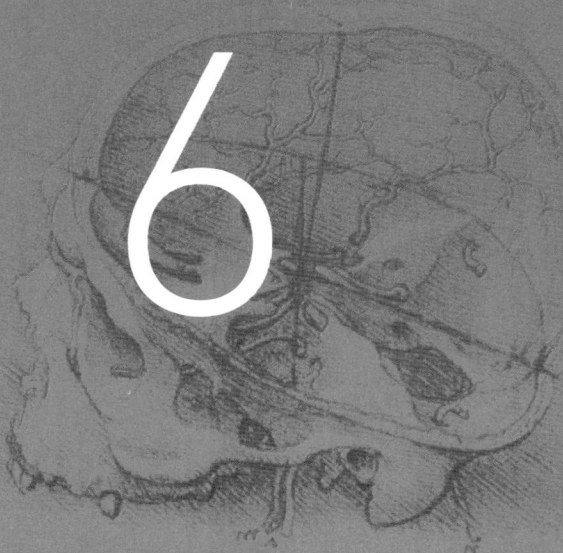

6

나, 소용돌이(vortex)

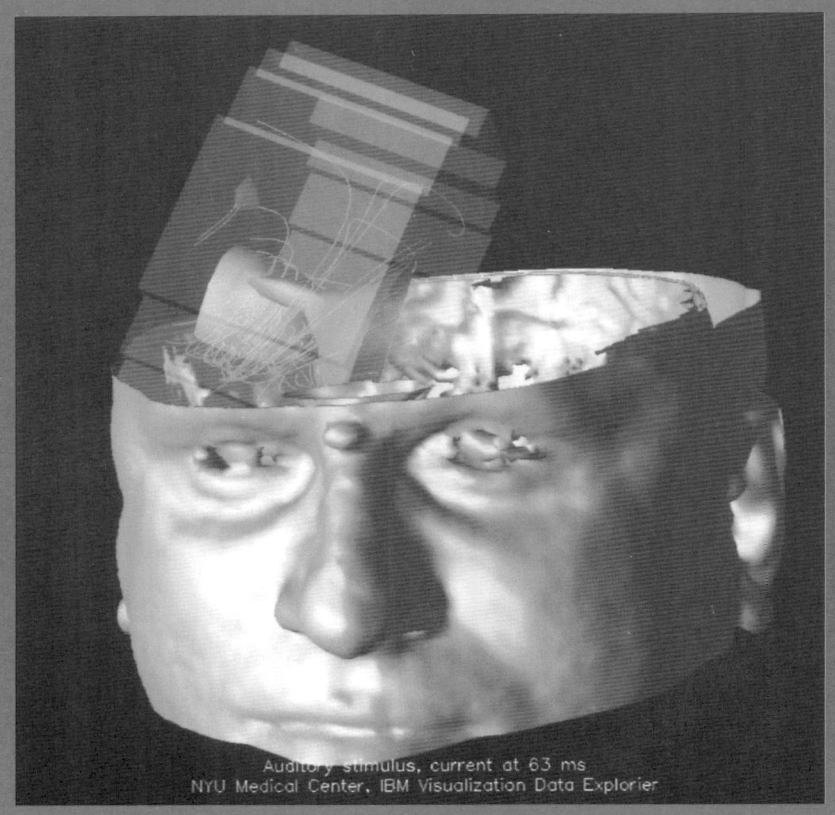

청각 자극(63ms에서 전류)을 나타내는 3D 영상 스캔. 뉴욕대학교 의학센터, 시각화 자료 검색 장치 제공.

반응성을 넘어 주관성으로

진화가 외부 세계의 분열된 성분들을 내면화하기 위해 적용한 세포생물학적 규칙들을 간단히 짚어봤으니 1장~3장, 이제는 통합의 문제로 가보자. 다른 성분들이 어떻게 단 하나의 총체적인 내부 구조로 통합되는 것일까? 다양한 '성격'을 가진 뉴런들은 정의에 따라 비교적 전문화되어 있으므로 4장, 어떤 특정한 세포 활동도 그러한 실재의 작은 성분 이상을 표상할 수 없다. 5장에서는 광수용체가 광자를 붙잡고 전자기 에너지를 전기적 활동으로 변환하는 데 전문화된 세포임을 보았다. 이와 비슷하게 피부에는 기계수용체 mechanoreceptor 라는 게 있다. 기계적 에너지를 뉴런 활동의 패턴으로 변환하는 일을 전문으로 하는 세포이다 그림 6-1. 이 책을 손 안에서 느낄 수 있는 것은 부분적으로 서로 다른 기계수용체들이 배열되어 압력, 압력의 변화, 피부에 대한 압력 차이를 말해주기 때문이다. 이와 나란히 작동하는 게 관절 수용체 joint receptor 와 '근육방추 muscle spindle' 라는 근육 감지기로 공간에서 팔다리의 위치를 느끼게 해준다. 간단히 말해서, 책을 들고 있는 걸 알기 위해 손을 쳐다볼 필요가 없다는 것이다.

이 단계에서 더 나아가 이 장의 뚜렷한 논점인 주관성 subjectivity 을 이해해보자. 신경계가 무언가 예를 들어 소화를 실행하기 위해 필요한 적절한 단계들를 아는 건 우리가 무언가를 아는 것과는 전혀 다른 문제이다. 주관성의 문제는 철학과 인지과학 분야에서 뜨겁게 논란이 되는 주제이다. 주관성은 정말 필요한 것일까? 로봇처럼 보고 반응하는 것만으로 충분치 않은 이유는 무엇일까? 무언가를 그냥 하는 것을 넘어 그것을 실제로 경험함으로써 유기체가

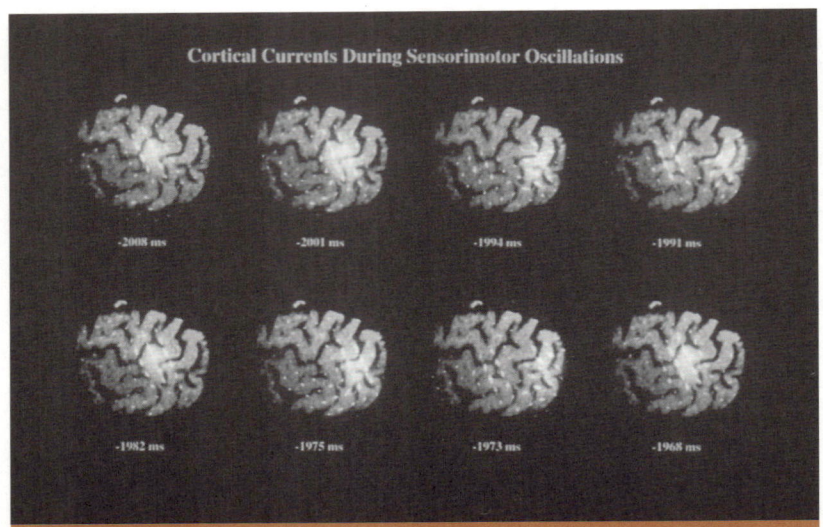

그림 6-1 감각운동적 진동 도중의 피질 전류. 여러 개의 두피 전극으로 측정한 자기뇌다검사(MEG, magnetoencephalography) 기록. 피험자가 자발적으로 손을 움직일 때 대뇌피질 감각 영역 활성화와 운동 영역 활성화 간의 시공간적 진동을 보여준다. 윗줄 네 번째 사진은 피질의 감각 영역(오른쪽)과 운동 영역(왼쪽)이 둘 다 활성화됨을 보여준다. 피험자 대뇌피질의 MEG 기록이 MRI 기록과 겹쳐져 있다. 가장 흰 영역은 활동성이 가장 큰 곳으로, 활동성이 낮은 영역들로 둘러싸여 있다. (F. Lado, U. Ribary와 R. Llinás, 발표되지 않은 관찰사항.)

얻는 이점은 무엇일까? 이 분야를 연구하는 사람 중에는 동물에게 주관적 느낌 감각질, qualia이 있다는 걸 판단할 수 없기 때문에, 증명이 될 때까지는 주관성이 없다고 말하는 사람들이 있다. 그러나 정말 그러한지를 입증할 책임은 동물의 주관성을 부인하는 사람들에게 있다. 나는 가장 원시적인 진화 수준에서조차, 신경계는 모두 주관성과 관련이 있다고 생각한다. 만약 주관성의 기반이 되는 의식 consciousness이 있다면, 그 의식은 신경계 기능이나 생물에 속하지 않는 신경계 기능의 등가물 영역 안에 존재할 거라고 생각한다.

우리는 단세포 '동물'에게 자극반응성 irritability이 있어서 외부 자극에 대해 조직적이고 목표지향적인 행동으로 반응한다는 걸 안다. 그러한 세포 성질이 아마도 감각세포와 근육세포가 표현하는 반응성과 운동성의 기원일 것이다. 그래서 반응성과 주관성이 원래 단세포에 속하는 성질이라는 느낌을 떨치기 힘들다. 만일 그렇다면 세포들이 조직되어서 신경세포 회로인 집합체가 되는 것처럼 원시 주관성도 신경계가 표현하는 의식과 주관성으로 우뚝 설 수 있을 것이다. 하지만 특정한 건축구조만이 그러한 원시적 '느낌'을 뒷받침하고 키울 수 있음에 주의하라. 더불어 원시적 형태의 주관성과 '할머니 세포'의 개념은 완전히 별개의 개념이라는 점도 주의해야 한다. 할머니 세포에 관해서는 앞으로 이 장과 10장에서 이야기할 것이다.

이 장의 목표는 이 책의 기본 입장으로 인지의 문제는 경험적인 문제이지 철학적 문제가 아니라는 걸 구체적으로 밝히는 것이다. 이 세기의 가장 뛰어난 생물학자들이 이 문제를 거론해 왔다 Crick 1994; Crick과 Koch 1990; Changeux 1996; Changeux와 Deheane 2000; Edelman 1992, 1993; Mountcastle 1998.

우리는 보편성의 유입과 뇌가 이를 위해 수행하는 좌표계 변환 3장에 관해 이야기했다. 뇌를 향한 말초감각 수용체나 몸의 출력 기관인 근육과 분비선으로부터 활동의 흐름을 추적하면서, 감각 좌표계와 운동 좌표계 간의 기능적 의사소통을 제공하는 기하학적 변환이 점점 더 추상화되는 것도 보았다. 이를 가정하면 멀리 떨어진 기능적 위치들을 언급할 때 신경과학에서 '더 높은 계산 수준 computational level'과 같은 용어가 흔해진 건 놀랄 일이 아니다. 그러나 뉴런이 활동전위를 발화할 때 실제로 계산하고 있는 건 과연 무엇인지 물을 수 있다. 이는 쉽게 논의할 사항이 아니다. 이 말에는 은연중에 뇌에 적용되지 않는 질문을 부추기는 경향이 있기 때문이다.

할머니 세포

뇌 이론 연구의 최전방에는 신경계의 성질들에 관한 지식을 전역적인 뇌 기능 이해로 변환시키려는 목표가 있다. 예를 들어 감각계나 감각 경로에 대한 연구에서는 보다 일반적인 감각 성질을 수용하는 세포_{예컨대 광수용체}가 특정한 수용적 성질을 가진 세포와 어떻게 연결되는가 등을 묘사하는 구조적인 측면_{construction}을 선호하는 경향이 있다. 하지만 감각 입력이 관찰하는 수준에서 멀지 않은 추상적인 뇌 기능으로 옮겨가는 것을 어떻게 구조적으로만 이해할 수 있을까? 글쎄, 실재가 뇌 기능에 의해 정교화되는 건 사실이다. 그리고 그것은 그냥 오는 게 아니다. 신경학적 조건의 연구는 실재를 인식하고 반응하는 능력이 엄청난 수의 방법으로 변형될 수 있음을 말해준다. 여기서 놀라울 만큼 협동적인 뇌 기능의 본성을 엿볼 수 있다. 여러 협동 방식의 특정한 한 예에서 뇌 기능은 활동하지 않고 침묵을 지키고 있는 부분까지 포함해서 모든 부분이 중요하다. 음악 연주에서처럼 뇌 기능에서도 침묵은 소리만큼 중요하다.

이러한 사고의 흐름_{실재를 인식하고 반응하는 방법의 수가 엄청나며 각각의 뉴런이 모두 중요하다는}은 뇌 기능을 이해하려는 우리의 시도에서 중심을 이루어왔지만 잘못된 길로 인도할 수도 있다. 예를 들어, 우리는 할머니의 인식이나 회상을 표시하는 특정한 세포라는 뜻으로 '얼굴 세포face cell'나 '할머니 세포 grandmother cell'라는 용어를 사용해도 된다고 믿을 수 있다 예로는 Gross와 Sergent 1992; Rolls 1992를 보라. 이 개념을 낳은 사고의 흐름은 근본적으로 문제가 있다. 각 뉴런의 작용이 실재 특정한 성분에 관한 지식만을 표상한다면 이 정보를 다른 뉴런또다른 특정 성분만을 표상하는과 어떻게 주고받겠는가? 어떻게 이 뉴런이 '사정을 모르는' 다른 세포에게 자신을 이해시킬 수 있겠는가? 그러한 세포가 손상되면 인지적으로 어떤 종류의 결함이 생길까? 할머니 세포가 죽으면 할머니가 인지의 세계에서 사라질까? 아니다. 왜냐하면 뇌가 만들 수 있는 표상은 천문학적인 숫자로 뉴런의 숫자보다 훨씬 많기 때문이다Tononi 등 1992.

어떻게 이러한 관점이 나왔을까. 1950년대에 와일더 펜필드Wilder Penfield와 허버트 재스퍼Herbert Jasper는 뇌의 기능적 구성을 이해하는 데 획기적인 공헌을 했다. 그들의 발견이 뒤이어 원래의 뚜렷한 한계를 넘어 부적절하게 연장되면서 할머니 세포와 같은 개념이 나온 것이다.

초기 연구에서 Penfield와 Rasmussen 1950 난치성 간질이 있는 환자들이 해로운 전기적 활동의 근원지를 수술로 제거하는 치료를 받았다. 의사는 수술을 하는 동안 완전히 깨어 있고 두피만 마취된 상태인통증 없는 절차 환자들의 다양한 피질 영역을 전기로 자극했다. 특정한 피질 영역 안에서 가한 자극은 손가락, 발가락, 팔, 어깨 등의 근육을 뒤틀리게 했다. 부근의 다른 피질 영역에 가한 비슷한 자극은 다른 신체 부위에서 반응하여 환자가 말할 수 있는 감각을 일으켰다. 이 작업을 통해 운동피질과 체성감각피질 등을 나타내는 지도가 만들어졌다. 피질구조 각각의 세포가 충실하게 점 대 점 대응으로 몸의 배열을 표상한다는 점에서 이 피질 영역의 많은 부분은 체성위상적으로 조직되어 있다 somatotopic organization. 예를 들어 왼손의 손가락은 손과 정확한 위치에 정확한 순서로 있는 손가락의 뉴런 지도로 표상된다. 손의 지도는 말초로 가는 운동 정보 흐름을 위한 운동피질과 말초로부터 오는 촉각 정보를 위한 체성감각피질에 들어 있다. 그러나 체성위상적 지도는 몸이 뒤틀려 변형된 모양이며 신체 부위들을 서로 다른 비율로 표상하고 있는데, 거기에는 이유가 있다. 예를 들어 혀 기능의 운동 감각에 관련된 뉴런은 발꿈치를 위한 것보다 몇 배 더 많다. 혀가 하는 기능은 발꿈치보다 훨씬 더 뚜렷하게 세분화되어 있기 때문이다. 비슷한 사례로 검지의 피부에는 비슷한 면적의 등 피부보다 더 많은 피질 영토가 할당된다. 검지의 촉각적 예민함은 등보다 훨씬 크고, 운동의 범위와 세목도 마찬가지다. 이 해상도의 차이는 유기체에 대한 우선순위를 나타낸다. 검지가 완전히 마비되면 등이 조금 마비된 것보다 훨씬 더 생활에 방해가 될 것이다.

  여러 신체 부위와 관련된 피질세포 숫자에 충실히 비례해서 체성위상적으로 표상되는 몸을 그린다면 외계인처럼 뒤틀린 모양이 될 것이다. 신경과학자는 사람의 이와 같은 지도를 피질 소인간 cortical homunculus이라고 한다.

  신경계가 있는 모든 동물에게는 서로 다른 종류의 특이한 소동물 animunculus이 있지만, 소인간은 당연히 어떤 영역은 신경학적으로 더 '요새화' 되어 있고 어떤 영역은 덜 되어 있다. 잠시 후 점 대 점 공간 사상이라는 이 문제로 돌아올 것이다.

펜필드가 피질의 측두엽_{청각 처리, 언어, 얼굴 인식을 포함하는 광범위한 기능과 관련된 복잡한 구조}을 전기로 자극하자, 환자들은 '교향곡이 들린다'거나 '오빠가 보인다'는 시각 사건이나 청각 사건을 말했다. 이 때문에 어떤 신경학자들은 측두피질_{temporal cortex}의 주어진 뉴런이 마치 삶의 단편을 찍은 비디오테이프처럼 특정한 기억을 저장하고 있다는 의견을 내놓기도 했다. 그러한 '기억 세포_{memory cell}' 이론이 어떻게 일어났는지를 이해하기는 어렵지 않다. 운동피질과 체성감각피질 모두에서 비교적 정확한 몸의 점 대 점 표상이 발견된 것으로 비춰볼 때 기억 세포가 무엇인지는 논리적으로 생각하면 쉽게 알 수 있다.

근래의 연구는 원숭이 하측두엽_{inferior temporal lobe}의 특정 영역에 있는 세포가 시각적으로 제시한 특정한 얼굴에 대해서 충격적일만큼 선택적으로 반응한다는 걸 보여주었다. 여기서 연구자들은 원숭이에게 다양한 사진을 보여주면서 특정한 뉴런의 활동을 기록했다_{Perrett 등 1982; Tovee 등 1994; Abbott 등 1996을 보라}. 그러나 이 '얼굴' 세포는 얼굴에만 반응하는 게 아니라, 반응 강도는 낮지만 다양한 종류의 전혀 다른 시각적 자극에도 반응했다_{Gross와 Sergent 1992}.

영장류 발성_{vocalization}의 신경적 조절 연구를 통해, 발성에 앞서 원숭이 뇌간의 중심에 있는 수도관주위 회색질_{periaqueductal gray} 세포들이 분명하고 반복적으로 뛰어오르는 활동 패턴을 볼 수 있다. 활동은 발성에 앞서 정해진 시간에 시작해서 정확히 원숭이의 발성이 시작되는 시점에 절정에 달한다_{Larson과 Kistler 1984, 1986; Larson 1985; Kirzinger와 Jurgens 1991, 1998; Zwirner와 Jurgens 1996}. 나아가 이 세포들은 아주 특정한 음높이의 발성에 앞서서만 활동한다. 그렇다면 우리가 할 수 있는 일은 각각의 특정한 음높이 발성을 부호화하는 세포를 찾아서 원숭이의 발성 목록을 책임지는 세포들을 지도로 그려내는 게 전부일 것이다.

과연 그럴까? 솔깃하겠지만 이 특이한 발성 세포들 중 일정 부분은 일반적인 청각 자극에도 반응하며 일부는 특정 방향의 안구 운동과도 깜짝 놀랄 만큼 뚜렷한 관련이 있다 Larson과 Kistler 1984. 특정한 세포의 데이터를 해석할 때 2차적인 반응을 무시하는 것은 그 체계의 복잡성을 제대로 전달하지 못해 실제 작동 방식에 관해 잘못된 개념을 심어주는 격이 된다.

얼굴 세포 혹은 할머니 세포로 돌아가서, 발견된 여러 사항들이 일관적으로 암시하는 건 할머니와 같은 범주적 표상을 완성하는 게 어떤 한 세포의 전기 활동이 아니라 여러 세포의 집단 활동이라는 걸 알 수 있다. 할머니 세포 개념은 할머니와 연관된 복합적 감각 입력을 의미한다. 할머니와 관련해서 생활에서 일어나는 복합적인 상태 때문에 사실상 할머니 세포는 엄청난 연결 퍼즐이 될 것이다. 순간적이며 실질적인 목적을 위한 내적 표상이나 감각운동 이미지를 만들기 위해서 전혀 다른 감각 출처에서 처리한 정보를 하나로 결합시키는 메커니즘은 무엇일까? 마치 눈으로 책을 읽다가 소리를 내어 읽어서 운동성분을 추가하듯이 이 메커니즘은 내부 구조의 생각이나 기억 지금 듣고 있는 책을 읽어주는 목소리를 상상하거나 회상하는 것과 같은 을 연관시킬 수 있어야 한다. 그렇게 해도 책을 잡는 일과 보는 일, 소리 내어 읽는 일, 그리고 맨발로 그렇게 하고 있다는 사실은 모두 단일한 사건으로 시간적으로 이음매 없이 결합되어 있다. 여기서는 각각의 뉴런이 이 사건에서 미리 정해진 특정한 한 측면만을 표상한다고 가정할 때와는 다르게 또 다른 표상을 작동하고 있는 것처럼 보인다. 이 경험을 만들어낼 때 내 소유인 것손과 맨발의 표상과 낯선 요소읽고 있는 책의 내용를 연결하고 있음을 주목해야 한다.

여기서의 논점은 뇌가 타고나지 않은 사물과 사건, 즉 외부 세계에 있는 것의 표상과 신체의 표상을 같은 방식으로 다루는가 하는 것이다. 여기 제시한 질문에 대한 답을 찾을 수 있을까? 어디 한 번 보기로 하자.

잠자는 동안에는 왜 듣지 못할까

이 장을 시작할 때 물었다. 뉴런이 서로 다른 특정 기능을 수행하도록 진화되어 각 조각이 해당된 것만을 표상한다면 뇌는 어떻게 하나의 유용한 구조를 만들어낼 수 있을까? 특정한 감각 사건들이 단일한 지각대상으로 통합된다는 사실과 뉴런 메커니즘이 얼마나 놀라운따라서 실험적으로 더 도전적인 것인지를 알게 한다. 뇌가 이 통합을 맥락에 따라 다르게 실행한다는 점은 1장에서 다루었다.

특정한 감각 사건의 통합, 즉 지각대상의 내용은 뇌의 내부 맥락인 주의attention, 순간적인 기능 배치에 의해 일어난다. 이것은 깨어 있음과 잠들어 있음의 기능 상태를 비교하면 가장 잘 알 수 있다. 만일 깨어 있는 동안 누군가 내 머리카락 안에 벌이 있다고 속삭인다면 무슨 조치를 취할 것이다. 반면 잠들어 있다면 그러지 않을 것이다. 이 같은 비교 각본을 실험실 조건 아래 실시해서 귀에서 뇌로 들어가는 청각 정보의 흐름을 감시할 수 있다면 이 감각 신호는 말초적으로 두 상황_{깨어 있음과 잠들어 있음} 모두에서 변환됨을 볼 수 있을 것이다.

　　잘 때는 왜 듣지 못할까? 신호가 일정한 처리 단계까지만 도달하고 그 이후로는 뇌가 무시하기 때문이다. 수면상태에서는 내부 맥락이 우세해서 뇌가 감각입력을 내부 맥락 안으로 통합시키지 않는다. 잠자는 동안 뇌의 내부 맥락은 아주 큰 소리를 제외한 어떤 청각 정보에도 중요성을 부여하지 않는다Llinás와 Pare 1991. 그러나 깨어 있는 동안 내부 맥락은 청각 자극을 중요하게 여긴다. 청각 자극이 행동 반응을 유발하지는 못하는 경우에도 순간적으로 주의를 기울인다.

소리 골라내기

　　뒤에 앉은 누군가가 계속 떠들고 있는데 연사에게 주의를 집중하려고 애쓰는 장면을 떠올려보자. 결국 잡음을 단계적으로 제거하고 듣고 싶은 단어에만 내적 중요성을 부여하게 된다. 이 예를 드는 이유는 서로 다른 내부 맥락의 미묘한 느낌과 그것이 순식간에 얼마나 미묘하게 변화할 수 있고 실제로 변화하는가를 또렷하게 보여주기 때문이다.

　　이 장에 제시하는 이론을 위한 과제는 뇌의 1차 감각 영역에서 관찰되는 개별적인 감각 성질의 분열된 표상들이 어떻게 연결되거나 모여서 완전한 하나의 패턴 단일한 지각대상으로 만들어지는가를 밝히는 것이다. 내적 중요성이 어떻게 우세한 맥락에서 재구성된 패턴에 주어지는가를 제시하는 것도 이 장의 과제이다. 이 장에서 나중에 내용과 맥락을 길게 다룰 것이다. 지금은 가설의 첫 부분을 이야기하기로 하자. 어떻게 뇌는 감각과 관련된 실재의 조각들을 취해서 그것을 단일한 인지적 구조로 때맞추어 통합할까?

오랫동안 신경학 연구계에서는 인간의 뇌 회로가 성장하는 동안 근본적으로 변화되지 않고 미세 조정될 뿐이라고 여겨왔다. 손가락을 움직이는 신경 회로는 날 때부터 있으므로 학습할 필요가 없다. 반대로 어느 정도 미적 가치가 있는 바이올린 연주를 하려면 연습이 필요하다. 이것이 바로 3장에서 말한 시냅스 연결망의 경험적 미세조정이다. 개인이 어떤 곡을 연주하는 데 필요한 기술이나 음악성은 날 때부터 있는 복잡한 능력에 의한 것이고 동시에 제한되어 있다. 그러나 연습을 하면 복잡한 능력의 덕을 볼 수도 있다. 다른 예로 언어 능력은 유전적으로 결정된다. 따라서 이 능력의 원인이 되는 뉴런 회로는 날 때부터 있다. 이 방정식에서 어떤 언어가 모국어가 될지는 '양육'의 측면에 달려 있다. 구조적 선험 명제를 이해하는 것은 피질 언어 영역의 발견 Broca 1861과 함께 시작되어 라몬 이 카할 Ramón y Cajal의 해부학 연구와 함께 이루어졌다. 카할은 뉴런이 뇌 구성의 기본 단위라는 '뉴런주의 neuronal doctrine'를 널리 알렸고 뇌 안에 존재하는 구체적인 뉴런 회로를 지속적으로 묘사했다. 이 기능적 연결성은 후에 모든 사람의 뇌에 적용되는 펜필드의 점 대 점 체성위상적 사상에 의해 뒷받침되었다. 사람에게서 관찰되는 점 대 점 연결성의 변이 정도는 개인 간 해부학적 변이 키, 미간 거리 등를 특징짓지만 눈 두 개, 그 사이에 코 하나, 밑에 입 하나가 있다는 사실은 불변의 사항이다. 시상, 피질, 그리고 그 사이의 특정한 연결성은 학습되는 게 아니라 유전된다.

'공간적 사상'이라 불리는 점 대 점 뉴런 연결성의 구조적 선험 명제는 관련된 뉴런 간의 연결에 의해서 생긴다. 기능적으로 연관된 뉴런 집단에 있는 뉴런의 수는 유한하기 때문에, 뉴런들 간에 가능한 연결의 수도 유한하다. 따라서 뉴런들이 연결되어 만들어지는 표상들의 우주도 유한할 것이다. 그러나 뇌 안에는 백억 개나 되는 세포가 있다. 그렇게 엄청난 숫자의 뉴런 활동에서 비롯되는 변이와 치환은 실제적으로 무한하다고 할 수 있다. 특히 인간의 수명을 생각하면 더욱 그렇다.

이제 중요한 질문이 남았다. 뉴런 대 뉴런 의사소통으로 생겨난 위계 조직이 모든 사정을 아는 세포를 만들어서 감각이 준 실재의 파편들을 합쳐 단일한 내부 지각대상으로 바꾸는 일이 가능할까? 설마, 그렇지 않을 것이다. 순수하게 위계적인 연결만으로는 너무 느리고 비대해서, 끊임없이 변화하는 외부 세계의 양상에 보조를 맞출 수 없다. 또 다른 메커니즘이 작용하고 있는 게 틀림없다.

의식, 시간의 일치

또다른 메커니즘은 시간 결맞음 temporal coherence 이다. 뇌 발달에서 '함께 발화하는 뉴런은 함께 배선된다'고 말했다. 이 말을 변형하면 '함께 발화하는 뉴런은 공모한다' 혹은 '시간의 일치 timeness 가 의식이다' 가 된다. 공간적 연결성의 제한된 가능성 위에 시간 영역의 연결성을 포개어 대응시키면 거의 무한한 조합이 가능하고 생겨날 수 있는 표상의 집합도 엄청나게 커진다. 이것이 공간적 결합과 시간적 결합에 기초한 지각 단일성 perceptual unity 의 개념이다. 물리적인 연결을 바탕으로 세워진 뇌의 신경세포는 '맞물리는 interlocking' 것으로 해답을 만들어냈다. 각 뉴런 활동이 시간 영역에서 동기적으로 결합하는 것이다. 뉴런들은 서로 다른 시간 맞물림 패턴을 만들었다. 그래서 각 뉴런은 자신이 지닌 분열된 실재의 개별적인 측면들을 조합하여 단일한 실재를 표상할 수 있다. 이 시간 맞물림 time-interlocking 현상이 바로 시간 결맞음이다. 2장에서 보았듯이 뉴런의 전체 모듈 외부 세계의 분열된 측면을 표상하는 활동을 하는 이 전기적으로 같은 위상으로 진동하거나 공명하면 전역적인 활동 패턴이 형성된다. 이 활동 패턴에는 주어진 현재 순간에 외부 세계를 일시적으로 유용한 내부 구조로 만들기 위해 필요한 모든 성분이 있어야 한다. 피아노로 얼마나 많은 멜로디 음의 수열를 연주할 수 있을까. 동시에 연주되는 건반의 순열과 조합으로 볼 때 셀 수 없이 많을 것이다.

    시간 결맞음은 지각의 단일성이며 즉 독립적으로 유도된 감각 성분들을 결합하거나 연결하는 '인지적 결합' 의 바탕이 되는 신경학적 메커니즘이다. 또한 시간적 연결에 의해 주어진다. 시간 결맞음은 독립적으로 작용해서 감각과 내부수용 interoceptive 자극의 처리를 돕는 신경 메커니즘들이 시간 영역에서 생리학적으로 결합하는 것을 뜻한다. '운동적 결합 motor binding' 은 시간 결맞음과 비슷하게 만들어지지만 이해하기는 더 쉽다. 아래올리브에서 보았듯이 가장 간단한 운동조차도 정확하게 이행하기 위해서는 근육들을 시간적으로 정확하게 활성화시켜야 한다.

최근까지 뇌에서의 시간 사상은 공간 사상보다 이해하기도 연구하기도 더 어려웠다. 왜냐하면 뇌 기능의 동역학dynamics을 이해할 필요가 있기 때문이다. 기본적으로 우리의 연구에서는 전기해부학누가 억제하는가, 혹은 누구를 흥분시키는가이 지배적인 철학이었으나 그것으로는 결코 충분치 않다. 시간 사상이라는 개념이 예전보다 더 인정되고 있다 해도 그 중요성에 비하면 아직 충분치 않다. 그렇게 된 이유는 주로 기술적인 것이었다. 통계적으로 의미가 있기 위해서는 충분히 큰 숫자의 뉴런으로부터 동시에 전기적 기록을 얻는 게 필수적이다. 예를 들어 교차상관cross-correlation과 같은 시계열 분석time series analysis으로 뉴런 발화의 동시성을 증명해야 하고 이 상관관계는 감각 사건 혹은 거기서 생겨나는 운동 사건과도 인과적으로 연결되어야 한다.

완전히 다른 공간에 있는 뉴런들의 동기적 활성화는 뇌의 효율성을 높이는 그럴듯한 메커니즘이다. 운동성과 운동으로 유도된 뇌 활동을 위한 동시성에 관해서 안 지는 어느 정도 되었다. 전기뱀장어나 연골어류인 얼룩전기가오리Torpedo marmorata와 같은 물고기가 내는 전기 충격이 바로 그것이다Bennett 1971. 어류의 '전기기관', 즉 전기판들electroplaques, 전기 충격 체계의 성분은 동시에 작동해야 한다. 미세한 전기판 각각이 내는 소량의 전류는 각각 일제히 '내보냄'으로써 생길 수 있는 짜릿한 전기 충격으로 합산되어야 한다. 그러려면 같은 시점에 활동을 시작해야 한다. 전기판들이 중추적 명령의 핵으로부터 서로 다른 거리에 자리 잡고 있는데, 어떻게 동기성을 얻

을까? 명령 핵 안의 뉴런들은 동기적으로 발화하고, 전기판까지의 전도 시
간_{뉴런 신호가 이동하는 시간}도 균일하다.

왜냐하면 서로 다른 운동뉴런의 전도 속도가 자극하는 각 전기판까지의 거리에 비례해서 빨라지기 때문이다. 운동뉴런의 축색은 길이가 다르지만 긴 축색은 신호를 빨리 전도하고 짧은 축색은 느리게 전도하므로 목표가 멀든 가깝든 신호는 동시에 도달한다는 것이다. 여기서 중요한 논점은 자연이 동시성의 문제를 매우 신경써서 다룬다는 것이다. 그래서 추가의 거리를 갈 때는 동시성을 확실히 하기 위해 전도 속도를 조율한다. 그렇지 않으면 그 물고기는 '기절시키는 놈'이 아니라 '간질이는 놈'이 될 것이다. 폭넓은 공간적 불일치에도 불구하고 일어나는 동시 활성화는 2장의 포유류 올리브소뇌 체계에서도 볼 수 있다. 소뇌피질의 넓은 공간에 걸쳐 있는 푸르키니에 세포들은 아래올리브의 직접 자극에 의해 동시에 활성화된다_{Sugihara 등 1993; De Zeeuw 등 1996}. 이 역시 입력 축색의 길이에 따라 전도 속도가 달라지기 때문이다.

감각 입력을 받는 동안 뉴런이 동기적으로 자극된다는 증거가 있을까? 이는 중요한 문제이다. 만일 외부 세계 사물과 사건의 지각 단일성이 뇌 안에서 공간 사상과 시간 사상의 결합을 통해 일어난다면, 감각의 입력과 처리에 관련한 뉴런의 동기적 활성화를 관찰할 수 있을 것이고 실제로 관찰된다. 시각계에서 망막 신경절 세포 집단 전체를 활성화시킨 다음 시신경으로 연발된 신경 활동은 동시에 시상에 도착한다_{Stanford 1987}. 정지된 빛이나 움직이는 빛의 자극 역시 망막 신경절 세포에 진동 반응을 유발할 때 코나 관자놀이를 중심으로 나눈 망막 양쪽에서 동기화되고, 그것이 시

상에 동기적인 반응을 유발한다Neuenschwander와 Singer 1996. 주변 신경절 세포에서 시상까지, 감각 축색이 가야 하는 거리는 시신경 부근의 신경절 세포에서 출발하는 축색보다 두 배로 멀지만 망막의 중심부와 주변부에서 유발된 활동의 전도 시간은 비슷하다. 이는 동기성을 얻기 위한 시간 조율의 또 다른 사례이다.

볼프 징어Wolf Singer와 동료인 찰리 그레이Charlie Gray는 포유류 대뇌 피질에 널리 퍼져 있는 동기성을 보고했다Eckhorn 등 1988; Gray와 Singer 1989; Gray 등 1989. 빛 막대를 최적의 크기와 방향과 속도로 제시하면 시각피질의 주어진 기둥 안에 있는 세포에서 동기 활동이 관찰된다. 나아가 단일한 인지 대상시야에 있는 하나의 선과 같은과 관련된 시각 자극의 성분들은 시간적으로 결이 맞는 '감마 진동gamma oscillation' 40Hz에 가까운을 일으킨다Gray와 Singer 1989; Gray 등 1989. 이 진동들은 피질 영역에서 7mm씩 떨어져 있다이는 뉴런의 영토에서 상당히 먼 거리이다. 관련된 피질 기둥들 간에도 40Hz 진동 활동이 중요하다. 아래 올리브핵으로부터 방출되는 운동 조절 신호에서도 진동하면서 공명하는 메커니즘에 관해 이야기했다. 시각피질과 관련해서 40Hz에서 진동하는 뚜렷한 리듬에 의해 활동을 일으키는 뉴런의 집합체는 시간적으로 묶여 있으면서 공간적으로는 떨어져 있는 걸 알 수 있다Llinás 등 1991; Nunez 등 1992; Lutzenberger 등 1995; Sokolov 등 1999.

생리학적 의미에서 실제로 뇌가 지각의 신경 조직에서 동시성을 조화시키는 방식은 복잡하지만 매혹적이다.

조직적 메커니즘의 뉴런으로 이루어진 볼트와 너트로 돌아가기 전에, 인지적 결합 사건을 이행하는 유력한 후보로 지목된 전역적인 뇌 메커니즘을 소개하려고 한다. 문제의 뇌 메커니즘은 본질적으로 진동하는 뉴런의 전기적 성질처럼 진화적으로 운동성이 유입되면서 생긴 결과물이다.

40Hz, 결합의 신호

연구결과에 따르면, 두피에서 검출될 정도로 충분히 큰 40Hz의 결맞음 뉴런 활동은 인지적 과제를 수행하는 동안에 일어난다. 나아가 일부는 40Hz 활동이 시상피질계thalamocortical system의 공명 성질을 반영한다는 의견을 내기도 한다Llinás 1990; Llinás 등 1991; Pedroarenas와 Llinás 1998; Steriade 등 1991; Whittington 등 1995; Steriade와 Amzica 1996; Steriade 등 1996; Molotchnikoff와 Shumikhina 1996 그림 6-2. 그동안 40Hz의 결맞음 활동은 지각되는 세계의 세부사항을 표상하는 많은 감각과 운동 벡터 성분들에서 단일한 지각적 존재를 만들어내는 주체로 지목되어 왔다. 다시 말하면 우리에게 외부 세계를 말해주는 체계인 뇌라는 기계는 감각 정보가 들어와서 깨워주길 기다리며 졸고 있는 게 아니라, 끊임없이 윙윙거리며 돌아가고 있다는 것이다. 뇌는 부지런히 외부 세계의 이미지를 내면화해서 자신의 심오한 활동 속으로 짜 넣으려 한다. 하지만 항상 자신이 존재하는 맥락과 전기 활동 안에서 그렇게 한다.

40Hz의 결맞음 파동이 의식과 관계가 있다면, 시상피질계 안에서 일어나는 활동의 동시성에 의해 결정되는 불연속 사건이 의식이라는 결론을 내릴 수도 있다Llinás와 Pare 1991. 40Hz 진동이 높은 공간 조직도를 가진

것은 커다란 뉴런 연합체에 걸쳐 리듬 있는 활동을 시간적으로 연결하는 메커니즘일 가능성이 높다는 증거이다. 또한 광범위한 시간 사상이 인지를 일으킨다는 뜻이다. 감각 정보가 단일한 인지 상태로 결합될 수 있는 것은 특수 시상핵 specific thalamic nuclei과 비특수 nonspecific 시상핵에서 오는 입력들이 피질 수준에서 시간적으로 결이 맞기 때문이다. 이 동시발생을 탐지하는 게 시간적 결합의 기초이다.

결합한다, 고로 존재한다

뇌가 닫힌계로 작용한다는 의견은 이미 제시했다. 따라서 말초감각계를 통해 피질에 입력되는 정보의 양보다도 시상에 입력되는 정보가 훨씬 더 많다는 건 놀랄 일이 아니다. 이는 시상피질의 반복적인 활동이 뇌 기능의 주요 메커니즘임을 암시한다. 게다가 시상피질의 복잡한 시냅스 그물망에 스스로 진동하는 능력을 가진 뉴런이 살고 있는 덕분에 뇌는 역동적인 진동 상태를 만들어내어 감각 자극이 유도하는 기능을 수행할 수 있다. 시상 뉴런에서 일어나는 발화 방식이 바뀌면 수면 상태가 각성 상태로 바뀌듯이 전역적 기능 상태에 극적이고 거시적인 변화가 일어날 수 있다. 내 관점에서 시상피질계는, 실재 묘사에서 서로 다른 역할을 맡고 있을 뿐만 아니라 물리적으로 아주 멀리 떨어져 있는 여러 뇌 영역에 걸쳐 시간 결맞음을 이행하기 위한 가장 효과적인 해결책으로 진화되었다. 어떻게? 시상피질계의

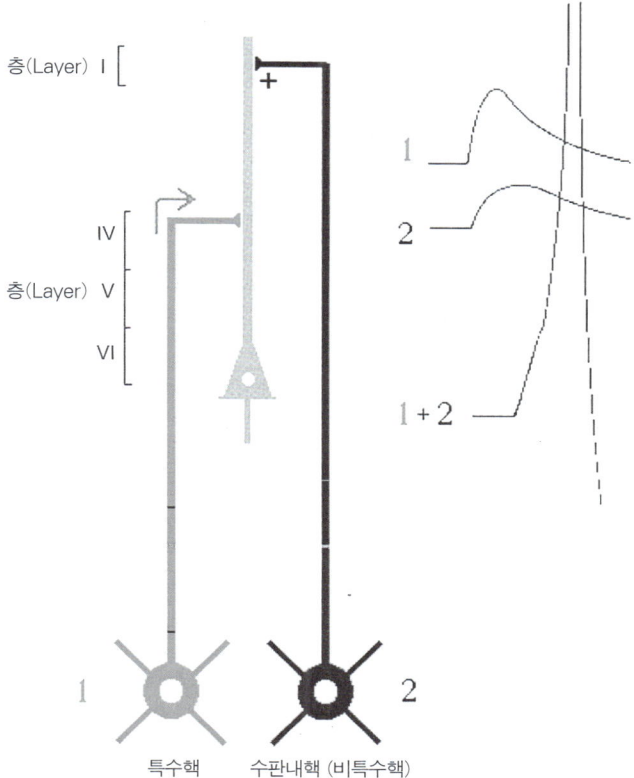

그림 6-2 시간적 결합의 발생을 보여주는 단순화된 그림. 시간적 결합은 따로 떨어져 있지만 한 곳으로 모이는 시상피질 경로들 안에서 동시에 분출되는 40Hz의 활동이 결합되어 일어난다. 왼쪽의 세포는 대뇌피질(IV층)로 투사되는 특수 감각핵 혹은 운동핵을 나타낸다. 오른쪽 세포는 피질의 가장 표면층(I층)으로 투사되는 비특수 수판내핵(intralaminary nuclei)이다. (Llinás 등 1998, 그림 6, p.1,847에서 수정.)

중추적 hublike 조직 덕분에 시상핵은 피질의 모든 측면과 방사상으로 의사소통을 할 수 있다. 피질 영역에는 감각 영역, 운동 영역, 그리고 연합 영역 associational area 이 포함된다. 연합 영역은 호모 사피엔스의 대뇌피질에서 가장 넓은 부분으로 시상의 연합 핵과 감각피질로부터 입력을 받는다. 이 영역들이 전방향 먹임과 되먹임 feedforward/feedback 을 보조하면서 정보의 흐름을 방방곡곡에 퍼뜨리는 것이다.

시상피질계는 외부 세계의 감각 관련 성질들을 내부에서 발생하는 동기나 기억과 동시에 연관시키는 등시적 等時的 영역에 대해 닫힌계이다. 시간 영역에서 외부 실재와 내부 실재의 분열된 성분들을 단일한 구조로 결합하는, 시간적으로 결이 맞는 이 사건이 바로 '자아 self'의 실체이다. 뇌의 입장에서는 편리하고 지극히 유용한 발명품이다.

결합한다, 고로 존재한다!

자아는 시간 결맞음에 의해서 단일하게 지각되는 복합 구조로 형성된다. 시간 결맞음이 하나의 자리 중심를 만들어냄으로써 뇌의 예측 기능이 조화로운 방식으로 작동하게 한다. 따라서 주관성 혹은 자아는 시상과 피질 간의 대화에 의해 생겨난다. 다시 말해서 결합 사건이 자아의 토대인 것이다.

결합 사건이 정말 자아의 토대일까? 수판내핵 혹은 비특수 시상핵 시상 안에 있는 세포 집단으로, 망상체(reticular formation)라는 뇌간의 영역으로부터 올라오는 입력을 받는다 에 손상을 입은 환자는 시상에서 특수 시상피질 회로를 통해 피질로 전달하는 입력을 인식하지 못한다 Llinás와 Pare 1991을 보라. 특수 시상에서 입력을 받아도, 그것을 지각하거나 거기에 반응할 수 없다. 인지적 관점에서 그 사람은 본질적으로 더 이상 존재하지 않는다. 피질로 가는 특수 감각 입력은 아직 정상임에도 불구하고 철저히 무시되는 것이다. 그러므로 특정한 감각 이미지의 표상을 진행 중인 활동의 맥락 안으로 집어넣는 결합이 이루어지려면 '비특수계 nonspecific system'가 필요하다.

자아, 예측의 중심

모든 뇌 기능 중에서 예측은 가장 궁극적이고 본질적인 기능이다. 어떻게 오직 하나의 예측 기관만이 발달했을까? 유기체가 세계와 상호작용할 수 있도록 판단을 내리는 예측의 자리가 하나 이상이라면 타이밍이 맞지 않으리라는 걸 직관적으로 알 수 있다. 머리는 이것을 예측하는데 꼬리는 다른 것을 예측하는 것만큼 불리한 일이 없을 것이다! 최고의 효율을 위해서라면 예측은 확고한 주거지와 함께 기능적 연결성을 제공해야 한다. 즉 외부 세계와 상호작용하는 뇌 전략의 수많은 작용과 반작용에 대해 어떤 식으로든 집중되어 있어야 한다. 우리는 이 예측의 중심을 이른바 '자아'라는 추상 개념으로 알고 있다.

고유 벡터 & 엉클 샘

'나'는 언제나 굉장한 수수께끼였다. 나는 믿는다. 나는 말한다. '나는' 다음에 무엇이 오든. 그러나 물리적인 '나'의 존재란 없다는 걸 알아야 한다. 그것은 그저 특별한 정신 상태일 뿐이다. 우리가 '나' 혹은 '자아'로 부르는 것은 어쩌다 생겨난 추상적 실체에 불과하다. 잠시 팔신경얼기 brachial plexus: 팔에 감각 신경과 운동 신경을 분포시키는 신경망를 다쳤다고 생각해보자. 나의 흐느적거리고 감각 없는 팔을 보면서 "이건 내가 아니야."라고 말할 것이다. 느낄 수 없으니까. 그래도 그것은 나의 일부이며 내 것이다. 어쩌다 우리는 유치하고 이상한 생리학적 우주론을 발전시켰다. "나는 신경이 통하는 것만을 소유한다." 혹은 "나는 내가 신경을 분포시킨 것에 불과하다."는 야릇한 말이 어쩌면 사실일지도 모른다. 따라서 이 모든 것을 자아라는 단일한 실체 속으로 포함시키는 단순한 규칙을 개발한 것이다. 그것은 전정핵에 의지해 일어서서 뇌 안에 머리를 박고 있다. 위아래와 시각 성분과 소리 성분 등을 가지고 있다.

그래서 자아란 무엇인가? 자, 그것은 아주 중요하고 유용한 구조이고 복잡한 고유 벡터 eigen vector 이다. 오직 계산된 실체로만 존재한다. 무슨 뜻인지 다음 두 예를 살펴보자.

첫 번째로, 엉클 샘 Uncle Sam 이라는 개념이 있다. 신문에서 '엉클 샘, 베오그라드를 폭격하다'라는 기사를 읽을 때 모든 사람은 미국 군대가 유고에 배치되었다는 뜻임을 이해한다. 그러나 어느 곳에도 엉클 샘이라는 실체는 없다. 그것은 상징으로서 존재를 함축하는 편리한 개념이지만, 구성 요소가 없는 범주이다. 복잡한 여러 성분으로 구성된 미국이라는 실재를 상징하는 엉클 샘의 개념처럼, 우리가 연구하고 고민하는 '나'라는 소용돌이는 전역적인 사건을 상징하는 편리한 단어에 지나지 않는다.

애국심이나 '자아로서의 국가'라는 개념의 쇠퇴를 생각할 때 훨씬 더 흥미로운 두 번째 예는, 스포츠 세계에서 찾을 수 있다. 유럽과 남미에서 축구 경기 도중에 일어나는 폭동을 생각해보라. 광적인 스포츠팬에게는 자신이 지지하는 팀이 자기 자신의 연장이다. 그 정도가 얼마나 심한지, 사랑하는 사람이나 자신의 이념을 위해서 하듯이 그들은 '팀'을 지키기 위해서 다칠 위험을 무릅쓰고 기꺼이 싸운다.

i of the vortex

색깔, 냄새, 맛, 소리와 같은 감각의 2차적 특질들은 본질적인 중추신경계 의미론semantic의 발명품 혹은 구조물에 불과하다는 것을 분명히 해야 한다 Llinás 1987 참고. 이 의미론은 감각 입력을 내부 맥락 안으로 들여보내서 뇌가 외부 세계와 예측 가능한 방식으로 상호작용하게 한다. 위에 말했듯이, '자아'라 불리는 발생된 추상 개념은 근본적으로 감각의 2차적 특질과 다를 게 없다. 자아는 본질적인 중추신경계 의미론에서 나온 발명품이다. 그것은 중추신경계라는 닫힌계 안의 끌개attractor, 즉 실제 존재하지 않으면서 관련 없는 부분들을 연관시키는 추진력인 하나의 소용돌이vortex로 존재한다. 자아는 외부적으로도 유도되고 내부적으로도 유도되는 지각대상 percept들을 조직적으로 결합한다. 즉, 유기체와 외부 세계에 관한 내부 표상의 관계를 엮는 베틀인 것이다.

그러나 현실에서는 지각하는 실재와 '현실의' 실재가 얼마나 중복되거나 일치하는지에 대한 철학적 논의는 중요하지 않다. 뇌에서 만들어진 계산적 상태의 예측 성질이 외부 세계와 성공적으로 상호작용하기 위한 조건과 맞아떨어지기만 하면 된다. 감각 입력이 분열된 본성을 가졌고 뇌가 이를 어떻게 감당할 것인지를 밝히는 게 오늘날 신경인지 학문의 핵심이다.

깨어 있는가 잠들었는가

이것이 환상인가, 아니면 백일몽인가?
그 음악은 사라졌다
나 지금 깨어 있는가? 잠들었는가?
— 『나이팅게일에게』 중에서, 존 키츠 John Keats

인지가 본질적으로 발생하는 상태라면 꿈꾸기와 깨어 있음 간에는 어떤 구분이 있을까? 위에 논의한 40Hz 시상피질 공명의 기능이 인지라고 가정한다면 잠자는 동안, 특히 꿈꾸거나 렘 REM, 급속안구운동 수면을 하는 동안에는 이 진동 리듬에 어떤 일이 일어날까? 일련의 실험에서 동료인 우르스 리버리 Urs Ribary와 나는 깨어 있을 때와 잠자는 동안의 40Hz 공명을 연구했다. 자기뇌파검사 기술을 적용하고 다섯 명의 정상적인 성인 두피에 37채널의 감지장치 배열을 분산시켰다. 40Hz의 결맞는 자기 활동은 깨어 있을 때나 렘수면 상태일 때나 자연발생적으로 존재하지만, 델타수면 뇌전도 에서 델타파를 보이는 것이 특징인 깊은 수면 상태을 하는 동안에는 크게 떨어진다는 사실을 발견했다 Llinás와 Ribary 1993 그림 6-3.

한편 이전 연구 Ribary 등 1991; Galambos 등 1981; Pantev 등 1991와 일치하는 관찰로, 청각 자극은 깨어 있는 상태에서는 윤곽이 뚜렷한 40Hz 진동을 일으켰지만 델타수면이나 렘수면 도중에는 40Hz 진동을 일으키지 못했다 그림 6-3. 이 연구에서 두 가지가 뚜렷해졌다. 하나는, 40Hz 진동의 존재에 관한 한 깨어 있는 상태와 렘수면 상태는 전기적으로 매우 유사하다는 것이다. 두 번째로 중요한 발견은, 다른 연구에서 밝혔듯이 감각 입력은 잠자는 도중에 시상피질계에 접근할 수 있지만 Llinás와 Pare 1991; Steriade 1991, 렘수면 도중에는 감각 입력에 의해 40Hz 진동이 일어나지 않는다는 것이다. 우리는 이것을 꿈꾸기와 깨어 있음의 중심적인 차이라고 생각한다. 렘수면을 하는 동안 외부 세계를 지각하지 못하는 이유는, 신경계의 본질적인 활동이 뇌가 일으키고 있는 기능 상태의 맥락 안으로 감각 입력을 들여놓지 않기 때문이다 Llinás와 Pare 1991.

더 구체적으로 말해서, 렘수면 동안 일어나는 감각 입력은 진행 중인 시상피질 활동과 시간적으로 서로 관련되지 않으므로즉, 시상피질적 '실재'의 맥락 안으로 들어가지 못하므로 기능적으로 의미 있는 사건으로 존재하지 않는다는 뜻으로 해석된다.

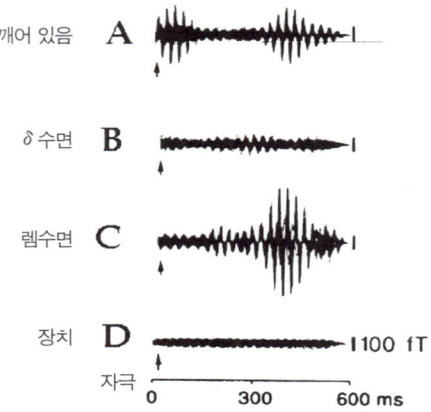

그림 6-3 잠자는 도중(δ파와 렘수면)과 깨어 있는 도중에 외부 자극(바닥 선)과 관련해서 기록한 40Hz 뇌 활동에서의 진동. 잠자는 도중에는 재설정되지 않음을 보여준다. (Llinás와 Ribary 1993, 그림 1, p. 2,079에서 수정.)

    깨어 있음과 렘수면 모두 인지적 경험을 만들어낼 수 있음에도 불구하고, 위의 발견은 흔히 알려진 사실을 확증해준다. 즉, 수면 상태의 특징적인 이미지 만들기에서 외부 환경은 대부분 제외된다는 것이다. 다시 말해서 꿈꾸는 뇌는 그것의 본질적 상태에 점점 더 많은 주의를 기울이는 게 특징이므로 외부 자극은 대개 이 활동에 끼어들지 않는다고 할 수 있다.

    반대로 본질적인 시상피질 상호작용을 통해 일어나는 활동 때문에 적절한 감각 입력 없이도 깨어 있는 동안 일어나는 반응성이 두 배가 된다면, 환각과 같은 실재 묘사 상태가 발생할 것이다. 이 제안이 의미하는 것은 중요하다. 만일 보이는 것처럼 의식이 시상피질 활동의 산물이라면, 사람과 고등 척추동물에서 주관성을 만들어내는 게 시상과 피질 간의 대화라는 뜻이기 때문이다.

i of the vortex

7

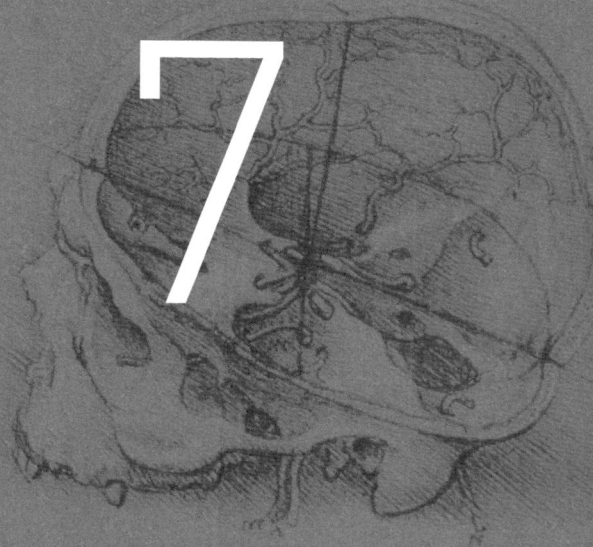

고정행위패턴(FAP),
뇌의 자동 모듈

「맨 레이 흉상을 응시하는 맨 레이」, 윌리엄 웨그먼William Wegman, 1978, 은염사진, 14×11inch.

미리 만들어진 운동 테이프

이제 우리는 사고, 지각, 꿈의 광범위한 진동 패턴을 만들어내는 게 가능한 놀라운 생물학적 '기계'를 가지게 되었다. 자아와 자기 자각을 가지게 된 것이다. 이제부터 살펴볼 기능적 조직의 다음 단계는 기능적 효율성에 관한 것이다. 자아, 즉 예측의 중심2장과 6장은 항상 변하는 세계 안에서 몸이 완수해야 하는 모든 묘기를 매순간 조화롭게 편성할 수 없다. 그러므로 잘 정의된 운동 패턴의 집합인 고정행위패턴fixed action pattern, FAP, 즉 미리 만들어진 '운동 테이프'를 활용해야 한다. 스위치를 켜면 걷기, 삼키기, 새의 지저귐과 같은 잘 정의되고 조화된 운동이 나온다.

이 운동 패턴을 '고정'되었다고 말하는 이유는, 한 개체에서 뿐만 아니라 한 종에 속한 모든 개체 안에서 정형화되어 있으며 비교적 변화하지 않기 때문이다. 그러한 고정성은 간단한 운동 패턴부터 복잡한 운동 패턴에까지 공통적으로 나타난다. 단순한 척수 반사의 실행을 위해서라면 중추신경계는 필요치 않을 것이다. 개구리의 등 한 곳을 자극하면 긁음 반사 scratch reflex가 작동한다. 정형화된 방식으로 뒷다리를 감아올려 가려운 부분에 발을 내려놓을 것이다. 이러한 반응은 어떤 개구리에게서나 똑같이 나타나고 즉시 반복이 가능하다. 게다가 이 반사는 뇌와 뇌간이 없어도 똑같이 활성화된다. 이는 좀 더 간단하고 기본적인 운동 반사 일부를 작동하는 데에는 상위의 중추신경계가 필요 없다는 증거이다Ostry 등 1991; Schotland와 Rymer 1993. 일단 반사가 활성화된 후 대뇌를 제거하여 뒷다리의 경로를 방해하면 뒷다리는 방해를 받은 자리에 멈춘다. 방해를 피해가기 위해서 다리를 더 멀리 휘두르거나 더 가까이 당기지도 않고 정형화한 운동 경로에서 벗어나지도 않는다. 반응은 선택의 여지없이 고정되어 있다. 이 단계를 반복하고 있는 운동을 멈추게하려면 나머지 뇌가 필요할 것이다.

FAP, 자아의 도우미

고정행위패턴 FAP 은 보다 정교한 반사이다. FAP는 하위 반사들을 묶어서 협동운동 synergy: 더 복잡한 목표 지향적 행동을 할 수 있는 반사들의 집합 으로 만드는 것같다 그림 7-1. 상위 운동계에서 시작되어 환경에 맞게 조정을 받는 걷기의 리듬은 대개 척수에 있는 신경 회로가 처리한다. 그러나 그것을 맥락 안으로 집어넣기 위해서는 척수단계 이상의 활동이 필요하다 Bizzi 등 1998을 보라. 자극에 대해 정형적이고 리듬 있는 신체의 운동을 구체화하는 뉴런 그물망을 중앙패턴생성기 central pattern generator, CPG 라고 한다. 이것이 그물망의 역할이다. 그물망은 걷기에서처럼 고정행위패턴을 가동시키는 뉴런의 활동 패턴을 만들어낸다 검토를 위해서는 Cropper와 Weiss 1996; Arshavsky 등 1997을 보라.

FAP를 운동 활동의 모듈로 볼 수도 있다. 모듈은 불필요하게 소모되는 시간과 진행 중인 운동의 모든 측면, 혹은 운동에 주의를 기울여야 하는 부담에서 자아를 해방시켜준다. 따라서 우리는 대로나 숲길을 즐으며 친구와 깊은 대화에 빠질 수 있는 것이다. 걷는 동안은 주로 대화의 내용과 그에 대한 느낌에 집중한다. 시각적 기억이라고는 잠시 나무뿌리나 돌에

그림 7-1 세 가지 다른 척추동물 종에서 공통적으로 보이는 공격적 반응의 예.

걸려 비틀거리다가 균형을 잡고 다시 걷기 시작할 때처럼 주의가 필요했던 순간 뿐이다. 그런 순간에는 의식의 초점이 잠시 말하기와 생각하기에서 걷기에 관한 것으로 재조정된다. 즉 나무뿌리에 걸린 결과로 감각이 의식의 초점을 안으로부터 밖으로, 사고로부터 몸과 그것이 움직이고 있는 세계로 이동하는 것이다. 발걸음을 바꾼 후, 즉 돌이나 나무뿌리를 넘어간 후 걷기는 다시 FAP가 되고 의식은 앞서 몰입했던 대화로 돌아간다. 다른 모든 것과 마찬가지로 걷기라는 FAP는 자아를 해방시켜 필요한 곳에 시간과 주의를 쓰도록 해준다. 만약 걷는 주기의 국면마다 내내 모든 근육과 관절과 그것의 역학에 초점을 맞추어 의식적으로 조종해야 한다면, 가을날 숲을 거닐며 즐거운 대화를 나눌 사람은 아무도 없을 것이다. FAP는 마음이 다른 것을 할 시간을 벌어준다.

위의 예는 또 하나의 관련 문제를 떠올리게 한다. 끊임없이 돌아가는 시상피질계에 부과되는 감각 성질을 **억제**하는 문제로 6장에서 이야기했던 것이다. 위의 경우, 순간적으로 나무뿌리에 걸린 것이 대화에서 우리를 끄집어냈다. 감각은 바깥에 세계가 있음을 상기시키지만 시상피질계의 본질적 성질에서 발생하는 내부 세계가 지나치게 많으면 바깥 세계의 존재를 가끔 잊어버린다. 인간은 내부 세계에 주의를 기울이는 정도와 외부 세계에 주의를 기울이는 정도가 서로 다르다. 이 장 전체를 통해 그 예를 더 깊이 논의할 것이다. 주의를 중시하는 이유는 그것이 시상피질계에 미치는 감각의 영향력을 억제하기 때문이다. 시상피질계가 끊임없이 변화하는 주변 세계와 성공적으로 상호작용 하는 데 필요한 만큼 FAP를 바꾸거나 정교하게 다듬을 수 있다. 그러나 먼저 FAP 자체, 그리고 그것이 수천 년에 걸쳐서 얼마나 놀랍게 진화되었는지에 관한 이해를 넓혀야 한다.

    보행보다 더 복잡한 FAP에는 중추신경계가 필요하다. 보행은 뇌간과 척수만으로도 유도할 수 있다 Jankowska와 Edgley 1993; Nichols 1994; Whelan 1996. FAP의 진화적 주거지는 뇌 안에 있다 Arashavsky 등 1997을 보라. FAP의 경우도 마음의 바탕이 된 운동의 내면화와 똑같은 생물학적 진화과정을 거쳤다. 이것은 사실, 같은 이야기이다. 긁음 반사는 순전히 척수의 메커니즘이다 Deliagina 등 1983; Stein 1983, 1989; Mortin과 Stein 1989; Jankowska와 Edgley 1993. 다만 자연선택은 긁음 반사가 단순한 기능 모듈이기 때문에 신경축으로 올려서 중추신경계의 정교한 처리 능력 안으로 들여보내지 않았을 뿐이다. 중추신경계의 정교한 처리 능력은 야샤 하이페츠 Jascha Heifetz 1901년 러시아에서 태어났으며 20세기 바이올린의 황제로 불린다. 완벽한 기교와 뛰어난 감정 표현, 독특한 연주자세로 유명하다.가 차이코프스키의 바이올린 협주곡 A 단조의 아름다움을 완벽하게 표현하기 위한 손가락 연마처럼 더 정교한 운동 사건을 위해 사용된다. 야샤 하이페츠가 눈을 감고 미소를 지으며 연주하는 모습을 보고 있으면 그의 연주가 혹시 FAP가 아닐까라는 생각이 든다. 바이올린 연주가 FAP가 될 수 있을까? 전부 그렇지는 않겠지만 상당 부분은 그럴 것이다. 하이페츠의 독특한 연주 스타일은 실제로 FAP이다. 수의운동계에 의해 발생해서 협주곡의 특성에 맞게 장식되고 조정되는 것이다. FAP와 인간 창조성 기원의 관계를 이야기하는 장에서 이 문제를 더 들여다볼 예정이다.

기저핵, FAP가 잠든 곳

FAP는 기저핵 basal ganglia 을 중심으로 발생하는 것 같다 Saint-Cyr 등 1995; Hikosaka 1998. 기저핵은 뇌의 운동계와 긴밀하게 연관되어 있는 피질하 핵의 거대한 집합체이다 Savander 등 1996을 보라. 오랫동안 신경과학계에서는 기저핵이 본질적인 회로를 가지고 있는 운동 프로그램의 저장고라고 생각했다. 뇌 중에서도 기저핵은 가장 알려지지 않은 영역이다. 기능적 구성과 그 구조에 관해서 특히 그렇다. FAP의 표현이 신경계의 전혀 다른 수많은 부분들과 기저핵 간의 상호작용에 의해 뒷받침된다는 것은 이미 알려져 있다 Greybiel 1995. 기저핵은 뇌의 중심에 위치하면서 시냅스를 통해 시상과 연결되어 있고 피질과 시상으로부터 입력을 받는다 Smith 등 1998; Redgrave 등 1999. 소뇌에서처럼 기저핵 안의 연결 대부분은 억제성이고, 많은 부분이 상호적으로 접촉한다 Berardelli 등 1998; Kropotov와 Etlinger 1999. 뉴런의 세포 A가 세포 B로 투사되고 B가 A로 다시 투사될 뿐 그 이상 넘어가지 않는다는 말이다. 따라서 본질적으로 활동을 부정하는 매우 복잡한 억제성 전기 패턴을 발생시킨다. 기저핵 안에 있는 회로가 자극되어 FAP를 가동시켜 운동 테이프를 표상한다고 보았을 때, 기저핵의 비활성인 상태 주어진 FAP를 실행해서 완전히 표현하려는 협동 근육들을 중추와 말초의 연결을 통해 순간적으로 고용하지 않음는 본질적으로 상호 억제의 상태라고 할 수 있다 그림 7-2.

단테의 『신곡』 지옥편을 떠올려보자. 저주받은 영혼들이 가마솥 안에 갇혀 있는데 탈출하지 못하도록 감시하는 악마는 없다. 왜 그럴까? 가마솥 안의 영혼들은 서로를 벌을 받는 원인이 된 죄를 너무나 시기하기 때문에 누군가 간신히 탈출하려고 하면 다른 영혼들이 다시 끌어당긴다! 따라서 가마솥은 그 자체로 닫혀 있다. 기저핵도 똑같다. 본질적인 상호 억제 활동이 모든 잠재 FAP를 가로막아 표현되지 못하는 것이다. 따라서 FAP가 실행되는 것을 '풀려났다 liberated'고 표현한다. 기저핵은 열리기만 하면 매우 큰 기능을 방출해 작동시키기 때문이다.

신경학적이며 생리학적으로 기저핵이 운동 테이프의 신경 회로를 표상하거나 구현한다는 걸 밝히는 증거는 얼마든지 있다. 특히 기저핵과 그 자체에 큰 영향을 미치는 신경계에 손상을 입은 결과를 보면 명백하다 Saint-Cyr 등 1995; Wenk 1997; Berardelli 등 1998. FAP 중에서 비교적 많은 연구가 이루어진 새의 노래를 예로 들어보자. 새는 유전형 genotype 본성과 표현형 phenotype, 둘 다에 의해서 노래하기 때문에 중요하다 Nottebohm 1981a; Doupe와 Konishi 1991; Vicario 1994; Whaling 등 1997; MacDougal 등 1998. 울새 robin가 유전형에 의해 노래한다는 것은 그 일가를 특징짓는 그들만의 노래가 있다는 뜻이다. 암컷은 수컷이 얼마나 노래를 잘하는지에 따라 짝을 고르지 직접 노래하지는 않는다. 심지어 노래 소리를 듣지 못하게 된 새조차도 조상 대대로 내려

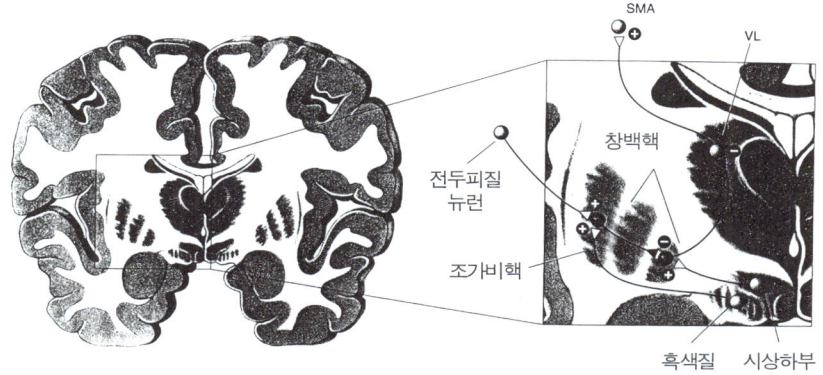

그림 7-2 기저핵과 전두피질의 연결도. '+'로 표시된 시냅스는 흥분성이고 '-'로 표시된 시냅스는 억제성이다. (Bear 등 1996, 그림 14-12, p.390에서.)

오는 노래를 한다. 청각적 되먹임이 없어서 노래 패턴이 이상해지긴 하지만 여전히 노래를 한다 Nordeen과 Nordeen 1992; Heaton 등 1999.

이 노래는 해당 종에게만 표준 곡이다. 다른 동물에게 이 노래는 사투리와 같다. 노련한 조류학자는 노래 소리만 듣고도 새의 태생을 알 수 있다. '이 노래 유형은 맨해튼 남부가 아니라 브루클린 외곽이군.' 따라서 한 종류의 새 안에서도 공통적인 노래는 어렸을 때의 학습 경험과 타고난 성질 새마다 뇌가 모두 정확히 똑같지는 않다에 의해서 조정된다는 걸 알 수 있다 Scharff와 Nottebohm 1991; Nordeen과 Nordeen 1993. 특정한 새들의 무리 안에서 노래를 더 잘하는 새에게는 번식의 기회가 더 많이 주어진다는 게 밝혀졌다 Tchernichovski와 Nottebohm 1998. 여기에 뇌에 대한 지식을 도입하자면 노래하기는 분명히 운동 능력으로, 뇌 활동의 독창성은 동물의 건강 상태를 재는 훌류한 척도이다. 새들의 노래에도 실제로 뇌를 활용한 경쟁이 있다. 서로 노래의 변주곡을 만들고, 베끼고, 훔치는 것이다. 노래는 길이와 복잡성이 다양하다. 길고 복잡할수록 더 훌륭한 노래이다. 조류학자들은 짝짓기가 일어나기 전에 특정한 노래가 어떻게 발전하는지를 종합해 보았다. 그들은 짝짓기 시점에는 노래가 어떻게 성숙되며 다음 해에는 어떻게 변주되는지를 묘사했다Nottebohm 1981b; Nottebohm 등 1986; DeVoogd 1991; Johnson과 Bott_er 1993; Clayton 1997; Nordeen과 Nordeen 1997; Smith 등 1997; Mooney 1999; Iyengar 등 1999. 다음 철 수컷은 새로운 노래가 필요하다. 옛날 노래를 가지고는 그다지 돋보일 수 없기 때문이다. 이것이 자연의 계획적 구식화planned obsolescence: 제품이 계획적으로 곧 구식이 되게 하는 일이다. 암컷은 그 수컷의 노래가 지난 철에 나온 것과 같다는 걸 알고 그의 생식기능이 더 이상 신통치 못하다는 걸 알아차린다. 오르막, 절정, 내리막은 생물학 전체에 깊이 스며 있다. 여기서 새의 오르막과 내리막은 노래의 새로움과 낡음으로 표시된다그림 7-3.

하지만 새의 노래가 정말로 FAP일까? 이것이 기저핵과 어떤 관계가 있을까? 남성호르몬인 테스토스테론을 제거한 수컷 새의 뇌를 보면 기저핵이 줄어든다. 그 결과 어떤 좋은 노래를 하지 않거나Nottebohm 1980 노래하는 횟수가 줄어드는 걸Arnold 1975a, b 볼 수 있다. 노래를 하려고 해본 적이 없는 암컷에게 테스토스테론을 주입하면, 태어나서 처음으로 노래를 시작한다Nottebohm과 Arnold 1976; Kling과 Stevenson-Hinde 1977; Nottebohm 1980; DeVoogd와 Nottebohm 1981; Schlinger와 Arnold 1991; Rasika 등 1994; Nespor 등 1996. 노래하는 종의 암컷에게 테스토스테론을 주입하자 수컷처럼 노래하기 시작했다Gahr와 Garcia-Segura 1996! 수컷이나 암컷에게 노래는 기저핵 안에서 새로운 뉴런과

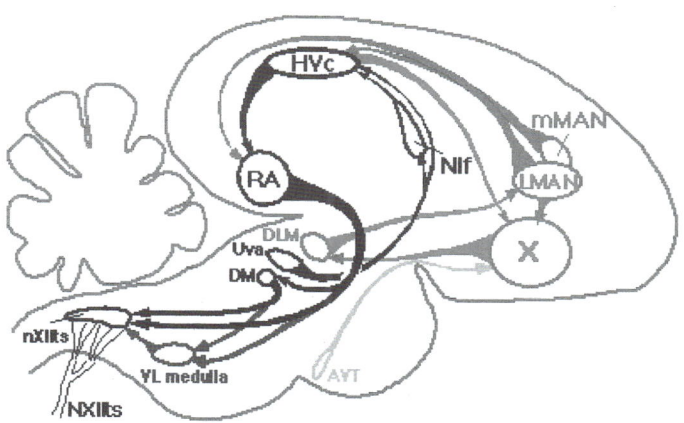

그림 7-3 조정 가능한 FAP인 새의 노래. 위: 암컷(왼쪽)과 수컷(오른쪽) 금화조(zebrafinch), Taeniopygia guttata. 아래: 수컷 새의 뇌 개략도와 노래 회로. 시상접합부, 혹은 뇌의 장축을 따라 자른 단면도로 부리에서 꼬리까지를 모두 보여준다. 표시된 것은 노래 생산을 위한 운동 경로를 형성하는 핵으로, HVc(고위발성중추)로부터 RA(원시선조체의 강한핵)를 통과해 nXIIts(혀밑신경)로 내려가 거기서부터 이관(耳管)까지 간다. 노래 학습과 관련된 핵도 보인다. HVc로부터 X(영역 X), DLM(배외측시상의 내측핵), LMAN(전측 신선조체의 외측 거대세포핵), RA(경로는 보이지 않음)까지이다. DM, 중뇌 구간핵의 배내측핵; Uva, 시상의 전정맥락막핵; Nif, 신선조체의 계면핵; AVT, 중뇌의 복측피개구역. 가까운 관련 종이면서도 복잡한 발성을 내지 않는 종에게는 HVc, RA, X가 없다. (Heather Williams 제공).

연결망이 출현하는 것을 기반으로 한다 평범한 수컷 발달에 관한 자료: Nordeen 등 1992; Rasika 등 1999. 테스토스테론을 준 암컷의 변화에 관한 자료: Schlinger와 Arnold 1991. 따라서 타고난 원형原型 FAP가 있는 것이다. 이 암컷은 한 번도 그 노래를 들은 적이 없음에도 불구하고 노래를 만드는 데 필요한 후두, 복부, 늑간 근육의 협동 운동을 조화시킨 패턴을 완벽하게 만들어낸다. 테스토르테론으로 유도된 노래는 고립시켜 기른 암컷에게도 여전히 나타난다. 적절한 호르몬이 주입되면 기본 곡은 완전한 FAP의 표현을 통해 나타난다. 기저핵이 손상되면 온전한 수컷이나 암컷 모두 테스토스테론을 받아도 영원히 정상적인 노래를 부를 수 없다 Doupe와 Konishi 1991; Scharff와 Nottebohm 1991. 암컷의 경우 표현형적으로 잠복해 있지만 유전형적으로는 완성되어 있는 복잡한 FAP가 풀려난 상태를 보았다. 이 운동 기능의 모듈은 새에 내장되어 있다가 수컷에게서는 자연적으로, 암컷에게서는 실험적으로 테스토스테론을 주었을 때 활성화된다. 어째서 수컷만 노래하고 암컷의 FAP는 붙잡혀 있는지는 분명치 않다. 분명한 점은, 뇌 안에는 여기저기에 남아 있는 '고물'이 많다는 것이다. 불필요하고 에너지만 소모하는 성분을 제거하도록 암컷을 개조해 온 인과적 순서를 재추적하거나 분리하는 일은 쉽지 않다. 누가 봐도 그냥 내버려 두는 게 에너지를 낭비하지 않는 길이다.

투렛 증후군과 파킨슨병

인간 신경학의 영역에는 FAP를 기저핵에 연관시키는 사건들이 있다. 이 핵의 신경병리학은 투렛 증후군 Tourette's syndrome에서 보이는 FAP의 과잉 생성이나, 파킨슨병 Parkinson's syndrome에서 보이는 FAP의 손실을 동반하는 결함으로 볼 수 있다. 기저핵이 부분적으로 파괴되어 나타나는 투렛 증후군 환자는 특정한 유형의 FAP를 비정상적이고 연속적으로 내보낸다 Coffey 등 1994; Saint-Cyr 등 1995; Robertson과 Stern 1997; Saba 등 1998. 이 환자는 계속해서 손가락을 두드리거나 떠들거나 팔을 움직이는 등 잠시도 가만히 있지 못하는 게 특징이다. 한 마디로 운동 과잉인 사람이다. 신경질적이고 조바심 많은 이 유형의 사람은 전형적으로 지능이 상당히 높고, 운동을 잘 하고, 운동성 예를 들어 눈과 손의 협응에 관련된 감각 자극에 매우 빠르게 반응한다. 재치 있고 성마르다. 이들은 침착하거나 계산된 사고를 하지 않는다.

이 모든 것은 자동적인 운동의 활성이라는 문제로 집중된다. 정상적으로 억압되던 FAP가 어떻게 선택적 병리학 조건 아래 비정상적이고 비자발적으로 방출되는가 말이다.

운동 행위를 끝냈을 때나 도중에 정지당했을 때에도 투렛 환자는 신경의 병 때문에 어쩔 수 없이 행위를 계속한다. 짧고 거칠고 무의미한 감탄사를 내뱉는다. 이러한 불수의적인 운동 활동의 연속은 그 자체가 반항이다. 정상적인 사회생활을 위해서라면 붐비는 엘리베이터 안에서 운동 행위 팔 휘두르기, 손가락 두드리기, 시끄러운 휘파람를 억눌러야하지만, 투렛 환자에게는 이러한 억제가 사태를 더 악화시킬 뿐이다. 이 환자에게는 운동 행위를 억누르는 게 곧 해방시키는 것이기 때문이다! 이를테면 댐에는 항상 갈라진 곳이 있기 마련이고, 새어나오는 물은 언제나 욕설의 형태를 띠는 것과 같다.

'ballistic 놀라서 혹은 뜻하지 않게 무언가가 훨씬 더 커지거나 강해진다는 뜻'이라는 단어에서 유래하는 '무도병 ballism'은 투렛 증후군과 유사한 병이다 Berardelli 1995; Yanagisawa 1996. 역시 기저핵 안의 특정한 핵이 손상되어서 비정상적이고 비자발적인 FAP의 방출이 일어난다. 투렛은 말로 운동 활동을 완성한다면, 무도병은 비슷한 상황에서 저절로 팔을 도리깨질하는 게 특징이다. 영화 「Dr. Strangelove」에 나오는 스트레인지러브 박사의 이상한 운동 병을 기억할지 모르겠다. 구성과 기능의 관점에서 볼 때 이 증후군은 특정한 운동 활동들이 모듈로 작동함을 분명하게 알려준다.

역시 기저핵과 관련된 병으로 투렛 환자와 정반대의 증상을 보이는 게 파킨슨병 환자이다 그림 7-4. 이 신경병은 기저핵 중 한 핵인 흑색질 substantia nigra의 일부가 선택적으로 변성되는 것이다 Colcher와 Simuni 1999; Olanov와 Tatton 1999. 이 환자는 미동 없는 얼굴, 우둔하고 느린 사고 정신완서 'bradyphrenia; Kutukcu 등 1998'라 부르는 것으로, 투렛 증후군에서 보이는 것과 정반대인를 하는 게 특징이다. 어떤 환자는 감정의 변화가 거의 없다 Benke 등 1998. 파킨슨병을 앓는 사람들은 움직이는 데 엄청난 어려움을 겪는다. 긁기와 같은 간단한 종류의 운동을 비롯해 자발적인 모든 운동을 시작하기가 믿기 힘들만큼 어렵다. 이는 FAP를 방출하는 능력이 없기 때문이다.

기저핵의 이상에서 비롯된 위의 세 가지 증후군으로 알게 된 사실은, FAP는 기저핵의 수준에서 이행될 가능성이 가장 높고, 기저핵 출력이 쉼 없이 돌아가고 있는 시상피질계 안으로 재입력되어 맥락 안으로 들어간

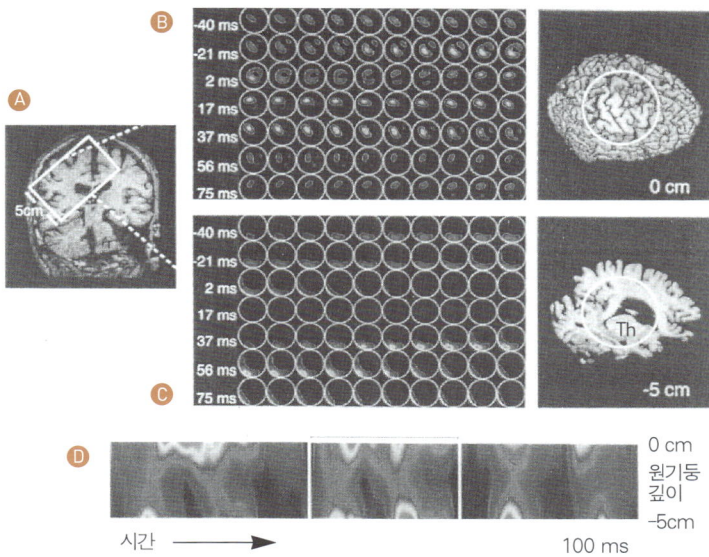

그림 7-4 자기장 단층촬영(magnetic field tomography, MFT) 영상을 이용해서 예를 보여주는 파킨슨 떨림의 신경적 기초. MFT는 한 번의 안정떨림(resting tremor: 얕은손가락굽힘근의 수축)이 일어나는 동안 피질 활동의 시공간적 분포를 나타내는 데 사용되었다. 결과로부터 떨림과 관련해서 시상과 감각운동피질에서 리듬 있는 폭발이 일어남을 확인할 수 있다. 각 떨림 주기에 관해 제시되는 활성화 패턴은 다음과 같다. 떨림은 근육이 활성화되기 30~40ms 전에 시상 활동에 의해 시작된다. 약 5~10ms 후, 전운동피질에서 활동이 보인 다음, 1차감각운동피질에서 활성화가 뒤따르고, 그 출력은 굽힘근 수축의 원동력이 되면서, 떨림을 유발한다.
A: 왼쪽의 영상은 두정부 MRI 뇌 단면으로, 연구된 영역(5cm 폭의 원기둥)이 직사각형으로 표시되어 있다.
B, C 왼쪽: 두 벌의 데이터. 한 벌은 5cm 직사각형 바깥쪽 변에서의 가상 단면에서 기록된 활동을 나타내고(위), 다른 하나는 직사각형 안쪽 변에서의 단면에서 기록된 활동을 나타낸다(아래). 각 원은 시점을 나타낸다. -40ms는 근육 활성화 40ms 전에 기록된 사건을 표시하고, 2ms는 근육 활성화가 시작된 이후 경과된 시간을 표시한다. 왼쪽으로부터 오른쪽으로 가면서, 각 열은 후속 떨림과 관련된 활동을 나타낸다. B, C, 오른쪽: 연구된 가장 바깥쪽과 가장 안쪽 단면에 해당하는 영역을 3D MRI로 재구성한 것. Th는 시상.
D: 시간 경과에 따라 5cm 원기둥 전체 안에서 일어나는 활동 패턴을 동시에 나타낸 것. 왼쪽에서 오른쪽으로 가면서 떨림의 리듬이 보인다. (Volkmann 등, 1996, 그림 6, p.1,367에서.)

다는 것이다.

이 장을 시작하면서, 기저핵은 시상으로 정보를 보내고 시상으로부터 정보를 받는다고 했다. 실제로 시상의 수판내 intralaminar 복합체 6조을 상기하라는 받은 만큼 기저핵 위로 다시 투사된다. 이는 자아와 FAP가 생리학적으로 상호작용을 한다는 걸 암시한다. 이것은 매우 중요한 문제이다. 그러나 지금 당장 세세한 부분까지 완전하게 이해하기는 쉽지 않다. 그러니 길을 재촉하자.

움직임의 전략

FAP의 개념을 명확히 했으니 이제 운동 프로그램의 본질적 자기보유라는 문제로 돌아가자. 2장에서 나왔던 운동계의 엄청난 과잉완성을 생각해보면 본질적으로 가지고 있다는 게 직관적으로 이해가 된다. 이 체계의 고유한 구조를 통해 거의 무한한 수의 방법으로 주어진 운동을 이행할 수 있음을 이미 보았다 우유팩을 꺼내는 여러 방법을 상기하라. 중추신경계의 관점에서 우리는 묻는다. 목표를 실행하는 방법의 수가 엄청나게 많다면, 한 동물은 특정한 욕구나 목표를 어떻게 실행할 수 있을까? 어떻게 옳은 선택을 내릴까? 옳은 운동을 선택한다는 건 분명 생존과 직결된 것이므로 최소한 자연선택이 과정을 줄이는 메커니즘을 잘 다듬어서 신경계 안에 새겨 넣지 않았을까 생각된다. 이에 관해 더 들여다보자.

이론적으로 신경계는 두 가지 유형으로 전체적 전략을 설계할 수 있다. 하나는 체계를 완전히 자유롭게 놓아두는 것이고, 다른 하나는 선택을 줄이기 위한 메커니즘을 내장하는 것이다. 자유롭게라는 말은, 다가오는 호랑이를 보았을 때 가젤은 깡충깡충 뛰어서 달아날지, 네 다리 중 세 다리만 써서 달아날지, 아니면 두 다리는 앞으로 달리고 두 다리는 뒤로 달리게 할지를 결정할 수 있다는 의미이다. 거의 무한한 가능성들 중 하나를 선택하도록 되어 있는 자유로운 체계는 작동시키는 데 비용이 꽤 많이 든다. 그 체계는 엄청나게 과잉완성 되어 있다. 따라서 선택의 자유도를 줄이기 위한 효과적 메커니즘은 매우 중요하다. 호랑이로부터 도망치는 방법을 선택하는 데 너무 많은 시간이 걸린다면 치명적인 결과를 초래할 것이다. 육상 동물이 헤엄치는 동작으로 도망치기를 시도한다면 역시 치명적인 결과를 가져올 것이다.

그러므로 선택의 축소는 체계가 자연적으로 선택한 작동 방식이라는 걸 알 수 있다. 운동계가 과잉완성되어 있다고 할 때, 효율적인 운동을 적절히 이행하기 위해서는 **총체적 전략**이 있어야 한다. 왜냐하면 시간은 제한적이기 때문이다. FAP와 연관해서 중요한 것은, 이 패턴이 명백한 전략을 요구하는 공격과 방어, 먹이 찾기, 번식과 같은 외부 세계에서의 급박한 사건에 대해 어느 정도 선택적으로, 그리고 때맞추어 적절한 방식으로 반응한다는 점이다. 이렇게 엄청난 양의 예측성 있는 체계에는 분명 제약이 있어야 하고, 더불어 그 제약은 매우 강력해야 한다. 예를 들어 새는 한쪽 날개만으로 날아보려는 시도로는 시간을 낭비하지 않도록 진화했다. 물론 어떤 새는 날면서 한 번쯤 날기라는 FAP를 조정할 수도 있다. 자연선택은 처음부터 '내장된' FAP에 옳은 것을 선택하도록 '한쪽 대신 양 날개를 퍼덕거려라' 라는 확실한 제약을 두었다. 새는 원래 한쪽 날개만 퍼덕거릴 수가 있다. 그것은 날기 운동이 아닌 목욕하고 있는 새를 지켜보면 알 수 있다. 필요할 때 곧바로 활성화될 수 있도록 운동계는 제약된다. 과잉완성 체계에서 많은 것 가운데 예술가에 의해 다듬어지는 조각품처럼 특별한 FAP로 뚜렷한 윤곽을 드러내는 것이다.

생리학적인 관점에서 FAP의 과정은 체계의 엄청난 자유도를 줄여준다. 2장에서 운동 과제를 수행하기 위해 잘 조합된 특정한 근육 집단의 공동 활성화인 협동 근육에 대해 이야기하면서 손으로 무언가를 잡는 예를 들었다. 새가 날개를 퍼덕이는 예도 들었다. 이 FAP를 위해서도 여러 가지의 특정한 협동 근육이 동기적으로 조화롭게 활성화되어야 한다. 이 운동 사건을 추진하는 특정한 운동뉴런은 동기적이고 조화롭게 발화함으로서 기능적으로 특정한 발화 패턴, 진동수, 기간을 가지게 된다. 그 체계는 진화하면서 경험한 시행착오에 의해 특정한 운동 기능 모듈인 FAP 안에 새겨졌다. 그 결과 거의 무한한 수의 운동뉴런 활성화 패턴 중에서 무관한 것을 모두 솎아내는 기적을 이룬 것이다.

전략과 전술

운동계의 제약에는 FAP와 관련해서 매우 중요한 두 가지 측면이 있다. 하나는 전략이다. 이는 방금 말했듯이 싸울 것인가 달아날 것인가와 같은 총체적 문제와 관련이 있다. 왜냐하면 두 가지를 동시에 실행할 수는 없기 때문이다. 그러나 주어진 전략은 당시 주변 세계에서 그 동물에게 일어나고 있는 일의 맥락 안으로 들어가야만 한다. 따라서 FAP에는 두 성분이 있다. 하나는 말한 대로 전략적 성분이고, 다른 하나는 전략을 맥락에 따라 실행하는 **전술**이다.그림 7-5. 긴밀하게 서로 얽힌 이 두 성분은 실제 운동이 일어나기 전에 진행된다.2장.

호랑이에게서 멀리 달아나고 있다는 것 자체에는 달아날 필요가 들어 있지 않다. 달아날 필요는 외부 세계의 순간적인 맥락 안에서 감지되는 위기감에서 온다. 그러한 위기는 예측이라는 전운동 영역에서 처리된다.나는 뛰어야만 한다. 그런 다음 전술적 해답인 적절한 FAP, '나는 뛴다'가 이행된다. 이 총체적인 결정에서 전술은 내가 최고 속도로 달릴 수 있도록 다리를 움직이는 게 최선이라고 판단한다. 호랑이를 향해서 달리는 것보다는 **반대 방향**으로 달리는 게 전략적으로도 최선이다. 두말할 필요도 없이 뇌는 이런 급박한 상황에서 생존을 위해 한 치의 오차도 없이 이행해야만 한다. 그것은 언제든지 적절한 전략과 전술이라는 2단계의 결정이다.

개구리는 자동차가 다가올 때 뛰어오르기로 결심한다. 분명히 좋은 전술이다. 하지만 안타깝게도 길 위에 으스러져 있는 개구리가 쉽게 눈에 띈다. 개구리의 예에서 알 수 있듯이 차로부터 멀리 가려는 전략이 옳다고 해서 항상 정확하고 적절하게 적용될 수 있는 것은 아니다. 자연선택은 그동안 많은 걸 이루었지만 아직 그 임무를 완성하지는 못했다.

FAP에 있어서 전략과 전술의 차이를 분명히 해두는 것은 중요하다. 재규어가 있다고 하자. 적에 대한 재규어의 전략은 머물러 싸우는 것이다. 그러나 맥락을 고려한 전술을 정하는 데에는 **어떤 적이냐**가 중요하다. 운동 FAP의 관점에서 뱀과의 싸움은 다른 재규어와의 싸움과는 전혀 다르다. 2단계 결정과 그 결과인 전략과 전술의 이행은 원시적인 동물로부터 인간에 이르기까지 신경계를 가진 모든 동물에게 적용된다.

어두운 골목길에서 깡패를 만났을 때 우리는 달리기 시작하면서 동시에 어느 방향으로 향할지를 살핀다. 이때 이미 전략은 결정된다. 남은 것은 전술이다. '직진할 것인가 아니면 비상 사다리로 기어오를 것인가'를 선택하는 건 전술이다. 전술은 섬세한 해결로 좀 더 미시적인 성분이다.

여기까지 이해했다면 FAP가 먼저 하나의 연쇄행위로 활성화된 후에는 상황의 맥락 안으로 들어가야 한다는 걸 알았을 것이다. 재규어나 가젤, 그리고 불쌍한 개구리의 예를 생각하면 그리 복잡한 건 아니다.

개가 한 마리 있다. 앞에 먹이가 있지만 왼쪽 귀가 간지럽기도 하다. 먼저 긁을까 아니면 먹을까? 동시에 할 수 없다. 따라서 이러한 유형의 신경계 활성화에서 체계는 광범위한 사건들 중에서 선택을 해야만 한다. 잠시 다른 많은 것을 희생하고, 어느 하나를 선택해야 하는 것이다.

생리학적으로 완전히 다른 영역에서 살펴보자. 또 하나의 예는, 우리가 주변의 사물을 살피는 방식이다. 시각계 주변부에서 무언가가 주의를 끌면, 그것이 무엇이든 앞서 보려던 것에서 잠시 시선을 돌려 어쩔 수 없이

그림 7-5 전략 대 전술. A: 군 전략의 중심인 미국 국방부 본부 펜타곤. B: 해병대 탱크; 2000년 2월 1일 캘리포니아 트웬티나인 팜스의 해병대 공지전투부대에서 전술적 제병협동 훈련을 하고 있는 2해병 사단의 2탱크 대대.

주시하게 된다. 눈은 물론이고 경우에 따라서는 머리, 목, 엉덩이, 발목과 발을 움직여 몸의 방향을 조정하면서 목표에 근접한다. 일단 범위에 들어가면, 완전히 다른 유형의 활동을 이행해야 한다. 목표물에 도달해야 하므로 전술적 활동이 시작된다. 안구운동은 눈을 움직여 관심 대상을 시야의 중심으로 가져간 다음, 다시 중심와窩, fovea로와가 있는 동물이라면 가져가는 절차를 따른다. 거의 전적으로 원추형 광수용체밖에 없는 중심와빛을 수용하는 망막의 시세포는 밝은 곳에서 작용하며 색각과 관계가 있는 추상체와 어두운 곳에서 작용하며 명암과 관계가 있는 간상체로 나뉜다. 중심와는 망막에서 추상체가 밀집되어 상이 맺혔을 때 눈의 해상도와 생각이 가장 높아지는 자리이다.로 대상을 가져간다는 건 시각의 감도를 높인다는 뜻이다.

　흥미로운 벽화처럼 뭔가 좋아하는 걸 볼 때는 대상을 여러 부분으로 나누어 우선순위대로 살펴보고 싶을 수도 있다. 관심의 정도에 따라서 어느 부분을 얼마나 자세히 볼지를 결정한다. 본다는 건 미약하지만 만지는touching 행위로 간주해야 하기 때문이다. 이때도 전략과 전술이 작동하는 걸 볼 수 있다.

 마지막 예는 매우 중요한 문제로 우리를 인도한다. 선택의 자유도를 획기적으로 줄이는 것과 자유가 선택을 하도록 해야 하는 것 사이의 끈질긴 균형의 문제이다. 이것은 여전히 전략과 전술의 차이이며 반사 반응과 의지에 의한 선택의 차이이다.

 주변 시야에서 무언가가 시선을 끌면 우리는 눈을 움직여서 대상을 시야의 가운데쯤으로 가져간다. 이것은 시각계가 채택하는 총체적 전략이다. 분명히 FAP이다. 반사이면서 잘 제약된 것이다. FAP가 아니라면 반사는 끊임없이 눈길을 위아래로 굴릴 것이다. 일단 특별히 흥미를 끄는 그림을 시야의 중앙에 놓으면 전술이 시작된다. 어떤 부분을 중심와로 가져가서 보고 싶은지 결정하는 것이다 그림 7-6. 전술은 '어떤 부분을 볼 것인가'를 선택하는 자발적이며 의식적인 활동이므로 FAP가 아니다. 전술은 갇혀 있다가 자유롭게 탈출하는 FAP를 억제한다. 그림 한 구석이 시각적으로 특히 마음을 끈다면 주변에서 일어나는 다른 사건은 그냥 버려둘 것이다. 근접 영역에 반사적으로 주의를 돌린다는 전략을 자발적으로 억제하고 있는 것이다. 애석하게도 중심와는 지금 어떤 곳을 자세히 보고 있기 때문이다.

 엄청난 양의 체계의 자유와 선택의 여지는 FAP 덕분에 획기적으로 줄어든다. 동시에 FAP라는 제한 작용을 멈추거나 수정을 하기 위한 선택 능력은 전략 안에서의 자발적 전술로 온전히 남아 있다.

 남은 한 가지 예가 이를 분명히 해줄 것이다. 빙판길을 걷다가 미끄러진다고 하자. 다리가 밑에서 앞으로 튕겨나가면서 넘어질 것이다. 운동계는 즉시 FAP를 채택해서 하나의 반사 FAP를 자동으로 활성화한다. 우

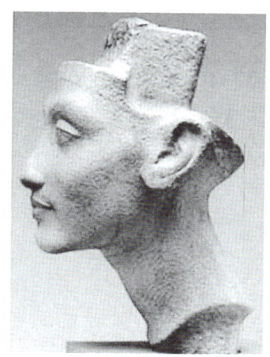 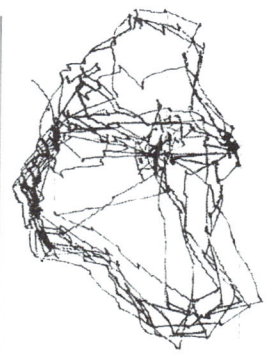 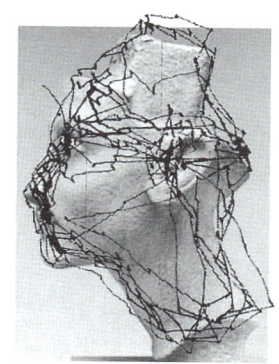

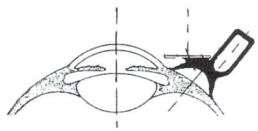

그림 7-6 고대 이집트 왕비 네페르티티 흉상(왼쪽)의 옆모습을 관찰하는 과정에서 일어나는 안구운동을 기록한 것(가운데). 각 안구운동(단속운동)은 의지가 유도한다. 오른쪽: 안구운동 기록과 대상을 포갠 것. 아래: 머리를 고정시킨 상태에서 안구운동을 측정하는 장치. (Yarbus 1967, 그림 116, p.181(위); 그림 13, p.30(아래)에서 수정.)

선 몸의 균형을 잡기 위해 팔을 위로 뻗은 다음, 뒤까지 휘둘러 아래쪽에서 넘어지는 동작을 멈춘다. 이 FAP는 운동계가 완전히 자유로운 방식으로 작동하는 걸 제한하고 주어진 신체적 상황에서 자동으로 장착한 보완 반응을 이행하는 것이다. 넘어지는 걸 꽤 여러 번 겪었던 자연선택은 경험을 바탕으로 이러한 보호 FAP를 만들었다. '나' 즉, 자아에게는 충분히 생각한 다음 이 보호 운동을 새로이 발명해서 필요한 협동 근육을 가동시킬 시간이 없었다. 그래서 자연선택은 이런 식으로 넘어질 때 어떻게 해야 도움이 되는지를 보았고, 그것을 무한히 긴 시간에 걸쳐서 갈고 닦았다. 그래서 아래로 떨어지고 있는 특정한 운동 상황에 적합하게 다리가 머리 위로 올라가도록 활성화되는 모듈을 만든 것이다.

꽃병을 사수하라

FAP는 어느 정도나 고정되어 있을까? 테이프를 되감아보자. 막 넘어지기 시작해서 다리가 미끄러지고 있는 상황은 같다. 그러나 이번에는 어머니의 값비싼 에트루리아 이탈리아에 있던 옛 나라 꽃병을 손에 들고 있다.

지금까지 이야기한 FAP가 등이 가려운 불쌍한 개구리처럼 고정되어 있다면 약 0.5초 후에 꽃병은 깨어질 것이다. 저주받은 FAP 때문에 나도 모르게 손에 든 것을 공중으로 던지는 순간 꽃병의 운명은 끝난다.

그러나 꽃병은 값으로 따질 수 없고 게다가 어머니의 것이다. FAP는 그 사실을 몰라도, 나는 안다. FAP를 감안하더라도 우리는 이 상황의 결과가 어떻게 될지를 안다. 나는 꽃병을 손에 든 채 그대로 엉덩방아를 찧을 것이다.

어떻게 된 일일까? '적절한' FAP가 방출 혹은 활성화되지 않은 것일까? 방출된 건 거의 확실하다. 앞서 말했듯이 자동이고 아주 빠르니까. 그러나 뇌의 예측 속도도 그 못지않게 빠르다. 그리고 시상피질계에게도 미끄러져 넘어지는 건 새로운 게 아니다. 3장에서 유입을 위해서는 세계 속에서 움직여야만 한다고 말한 걸 기억하는가?. 따라서 예측도 쉽고 자동적이다. 내가 넘어지기를 멈추면 꽃병은 산산조각이 날 거라는 내적 이미지를 만들어서 자발적인 해결책으로 '넘어지는 걸 멈추지 말라'는 명령을 내린 것이다. 즉 전술적으로 FAP를 억제해서 그것이 정형화한 과정을 의식적으로 억누른 것이다. 어떤 대가를 치르더라도 꽃병을 사수하라!

간단히 되돌아보자. 인간에게는 총체적 전략에 의해 가동되어 맥락에 따라 적절한 FAP를 이행하는 운동계가 있다. 이 운동계는 체계가 채택한 전략의 선택폭을 즉시 줄여주므로 적절하게 작용한다. 이 FAP는 원래부터 비교적 확실하게 배선되어 있으므로 활성화되는 시점에는 반사로 간주할 수 있다. 자동운동 기능의 모듈로서의 FAP는 과잉완성된 운동계의 효과적인 결과이다. 이것은 시간을 절약하기 위해 진화에 의해 형성되고 연마되어 왔다. FAP는 맥락에 따라 시기적절하게 활성화되고 실행되어서 예측의 자리인 자아를 위해 시간을 절약해준다.

그러나 일단 FAP가 활성화되었더라도 전술에 의해 정형화된 운동 실행을 조정할 수 있다. 제한된 운동 사건의 '탈출'인 FAP의 실행은 시상 피질계, 즉 자아에 의해 이루어진다. 의식은 어떤 상황에서 얼어나는 맥락의 결과를 예측해서 의도적으로 선택한다. 운동이 반응에 의해서만 일어나지 않도록 하기 위해서 의식이 출현한 것이다.

언어, 전운동 FAP

이 장의 결론을 내리기 위해 10장에서 다룰 주제를 다른 측면에서 살펴보겠다. 앞서 말한 투렛 증후군에서 매우 흥미로운 점을 발견할 수 있다. 투렛의 뚜렷한 증상은 세계의 모든 언어권에서 일어난다는 점이다. 이것은 뇌의 조직이 언어와 연관되어 있다는 의미이다. 언어는 그 자체가 FAP이다. 그것도 전운동 FAP로 기저핵의 활동과 매우 밀접한 관련이 있다.

내가「마음 없는 말Words without Mind」이라는 제목의 공동 연구Schiff 등 1999에서 관찰하고 보고한 바에 의하면 적어도 한 환자의 임상 증상이 이를 암시한다. 이 연구는 코넬 의대의 뛰어난 신경학자인 동료 프레드 플럼Fred Plum과 니콜라스 시프Nicholas Schiff, 그리고 뉴욕대학 의대에 있는 공동연구자 우르스 리버리와 함께 수행했다.

그 환자의 뇌는 광범위한 뇌졸중으로 인해 기저핵과 브로카 영역 피질 부분을 제외하고는 거의 기능이 남아 있지 않았다. 브로카 영역은 언어의 생성이나 운동적 측면을 담당한다. 환자의 뇌에는 시상의 일부가 살아남아서 기저핵이나 피질 브로카 영역과 상호 연결된 회로들을 공유하고 있었다. 그는 그때까지 20년 동안 혼수상태였다. 객관적인 모든 측정과 비침습적noninvasive 뇌 영상은 그 환자의 뇌 대부분이 기능적으로 죽어 있음을 보여주었다. 그런데도 그 환자는 식물인간 상태에서 가끔씩 말을 하려고generate words 한다그림 7-7.

여기에 다른 모든 능력을 잃고 온전하게 남은 능력이라고는 단어들

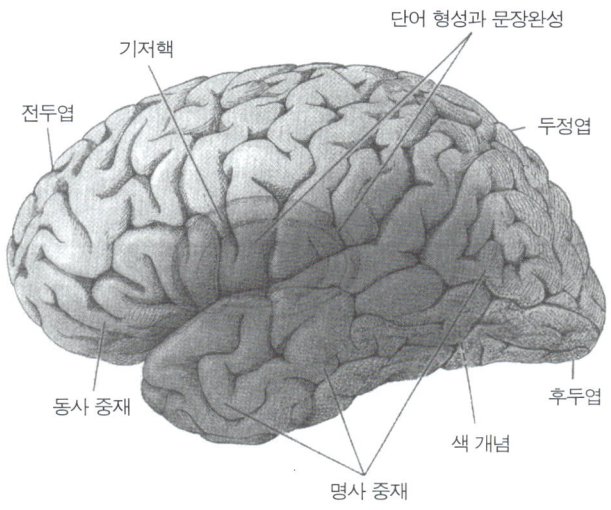

그림 7-7 뇌의 언어 중추. 좌반구는 단어 및 문장의 완성 구조와 다양한 어휘 및 문법의 중개 구조로 이루어진다. 개념 자체를 표상하는 신경 구조들의 집합체는 좌반구와 우반구 모두에 걸쳐 많은 감각 영역과 운동 영역에 분산되어 있다. (Damasio와 Damasio, 1992, p.92에서.)

을 만들어내는 능력밖에 없는 어떤 사람이 있다. 이로서 신경계는 기능적 모듈들로 구성되어 있음을 재확인할 수 있다. 이 사례에서 단어 생성은 뇌의 본질적 성질이라는 걸 알았다. 단어 생성의 FAP에 의해 의식이 없는 상태에서도 아무 때나 단어가 튀어나오는 이런 상황은 몹시 우울하다. 그러나 반대의 경우는 더 우울할 수 있다. FAP가 손상된 사람은 언어를 이해하고, 시를 이해하고, 보고 듣고 외부 세계와 상호작용할 능력은 있어도 말을 하지 못한다.

여기서 이 사례들이 지적하는 요점은 신경계 안에 기능이 모듈 방식으로 구성되어 있다는 것이다.

     FAP는 조정이 가능하다. 따라서 학습될 수도, 기억될 수도, 완성될 수도 있다. 뇌는 어떻게 학습하고 기억할까? 자아? 이 문제는 9장에서 들여다보겠다.

8

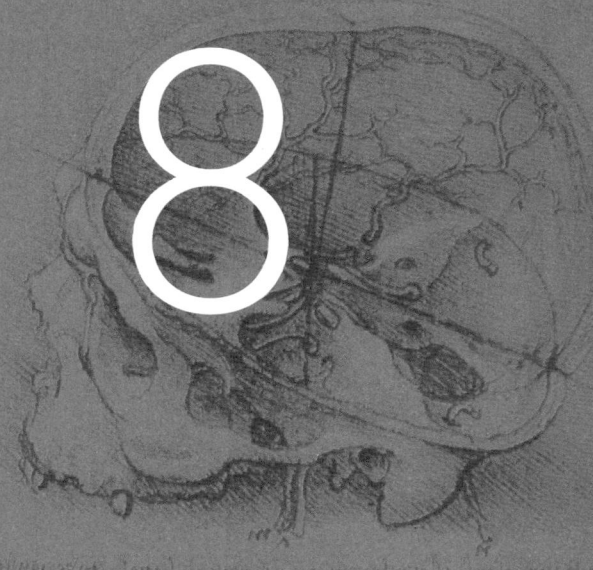

감정, 행위의 전주곡

「수염 이동Capillar Locomotion」, R. 바로Varo, 1959, 목판유화, 83×61cm.

1,000척의 함대를 출범시킨 것

감정의 문제에는 두려움을 가지고 접근해야 한다. 감정 세계만큼 험난한 연구 주제도 드물기 때문이다. 흄 Hume은 '감정은 이성을 노예로 만들 수 있다' 라는 말로 험난한 여정을 예고했다. 감정은 대부분 불합리하다. 그러나 긍정적인 면도 있다. 인간은 감정 때문에 삶에 대한 애정이 생기고 감정에 의해 영감을 얻기도 한다. 실제로 우리는 감정적 자아의 성질과 변천을 '인간성 humanity' 이라고 부른다.

인간을 주도하는 동기에 대한 오해를 불러 일으킨 역사적 사건도 이 문제와 관련이 있다. 호머의 전설적인 『일리아드』에 나오는 '1,000척의 함대를 출범시킨 얼굴' 이 바로 그것이다. 아가멤논의 함대가 트로이와 맞서도록 동기를 부여한 것은 헬렌의 얼굴이나 다른 해부학적 특성도 아니다. 그것은 아마도 사랑의 상실, 상처받은 자존심이었을 것이다.

그렇다면 이 복잡한 주제를 어떻게 다루어야 할까? 나는 감정이 고정행위패턴에 대한 전운동의 관계처럼 행위에 대한 '전운동' 이라고 간주한다. 운동을 실행하기 전에 근육이 긴장하는 것처럼 사람은 어떤 행위를 하기 전에 감정이 생긴다. 다만 감정을 조절하는 변수는 근육 활성화 수준인 근육 긴장과는 달리 매우 다양해서 악명이 높다.

인간성의 역사, 특히 서구의 유대 기독교 전통 안에서 감정 상태는 '7대 죄악 the cardinal Sins: 오만, 분노, 탐욕, 정욕, 시기, 나태, 폭식'으로 나타난다. 더불어 진정한 감정 상태라고 보기는 어려운 '7대 덕목 the cardinal Virtues: 정의, 신중, 절제, 용기, 신앙, 자비, 희망' 도 있다. 현대 전문가의 해석에 따르면 뒤의 일곱 가지는

행하는 그 자체로 보상되는 진정으로 본질적인 자질이며, 농경 사회가 정착되면서 필요했기 때문에 생겨난 이상idea적인 덕목이다. 행하면 스스로 복을 받는다고 '계몽된 자기 이익enlightened self-interest'의 개념인 것이다.

일반적으로 감정은 뇌의 성질들 중에서 역사가 가장 길다. 그것을 규정하는 건 후뇌嗅腦, rhinencephalon이다Velasco 등 1988, 1989를 보라. 후뇌의 활동은 감정적 느낌 뿐만 아니라 수많은 운동적, 자율적, 내분비적 상태를 뒷받침하고 만들어낸다. 그 상태들은 사회적으로 지향성intentionality, 모든 의식은 항상 일정한 대상을 지향함을 신호하고 행위 준비가 완료되었음을 표시하기 위해서 진화되었을 것이다. 신경과학의 관점에서 감정의 세계를 밝히기 위한 신경학적 기초는 고전적이면서도 현대적인 연구 주제이다Brown과 Schafer 1888; Bard 1928; Kluver와 Bucy 1939; Hess와 Rugger 1943; Hess 1957; Weiszcrantz 1956; Hunsperger 1956; Fernandez de Molina와 Hunsperger 1959, 1962; Downer 1961; Geschwind 1965; Fernandez de Molina 1991; Damasio 1994, 1999; LeDoux 1996, 1998; Rolls 1999. 우리는 감정 상태가 단순한 정형적 반응이라고 해도 놀랄 이유가 없다. 7대 항목특히 죄악은 펩타이드 조정물질peptide modulator에 의해 유발될 것이므로 대부분의 인간 문화가 그 보편적인 특징을 알아볼 수 있다.

감정과 행위는 비례한다

행위, 즉 운동성에 대한 감정 상태의 관계는 무엇보다도 중요하다. 정상적인 상태에서 행동을 유발하고 행동을 위한 내부 맥락을 만들어내는 것이 감정 상태이기 때문이다. 그러나 바탕의 감정 상태는 하나의 행위만 유발하는 게 아니다. 그에 동반하는 또 다른 운동 FAP _{얼굴 표정과 같은}의 형태로도 표현된다. 이는 다른 사람들에게 그 행위를 위한 맥락_{동기}과 행위 자체의 긴박성을 느끼게 한다. 예를 들어 감정 없이 얼굴에 있는 운동신경 가지들을 전기로 자극하면 인공적으로 표정을 만들어낼 수 있다_{그림 8-1}.

만일 실수로 가스레인지 위의 뜨거운 냄비를 건드리면, 일반적으로 재빠른 손의 당김 _{FAP}이 일어나고 찡그림 _{운동 FAP}과 비명 _{또 하나의 운동 FAP}이 터진다_{Darwin 1872}.

감정 상태의 표현은 다른 FAP와 마찬가지로 억제될 수 있고 종종 억제된다. 워터게이트 사건 당시 닉슨 대통령의 법률 고문이었던 고든 리디 _{Gordon Liddy}는 워싱턴 파티에서 불꽃 위에 손을 대고 있는 것으로 사람들에게 인상을 남기곤 했다. 한번은 누군가가 물었다. "비결이 뭡니까?" 그는 대답했다. "신경을 끄는 겁니다."

감정과 행위 간의 뗄 수 없는 관계를 보기 위해서는 정교한 감정 세계를 들먹일 필요도 없다. 비교적 원시적인 동물의 운동 FAP에도 명확히 감정적 성분이 따르기 때문이다. 이 감정적 요소는 '감각질' 문제와도 연관이 있다. 그에 관해서는 나중에 자세히 이야기할 것이다.

운동 FAP가 만들어지기 위해서는 FAP가 활성화되기 전에 그것을

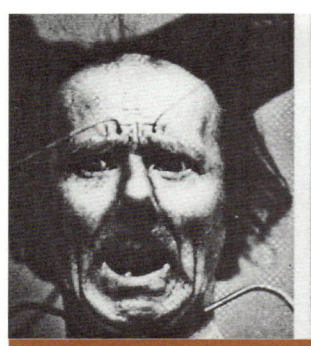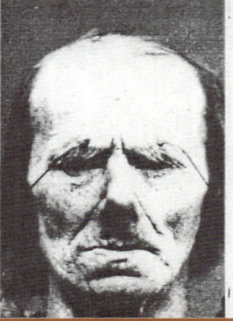

그림 8-1 얼굴의 여러 근육을 조합해서 선택적으로 자극하여 만들어낸 표정의 예. (Duchenne de Boulogne 1862(1990년 재발표) 삽화 13, 31, 65에서.)

유발하는 입력이 증폭되어 맥락 안으로 들어와야 한다. '불이야! 뛰어!' 직관적으로 생각해도, 그럴듯한 이유 없이 FAP를 유발시키고 싶지는 않을 것이다. 하지만 FAP를 활성화하는 입력이 그렇게 깜짝 놀랄만한 것일 필요는 없다. 가려움처럼 단순한 것일 수도 있다. 가려움은 대부분 아주 작은 자극에 불과하다. 피부 전체에 신경이 분포되어 있고 몸의 표면 전체로부터 거의 연속적으로 배경 활동을 만들어내고 있다는 걸 생각하면 정말 작은 것이다.

이렇듯 피부가 몸에서 가장 큰 기관 중 하나임에도 불구하고 우리는 모기 한 마리가 무는 것에 대해서도 공격적으로 반응한다. 거슬리는 놈을 죽이겠다고 자신을 후려치는 것이다. 소리나 작은 따끔거림으로 느껴지는 입력은 짧은 감정적 반응을 일으킨다. 따라서 운동 FAP인 후려침이 활성화되는 것이다.

거미 공포증이 있는 사람에게 거미 한 마리가 기어오르고 있다. 게다가 이번에도 어머니의 꽃병을 들고 있다면! 그 순간 그 사람이 갖게 될 감정을 생각해보라. 모기가 무는 것이나 거미가 몸을 기어다니는 것처럼 사소한 무언가도 우리는 감각 반응뿐 아니라 실제로 짧은 감정 상태를 유발한다.

은근한 가려움조차도 증폭되면 사람을 미치게 만들 수 있다는 걸 팔다리에 깁스를 해본 사람이라면 알 것이다. 가려움을 멈추기 위해서라면 무슨 짓이든 할 것이다. 눈에 띄는 건 뭐든지 깁스 안 손가락이 닿지 못하는 그 얄미운 장소로 쑤셔 넣을 것이다. 그래도 그 자리에 닿지 못하면 훨씬 더 큰 감정 상태가 폭발한다. 여기서 감각 입력이 감정 상태로 증폭되는 게 얼마나 중요한지를 알 수 있다. 왜냐하면 증폭된 감정 상태에 의해 설정된 맥락은 시상피질계의 작용과 영향을 주고받기 때문이다.

이러한 '감정 상태emotional state'란 무엇을 의미할까? 나중에 보겠지만 나는 감정 상태를 비운동non-motor FAP와 그 너머의 것에 연관시키고 싶다. 일단 감정 상태는 운동 행동에 맥락을 제공한다는 걸 전제로 시작하자. 그런 의미에서 통증과 그 다음 단계인 공포는 둘 다 감정 상태이다.

통증의 느낌이 주어진 감정 상태와 관계가 있는 것에는 동의하지만, 통증이 바로 감정 상태라는 것에는 동의하지 못하겠다고? 나는 그렇다고 주장한다. 대뇌피질의 전두엽, 즉 대상피질cingulate cortex, 즉 브로드만 영역 24이 제대로 작동하지 않는 사람은 감각에 대해 뇌 안의 전문화된 통증통각수용 경로가 활성화된다. 그러나 통증 경로가 활성화되어도 통증이 일어나지는 않는다Devinsky 등 1995; Kuroda 등 1995; Sierra와 Berrios 1998; Heilman과 Gilmore 1998. 대상피질이 손상된 환자도 자극이 통증으로 이어져야 한다는 사실을 알고 있지만, 그 감각이 '통증'으로 변환되어 고통을 주지는 않는다. "통증을 느끼세요?" 환자에게 물으면 "맞아요, 통증을 느끼지만 아프지는 않아요."라고 말한다. 하지만 이는 일상적인 반응이 아니다. 이 예에서 통증과 통증이 일으키는 감정이 분리된다는 점을 내세워서 그 둘이 별개의 사건이라고 주장하고 싶을 수도 있다. 통증의 의미가 순수한 감각적 경험만을 가리키고 통증과 연관된 불쾌함은 가리키지 않는다면 그 주장이 맞다. 그러나 대부분의 사람들이 통증이라고 여기는 건 사실 불쾌함이지 그와 연관되었던 다른 것이 아니다. "지독하게 아프네. 그리고 나는 망치가 엄지를 때릴 때 손가락이 꽉 눌리는 것도 느꼈어." 이렇게 말하지는 않는다는 뜻이다.

대상피질은 대개 암과 같은 난치성 장기 長期 유형의 통증이 있을 때 활성화된다 Devinsky 등 1995; Rainville 등 1997; Casey 1999 그림 8-2. 흥미롭게도, 대상피질은 우리가 실수를 할 때 역시 활성화된다. 아, 안 돼! 꽃병만은! 그 생각을 할 때는 통증을 느낄 때와 같은 감정 상태가 된다. 중요한 건 정확한 위치는 찾을 수 없지만 마음의 통증도 깊은 곳에서 우러나는 진정한 통증이라는 사실이다. 아끼는 사람이 다치거나 불행을 당했을 때 느끼는 아픔도 마찬가지이다.

정신과 환자들이 말하는 '심부 통증 deep pain'도 이와 유사하다. '심리적 통증'이라고 우습게 여길지 모르지만 그것 때문에 많은 환자들이 자살을 한다. 문제는 그 병소를 찾을 수 없다는 것이다. 사실 어떤 통증도 그 위치를 알아낼 수는 없다. 손가락을 베었을 때 오는 통증은 위치를 알 수 있을 것 같지만, 그것은 단순히 통증, 감정 상태, 일반적인 촉각 자극이 공동으로 활성화된 것이다. 통증의 불쾌함은 뇌에 의해 생겨나는 감정 상태이지Tolle 등 1999; Treede 등 1999 특별한 신체 부위에 존재하는 게 아니다Greenfield 1995.

말초 수용체와 통증이라는 중추적 지각, 즉 감각으로 이어지는 신경 경로가 통증 발생의 바탕이 되는 과정을 결정한다그림 8-2고 상정해 보자.

감각은 본질적인 사건이다. 진행 중인 신경계 활동의 산물로 의식의 단계까지 이어진다. 감각은 감각 경로가 활성화되지 않아도 얻을 수 있다는 점에서 **진정으로 본질적이다.** 꿈꾸는 동안 많은 감각을 느끼지만Zadra 등 1998 꿈에서 느끼는 어떤 것도 감각을 전달하는 경로를 거쳐온 것이 아니다. 6장에서 이 감각 경로는 외부 세계로부터 자극을 변환하는 능력이 있음에도 불구하고 자는 동안에는 순환하는 시상피질계가 이 경로의 활동에 중요성을 두지 않는다고 한 걸 기억할 것이다. 그러므로 꿈꾸는 동안 느끼는 감각은 완벽하게 뇌가 꾸며낸 것이다. 잠자는 동안 뇌에서는 여러 시상피질 영역이 활성화되어 꿈의 세계를 창조한다. 꿈꾸는 동안 감각을 느낄 수 있는 건 뇌가 꾸며낸 것을 꿈의 맥락 안으로 들여보냈기 때문이다.

누군가가 꿈에서 말을 걸면 말소리가 들리고, 깎아지른 절벽 틈으로 떨어지면 실제로 떨어지는 것과 똑같이 느낄 것이다. 그럼에도 불구하고 몸은 미동도 없이 이불 속에 잠들어 있다.

꿈속에서 우리가 팔을 움직여 날아다닌다는 사실은 감각이 신경계의 본질적 사건이라는 또 다른 증거이다. 이 경험은 나는 동안 급강하하고, 활주하고, 둥둥 떠다니면서 바람과 몸의 떨림은 물론 얼굴에 떨어지는 빗방울까지 모든 게 느껴지는 감각을 갖춘 채 완벽하게 이루어진다. 현실에서 한 번도 해보지 못한 난다는 경험을 자신의 감각 경로 활성화를 통해 느

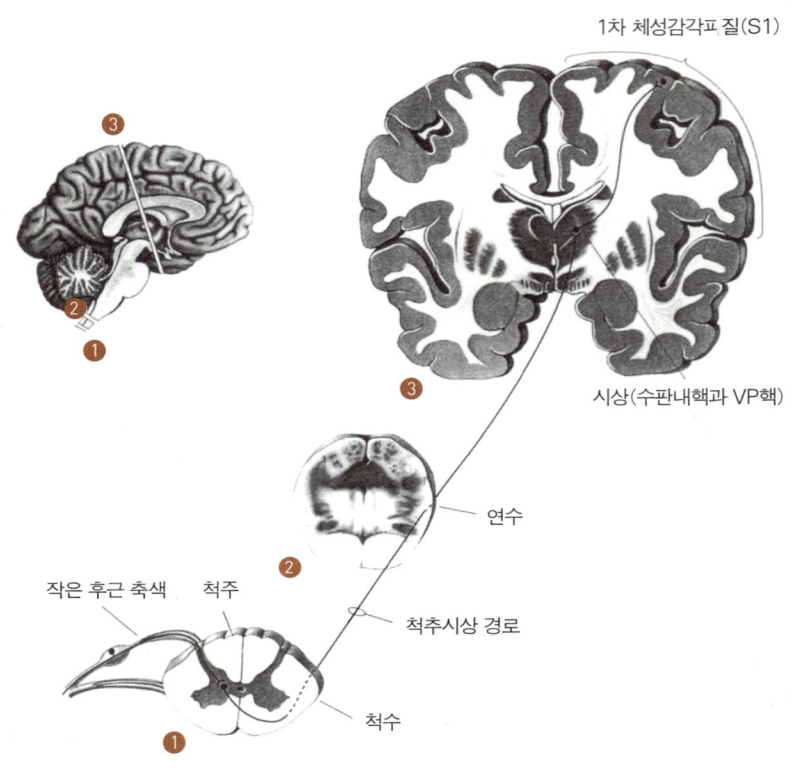

그림 8-2 통증 지각을 위한 척추시상 경로. 통증 입력은 척수에서 신경축을 따라 올라가 시상을 거쳐 1차 체성감각피질까지 전달된다. (Bear 등 1996, 그림 12-16, p.328에서.)

껴본 사람이 얼마나 될까? 이런 문제를 생각해 볼 때 감각 활동을 전달해 주는 장치는 감각의 실행 장치와 구분해서 생각해야 한다.

    감각 경로는 감각을 실행하지 않는다. 단지 외부 세계에 관한 정보를 내부 맥락에 줄 뿐이다. 꿈꾸며 자는 동안에는 이마저도 하지 않는다.

감각이란 뇌의 본질적인 활동이 지어내는 구조물로 깨어 있는 동안 시상피질계가 제공하는 일시적인 내부 맥락 안에서만 작용한다. 이것은 잠을 자는 상태나 깨어 있는 상태 모두에 해당한다.

이런 관점에서 감정은 FAP 자체로 혹은 FAP의 전역적 감각global sensation 측면으로 볼 수 있다. 그것은 FAP의 운동 측면과는 분명히 다르지만 밀접한 관계가 있어서 직관적 생리학적 수준에서는 분리할 수 없는 경우가 많다. 감정은 분명 기저핵 이외의 영역들과 관계가 있는 동시에 기저핵과는 긴밀하게 연관되어 있다Saper 1996; Heilman과 Gilmore 1998. 감정은 FAP의 운동 측면기저핵이 하는 일과 연결되어 있다. 감정이 운동 측면에 접근하는 경로는 편도체amygdala와 시상하부hypothalamus를 통해서이고, 편도체와 시상하부는 다시 뇌간과 연결되어 있다Bernard 등 1996; Beckmans와 Michiels 1996. 시상하부혹은 관련된 핵들의 집단이므로, 시상하부 복합체와 편도체역시 관련된 핵들의 집단이므로, 편도 복합체는 밀접하게 연관되어 있지만 여기서는 따로따로 다루겠다.

감정이 일어나는 곳

시상하부

오늘날 자율신경 사건이나 감정 사건과 관련된 FAP가 시상하부 활성화에 의해 유발된다는 건 정설이다. 시상하부는 감정의 발생과 신체의 자율신경, 그리고 내분비 활동에 주요한 구조이다. 시상하부가 중요한 이유는 일반적으로 감정 상태를 동반하는 FAP가 활성화되기 위해 조화된 동작을 만들어내기 위한 신경계의 조정과 함께, 신체의 다른 변수나 체계도 조정되어야 하기 때문이다 검토를 위해서는 Spyer 1989를 보라.

위협을 느낀 새가 날아야 할 때, 날개의 힘을 만들어내기 위해서는 가슴 근육이 동시에 빠르게 활성화되기 직전에 반드시 가슴 근육으로 향한 혈류가 급속도로 증가해야 한다. 국부적인 순환에서 이러한 증가가 없으면 근육은 증가된 수축력을 유지하는 데 필요한 산소를 얻지 못하고 새는 공중에 뜨지 못한다. 새의 경우와 마찬가지로 심장 출력과 호흡 활동 진행 중인 운동 FAP 자체!에도 그에 대응하는 증가가 일어난다. 그러므로 운동 FAP를 성공적으로 생성하기 위해서는 신체 기능을 조화로운 방식으로 조절하고 활성화하는 일이 따른다는 걸 알 수 있다.

시상하부는 이 모든 성분의 생성을 조절하는 스위치이다. 시상하부가 없으면 반응의 운동 성분이나 인지 성분, 즉 의식 성분이나 감정 성분을 유발할 수가 없다 Sudakov 1997 그림 8-3. 새의 경우 시상하부는 공포와 같은 감정 상태에 대한 적절한 반응으로, 새가 날기 위해 필요한 생리학적 운동 FAP를 연결해주는 역할을 한다.

편도체를 다쳤거나 Weiskrantz 1956 전뇌가 손상되었지만 시상하부가 온전하게 남아 있는 동물의 경우 운동 FAP는 감정 상태와 함께 활성화될 것이다. 실험에서 시상하부의 어떤 영역을 자극하면 분노처럼 보이는 반응을 일으킨다 Smith와 deVito 1984; Schwartz-Giblin과 Pfaff 1985~1986을 보라. 그러나 뇌를 건드려 생긴 것이므로 이 분노는 '거짓sham' 이다. 그러한 감정 표현이란 우리가 마음 속에서 특별한 내부 감정 상태와 연관 짓는 게 밖으로 드러난

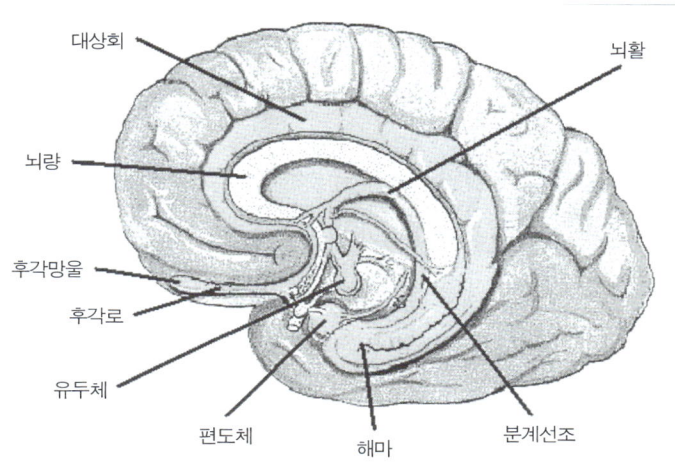

그림 8-3 변연계를 구성하는 뇌 영역의 그림. 후각망울과 후각로, 시상하부(여기서 유두체라고 표시된 것이 시상하부의 일부이다), 해마가 포함된다. (PSYweb.com에서.)

것에 불과하다. 그러나 이 상태의 실제적인 맥락은 없다그림 8-1에 실례를 든 문제와 비슷하다. 동물은 인간이 공포나 통증이나 분노를 느낄 때 표현하는 방식으로 씩씩거리거나 이빨을 드러내는 등의 소리와 몸짓을 만들어내겠지만 그것은 거짓 상태이다. 이 소리와 몸짓은 평상시에 그것을 외부로 표출시키는 맥락인 감정 상태가 없이도 방출된다.

거짓 눈물을 흘리는 것처럼 사람에게도 거짓 감정이 있을 수 있다. 배우는 그런 식으로 우는 법을 배운다. 그러므로 감정은 그에 대응되는 운동과 마찬가지로 그 자체로 FAP이다. 감정은 그에 따를 운동과 대응된다.

그러나 위의 예는 감정이 완전하게 운동으로부터 제거될 수 있으며 감정과 운동은 사실상 별개의 생리학적 실체임을 암시한다.

편도체

위의 논의에서 자연스런 궁금증이 생긴다. "감정을 밖으로 표출하는 것과 상대적으로 감정을 느끼기 위한 신경적 토대는 어디에 있을까?"

동물에 전기 자극 Fernandez de Molina와 Hunsperger 1959; Velasco 등 1989 이나 흥분성 아미노산 전달물질을 주입하여 편도체 그림 8-3 를 활성화시키는 실험을 했다. 동물들은 공포와 불안 혹은 둘 중 하나의 감정 상태일 때 나타나는 생리학적 행동 신호를 보였다 LeDoux 1998. 편도체를 장기적으로 자극하면 위궤양과 같은 스트레스 관련 질병이 생긴다 Morrow 등 1993; Ray 등 1993. 간질로 인해 편도체가 비정상적으로 활성화되는 사람에게서도 같은 증상을 볼 수 있다. 이러한 비정상적인 활동은 분명히 감정적 내용을 '느끼는' 것과 관련이 있지만, 이 경우에는 적절한 맥락 없이 일어나므로 이 상태의 동물이나 사람은 공포를 느낄 대상이 전혀 없어도 심한 공포를 느낀다 Charney 와 Deutch 1996.

마찬가지로 편도체의 손상은 잘 알려진 클뤼버-부시 증후군 Kluver와 Bucy 1939; Weiskrantz 1956; 검토를 위해서는 Horel 등 1975; Trimble 등 1997; Hayman 등 1998을 보라 을 일으킨다. 이 증후군에 걸린 동물 사람 역시 은 유별나게 평온하고 감정적 변화가 없다. 편도체가 손상된 동물이나 사람은 매우 간단한 행위를 시작하고 완성하는 데 필요한 열의조차도 모을 수가 없다. 더욱 흥미로운 점은 감각이나 운동 관점에서는 아무 이상이 없는데도 위험의 맥락 또한 인식하지 못한다는 것이다. 겉으로 보기에는 파킨슨 상태와 아주 비슷해 보이지만 신경학적인 원인은 매우 다르다. 파킨슨 환자가 감정 상태를 표현하지 못하는 이유는 연관된 운동 FAP에 더 이상 생리학적으로 접근할 수 없기 때문이다. 반면 클뤼버-부시 환자는 운동 FAP를 이용할 수는 있지만 FAP 활성화에 필요한 감정적 혹은 맥락적 증폭을 이용할 수 없다.

이 주제에 관한 고전적 논문에서 게슈빈트 Geschwind 1956는 '단절 증후군 disconnection syndrome'의 문제를 제기했다. 편도체에서 피질로 들어오는 정보가 끊어지면 인지를 일으키는 편도체의 전방향 활성화 패턴은 물론, 시상하부 혹은 감정의 운동적 표현을 맡고 있는 뇌교와 연수로 내려가는 입력을 유발하지 못하게 된다는 것이다 Fernandez de Molina와 Hunsperger 1962. 단절 증후군에 대한 연구로 도우너 Downer 1961의 실험을 비롯 몇몇 실험을 통해 설득력을 얻게 되었다. 도우너는 시각피질과 편도체 간의 연결 부위에 입은 손상이 실명이나 다른 시각적 장애는 유발하지 않는 반면, 클뤼버-부시 증후군 특유의 양상을 일으킨다는 걸 보여주었다. 이 경우 시각 자극에 의해서는 감정을 일으키지 못했지만 다른 감각 입력을 통해서는 가능했다.

후뇌

편도체와 관련해서 피질 영역의 집합으로 후뇌가 있다. 이 영역은 후각계에서 진화한 것으로 믿어진다. 이 후뇌계는 주로 기저핵을 직접 감싸며 원 circle 모양으로 이루어져 있다. 이 '원'에는 후각상피 olfactory epithelium와 후각망울 olfactory bulb이 있고 후각망울 바로 뒤의 피질인 전조롱박피질 pre-piriform cortex, 조롱박피질 서양의 배 모양, 즉 조롱박 모양에서 유래 과 더불어

내후뇌피질 entorhinal cortex과 해마 hippocampus가 포함된다. 이미 말했듯이 이 구조 앞에는 대상피질이 있다. 이 영역들 모두는 일단 감정적 기능 상태가 맥락적으로 채택된 후 감정의 느낌 및 FAP의 활성화나 방출과 깊은 관계가 있는 것으로 보인다. 대상피질의 활동이 특히 흥미로운 이유는 이 구조에 대한 손상이 통증이나 기타 감정 성분을 방해하기 때문이다 Rainville 등 1997. 이 피질 부위는 편도체를 비롯한 시상, 기저핵, 시상하부와의 연결에 의해서 감정과 깊이 관련된다. 이 상호연관성이 감정 상태의 획득과 그것의 운동적 표현을 위한 신경적 기초를 형성한다 Adrianov 1996; Saper 1996; Heilman과 Gilmore 1998; Davis 1998을 보라.

보습코계, 설명할 수 없는 감각과 느낌

위의 논의에서 후각이 어떻게 감정과 연관되어 있는지 궁금해할 사람이 있을 것이다. 사람의 후각계는 시각이나 청각과 비교할 때 외부 세계에 관해 제공하는 정보의 양이 다소 제한되어 있다. 물론 우리는 아주 많은 향기를 인식할 수 있지만 떠오르는 범주는 매우 포괄적이고 단순하다. 좋은 냄새인가 아니면 불쾌한 냄새인가? 그 외의 귀중한 정보는 와인 감별사나 뛰어난 요리사 혹은 향수 전문가가 아닌 이상 거의 알아차리지 못한다.

원시적인 동물의 의식이 바로 인간의 후각처럼 포괄적이고 단순했을 것이다. 여기서 다시 선택의 축소라는 뇌의 거시적 전략을 볼 수 있다.

이 냄새는 고약하니까 먹지 마. 이 냄새는 맞으니까 짝을 지어 Doty 1986; Shipley 등 1996. 후각의 메커니즘은 투박하고, 크고, 감시적이며, 범위가 그다지 넓지 않은 것 같다. 반면 생존을 위해 필수적인 운동 FAP를 방출하는 감정 상태와는 매우 밀접하게 연결되어 있고 그 위력은 대단하다.

경찰견처럼 예민한 후각 기관을 가지고 있는 동물조차도 후각을 그저 '전진' 혹은 '후퇴'의 단서로만 사용하는 것처럼 보인다. 좀 더 섬세한 판단을 내릴 수 있는 모든 단서가 주어지는데도 말이다. 이는 측정의 대상이 어떤 종류의 것인가에 따라서 결정되기 때문으로 보인다. 후각은 사물의 화학성분을 분석한다. 즉, 촉각이나 시각이 사물의 거시적 본성에 관한 정보를 주는 것과 달리 후각이 탐색한 분자적 정보는 커다란 그림을 그리지 못한다.

'이 냄새는 맞으니까 짝을 지어'가 약간 우습게 들릴지 몰라도, 그것은 대부분의 종에게 얼마든지 있을 수 있는 방식이다. 이 매력적인 능력만큼 흥미로운 점은 감정과 후각의 연관성이 오늘날 맹렬한 논란이 된다는 것이다. 왜냐하면 후각을 통한 감각 입력은 의식의 수준에 도달하지 않고도 교묘히 사람의 행동을 조정할 수 있기 때문이다. 이것을 보습코계 vomeronasal system 라고 한다.

현재 사람의 보습코계는 의식에 관한 논의에서 많은 영향력을 미친다. 사람의 보습코계는 퇴화한 2차 후각계로 중추와는 연결되어 있지 않다. 중추와 연결되어 있지 않기 때문에 의심스럽기는 하지만, 보습코계는 사람들의 기호를 결정하는 기능이 있다고 알려져 왔다. 더군다나 의식에 도달하지 않은 상태에서 자극하는 게 분명하다. 말하자면 페로몬에 반응하는 코 앞부분의 말초 수용기관에서 기호의 결정이 일어난다는 것이다. 이 관점에서는 우리가 그다지 많이 만나거나 이야기를 해보지 않고도 어떤 사람에게 끌리거나 거부감을 느끼는 게 이 때문이라고 한다.

비이성적인 좋고 싫음을 설명하는 더 그럴듯한 각본은, 그것이 의식에 닿지 않는 다른 '역하 subliminal' 입력에 책임이 있다는 것이다. 좋고 싫음의 태도나 감정 상태는 인간이 의식을 탐구하기 훨씬 전부터 나타난다. 토마스 브라운 Thomas Brown이 스승이자 옥스퍼드의 주교인 존 펠 John Fell에 관해 17세기에 쓴 시는 그것을 간결하게 나타낸다.

> 나는 펠 박사를 사랑하지 않는다
> 왜 그런지 이유는 말할 수 없다
> 하지만 이를 안다 너무도 잘 안다
> 나는 펠 박사를 사랑하지 않는다

이는 아주 중요한 논란을 일으킨다. 많은 변수와 표현에서 행동은 의식을 거치지 않은 생리학적 사건에 의해 교묘히 조정될 가능성이 있기 때문이다. 의식 수준에서 경험되지 않음에도 불구하고 이 사건은 시상피질계가 이행하는 궁극적인 목표에 깊은 영향을 미친다. 어떤 동물은 오직 이 방식으로만 움직일 수도 있다. 체계가 적절하게 구성되어 있다면 자극에 대해 적절한 행동으로 반응하는 데 의식은 전혀 필요치 않을 것이다.

이에 관해 잠시 생각해보자. 고려할 것은, 어떤 태도나 의도는 잠재의식으로 받아들인 자극과 관계가 있다는 가설이다. 어떤 행동은 잠재의식에 의해 활성화되지만 표현은 느리다. 이 체계에는 자신을 향해 똑바로 날아오는 딱딱한 물체에 반응하는 것처럼 긴급한 행동을 요하는 자극을 다루기 위한 즉시성이 없다. 따라서 이 체계가 불러일으키는 감정 상태는 식사 후 경험하는 포만감과 유사하다. 여기서 대부분의 소화 단계는 의식적 자아가 끼어들 필요 없이 신경계가 다룬다.

이로서 의식은 과잉완성 체계를 위한 해결책이라는 사실을 알 수 있다. FAP와 아주 흡사하다. FAP가 운동 영역 안에서 필요할 때 사용되고 금세 사라지는 순간적이지만 잘 정의된 기능 모듈을 대변한다면, 의식은 그 순간의 맥락 안에서 초점이 되어 이용되고 버려지는, 역시 순간적인 기능 모듈을 대변한다. 초점을 맞추는 것은 선택의 폭을 축소시킨다. 신체의 안팎에서 끊임없이 일어나고 있는 모든 것에 초점을 맞출 수는 없기 때문이다. 소화나 상처 치유라는 자율신경 기능처럼 긴 시간에 걸쳐서 작용하는 생리학적 사건은 대부분 의식에 닿지 않는다. 예측하고 결정하는 성질이 필요 없기 때문이다. 의식은 불연속이다. 초점이라는 총체적 전략이 의식의 낭비를 막기 위해 그렇게 명령을 내린다.

그냥 우리에게 오는 것들

FAP와 그것의 방출과 관련된 감정 상태에 대한 매우 흥미롭고 색다른 단서가 있다. 시상피질계는 인지와 의식을 활성화할 능력이 있음에도 불구하고, 인지와 의식은 어쩌면 FAP를 유발하는 감정 상태에서 진화했을지 모른다.

시상피질계는 예측 능력이 유난히 풍부하다. 일단 예측이 일어나면 결정을 내리기 위해 체계는 선택을 줄여서 문제에 대한 최고의 해결책을 찾는 것에 집중할 수 있어야 한다. 예측 활동이 전략을 규정하고, 그 실행이 전술 혹은 FAP를 규정한다. 전략은 선택을 축소해서 재빨리 옳은 근접 영역으로 들어가는 것이다. 좋은가 싫은가? 공격할 것인가 방어할 것인가? 행동 주어진 운동을 실행하기 전에 어떤 수준에서든 우리 모두가 하는 일이다. 여기서 중요한 점은, 체계가 어떤 전체적 전략을 적용할 것인지를 결정해야 한다는 사실이다. 한 전략은 다른 모든 전략을 밀어낸다. 체계는 순간적인 감정 상태를 우선시하도록 구성되어 있으므로 가장 중요한 것 하나를 선택한 다음 그에 따라 행동한다.

이런 예를 생각해보라. 두 사람이 논쟁에 휩싸여 서로를 죽이기 직전이다. 하지만 뜻하지 않게 우스운 일이 생겨 둘 다 크게 웃지 않을 수 없다. 이로 인해 전쟁이 될 수 있었던 모든 전략의 이행이 한 순간에 눈 녹듯이 사라져버린다. 이제 완전히 다른 전략이 작용한다.

전략은 이것 아니면 저것인 구조이다. 개는 긁을 것인가, 아니면 먹이를 먹을 것인가? 둘 중 하나이지만 절대로 둘 다는 못한다. 결정은 복잡한 과정을 거쳐야 한다. 주어진 총체적 전략을 빠른 속도로 이행해야 하는 상황에서, 신경계가 선택한 해결책은 특정한 감정 상태를 토대로 고른 것이다. 왜? 의식에는 집중을 통해 선택을 줄이는 능력이 있기 때문이다. 이것이 바로 의식이 필요한 까닭이다.

효과적인 행동을 위해서는 반드시 특정한 상황에서의 유용한 해결책의 집합을 선택해서 의외의 가능성을 줄여야 한다. 적합하지 않은 해결책을 선택하는 축소 전략을 적용하기는 했지만 역효과를 내므로 자연선택이 도태시켜 버렸다.

다른 예를 보자. 전투기의 제어판이 복잡한 장치들 대신 모든 상황을 표정으로 알려주는 작은 얼굴을 하고 있다면 어떨까? 열띤 전투 중이다. 그런 상황에서 장치나 계기를 일일이 볼 수는 없다. 그래서 얼굴이 있다. 얼굴이 웃고 있다면 "전투에 집중해! 비행기 상태에 관해서는 걱정하지 말고!"라는 뜻이다. 우리에게는 우리를 집중과 선택으로 인도할 수 있는 장치가 필요하다. 그것이 의식이다! 얼굴은 들어오는 모든 정보를 하나의 응집된 사건으로 변형시켜 보여준다. 단일한 사건에서 오는 정보를 가지고 조종하는 건 더 쉽다. 그러한 조종은 항상 변하고 있는 통제 시점에서 변수들의 집합을 끊임없이 고려하는 것보다 더 강력하게 작용한다. 이것이 바로 예측의 자리인 **의식이 하나밖에 없는 이유이다**. 선택이 필요없는 체계에는 의식이 필요 없다. 이런 체계에서는 실행 속도의 문제와 마찬가지로 지각과 운동 관점 모두에서 과잉완성의 문제가 절대적으로 중요해진다.

따라서 인간이 가지고 있는 체계는 입력을 받아들여 내부의 맥락과 외부의 맥락 안으로 집어넣을 수 있도록 진화했다[3장]. 그렇다면 이 체계는 어떻게 FAP, 감정, 의식을 조합해서 하나의 출력으로 유도할까? 앞서 말했듯이 시상피질계, 특히 비특수 수판내핵계는 극히 공격적으로 기저핵을 향해 투사된다. 따라서 지각은 가능한 기능적 운동 이행으로부터 완전히 분리될 수 없다.

7장에서 야샤 하이페츠처럼 바이올린을 능숙하게 연주하는 데 혹은 아무튼 바이올린을 연주하는 데 필요한 손동작을 위한 복잡한 운동 목록에 관해 이야기했다. 차이코프스키의 바이올린 협주곡을 연주하는 데 관련된 손가락 운동처럼 복잡하고 정확한 무언가가 FAP가 된다는 건 직관적으로 불가능해 보이겠지만, 그것은 별개의 운동 기능을 수행하는 하나의 자동 모듈이다. 그래야 한다. 이렇게 생각해보라. 하이페츠와 같은 독주가가 교향악단과 협연을 할 때는 기억에 의지해서 협주곡을 연주한다. 그러한 연주는 이 고도로 특정한 운동 패턴이 어딘가에 저장되어 있다가 막이 올라가는 순간 방출된다. 그 FAP를 복잡미묘하고 사랑스러운 표현으로 방출하는 데 집중할 수 있도록 연주가는 풍부한 감정 상태를 가지고 있다고 보아야 한다. 이 예로 볼 때 FAP는 학습될 수 있음에 틀림없다. 더 좋은 점은 사람의 FAP는 경험에 의해 조정할 수 있다는 것이다 Graybiel 1995.

이를 더 따라가 보자. 세상에는 다른 위대한 바이올린 연주가가 있고 앞으로도 있겠지만, 야샤 하이페츠는 하나뿐이다. 그러한 재능을 과학적으로 이야기할 수 있을까? 사람의 창의력 문제를 생물학 용어로 말할 수 있을까? 그렇다. 난 그럴 수 있다고 믿는다. 창의력과 사람의 뇌에 관해서는 상당히 합리적으로 이야기할 수 있는 반면, 우리가 창의력이라고 부르는 것의 바탕이 되는 신경 과정들은 이성과 아무 상관이 없다. 다시 말해서 뇌가 창의력을 만들어내는 과정은 불합리하다. 창의력은 이성에서 태어나지 않는다.

기저핵에 들어 있는 운동 테이프에 관해서 다시 생각해보자. 이 핵은 시상피질계, 즉 자아의 부름을 항상 기다리고 있는 게 아니다 예로는

Persinger와 Makarec 1992를 보라. 기저핵은 운동 패턴과 운동 패턴 조각들을 수행하면서 늘 활동하고 있다. 그리고 이 핵들 간에 자투리로 재입력되는 억제성 연결 때문에 연속적이고 무질서한 운동 패턴 잡음 생성기처럼 행동하는 것으로 보인다. 여기저기서 하나의 패턴 혹은 패턴의 일부가 뚜렷한 감정적 대응물 없이 시상피질계의 맥락 안으로 빠져나온다. 그래서 느닷없이 머릿속에서 노래가 들리거나 아무 이유 없이 테니스를 치고 싶어 안절부절 못하게 되는 것이다. 어떤 것은 때로 그냥 우리에게 온다. 어떤 사람에게 오는 것은 진정으로 독창적이다. 모차르트는 말했다. 끊임없이 **자신에게로 음악이 온다고.**

i of the vortex

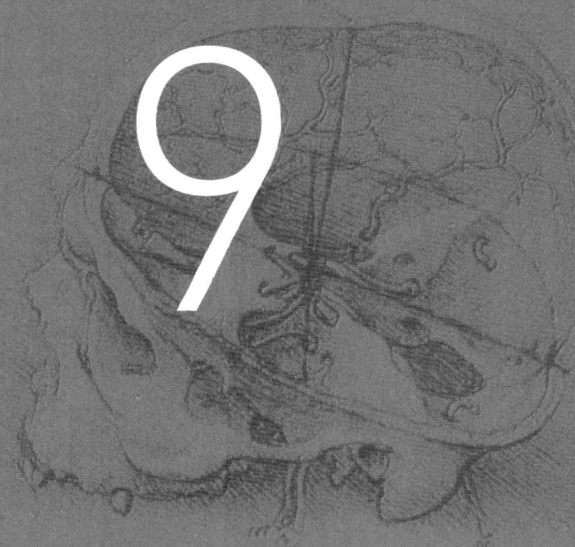

9

학습과 기억

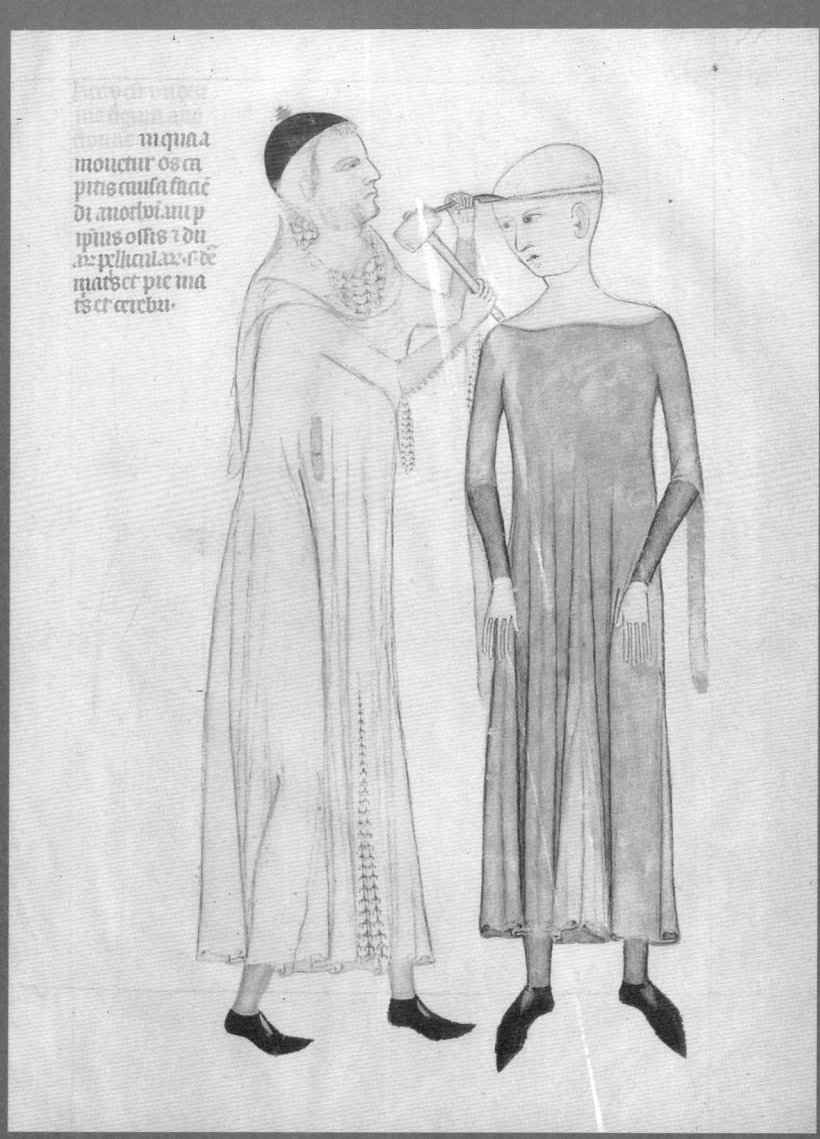

환자의 두개골을 자르고 있는 의사, 귀 드 파비Gui de Pavie의 갈리아Galieni 책, 『프랑스의 왕 필립 Phillipi 7세 야사집』 중에서, 이탈리아, 1345년, 콩드 박물관.

변화에 맞는 조정

고정행위패턴 FAP이 신경계가 진화시킨 유용한 도구의 집합임에도 불구하고 자체의 본성에 의해서 상당히 제한되기도 한다는 걸 알았다. 활발하게 움직이는 모든 유기체가 사는 세계는 변화하고 있기 때문에 주어진 FAP가 할 수 있는 일에는 한계가 있는 것이다. FAP는 자체 영역, 즉 자체 회로 안에서 조정될 수 있어야 한다. 모든 FAP가 그것의 기능 일정한 기능들이 7장에서 본 긁음 반사처럼 확실하게 배선되어 있다면 사람에게 의사소통과 사고의 복잡성에 필요한 언어의 적응성도 결코 생겨나지 않았을 것이다. 진정한 FAP로서의 자동운동 패턴은 생존을 위해 기억하고 변화에 적응할 수 있어야 한다. 개체발생적으로는 어린이가 성장하는 동안 신체 부위의 변화를 유입함으로써 그렇게 한다. 신경계가 변화에 맞게 조정되는 것이다 Edelman 1993; Singer 1995를 보라. 이 같은 유연성은 신경계가 몸에 맞게 적응하고 그 결과를 내면화할 수 있다는 점에서 종족발생적으로도 볼 수 있다. 물론 라마르크적인 용불용설 의미에서 부모의 특정한 운동 기억을 2세에게 물려준다는 이야기는 아니다.

개체발생적으로 줄타기 곡예사는 균형과 관련해서 그리고 균형을 보상하는 반사와 관련해서 특정한 FAP의 조정법을 배워야만 한다. 오른발과 왼발은 척추와 함께 걷기라는 FAP를 가지고 있으므로 단순한 발걸음은 길바닥의 선을 따라 걷는 것과 줄 위를 걷는 것이 전혀 다를 게 없다. 그러나 둘 사이의 감각적 되먹임은 철저히 다르다. 줄타기의 경우 보상적 균형 조정이 훨씬 더 많이 필요하다. 왜냐하면 길바닥의 선과는 달리 발을 놓는

면적이 제한되어 있고 몸의 움직임에 따라 줄이 흔들리기 때문이다. 맥락적인 차이는 이보다 더 심각하다. 줄타기에서 균형을 잃으면 죽는다. 줄을 가능한 한 적게 움직이는 게 목표인 상황에서 "마음을 비워."라는 말은 공허한 문구이다. 이것은 배선된 FAP 모든 균형 반사는 아주 오래되어 상당히 확실하게 배선되어 있다을 온라인으로 조정하는 FAP는 일단 활성화된 후에만 조정될 수 있음을 기억하라 확실한 예다. 여기서 잘못된 조정이 치명적일 수 있다는 점만 제외하면, 어머니의 에트루리아 꽃병을 구하는 데 적용한 조정과 조금도 다르지 않다.

반복과 연습

이 두 FAP의 조정에는 또 다른 차이가 있다. 그것은 이 장에서 내내 논의할 학습과 기억의 중요한 측면으로 반복이라는 주제이다. 바이올린 연주자의 놀라울 정도로 기민한 손가락 놀림이 오랜 시간에 걸친 반복과 연습을 통해 서서히 연마되는 것처럼 줄타기 곡예사의 균형 반사 역시 연습을 통해 연마된다. 이것은 온라인 조절이지만 이것도 노력과 시간의 품을 들인 반복에 의해 향상된다.

뉴런은 생물에게 들리는 소리를 통해 자주 일어나는 활동 패턴을 쉽게 알아차린다. 이 메커니즘이 어떻게 내부 맥락에서 주어진 활동 패턴을 더 중요한 수준으로 번역하는지 나중에 살펴보겠다. 특정한 활동 패턴이 '그림자'를 의미하고, 그것이 '포식자'를 의미하고, 다음엔 '달아나'를 의미한다면, 관련된 뉴런의 본질적 성질은 이 회로를 능률화한다. 이 세 가지를 연관시킨 결과 그 성분은 훨씬 중요해지고 그로 인한 행위는 더 빠르게 일어난다. 이제 그림자는 '뛰어'라는 FAP를 곧 방출할 것이다.

내적 중요성의 변화는 다른 식으로도 이해할 수 있다. 어떤 사람을 처음 볼 때 그의 얼굴을 표상하는 건 뉴런들의 특정한 활동 패턴이다. 여러 해에 걸쳐서 그 사람은 가장 친한 친구가 된다. 그 사람의 얼굴을 표상하는 활동 패턴의 내적 중요성은 그의 얼굴을 표상하는 활동 패턴의 변화와는 상관없이 처음 그를 보았을 때와는 꽤 달라졌다.

반복과 연습이 신경계가 조정되거나 학습을 하는 유일한 경로인 것은 아니다. 단 한 번의 시도로 외부 세계의 성질과 사건을 유입하는 것도 가능하다. 짐작하겠지만 이 형태의 학습은 당시의 우세한 내부 맥락인 특정한 감정 상태와 모든 면에서 관계가 있다. 이는 학습의 중요한 측면이므로 나중에 더 깊이 논의할 것이다.

학습, 기억, 그리고 FAP의 적응은 종족발생 수준에서도 볼 수 있다. 예를 들어 수천 년에 걸쳐 어떤 종에서는 헤엄치기라는 FAP가 기어가기라는 FAP로 조정되었다. 많은 종에서 호흡과 삼키기라는 FAP는 기능적 영역에 있어서 함께 일하도록 조정되어서 발성이라는 중요한 FAP를 만들어냈다.

학습과 기억이라는 개념을 곰곰이 생각해보면 사람이 가진 능력이 얼마나 신비로운지 알게 된다. 어떤 사람이 단기간의 교육으로 엄청난 양의 지식을 습득하거나, 어린 시절의 독특한 사건을 수십 년이 지나서도 어제 일처럼 분명하게 기억하는 것은 흔히 볼 수 있는 일이다. 그러나 생리적인 모든 것이 그렇듯 이렇게 환상적인 능력을 뒷받침하는 뉴런 메커니즘은 시행착오라는 긴 진화 과정을 거쳤다는 걸 명심해야 한다.

신경계를 통해 학습하고 기억하는 것은 진화적으로 그 기능이 필요했기 때문이다. 그리고 학습과 기억의 **방법**을 학습하고 기억해야 했다는 걸 의미한다. 인간이 학습한다는 사실은 계획된 것이라기보다는 자연선택의 산물이다. 그러나 특정한 사람이나 동물이 학습하는 내용은 발달 도중에 경험한 수많은 필요와 사건, 즉 개체의 삶이라 불리는 풍요로운 끔의 산물이다. 개체의 삶은 즉각적이며 생물학적 유산을 남기지 않고 사라진다. 우리의 기억은 우리와 함께 죽는다.

유전적으로 타고나는 지식

이 시대의 신경과학에서 학습과 기억은 중심적인 논제이다. 실제로 학습 능력은 우리가 살아가는 현실 세계 안에서 자신을 더 향상시키는 데 상당히 중요한 것이다. 물론 이러한 관점도 사실이겠지만, 신경과학계의 몇몇 학자들은 신경계의 기능에 기억이 필수적이라고 본다. 이것을 빈 서판tabula rasa 관점이라고 한다. 이 관점은 인간의 뇌는 태어날 때 완전히 배선되어 있긴 하지만 학습의 잠재력과 함께 성숙하므로 아직 **어떤 것도** 학습하지 않은 상태라고 가정한다. 사실상 **모든 것을** 학습해야 하는 것이다. 이는 모든 것이 희미한 유아기 동안에 일어나는 신기한 일이다.

이러한 태도의 좋은 예는 언어가 근본적으로 강화와 보상에 의해 발달된다는 관점이다 Skinner 1986. 따라서 뇌는 '학습하는 기계'로 비춰진다. 빈 서판에서 출발하여 단순히 경험을 받아들이고 조금씩 늘리면서 기억 파일 위에 기억을 쌓는 기계 말이다. 이 관점은 다른 한 관점과 대립된다.

나는 다른 관점이 뇌 기능에 대한 보다 정확하고 신중한 이해를 반영한다고 느낀다. 신경계의 능력이 경험을 기초로 스스로를 조정한다는 관점이다. 또한 우리가 기본적으로 어느 수준에서는 이미 알고 있는 걸 학습한다고 생각한다 유아기 자세 조절의 발달에 관해서는 Hadders-Algra 등 1997을, 언어 발달에 관해서는 Jusczyk과 Bertoncini 1988; Locke 1990; Wexler 1990을 보라. 다시 말해서, 우리는 잘 배선된 뇌와 그 유전적 배선에서 유도되는 놀랄만한 양의 지식을 지니고 태어난다. 이는 신경과나 정신과 의사와 같은 직업이 있다는 사실로도 쉽게 증명된다. 그런 직업이 있는 이유는 사람의 뇌는 유사하므로 유사한 손상을 입은 환자들에게서 유사한 증상이 일어난다고 보기 때문이다. 즉, 어마어마하게 많은 지식을 습득한 사람도 완전히 무식한 사람과 신경 구조가 근본적으로 다르지는 않다는 뜻이다.

춤추는 아기의 눈

진화의 과제는 적절한 형식 form을 학습하고 서서히 미세 조정하는 것이다. 그 결과로 어떤 종에게 부여된 구조적 형태 structural morphology는 그 종의 생존에 도움이 되었다. 그렇게 함으로써 진화는 뇌와 함께 외부 신체의 세계를 조립했다. 마주보는 엄지, 쥐의 꼬리, 고양이의 코, 심지어 뇌의 모양까지도 이런 미세 조정의 결과이다. 이러한 종류의 기억은 종족발생적인 것으로 간주된다. 이 구조적 형태는 타고 나는 것이기 때문에 개체의 일생이라는 짧은 기간 동안에 학습하지 않아도 된다. 왜냐하면 구조적 기억은 수천 년에 걸쳐 되풀이되는 종의 형태, 즉 동물의 전신과 기관의 **건축구조**architecture를 결정하는 그림 9-1것이므로.

태어나면서 저절로 발현되는 구조적 형태를 종족발생적 기억만으로 설명하는 건 충분치 않다. 갓 태어난 아기의 춤추는 눈은 사랑스럽다. 그 눈이 사랑스러울 뿐 아기를 위해 어떤 기능을 하지 않는다면 종족발생적 기억의 목적이 사라진다. 동물에게는 날 때부터 다른 유형의 기억이 있어야만 한다. 기능과 형태를 고유하게 결합시키는 기억 말이다. 근육 세포는 수축할 수 없다면 무용지물이다.근육 일부가 전기를 일으키는 물고기가 아닌 이상, Bennett와 Pappas 1983. 아름답고 복잡한 수상돌기와 축색 가지를 가진 뉴런은 다른 뉴런이나 근육 혹은 분비샘과 의사소통하지 않는다면 쓸모가 없다.신경 종말 자체가 다른 유형의 전기 발생 기관이 된 물고기가 아닌 이상, Bennett 등 1989.

리듬, 또 하나의 오래된 기억

기관의 건축구조공장에는 구조를 제공하는 기억만큼 종족발생적으로 오래된 두 번째 유형의 기억이 얽혀 들어가 있다. 그것은 뇌 안에 거주

그림 9-1 부화하는 카이만(중남미산 소형 악어)의 사진. 날 때부터 부모와 비슷한 능력을 많이 나타낸다.

하면서 '우리'를 정의하는 전기화학적 역동적 구조electrochemical dynamic structure 경험에 앞서 뇌가 기본적으로 타고난 활동이다. 뉴런 연결망과 그것이 뒷받침하는 전기화학적 '음악'은 진화적 기억에서 비롯된다. 덕분에 흥분 가능한 세포의 본질적인 진동 성질이 존재하고 외부 실재를 다른 기하학으로 표상할 수 있다. 이 성질은 정확한 임피던스 대응을 가능하게 함으로써 전기화학적인 뉴런의 의사소통을 돕는다. 날 때부터 존재하고 세대를 거치면서 특정한 기능적 모듈들을 조립하는데 없어서는 안 될 기능적 접착제이자 기본 발명품이다.

이 두 유형의 기억은 힘을 합쳐 몸과 뇌의 구조적이고 기능적인 선험 명제를 제공한다. 예를 들어 '우리에게는 다리가 있다, 이 다리는 움직인다, 뉴런은 발달 과정에서 우리가 뇌의 엽 lobe, 섬유뭉치, 핵이라 부르는 특정한 기능적 모듈들로 자신을 엮는다' 와 같은 것이다. 우리가 일생동안 무엇을 하든 상관없이, 후두엽의 엄청나게 복잡한 회로나 시지각을 처리하는 중심 영역인 시각피질이 학습한 것을 잊을 수는 없다. 물론 아주 어렸을 때 눈이 완전히 망가지지 않는다면 말이다. 우리는 사람들이 '녹색'이라고 부르기로 동의한 단어를 학습하지만 '녹색이라는 대상'으로 지각하는 것은 개체발생적으로 학습되지 않는다. 그것은 종족발생적으로 학습되고 기억된 것이다. 이 지각은 확실히 배선되어 있어서 중추신경계에 손상을 입지 않는 한 변하지 않는 능력이다.

구조적 기억과 전기적 기억은 협력해서 일한다. 따라서 날 때부터 몸과 뇌를 위해 있음 being과 되어감 becoming이라는 멋진 생물학적 상태를 제공한다. 있음을 제공한다는 의미는 날 때부터 손, 입, FAP와 같은 기능적 구조가 존재한다는 뜻이고, 되어감을 제공한다는 건 전체 체계가 발달 과정에서 성장하는 동안 몸에 부과되는 단계적인 변화나 노화에 따른 해체에 적응한다는 뜻이다.

신경계와 그것의 숨은 계획은 어떤 유형의 몸에도 신경을 분포시키고 적응할 수 있어야 한다. 신경계는 인간이 발달 과정에서 키가 얼마나 클지 혹은 미간이 얼마나 넓어질지 알지 못한다. 이전에 한 번도 '본' 적이 없는 몸에 기능적으로 적응해야만 하는 것이다. 그래도 신경계는 발달의 모든 단계에서 적응을 함으로써 몸의 크기와 상대적인 비율의 변화를 겪는 동안 모듈의 어떤 기능도 망가뜨리지 않는다. 발이 자라는 동안 다리는 더 빨리 자란다. 이것이 걷기라는 FAP의 효율성에 영향을 미칠까? 천만에!

3장에서 논의한 신경계의 기능적 기하학은 본 적 없는 몸의 기능적 기하학에 적응해야 하고 발달 도중 몸의 기능적 기하학이 변화하는 동안에도 계속해서 그렇게 해야 한다. 이 기능적 적응은 필연적으로 활동에 의존한다. 개체발생 도중의 뉴런과 목표 근육혹은 기관 간에는 늘 활발한 대화가 이루어지며 유입 과정은 앞서 말한 활동 패턴의 반복과 모든 면에서 관계가 있다.

사자의 습격

이 종족발생적 기억을 빈 서판 관점과 비교해보자. 신경계는 출생 이후 발달 과정에서 학습 방법을 학습하므로, 출생 이전에는 비어 있는 서판과 같다는 관점 말이다. 야생동물 영화를 예로 들어보겠다. 무더운 아프리카 초원에서 만족스럽게 떼 지어 다니는 누남아프리카 영양의 무리가 있다. 암누 한 마리가 새끼를 낳기 직전이다. 카메라는 무리를 향해 접근하고 있는 서너 마리의 사자를 보여준다. 분명히 사냥 중이다. 암누는 그 자리에 얼어붙은 채 새끼를 낳는 중이고 멀리 떨어진 곳에서 사자 한 마리가 그 광경을 보고 있다. 새끼가 태어난 지 5초도 지나지 않아 사자가 습격한다. 어미는 사자의 첫 번째 시도를 물리친다. 겁에 질린 새끼는 아직 양수가 마르지 않은 채 허약한 다리로 비틀거리며 일어서는 중임에도 불구하고 서툴게 나마 사자로부터 도망치기 시작한다. 미친 듯이 달려 사자를 피하지만 오래 가지는 못한다. 사자는 잽싸게 따라붙어 이빨을 드러낸 채 공격해서 새끼를 단숨에 삼켜버린다. 새끼의 짧은 일생은 이렇게 끝이 난다.

야생의 잔인한 현실을 담은 이 짧은 영화는 몇 가지를 뚜렷하게 알려준다. 무엇보다도 달리기 걷기, 걸음걸이 등 라는 FAP는 태어나는 바로 그 순간에 이미 배선되어 기능하고 있음을 볼 수 있다. 빈 서판 관점에서는 5초면 갓 태어난 새끼에게 달리기를 가르치기에 충분한 시간이라고 우길 수도 있다. 하지만 이는 직관적인 관점에서 뿐만 아니라 생리학적인 관점에서도 믿기지 않는다. 어떤 시냅스 작동으로도 이를 재빨리 안정화시킬 수는 없다. 둘째, 빈 서판 관점은 학습이 감각 경험을 마주쳐야만 일어난다고 주장한다. 그렇다면 우리의 갓 태어난 새끼는 시행착오를 통해 달리는 방법을 학습했어야 한다. 그러나 그 녀석은 달렸다. 다 자란 누만큼 잘 달리지는 못했지만 달릴 필요가 생기자 처음으로 달린 것이다. 달리는 방법을 학습하는데 필요한 시행착오는 종족발생을 거치면서 일어났음이 틀림없다. FAP와 FAP를 조정하는 능력 이쪽에서 다음엔 저쪽으로 돌진하는 능력 은 분명히 날 때부터 기능적 모듈로서 유입되어 있다. 달리기는 누가 개체발생 때마다 새롭게 학습해서 유입할만큼 아프리카 초원의 생존환경이 한가롭지는 않다. 종족발생은 새끼가 태어나면서 규칙적으로 숨을 쉬기 시작하는 것과 같은 방식으로 달리기 FAP를 제자리에 집어넣은 것이다.

영화의 두 번째 측면은 학습과 기억에 관한 빈 서판 관점과의 심각한 차이를 한 가지 더 밝혀준다. 8장에서 운동 FAP는 적절하게 연관된 감정 상태에 의해서만 행동으로 방출된다는 걸 알게 되었다 투렛 증후군의 경우처럼 항상 '적절'한 것은 아니지만. 갓 태어난 새끼 누의 감정 상태는 공포의 감정 상태였다. 따라서 공포가 달리기라는 FAP의 방출을 몰아쳤다. 무슨 말일까? 특정한 감정 상태 역시 FAP의 경우처럼 태생적으로 배선되어 작동한다는 말이다. 태어난 지 5초 안에 새끼는 외부 세계의 특정한 내용 사자가 오고 있다 을 이해할 능력이 있다. 녀석은 이 내용을 맥락적으로 확대 사자는 위험을 의미한다 하고, 적절한 감정 상태를 적용 위험은 공포를 의미한다 한 다음, 이 내부 맥락적 구조, 공포는 '뛰어!'를 의미한다고 말해주는 감각운동 이미지를 근거로 행동한다. 그러나 그것은 단지 '뛰어'를 의미할 뿐만 아니라, 공격자로부터 멀어지는 방향으로 달리려는 시도를 의미한다. 이 연쇄 행동은 3장에서 말한 내부의 기능 행렬functional matrix, 즉 외부 세계의 내용을 내부 세계의 진행 중인 맥락과 텐서적으로 한 좌표계에서 다른 좌표계로 연관시키는 내부 기능 공간이 미리 배선되어 있어서, 날 때부터 정해진 일을 할 준비가 되어 있음을 나타낸다. 이는, 태어나면서부터 의식을 가질 능력은 기능적으로 선험된 명제라는 의미이기도 하다.

손자의 얼굴

그러니 **기억과 학습**에 관해 뭐라 말할 수 있을까? 세 번째 유형의 기억을 정식으로 소개하자. 간접적으로는 이미 길게 이야기했다. 그것은

'참조 기억 referential memory'으로, '기억'이라는 말을 생각할 때 가장 흔히 떠올리는 기억의 유형이다. 분명히 할 것은, 이 세 번째 유형은 다른 둘 신체 구조와 기본적인 뇌 기능의 배선을 기초로 하고 뇌 연결망의 구조적이고 역동적인 성질을 미묘하게 조정함으로써 기능한다는 점에서는 같지만 근본적으로는 다르다. 기억은 외부 세계와 그것의 성질을 유입한다. 이는 뇌의 기능적 능력으로 인간이 나면서부터 미리 배선된 '가능한 모든 세계'와 대치되는 개념으로서 각자 살고 있는 특별한 세계를 기억하게 해준다. 다시 말해서 처음 두 유형의 기억이 우리 몸의 성질들을 뇌의 뉴런 그물망 내부 기능 공간과 외부 세계에 대한 내부자료를 참고해서 유입하여 세 번째 유형의 기억을 부양하는 것이다. 실제로 이 세 번째 유형의 기억은 처음 두 유형의 기억에 의해서 생기는 내부 기능 행렬에 외부 세계의 성질이 유입되도록 해준다 그림 9-2.

처음 두 유형이 자연선택된 유기체의 특성으로 여러 일생에 걸쳐서 누적되고 깎여나간 기억이라면, 참조 기억은 발달 도중과 단일한 일생을 통해 누적된 기억이다. 그것은 본질적인 능력으로 뇌의 예측 성질을 보조하고 유기체의 생존에 근본적으로 기여한다.

"열쇠고리에서 열쇠를 고르려면 밝은 곳으로 이동하라."와 같이 예측적인 하나의 감각운동 이미지가 쓸모 있게 되려면 이 서로 다른 구조들이 공명을 해야 한다. 그것은 외부 세계에 속한 중요한 내용의 세부사항을 시상피질계가 만드는 순간적인 내부 맥락 안에서 유지하는 능력이다. 지배적인 내부 맥락이 예측을 요구할 때 기억 속에 정박하고 있는 중요한 구조를 꺼내는 능력이기도 하다. 무언가를 기억에 맡긴 다음 회수하거나 상기한다. "그곳에는 늘 사자가 있으니까 꼭 필요한 경우가 아니라면 그리로 가

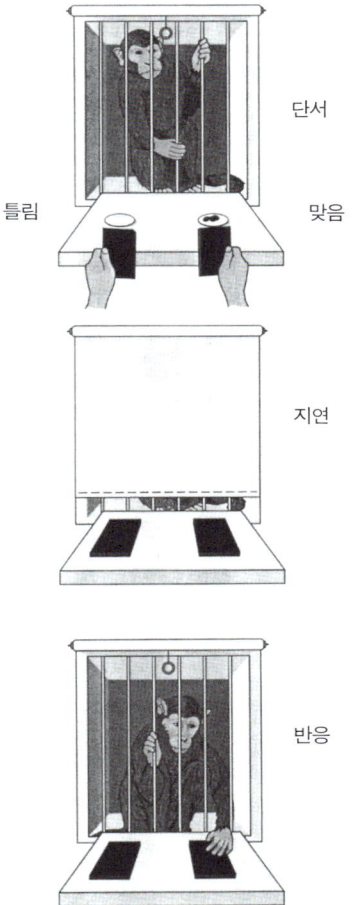

그림 9-2 작업 기억. 지연반응 과제를 통해 작업 기억 작동에서 전전두피질이 하는 기능을 시험한다. 원숭이가 목표 자극을 잠깐 구경한다. 여기서 자극은 약간의 먹이이다. 잠시 후 원숭이가 먹이를 회수하도록 한다. 실험자는 먹이의 위치를 아무렇게나 바꾸어서 시도하여 그에 따른 반응으로 시각과 공간 정보의 단기 보유만을 시험한다. 반응이 유발되는 시점에는 관련 정보가 존재하지 않는다. 따라서 행동을 유도하는 것은 보상되는 위치의 내부 표상이다. (Goldman-Rakic 1992, p.112에서.)

지 않도록 기억해야지."라는 생각을 한다. 인간 사회에서도 잘 규정된 이용 시간 및 사회 질서와 함께, 사교장의 사회생태학은 참여자들의 공유된 기억을 기초로 한다.

그러므로 이 세 번째 유형의 참조 기억은 처음 두 유형의 기억에 의해 만들어진 기능 행렬인 유기체의 생존이 이루어지고 있는 특정한 세계의 성질들 안으로 유입된다. 그 이유는 3장에서 보았듯이 그 체계가 반복에 기초해서 끌개를 만들기 때문이다. 그 체계가 전에 무언가 특별한 패턴의 전기 활동를 '보았다' 면 그것이 제시될 때마다 해당되는 패턴을 더 잘 인식할 것이다. 그렇게 되면 체계는 이미 유입된 활동 패턴들 중에서 친숙한 연관 패턴들도 같이 자극할 것이다. 나아가 주어진 감각피질 안에서 발화하는 집합체의 패턴은 결국 관련 주제를 다루는 피질 영역에 속한 뉴런과 연합해서 공명한다 예를 들면, 시각의 시상피질 자리와 얼굴 인식의 시상피질 자리가 함께.

이러한 구조 패턴을 설명하기 위해 내 손자의 얼굴을 예로 들어보겠다. 반복과 동시성을 통해 이 집단 활동 패턴은 뇌의 언어생성 영역에서의 특별한 활동과 연관된다. 머지않아 손자의 얼굴을 떠올릴 때마다 내부에서 손자의 이름이 '들리게' 될 것이다. 비슷한 예로 특정한 노래 한 소절이 기저핵으로부터 뜻하지 않게 방출될 때 이 FAP 조각은 지난번 이 노래를 들었을 때의 심정이나 그 노래를 처음 들었을 때 얽힌 추억을 함께 불러낸다.

세 번째 유형의 기억은 아주 쉽게 예시할 수 있다. 한동안 보지 못했던 친구가 며칠 동안 우리 집에 머물게 되었다. 그가 떠난 후 내가 회상하는 이미지는 그의 얼굴과 그와 나누었던 대화의 일부이다. 이 유형의 회상은 대화 직후에 더 생생할 것이다. 그것은 작업 기억 working memory, Goldman-

Rakic 1987 혹은 현재 사건 기억 current event memory 의 한 형태이기 때문이다. 최근에 구입한 책을 어디에 두었는지를 기억할 때 사용하는 기억과 마찬가지이다. 이 기억은 며칠 후면 사라지지만 그것을 어디 두었는지 기억할 수 있을 것 같은 끈질긴 느낌을 남긴다. 반면 친구가 실수로 우리 집에 불을 냈다면, 그의 방문은 남은 생애 동안 잊히지 않을 것이다. 그것은 '결코 잊지 못할 사건'이 되어 장기 기억으로 옮겨가게 된다. 그러므로 참조 기억은 우리 집을 태워버린 친구라는 장기적인 것과 반대로 단기적인 것 '주차장 어디에 차를 두었지' 와 같이 단기간 동안 저장되는 이 될 수도 있다.

몸의 기억

장기 변종에 속하는 참조 기억은 암묵 implicit 기억과 외현 explicit 기억으로 세분할 수 있다 Milner 등 1998. 악기 연주를 배우려고 시도해 본 사람이면 누구나 '연습이 최고'라는 사실을 안다. 뉴욕 사람에게 "카네기 홀에 어떻게 가나요?"라고 물은 관광객이 "연습하세요."라는 대답을 들었다는 유명한 이야기가 그것을 증명해준다. 우리는 야샤 하이페츠와 같은 거장들을 통해, 한 평생 도달할 수 있는 기량의 완벽함은 본성 대 양육 nature / nurture 방정식에서 대개 양육 측면에 달려있다고 여긴다. 이런 능력은 타고나기보다 길러진다는 걸 보아왔기 때문이다. 그러나 개인의 타고난 재능도 그에 못지않게 중요하다. 이는 많은 예술가들이 쓰라린 경험을 통해 배워온 사실이다.

서술적 declarative 기억이나 의식적 conscious 기억이라고도 하는 외현 기억은 일반적으로 얼굴, 대상의 이름, 과거 경험과 같은 의식적 회상의 바탕이 되는 기억을 말한다. 그것은 두 가지 구별 가능한 인출 과정의 측면으로 세분된다 Schacter 1987. 즉 자발적이고 의도적인 기억의 인출과 그것을 기억했다는 주관적이고 의식적인 자각으로 나뉜다 Tulving 1983. 비서술적 기억 혹은 비의식적 기억인 암묵 기억은 학습된 활동이나 기술을 수행하기 위한 무의식적이고 비의도적인 기억의 인출이다. 그러한 작업은 무엇이 학습되었다가 기억에서 '인출되는지' 모르는 상태로 실행된다 외현기억과 암묵 기억에 관한 최근 보고서의 예: Estevez-Gonzalez 등 1997; Verfaellie와 Keane 1997; Milner 등 1998; Schacter와 Buckner 1998; Schacter 등 1998; Wagner와 Gabrieli 1998; 전적으로 '의식적' 회상에 국한된 외현 기억의 제한적인 정의에 대한 흥미로운 도전에 관해서는, 유아기의 기억 연구에 관한 Rovee-Collier 1997도 보라.

야샤 하이페츠가 현을 가로질러 어떻게 활을 당겨야 절묘한 음이 탄생되는지를 아는 건 암묵 기억의 한 예다. 그것은 고도로 정제되고 학습된 운동 기술로 활을 댈 때마다 학습의 기억이 적용되지만, 그 순간 예술가는 그에 대해 전혀 의식하지 않는다.

이 두 유형의 기억은 기능적으로 별개이고 의미론적으로도 분리 가능하다는 게 1950년대에 시작된 연구로부터 드러났다. 연구 대상이 된 기억상실증 환자 대부분은 난치성 간질 때문에 내측두엽 절제술을 받았다. 이 환자들은 장소, 이름, 사건, 사람에 관해 새로운 기억을 얻는 능력을 잃어버렸다. 단시간 동안은 마음속에 이미지를 가지고 있을 수 있지만 다른 것으로 주의를 돌리자마자 이미지는 사라지고 완전히 새롭고 낯선 무언가로 다시 경험되었다. 가장 유명한 환자가 'HM'으로, 여러 해에 걸쳐서 폭넓게 연구되었다 Scoville 1954; Scoville과 Milner 1957; Penfield와 Milner 1958.

당시의 연구자들을 놀라게 한 것은 이 환자들이 운동 기술을 배울 수 있다는 사실이었다. 그들은 그 기술을 잘 지니고 있었지만 전에 그 일을 해본 적이 있다는 건 전혀 기억하지 못했다 Milner 1962, 그림 9-2를 보라. 외현 기억이 지워진 환자도 운동 기술 학습은 온전했다. 즉 첫 번째 유형의 암묵 기억은 '회상remembering'의 신경 기질과는 다른 신경 메커니즘에 의해 중개되면서 분명히 구별되었다. 사흘에 걸쳐 분산된 서른 번의 시도 끝에 환자 HM은 상당히 어려운 그림 기술그림 9-3을 습득하고 보유할 수 있었다. 그런데도 사흘의 학습 기간 이후에 과제를 제시하자 그 과제를 전에 해본 적이 있다는 사실을 전혀 기억하지 못했다. 그에게는 그것이 '처음 보는' 것이었다.

평범한 사물을 '스케치' 한 뒤, 윤곽선의 많은 부분을 없애버려서 알아보기 어렵게 만든 선 그림을 기억상실 환자에게 제시하고 무슨 그림인지 물어보면, 이상하고 놀라운 형태의 암묵 기억이 드러난다. 연이어 제시하자, 환자는 자신이 보았던 걸 더 능숙하게 알아보았다. 더불어 이 능력은 여러 주의 시험기간에 걸쳐서 유지되었다. 하지만 과제를 제시할 때마다 그 시험을 전에 수행한 적이 있다는 걸 기억하지 못했다. 브렌다 밀너Brenda Milner가 이름 붙인 이 '지각 학습perceptual learning'을 지금 우리는 점화priming라고 부른다 Milner 등 1968; Warrington과 Weiskrantz 1968; Milner 등 1998.

다른 유형의 암묵 기억에는 공포 조건화fear conditioning와 같은 감정 학습LeDoux 1996, 1998; Davis 등 1996과 범주 학습category learning이 들어간다. 범

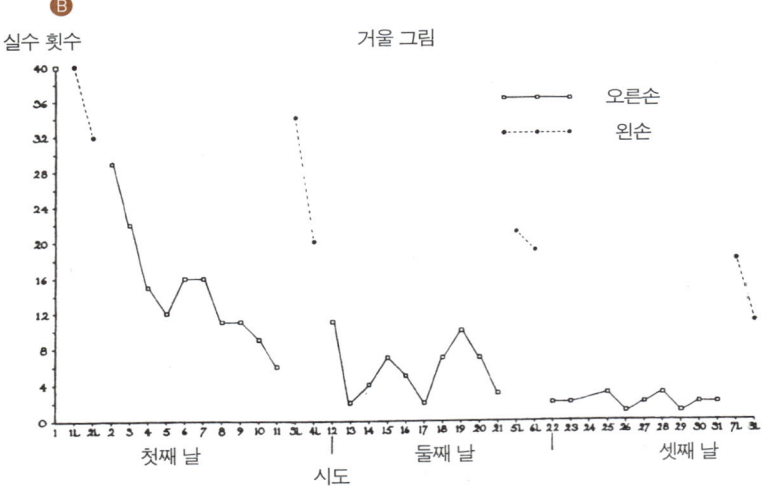

그림 9-3 A: 숙련을 요하는 운동의 학습과 관련된 과제. 이 시험에서 환자 HM은 점 S에서 출발해서 거울 속에 비친 손과 별을 보면서 두 개의 별 윤곽선 사이에 선을 그리는 걸 배웠다. 그의 그림은 사흘 동안의 시험기간에 걸쳐서 꾸준히 향상되었지만, 매번 다음 시기에는 그 과제를 전에 했다는 기억을 하지 못했다. B의 그래프는 매 시도마다 HM이 별을 그리면서 경계선 밖으로 나간 회수를 나타낸다. (Milner 등 1998, 그림 2, p.449에서; Milner 1962를 따름.)

주 학습은 대상이 가지고 있는 추출 가능한 특징에 따라 대상을 확인하고 분류하는 방법을 학습하는 능력이다 Weiskrantz 1990; Tulving과 Schacter 1990; Reed 등 1999. 동물의 손상 연구와 기억상실증 환자 연구로부터, 그리고 최근에는 PET 양전자방출 단층촬영술와 fMRI 기능적 자기공명영상를 포함한 뇌영상의 진보와 더불어 이 기억 유형들과 가장 밀접하게 연관된 뇌 영역을 찾아내는 게 가능해졌다 검토하려면 Schacter와 Buckner 1998을 보라. 암묵 기억의 바탕으로 보이는 뇌 영역의 두드러진 특징은 편도체를 포함한다는 것이다. 반면 외현 기억은 해마 및 전전두피질과 관계가 있다.

이같은 사실이 실세계에서의 인간 행동에 어떻게 적용될까? 예를 들어 콘서트에서 연주할 때 암묵 기억 대 외현 기억의 역할은 무엇일까? 전에 숙달하고 암기한 곡은 학습된 운동 기술을 대표하며 대개 암묵 기억이다. 다음에 무슨 음을 연주해야 하는지에 관해 생각할 시간 따위는 없다. 그러나 새로운 곡을 숙달하는 과정은 그것이 운동 기술 학습을 대표할지라도 외현 기억과 암묵 기억의 상호작용을 요구한다.

어째서? 외현 기억이 온전하지 않으면 야샤 하이페츠는 어떤 곡을 연주하기로 했는지 혹은 그 곡을 전에 연주한 적이 있는지를 기억하지 못할 것이다. 전날 무엇을 달성했는지 회상하거나 과거 경험을 분석하여 연주의 어떤 특별한 문제가 오늘 연습의 초점이 되어야 하는지를 알 수도 없을 것이다. 실은 연습이라는 걸 할 생각도 들지 않을 것이다. 상당한 연주 실력과 상관없이 다른 누군가의 면밀한 지도가 없으면 어떤 새로운 곡의 학습도 수행할 수 없을 것이다.

작업과 기술 학습의 바탕이 되는 암묵 기억에 대해 40년이 넘게 연구한 결과 암묵 기억은 외현 기억으로부터 기능적으로도 해부학적으로도 완전히 분리될 수 있음이 밝혀졌다. 그러나 사실 우리를 인도하는 외현 기억이 없으면 거의 모든 학습은 전적으로 '반응적'이고 원시적으로 될 것이다. 의식적 회상으로 기억을 인출하고 있다는 주관적 자각으로 정의되는 외현 기억은 결정적인 맥락과 자의적인 학습을 위한 감독이며 나아가 우리가 '창조하는' 외부의 모든 것을 제공한다. 별개인 두 기억 과정의 상호의존성은 대부분 함께 진화되었음이 틀림없고 시간적인 발달 정도도 거의 같았을 것임을 암시한다. Rovee-Collier 1997; Gerhardstein 등 2000을 보라.

유전자에 기록되는 기억

학습과 기억의 신경적 토대에 관해서는 백 년이 넘도록 추측이 난무했다. 20세기 초 신경과학의 진정한 선구자였던 라몬 이 카할 Ramón y Cajal은 이른바 뉴런주의를 주창했다. 모든 뇌는 개개의 세포, 즉 뉴런이 엮인 결과물이라는 것이다. 장기 학습은 시냅스 연결 4장을 강화하고 뉴런들 간의 새로운 연결망 생성을 통해 일어난다는 의견을 내놓기도 했다 Ramón y Cajal 1911.

위에서 말했듯이 근래에 연구자들은 단기 혹은 '작업' 기억을 지원하는 것은 뉴런의 고리 안으로 재입력되는 방식으로 진행 중인 ongoing 활동이라는 의견을 내놓았다 Goldman-Rakic 등 1990; Goldman-Rakic 1996; Paulesu 등 1993. 이것은 다소 위험한 방법으로 전화를 거는 동안 번호를 기억하기 위해 적지 않고 끊임없이 중얼거리는 것과 같다. 이는 시냅스 되먹임으로 생겨나는 진행 중인 전기적 활동에 의해, 혹은 뉴런의 본질적 성질로 인한 지속적 활동에 의해 지원될 것이다 Camperi와 Wang 1998.

이와 관련된 연구들은 작업 기억과 관련해서 Chelazzi 등 1998; Glassman 1999, 그리고 응시하는 동안 눈의 위치 유지와 관련해서 Hayhoe 등 1998; McPeek 등 1999 제시되어 있다. 도널드 헵 Donald O. Hebb 1953의 시기 이후로 연합 기억 associative memory은 장기 상승작용 long-term potentiation, LTP 및 장기 억압 long-term depression, LTD과 동일시되어 왔다 검토하려면 Goldman-Rakic 등 1990, Goldman-Rakic 1996을 보라. 이 메커니즘은 시냅스가 시냅스전 활동전위에 의해 방출된 전달물질의 양을 조정하는 능력, 혹은 시냅스후 세포가 시냅스후 수용체를 만들어서 수용 세포가 더 LTP 혹은 덜 LTD 민감하게 하는 능력으로 설명된다. 실제로 그러한 시냅스 조정이 어떻게 실행되는지에 관한 많은 세부사항들이 무척추동물에서 처음 증명되었다 검토하려면 Kandel 등 2000을 보라. 나아가 그러한 조정에 관련된 분자 단계들의 많은 부분이 자세히 이해되기 시작하고 있다 Kandel 등 2000.

우리의 학습 혹은 학습한 것의 기억을 구성하는 뉴런 막을 통한 구체적인 전류 흐름은 일생 동안 아무리 애를 써도 후손에게 물려줄 수 없는 것이다. 이것은 코, 눈의 색깔, 비만 유전자와는 다르다. 어째서 개체발생 도중에 학습된 것은 가계의 DNA 통로를 통해 다음 세대로 가지 못하는 것일까? 특히 반복을 통해서는 모국어나 자기자각과 같이 **매일** 확실하게 각인되는 것들을 새겨 넣을 수 있는데, 도대체 왜?

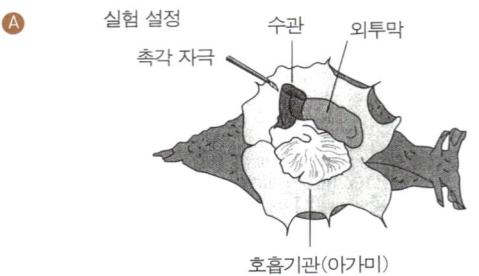

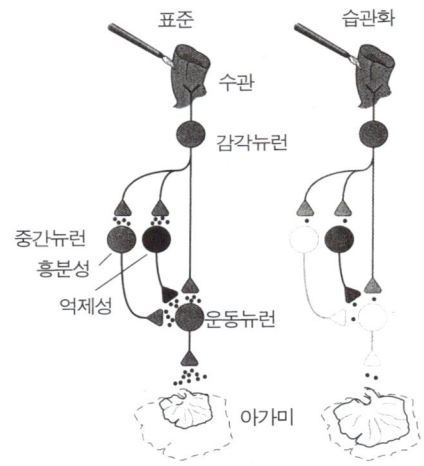

그림 9-4 습관화(habituation)의 세포 메커니즘. 바다 달팽이인 군소(Aplysia)의 아가미 도피 반사 그림으로 예시함. A: 군소를 등 쪽에서 본 그림. 호흡 기관(아가미)은 보통 외투막으로 덮여 있다. 외투막은 바닷물과 찌꺼기를 배출하는 데 쓰이는 주둥이 살인 수관(水管)에서 끝난다. 수관을 건드려서 자극하면 아가미 도피 반사가 일어난다. 반복 자극은 습관화를 유도한다. B: 이 단순화된 회로는 습관화에 관련되는 자리들과 함께 아가미 도피 반사에 관련되는 주요 요소들을 보여준다. 이 회로에서 복부 신경절에 있는 약 24개의 기계수용체는 운동뉴런에 시냅스하는 흥분성 및 억제성 중간뉴런의 무리 여러 개와 함께 아가미에 분포한다. (여기서는 각 유형의 뉴런 중에서 한 가지만 보인다.) 수관을 반복해서 자극하면 일부 중간뉴런과 운동세포 간의 시냅스 전달을 비롯해 감각뉴런과 운동뉴런 간의 시냅스 전달에 억제를 일으킨다. (Kandel 등 2000, 그림 63-1, p.1,248에서.)

종족발생적 기억과 참조 기억

어째서 기억을 물려줄 수 없는가에 관한 설명은 우리의 시간관념과 종족발생 대 참조라는 중요한 정의 안에 들어 있다. 우리가 중요하다고 간주하는 것, 즉 예측의 자리인 자아의 관점에서만 결정될 수 있는 것으로 자아가 한 번의 생애에 걸쳐서 경험하고 그 위치에 가져다놓은 것은, 자연선택이 주목할 가치가 있다거나 보존할 만하다고 여기는 것이 아니다. 일생 동안 우리가 중요하다고 여기는 것은 무엇일까? 졸업, 특별한 크리스마스 아침, 아이의 탄생 등의 기억이다. 이것은 감정적 서류철 안에 말끔하게 정리되어 있다. 그중 어떤 사건들은 일생 동안 우리를 따라다닌다.

이 사건들은 분명 우리 삶의 가장 빛나는 순간들이지만 생물학적 진화에는 거의 아무 의미도 없는 **현재 시제**의 삶이다. 개체 수준에서의 기억은 너무나 변화무쌍하기 때문에 전체로서의 종에는 거의 영향력이 없다. 게다가 자연선택이 요구하는 시간 틀 안에서는 게놈 청사진에 도입될 만큼 충분히 반복적이거나 일관된 것이 아니다.

개체의 장기 기억은 종에게 단기에 불과하다. 차이라면 개체의 장기 기억은 사회적 문화에 의해서만 보존될 수 있다는 점이다. 유전적 기억 _{종에게 장기 기억인}은 **감각 경험이 없는 상태에서도 일어나는 기억**으로 태생적으로 존재한다. 그러한 기억은 오랜 세월에 걸쳐 게놈 안에 일어나는 수많은 작은 돌연변이에 의해 유전자 부호 안에 직접 새겨져 자연선택에 의해 세상에 나온다. 이로운 적응이 게놈에 기록되는 건 연습 때문이 아니다.

우리는 치아를 물려받는다. 이를 더 튼튼하고 쓸모 있게 만들기 위해서 일생 동안 의식적으로 더 딱딱한 음식만 먹는다 하더라도 자식이 튼

튼한 이를 물려받는 데에는 아무 영향을 미치지 않을 것이다. 한 평생이 결국 그 정도이다. 수천 년에 걸쳐서 치아가 튼튼할수록 번식에 더 적합하다는 걸 증명하지 못하는 한, 다시 말해서 먹이를 먹는 능력을 도와주면서 생명력 있는 자손의 성공적인 번식을 돕는 느닷없는 돌연변이에 대한 긍정적인 선택이 없는 한은 말이다. 따라서 우리는 치아를 이런 모양으로 가지고 있는 것이다. 예로는 Brown 1983; Krishtalka 등 1990; Plavcan 1993; Stock 등 1997을 보라.

사람의 언어를 보면 종족발생 기억과 개체발생 기억 간의 같은 차이를 볼 수 있다. 종족 내에서 일어나는 의사소통은 어떤 형태라도 생존에 도움이 되며 사람의 경우도 예외는 아니다. 사람의 언어가 어디에서 어떻게 발달했는가는 10장에서 자세히 다룰 것이다. 여기서는 우리가 언어를 가질 수 있는 이유가 날 때부터 존재하는 신경계의 성질, 즉 종족발생적 선험 명제라는 사실을 이야기하는 것으로 충분하다. 아이가 태어날 때 가지고 있는 음소의 지각 능력은 개체발생 도중에 아주 빠르게 줄어들어 자신의 모국어에서 사용되는 음소들만을 지각하게 된다. 어린 시절에 들어보지 못한 언어에 존재하는 특이한 발음을 잘 알아들을 수 없는 것은 이 때문이다 Kuhl 등 1997. 모국어의 습득은 언어학적으로 미리 명기된 규칙을 통해 Chomsky 1980 선택적 사용과 반복의 과정을 거쳐 Jusczyk과 Bertoncini 1988; Locke 1990; Wexler 1990; Greenfield와 Savage-Rumbaugh 1993; Werker와 Tees 1999 이루어진다. 그러나 우리에게 언어 능력이 있는 것은 연습과 반복의 과정을 통해서가 아니라, 오직 우리가 그것을 사용하는 특별한 방식을 통해서이다. 종족발생 기억이 라마르크적이라면 프랑스의 어린이는 프랑스어를 말하기 쉬운 성향을 타고나야 하겠지만, 사람에게 언어에 대한 유전적 성향 같은 건 없다.

'문화'는 결코 자연선택이 주의를 기울일 만큼 충분히 오래되거나 일관된 것이 아니다.

개체발생적 전주곡

뇌와 몸에 관한 한 우리는 우리가 가지고 있는 것, 그리고 우리인 것을 가지고 작업해야만 한다. 대개의 경우 이 특이한 연결망은 경험의 부재 상태에서 얻어진다. 기능적으로 능력 있고 정확한 뇌 회로가 개체발생 도중에 아무런 감각 입력 없이 생겨난다는 뜻이다. 예를 들어 포유류의 시각계에서 궁극적으로 시각을 뒷받침할 수 있는 눈과 기능적 연결망 전체는 빛의 입력이 없는 상태에서 **완전하게** 만들어진다. 이 본질적 연결망은 동물이 아직 자궁 안에 있는 동안 형성되는 것이다. 오래 전에 데이비드 휴블David Hubel과 토르스텐 비셀Torsten Wiesel은, 갓 태어난 원숭이의 시각피질에 있는 뉴런이 어떻게 전에 한 번도 본 적이 없는 특별한 방위나 운동방향의 직선에 선택적으로 반응하는지 예를 들어 어떤 뉴런은 수평 방향의 직선에 쉽게 반응하고 어떤 뉴런은 수직 방향의 직선에 쉽게 반응한다를 서술했다 Hubel과 Wiesel 1963, 1974, 1977; Wiesel과 Hubel 1974; Hubel 등 1976. 이 경우 뇌가 '학습했다'는 건 말이 되지 않는다. 그보다는 뇌의 뉴런 연결망이 구체적으로 지정되어 있다가 경험적 학습 이외의 요소에 의해서 가동된 게 틀림없다. 이 요소는 관련 세포의 본질적인 전기적 성질, 때맞추어 관련되는 신경성장인자nerve growth factor, 축색섬유가 발달하고 이동하는 가운데 일어나는 상호작용과 이동하는 섬유의 말단을 받아들이는 수용 뉴런으로부터 유도되었을 것이다 2장과 3장에서 신경축을 따라 올라가는 운동성을 상기하라. 그 다음 이 수용 세포는 어떤 세포와 세포가 붙는 사건을 허락하거나 거부함으로써 자신의 수용체에 대한 접근을 허락하거나 거부할 것이다. 중요한 것은 이 모든 사건이 감각입력으로 유발되는 시냅스 전달을 향해 가는 개체발생적 전주곡이라는 점이다.

이 각본은 뇌 기능의 빈 서판 개념에 대해서 분명히 대치되는 개념이다. 빈 서판 개념은 주어진 특정 기능을 지원하는 뉴런 연결망이 감각 경험에 의해서 가동된다고 주장한다. 감각으로 유발된 시냅스 전달 없이 뇌나 신경 회로 안에서 감각으로 유도된 경험이 일어나는 일은 불가능하다. 이는 감각 입력 없이도 감각 기관에 존재하는 자발적인 전기 활동과는 구별되어야 한다. 예컨대 눈에서는 태어나기 전에도 망막 뉴런이 자발적으로 발화한다. 시각계가 정상적으로 배선되기 위해 필요한 이 활동 Penn 등 1998; Cook 등 1999; Eglen 1999은 특정한 외부 자극이 없는 상황에서 이루어진다.

학습은 약간의 조정일 뿐이다

미리 정해진 패턴에 우리가 일생 동안 첨가하는 건 학습과 기억에 바탕이 되는 조정, 즉 새로운 연결망인 특정한 시냅스 효율에 영향을 미치는 단백질 수준에서의 변화이다. 그러나 운동과 사용으로 일어나는 근육

긴장과 밀도의 변화와 같이 측정 가능한 조정이나 첨가는 그 조정의 결과로 우리의 행동이 달라지는 것에 비하면 아무 것도 아니다.

스페인어밖에 못하는 사람과 프랑스어밖에 못하는 사람으로 대비되는 피질의 언어 영역을 구성하는 세포의 경우 분자 수준에서의 뉴런 구조와 성분의 변이가 너무나 작아서 어떠한 차이도 찾아낼 수 없다. 그럼에도 각 언어는 다른 언어를 훈련받은 사람과 완전히 다른 세계를 표상한다. 성숙한 영장류의 뇌에서도 신경발생 새로운 뉴런의 발생이 진행 중이라는 최근의 증명에도 불구하고 Gould 등 1999, 개체발생론적으로 학습과 기억은 태어날 때 이미 존재하는 기능적 구조이다. 동물은 이 구조에서 요소와 모듈에 아주 약간의 조정만을 할 수 있다.

그래서 만일 뇌가 어느 정도로 본성에 의해서 미리 배선되어 있고 경험과 학습으로 제공되는 양육에 의해서 얼마나 조정되는지를 묻는다면, 체계는 대부분 유전적으로 결정된다는 게 나의 관점이다. 이 생각의 맥락에는 앞서 언급한 휴블과 비셀의 시각 연구, 마운트캐슬의 체성감각계 연구 Mountcastle 1979, 1997, 1998, 촘스키의 언어 연구 Chomsky 1959, 1964, 1986로 뒷받침되는 강력한 논거가 있다.

이 기능들의 기초 뇌 회로는 학습을 통해 얻어지지 않는다. 만일 중요 연결망이 발달 도중에 학습에 의해서 심각하게 조정된다면, 신경학 자체가 불가능할 것이다. 그렇다면 뇌의 표준적인 기능이 궁극적으로 개체의 뇌 구조를 너무도 크게 조정해서, 시각피질이 어디에 있는지 혹은 사람에 따라 뇌의 어떤 부위의 특정 기능이 무엇인지 알 길이 없어지기 때문이다. 게다가 머리가 정확히 대칭이 아니고 눈의 형태와 관련 근육도 정확히 똑같지 않아서 우리의 눈이 대부분의 경우 완벽하게 정렬하지 않는다고 생각해보라. 긴장을 풀면 눈의 초점이 어긋날 것이다 유아에서의 양안성(binocularity) 발달에 관해서는 Braddick 1996을 보라. 하지만 우리가 무언가를 볼 때 눈은 일반적으로 훌륭하게 초점을 맞춘다. 멀리 보다가 가까이 있는 사물을 보면 그에 맞게 다시 초점을 맞춘다. 시각 안정 메커니즘에 관해서는 Miles 1999를 보라. 우리는 알코올과 같은 어떤 물질이 신경계의 기능을 변질시키고 일정량 이상을 섭취하면 사물이 둘로 보이는 복시 diplopia를 일으킨다는 것도 알고 있다 Miller 1992. 복시가 일어나는 건 눈이 더 이상 완벽하게 초점을 맞추지 못하기 때문이다.

  신경계는 그러한 편차를 수정할 능력이 있지만, 어느 정도까지만이다. 말초적 외상이나 선천적인 중추 배선 이상으로 어떤 사람의 눈이 사시 strabismus라고 하자. 편차가 너무 크면 신경계는 그것을 수정할 수 없다. 선천적 사시로 인해 깊이를 지각 입체시하지 못하는 어린이들이 그 사실을 증명한다 Archer 등 1986; Weinstock 등 1998. 이는 학습하는 선천적 능력이나 오류를 수정하는 능력에는 범위가 정해져 있음을 의미한다. 체계가 이 범위를 약간 조정할 수는 있지만, 그 대가로 다른 기능을 잃는다. 이는 운동선수의 경우와 아주 비슷하다. 한 스포츠에서의 뛰어난 전문성은 다른 유형의 스포츠에서 똑같은 수준으로 두각을 나타내지 못한다. 하나 이상의 악기에 정통한 연주자가 극히 드물고, 모든 악기에 정통한 대가를 찾아볼 수 없는 것도 같은 이유이다.

  여기서 다시 친숙한 예로 특정한 언어를 특징짓는 음소의 습득을 떠올려 보자 Winkler 등 1999를 보라. 이것이 특정 시기 안에 학습되지 않으면 특정 음소를 습득하거나 보유할 가능성은 영원히 사라진다 Kuhl 등 1997; Kuhl 2000.

결론적으로 다른 언어의 학습 능력을 어느 선에서 포기할 때에만 특정 언어를 높은 수준으로 학습할 수 있다는 것이다 Logan 등 1991. 이는 이론의 여지가 있는 쟁점이다. 많은 사람들이 자신은 하나 이상의 언어에서 유창하다고 할 만큼 발음이 분명하다고 생각하기 때문이다. 자세히 살펴보면 그런 경우는 극히 드물다. 언어는 일정 속도로만 이해하고 말할 수 있다. 말하는 속도를 10분의 1만 높이면 그 말을 이해하거나 따라할 수 없게 된다 Llinás 등 1998. 가능한 것의 영역 안에는 언어만 확실하게 미리 설정된 게 아니라, 그 밖으로 나가면 더 이상 학습하거나 적응할 수 없는 언어의 한계도 미리 설정되어 있음을 의미한다. 이러한 관점에서 보면 우리는 이미 알고 있는 것 발현되도록 종족발생적으로 미리 배선된 것과 특정한 기능의 적응 범위 밖으로 나가기가 힘들다. 그러한 적응의 한계는 우리의 행위나 학습하는 모든 것에 적용된다.

사자도 한때는 어렸다

신경계의 입장에서 볼 때, 자아란 단지 예측을 위한 집중과 조정을 하기 위한 편리한 구조일 뿐이라는 사실에 어쩐지 무시당한 느낌이 들 것이다. 학습과 뒤이어 기억되는 게 태어날 때 이미 신경계 안에 존재하는 성질을 연마함으로써만 온다는 사실에도 자존심이 꺾이는 느낌일 것이다.

게다가 이 연마 작용은 주어진 시냅스 접점의 효율성을 비롯해 주어진 회로 안에 있는 시냅스 접점 수의 변화로 측량할 수 있는 사건이지만 원래 주어진 것이 기능하는 정도와 비교하면 비중이 너무 작다. 이것이 우리가 학습하는 언어, 기억으로 넘긴 사람과 장소, 오래 전에 받고 매일 계속해서 이용하는 특정한 교육의 실체이다. 하지만 아래올리브핵과 시각 경로는 똑같이 생겼어도 시각 기억은 완전히 다르다. 사람들은 자신이 이 모든 감각운동 이미지를 이용할 수 있음을 알고 신경계 안에서는 더 심한 생리학적 조정이 일어났을 거라고 기대할 것이다. 하지만 이 기억들을 만들어내는 실제 시냅스 조정은 아주 미미하다. 생리학적 의미에서 학습 범위의 한계는 인간의 공통성을 정의하고 지시하는 데 도움이 된다. 지각 가능한 언어 생성 속도에 미리 설정된 생리학적 한계가 없다면, 사람 대 사람의 언어 발달을 지원하는 공통성이라는 끈은 결코 선택되지 않았을 것이다. 종족발생은 녹색이 모든 인류의 시각계에 녹색이 될 것을 결정한다. 학습과 기억에 대해 인간이 공동적으로 가지는 이러한 제한은 외부 세계를 다루는 데 있어서 학습하는 능력만큼이나 귀중하다.

  인간은 세계가 준 요구조건에 적응하기 위해 신경계 기능을 촉진하는 법을 배운다. 외부 세계의 세부사항은 '당장 무슨 일이 일어나고 있는가' 하는 온라인의 영역, 즉 개체발생의 영역인 것처럼 보일지 모르지만, 세부사항의 중요성은 종족발생적으로 미리 설정된 그 유기체의 특성들에 의해 결정된다. 어떤 동물이 풀을 소화하지 않으면서 살아남고 싶다면, 그 동물은 다른 동물을 사냥하는 법을 배워야 한다. 육식 동물의 사냥 기술 습득은 이렇게 요구된 학습의 훌륭한 예가 된다.

  갓 태어난 누를 성공적으로 공격한 사자도 한때는 어렸다. 이 사자도 사냥 기술의 기본은 타고났지만 맥락 의존적인 육식동물의 포식 전술은 학습해야 했다.

대부분의 사냥 기술은 새끼였을 때 한 배에서 태어난 다른 새끼와의 상호작용을 통해 학습된다. 서로 장난으로 치고받으면서 새끼들은 덮치기, 할퀴기, 물어뜯기의 변수 등 다른 동물을 굴복시키는 방법의 세부사항을 배운다. 물고 할퀴는 게 상처를 주고 겁을 주어 더 이상 놀이가 아닌 게 되면서 각 기술의 한계도 같이 배운다.

위의 예는 주로 경험이라는 촉각적 경로를 통한 직접 학습이다. 하지만 새끼 사자는 어미의 사냥을 구경하면서 원격수용적으로도 학습한다. 어미 혹은 어미들의 무리는 진짜 사냥에 새끼들을 데리고 가서 멀리서 구경하게 하다가, 차츰 가까이에서 구경하게 한다. 그리고 상황이 안전해 보이면 새끼를 참여시킬 것이다. 그곳이 새끼가 사냥의 다양한 전술을 학습하는 장소이다. 살금살금 기어가서 새를 덮치는 것은 누를 쫓아가서 물어 쓰러뜨리는 것과는 다르다. 여기서 새끼는 다른 동물의 뇌가 작용하는 방식에 관해 간접적으로 학습한다. 가젤의 전형적인 달리기 패턴, 멧돼지는 돌아서서 공격을 감행할 수도 있다는 사실, 공격하기 직전의 뱀의 자세와 집중도에 대해서. 이렇게 새끼는 생존에 필수적인 예측 기술을 배우는 것이다.

이것은 신경계의 진화에 관한 흥미로운 결론으로 이어진다. 독자는 이미 알아차렸을지도 모른다. 우리는 3장에서, 신경계를 가진 유기체가 외부 세계의 뚜렷한 성질들을 내부 기능으로 유입하기 위해 세계 안에서 활발하게 움직일 필요에 관해 길게 이야기했다. 여러 종에 걸쳐 대뇌피질의 발달을 살펴보면, 먹이로 풀을 뜯어먹는 동물인 초식동물보다 육식동물에게 더 정교한 회로가 있다는 걸 알 수 있다. 이는 종족발생으로나 개체발생으로나 완벽하게 이해가 된다. 먹이 때문에 심하게 경쟁해야 하는 동물은 순간적으로 써먹을 수 있는 먹이 확보 전술을 훨씬 더 많이 가지고 있어야 한다. 대개의 경우 먹이를 얻는 건 종 특유의 전형적 싸움을 통해서이다. 이 동물은 자신의 세계와 훨씬 더 정교한 방식으로 상호작용하기 때문에 그 결과는 상호작용의 바탕이 되는 신경계에 반영될 것이다.

요약하자면 생존에 필요한 능력, 즉 미리 배선된 회로는 종족발생적으로 제공되지만 개체발생을 통해 연마되는 것이다.

오리 엄마

학습의 성질에 관한 또 하나의 멋진 예는 '각인 imprinting'이다. 이는 생존에 아주 중요하며 광범위한 현상으로 Lorenz 1935, 1937; Tinbergen 1951; Bateson 1966 그림 9-5 '지각 학습'으로 불리기도 했다 Bateson 1966. 각인은 특히 새에게서 자세히 연구되었다. 여기서 우리는 외부 세계의 특별한 성질이 본질적인 중추적 연결을 규정하는 상황을 본다. 특정한 소리와 결합된 특정한 시각 단서가 오리 새끼에게 영원히 '엄마'를 의미하게 할 수 있다. '엄마'가 단 한 번만 각인될 수 있다는 점은 직관적으로 수긍이 간다. 엄마를 의미하는 일곱 가지의 사건이 있다면 새끼 오리에게는 별로 도움이 되지 못할 것이다. 단 한 번의 자극 조합이 엄마를 의미하게 되는 것은 이 모성 표상을 유입하는 회로의 본질적인 성질이다. 꽥 소리를 듣고, 꽥 소리를 향하고, 커다란 오리를 보는 연쇄 자극의 반복을 통해 끌개와 같은 성질이 궁극적으로 엄마라는 구조를 유입하게 된다. 그러한 연쇄 자극이나 자극 조합의 반복의 유입에는 정해진 시기가 있다. 새끼 오리가 태어난 직후 고립되어 일정한 기간 동안 감각 입력으로부터 떨어져 있으면, 어떤 구조도 엄마로 학습되지 않을 것이다. 민감한 시기가 지난 후 이 새끼 오리의 진짜 엄마를 보여주어도 엄마 구조는 유입되지 않는다. 진짜 엄마조차도 엄마를 의미하지 않게 되는 것이다_{Hess 1972}.

적절한 뉴런 회로의 끌개와 같은 성질은 이 학습의 임계기_{critical period} 동안에 상당히 강력하고 또 그래야만 한다. 새끼 오리가 생존하기 위해서는 이 세상에서 처음으로 엄마를 배울 필요가 있다. 임계기 동안 실제 엄마가 떨어져 있으면 새끼 오리는 신발짝, 양동이, 혹은 반복해서 제시되는 어떤 것을 엄마로 각인한다. 그리하여 이 실험 조건 하에서는 다급하게 꽥꽥거리는 진짜 어미가 눈앞에 있다 해도 끈으로 묶어 당기는 신발짝을 따라다닐 것이다. 새끼 오리가 아는 한 그것이 엄마이고, 엄마란 자신이 따라다녀야 하는 존재이기 때문이다.

그런데 야생 오리 새끼는 어째서 다른 일련의 자극 혹은 다른 사물을 어미로서 각인하지 않을까. 그런 일이 일어날 수도 있긴 하지만, 야생에서는 진짜 어미 오리가 어미로 각인될 가능성이 높다. 태어난 직후 새끼 오리가 노출되는 외부 세계에서 얻을 감각 사건의 목록은 극히 한정되어 있다_{녀석들은 어미가 근처에 있지 않으면 별로 돌아다니지 않는다}. 그 한정된 양의 감각 노출 안

그림 9-5 거위와 함께 수영을 하는 콘라트 로렌츠. 거위는 새끼일 때 그를 각인했다.

에서 구체적인 감각의 대부분은 실제 어미와의 상호작용에서 일어난다. 그러므로 대부분의 경우 자연이 제 역할을 하므로 새끼 오리는 결국 예정된 어미와 함께 하는 것이다.

여기서 아주 흥미로운 면은, 감각 자극의 조합을 유입해서 엄마를 의미하게 하는 이 회로의 끝개와 같은 기능이다. 이는 모든 면에서 앞서 언급한 시냅스 연결망의 능률화와 같다. 그림자는 포식자를 의미하고, 그것은 '달아나'를 의미하고, 반복을 거쳐 효율성이 더해지면 곧바로 '그림자'는 '달리기라는 FAP를 활성화하라'를 의미하게 되는 것이다. 이는 다양한 감각 자극을 끌어들여 하나의 통일된 지각 구조로 결합하는 것과 관련해 6

장에서 이야기한 것이기도 하다.

어미 구조를 학습하는 것도 다르지 않다. 이 모든 것의 매혹적인 면은, 일단 유입된 어미 구조는 완전한 구조 중 단 하나의 감각 성분에 의해서도 완벽하게 활성화될 수 있다는 점이다. 즉, 새끼가 어미를 볼 수 없을 때에도 어미의 꽥 소리 하나면 '엄마' 다, '가자'를 의미하는 것이다. 각인은 엄마에만 국한되지 않는다. 야생에서 한 어미에게서 난 오리는 어미는 물론 형제들에게도 각인될 것이다 Dyer 등 1989; Dyer와 Gottlieb 1990. 각인은 우리 모두의 신경계에서 일어난다.

유명하고 존경받는 의사이자 동료인 내 친구는 2차 세계대전 와중에 경험한 특별한 사건을 말해주었다. 그가 해군 군함에서 근무하는 동안 배 전체에 사용된 페인트에는 특별한 냄새가 있었다. 아주 여러 해가 지난 뒤에도 그는 이 특별한 페인트 냄새를 맡으면 군함의 엔진이 돌아가는 소리가 들린다고 했다. 이것이 바로 그 구조를 유입한 회로의 끝개 측면이다. 한 측면에서 감각이 허락하면 체계가 다른 모든 측면에서 공명하면서 완전한 내부 감각운동 이미지나 구조를 재창조하는 것이다.

주어진 구조의 서로 다른 감각 관련 성분들은 별개의 피질 부위에 살고 있지만 뉴런의 공명은 우리를 위해 그것을 재결합시킨다.

i of the vortex

10

감각질, 감각의 결합이 만든 보고(寶庫)

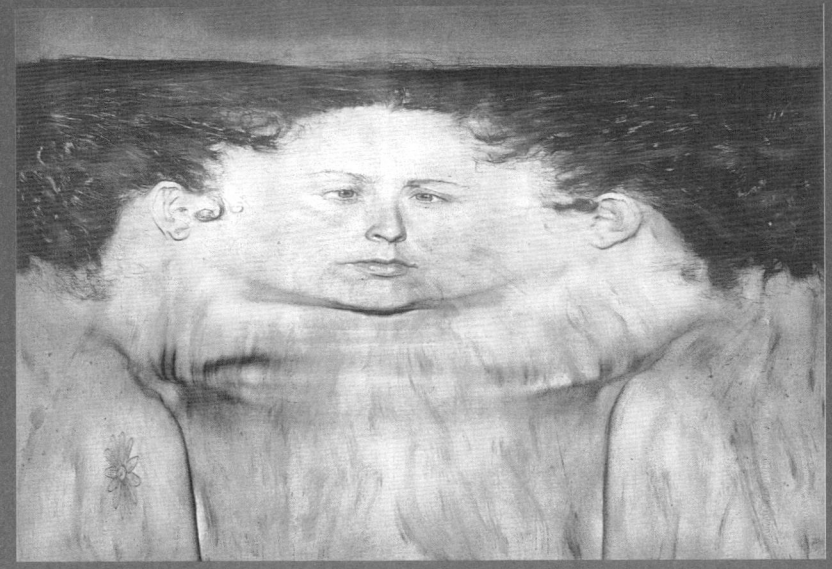

「나의 푸른 호수My Blue Lake」, 키키 스미스Kiki Smith, 1994, 그라비어 인쇄한 단색 판화, 42-1/2 ×53-1/2inch(108×135.9cm); 41판. 엘렌 페이지 월슨Ellen Page Wilson 사진. 페이스 윌덴스테인Pace Wildenstein 제공.

유령 몰아내기

'감각질qualia'이란 실체entity의 속성quality을 가리킨다. 철학자 윌라드 콰인Willard Quine은 감각의 특성feeling character을 나타내는 데 이 용어를 사용했다. 나는 감각질이라는 용어로 어떤 유형이든 신경계에 의해 생겨나는 주관적 경험을 나타낼 것이다Smart 1959. 그것은 통증Benini 1998일 수도 있고, 녹색Churchland와 Churchland, 1998, 혹은 음의 특이한 색조일 수도 있다일반적인 논의에 관해서는 Gregory 1988, 1989; Leeds 1993; Sommerhoff와 MacDorman 1994; Banks 1996; Hubbard 1996; Feinberg 1997을 보라. 이 논점은 아주 오랫동안 철학적 관점에서 논의되어 왔다Churchland 1986; Searle 1992, 1998; Dennett 1993; Chalmers 1996 등.

오늘날 감각질의 본성에 관해서는 두 가지의 비슷한 믿음이 있다. 첫째는, 감각질은 부수현상epiphenomenon을 대표하며 의식을 획득하기 위한 필요조건은 아니라는 것이다Davis 1982. 어느 정도 관계가 있는 둘째 믿음은, 감각질이 의식을 위한 기초이지만 가장 고등한 생명 형태에서만 등장했다는 것이다. 따라서 감각질은 더 진보된 뇌에만 존재하는, 최근에 진화된 중추적 기능이라고 이야기한다Crook 1983. 이 관점은 개미처럼 하등한 동물은 어떤 종류의 주관적 경험도 없다고 여긴다. 이 동물들은 자동적이고 반사적으로 구성된 회로의 집합들로 배선되어 있어서 외부 세계와는 순전히 반응적으로만 상호작용을 하는 것으로 생존한다는 뜻이다. 개미나 바퀴벌레와 같은 원시적 동물은 그 야생 상태 자체로 성공적이기는 하지만 실제로는 생물학적 자동인형에 불과하다는 것이다.

엘리트주의자들 중에는 감각질은 고등 생명형태가 소유한 뇌 기능의 일부로 제한된다고 믿으며 감각질은 지옥에나 떨어지라고 경고하는 쪽도 있다. 감각질은 예기치 않게 어쩌다 생겨난 것으로 아마도 뇌의 복잡한 회로에서 나온 창발적 성질일지는 몰라도 적절하게 조직된 행동을 위한 필요조건은 아니라는 것이다. 이 입장을 고수하는 사람들은 감각질을 부여받은 인간의 경우조차 뇌 안에서 벌어지고 있는 일의 대부분은 감각질의 일부가 **아니며** 감각질이 그 사건의 일부인 것도 아니라고 지적한다. 대신 대부분의 뇌 활동은 더 전의식적인preconscious 기능이나 운동 협응을 지원하는 신경적 진행 상황과 관련되어왔다는 의견을 내놓는다.

다소 드물게 적용되기는 하지만 **원리적으로** 감각 경험에 이바지하는 뇌 기능도 순간적으로 주의가 산만해지면 이바지할 수가 없다. 테니스 경기를 구경하다가 지갑을 도둑맞은 경우를 보자. 나중에 기억나는 것은 엉덩이나 가슴의 주머니를 무언가가 쓸고 지나가는 걸 느낀 것 같다는 게 전부이다. 이 관점에 따르면 감각질은 뇌 기능의 필수 성분도 산물도 아니다. 그리고 가끔이긴 하지만 다소 순간적이고 믿을 수 없는 것이다.

내가 보기에 이 시각에는 적절한 진화적 관점이 없다. 그것이야말로 뇌 기능의 연구에서 감각질이 전체적으로 소홀히 다루어지는 이유일 것이다. 뇌의 기능적 구조는 진화가 서서히 뒹굴어온 결과이며, 뇌 기능은 종의 생존에 가장 이로운 구조를 자연선택했다는 사실을 우리는 알고 있다. 이해하기 어려운 것은 감각질이 진정으로 뇌의 진화적 기능 구조에 얼마나 깊은 관계가 있는가이다. 중추신경계가 존재하는 궁극적인 이유는 외측 기능을 통해 활발한 운동운동성을 유도하는 감각 경험이 있기 때문이라는 것이 내 주장이다. 지각 자체가 진화 과정을 통해 지금 우리가 보는 정교한 과정이 되었다는 사실을 생각한다면 아무리 양보해도 감각 경험, 즉 감각질은 신경계 기능의 총체적인 구성에서 **근본이어야만 한다**. 감각질은 진화를 통틀어 중요하고 영향력 있는 추진력을 대표하는 게 틀림없다. 이 점을 더 자세히 설명해보자.

우리는 발달생물학에서 신경계가 성숙해지면 주어진 기능이 뇌의 한 자리에서 다른 자리로 옮아간다는 걸 알고 있다. 주어진 기능은 개체발생 도중이나 엄청나게 넓은 진화적 시간에 걸쳐서 주어진 위치에서 진화해 나가버린다. 이 기능의 이동은 그 기능을 구현하는 뉴런이 완전히 이동함으로써만 이루어질 수 있다. 개체발생적으로 말해서 이 기능 이동의 가장 좋은 예는 배아발생 도중에 연골어가 자신에게 산소를 공급하는 방식이다 Harris와 Whiting 1954. 연골어의 근육조직의 본질적 떨림이 전기긴장적 결합을 통해 리듬 있는 진동 운동을 일으켜서 아가미를 통해 물이 흐르고 외부 세계와 난자 주머니 전체가 산소를 교환한다. 이것은 생명에 필수적인 일이라는 걸 기억할 것이다. 이 형태의 운동성은 '근원적'이다. 순전히 근육세포의 본질적 성질에서 나온 운동을 나타내기 때문이다.

기능의 이동이 감각질과 어떤 관계가 있을까? 종족발생을 거쳐 감각 기관은 발이나 꼬리 쪽보다는 머리(주둥이) 쪽으로 이동해서 머리 부분이 풍부하게 되었음을 앞에서 언급했다. 왜냐하면 동물이 선택한 이동의 '전진' 방향 때문이다. 가장 유리하게 이용될 몸의 장소로 감각기관이 이동하는 건 올바른 선택이다. 그것이 조합되어 사용될 때 특히 그렇다.

자신이 움직이고 있는 세계를 감각적으로 감시할 필요가 있고 동물은 앞을 향해 운동하기 때문에 앞쪽 끝으로 감각기관이 모이게 된다. 앞쪽에 모인 개별적인 감각기관과 더불어 그것을 지원하는 신경 중추도 자연히 빠르고 예측적인 의사결정을 수행하도록 전문화되어 생존에 중요한 전체적 행동을 기초적으로 유지하게 된다. 그러나 더 기본적으로, 그 경험은 맥락을 구성하고 감각 활성화를 통일시켜서 하나의 전역적 기능 상태로 몰아가는 역할을 한다. 그 상태가 '나는 느낀다'와 흡사한 상태로 의사결정을 중재하는 작용을 한다. 이로부터 머리는 감각질이 좀 더 꼬리 쪽 영역으로 옮아가 풍부한 신경 연결망을 지원받고 그것을 가동시키는 자리라는 사실이 확실해진다. 이를 이해하면 감각질, 즉 감각 경험은 중추신경계의 진화적 발달을 일으킨 기본적인 뉴런 집합체 성질중 하나라는 것을 알 수 있다. 감각질이 중추신경계의 종족발생적 발달에 그토록 중요한 역할을 한다면, 감각질이 일생동안 뇌의 기능에서 아무 역할을 하지 않는다거나 그 역할이 불완전하거나 중요하지 않다고 믿기는 어렵다. 이 장의 후반부에서 감각질의 중요성과 지대한 필요성에 대해 논의할 것이다. 그러나 지금은 감각질이 무엇이며 무엇이어야 하는지를 객관적이고 생리학적인 관점에서 이야기할 때다.

감각의 지도

난치의 간질 수술을 실시하는 동안 와일더 펜필드는 환자 뇌의 다양한 면을 전기로 자극하면서 환자에게 어떤 종류의 감각 경험이 일어나는지 말해 달라고 부탁했다. 이 기법은 환자에게 불쾌감을 거의 주지 않으면서 대뇌피질을 노출시키므로 환자는 완전히 깨어 있는 상태로 자신에게 일어나는 일에 관해 말해줄 수 있다. 펜필드는 _{운동 소인간의 다양한 부위 자극으로 팔다리, 손가락, 입술을 씰룩거리게 한 것 말고도} 체성감각피질이나 연합피질을 전기적으로 자극함으로써 아주 특정한 감각 경험을 일으킬 수도 있다는 것을 발견했다 _{Penfield와 Rasmussen 1950 그림 10-1}. 이때 나타나는 경험은 친숙한 노래의 일부나 목소리가 '들리거나' 과거의 친척이나 경치가 '보이는' 게 포함되었다. 이는 아마도 감각 경로를 자극해서 생기는 감각 경험은 외부 세계로부터 일어나는 무언가를 경험하는 것이나 의식적인 기억의 회상만큼 완전하지는 않았을 것이다. 하지만 단순히 비교적 작은 영역의 피질에 전기 펄스를 통하자 모든 면에서 실제와 비슷한 감각 경험이 만들어_{혹은 다시 만들어}졌다. 감각 경험에는 신경적 모듈과 비슷한 무언가가 있는 것이다.

유사한 방식으로 환자의 피질을 노출시켜 놓고, 말하자면 오른손 검지를 자극하고서 이 자극에 반응해서 체성감각피질의 검지 영역에서 일어나는 아주 특정한 뉴런 활동을 볼 수도 있다.

"우리가 무얼 자극했습니까?"

의사가 묻는다.

"오른손 검지요."

피질의 이 부위에 있는 세포의 활동 역시 정말로 오른손 검지가 자극되었다고 말할 것이다.

체성감각피질이나 촉각 정보의 경로와 특이적으로 관련된 시상핵을 마취시키면_{뇌수술에서 언어 중추의 자리를 찾기 위해 하는 와다 검사(Wada Test)라는 절차 도중에 하듯}

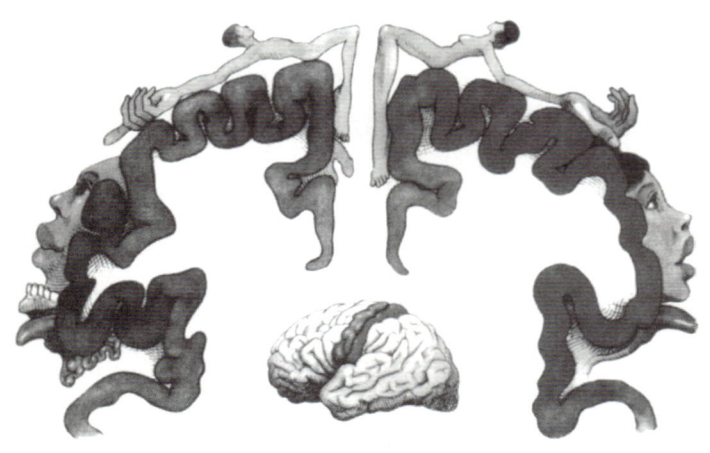

그림 10-1 와일드 펜필드가 그린 유명한 지도. 두 줄의 대뇌피질 위에 신체의 각 부위가 어떻게 표상되는지를 보여준다. 체성감각피질(왼쪽)은 촉감을 수용하고(그는 이것을 '감각 소인간'으로 불렀다), 운동피질(오른쪽)은 운동을 조절한다('운동 소인간'). 양 지도에서 손가락, 입, 몇 가지 기타 민감한 영역이 공간의 대부분을 차지한다. (Posner와 Raichle, 1995.)

이 흥미진진한 사건이 생긴다. 다시 환자의 손가락을 자극하고 어떠냐고 물으면 "아직 아무 것도 자극하지 않았잖아요."라는 말을 듣게 된다. 바르비투르산염 barbiturate 을 투여해서 **어떤 유형의 연결망이나 해부학적 구조에도 아무 변화를 일으키지 않고**, 이 특정한 감각 경험의 감각을 단번에 완전히 사라지게 한 것이다. 이는 국소 마취로도 될 수 있으므로 감각질은 뇌의 전기적 활동과 근본적으로 관계가 있다는 결론을 내리지 않을 수 없다. 마취법을 적용해서 우리가 한 일이라고는 신경세포 기능의 단 한 측면인 특정한 전기적 활동 패턴 발생 능력을 조정한 게 전부이기 때문이다.

감각질이 신경세포에서 일어나는 전기적 사건에 의해 뒷받침되어야 한다는 사실은 이론적으로도 엄청난 의미를 지닌다. 어떤 감각 자극이 분석되어 의식의 흐름으로 엮여 들어가는 속도는 믿기지 않을 정도로 빠르다. 뇌의 40Hz 진동 활성화와 본질적 시상피질 활동과의 관계를 떠올리면서 우리는 인지의 양자quantum가 12~15ms 시간대로 뚜렷하게 측정될 수 있음을 보았다. 이는 중추신경계의 지각 능력이 그 정도여서, 두 가지 감각 자극이 두 가지 구별되는 감각 사건으로 지각되려면 두 사건이 최소한 12.5ms 만큼은 떨어져 있어야 함을 의미한다. 그렇지 않으면 뇌는 둘을 단일한 감각 사건으로 받아들일 것이다 Kristofferson 1984; Llinás와 Pare 1991; Llinás와 Ribary 1993; Joliet 등 1994. 그러한 인지의 양자는 수백만 혹은 심지어 수억 개 세포의 패턴화된 활동을 요구한다. 그럴 때 세포들이 응집성 있는 하나의 사건을 만들어낼 수 있는 유일한 방법은 정보 흐름의 연결 방식으로 전기를 이용하는 것이다. 우리가 아는 뇌 안에 존재하는 다른 어떤 매체도 그 속도는 발끝에도 못 미친다! 단 한 개의 뉴런 주변에서조차 일어날 수 있는 생물학적 사건들을 보면, 수억 개의 세포를 포함하는 집합체 활동의 12~15ms라는 시간 틀은 이러한 유형의 필수적인 정보 흐름의 전달자에게는 심각한 제한이 된다. 확산은 느리고 그 효과의 범위가 매우 짧다. 이 시간 틀 안에서 만일 확산이 집합체 정보 흐름의 전달자라면, 주어진 분자는 세포에서 멀리 갈 수도 없고 세포 안으로 깊이 들어갈 수도 없을 것이다. 전기는 찰스 셰링턴이 '마법에 걸린 베틀'로 상상한 1941, p.225 지각의 시간 틀 안에서 감각 경험의 바탕이 되는 빠르고 광범위한 집합체 활동을 지원할 만큼 충분히 빠르고 멀리 갈 수 있는 유일한 매체이다. 따라서 우리는 감각질이 뇌 안의 전기적 활동에 의해 유발되며, 뉴런 막 표면 위에서 스케이트를 타는 전기적 구조와 시간적으로 아주 가까운 사건들로 구성된다는 걸 인정해야만 한다. 이 전기 소용돌이는 깜박이며 지나가는 막전幕電, sheet lightning처럼 이리저리 돌진하면서 금세 스러지는 희미한 빛만을 남긴다. 그 빛은 다음 막전이 때리고 펼쳐질 때 다시 켜지는 감각으로 연속적인 감각의 거미줄과 같은 지각을 형성한다. 의식 자체가 순간적인 불연속 사건인 것처럼 감각질 역시 생리학적으로 순간적인 불연속의 세포 사건이다. 감각질과 자아구체적으로 자기 자각가 관련이 있다는 건 이 장의 끝에서 들여다 볼 주제이다.

감각질을 뉴런의 전기적 사건과 관련시킴으로써 우리는 더욱 많은 것을 이야기할 수 있다. 6장에서 시상피질 연결망과 기능을 살펴볼 때 자세히 논의했듯이, 깨어있음이나 수면과 같은 중추신경계의 커다란 기능적 사건을 고려할 때는 일반적인 전기적 활동보다는 특정한 진동수에서의 전기적 활동이 필수이다. 꿈 없는 잠, 이른바 비렘수면non-REM sleep에 빠졌을 때 우리는 이 기능 상태의 특징이 서파徐波, slow wave, 즉 동기적인 델타파 활동임을 알 수 있다Llinás와 Ribary 1993. 뇌 전체에 걸친 이 리듬 있는 파동 패턴은 0.5~4Hz 진동수 범위에 들어 있고 EEG뇌전도나 MEG자기뇌전도로 감시되는 뇌 활동에서 진폭이 가장 크다. 6장에서 깊은 수면 상태일 때 시상피질계는 모든 유형양상의 감각 입력을 물리친다고 한 것을 상기하라. 감각 경로는 그 양상 특유의 정보를 전달하지만, 이 정보에 내적 중요성이 주어지지 않는다. 따라서 실제로 감각 경험은 전혀 없다. 감각질이 일시적으로 존재하기를 멈춘 것이다!

이와 유사하게 감각질은 소발작petit mal seizure 도중에도 멈춘다. 단순히 간질 상태 때문에 뇌 활동의 두드러진 진동수가 낮아지는 것이다. 다른 점에서는 신경계의 연결망이나 진행 중인 기본 기능에 거의 영향을 미치지 않는다. 모든 감각 경험 사실상 그 '사람'이 사라진다. 따라서 감각질을 결정하는 것은 그냥 뉴런의 전기적 활동이 아니라, 전체 뇌 활동 중에서도 감각질이 나타났다 사라졌다 하는 특정한 진동수 범위이다. 간단히 말해서 느낌이 유발되기 위해서는 광범위하든 국지적이든 함께 활성화되어야만 하는 특별한 유형의 전기적 패턴이 있는 것이다.

감각, 전기 활동의 분자 대응물

그렇다면 감각질을 위한 신경적 기초는 무엇일까? 이를 알아보기 위해 운동 관점에서 출발하여 많은 부분 앞의 장들로부터 이미 배운 것을 기초로, 다소 이론적인 관점에서 감각질이라는 주제를 다루려고 한다. 운동성이란 항상 근육 수축의 산물이다. 다른 어떤 수단을 통해서도 운동을 만들어낼 수는 없다. 이로부터 즉시 신경계는 운동 뉴런의 전기적 활동을 실제 근육 수축으로 변환할 수 있는 최종적인 운동 효과기 effector의 맥락 안에서 작용한다는 결론에 이른다.

다음으로 **감각 경험의 최종 표현을 위한 기관인 효과기는 무엇인가**를 물을 수 있다. 이는 현대 신경과학의 중심 질문이다. 생리학적으로 감각 경험의 효과기는 무엇이고 어떻게 작동하는지 우리는 모른다. 그러나 그러한 효과기의 작동 영역, 즉 그것이 중추신경계의 특정한 부분에서 특정한 유형의 전기적 뉴런 활동을 요구한다는 건 잘 알고 있다. 이 효과기는 신경계의 다른 부분이 침묵을 지킬 것을 요구하기도 한다. 이 각도에서 바라보면, 감각질의 효과기는 신경적 기초에서 그것이 내면화된 FAP로 나타난다는 점을 빼면 운동 FAP의 신경적 기초와 거의 같다는 결론에 이른다. 표현의 관점에서 운동 FAP는 행동으로 풀려나기 전까지는 내부적으로 침묵을 지킨다. 이것이 밖으로 표현된 게 정형화한 운동이다. 반대로, 내가 감각 FAP로 부르려 하는 것은 그것의 종점 혹은 명백한 표현이 **내부**에 있다. 이것이 이른바 주관적 경험이다.

감각 FAP는 주관적 경험을 동반한다. 그것이 감각계를 통해 외부 세계의 자극으로부터 생겨나든지, 실험을 통한 전기적 혹은 화학적 자극으로 생겨나든지, 혹은 꿈속에서처럼 내면적으로 생겨나든지 모두 마찬가지이다. 실험적으로 뇌를 직접 자극해서 유발되는 감각 성분은 대개 평범한 생리학적 자극으로 생기는 완전한 감각 사건이 아닌 작은 감각의 조각들이다. 이는 놀랄 일이 아니다. 평범한 생리학적 자극은 전기적 세부사항이 복잡한 데 비해, 외부에서 적용되는 전기 자극은 엄청나게 셀 뿐 명료흩이나 효과 면에서는 제한적일 게 틀림없기 때문이다.

일정한 뇌 영역을 전기로 자극하면 감각을 일으키고 그 안이나 그 영역으로 통하는 곳에서 전기 자극이 사라지면 감각도 사라진다는 걸 증명할 수 있다. 따라서 감각질은 분명히 전기적 자극 및 위치와 관계가 있다고 할 수 있다. 이 시점에 생각해볼 수 있는 몇 가지 각본이 있다. 하나는 많은 사람들이 믿듯이 감각질은 뉴런 기능에서 일어나는 아주 심층적인 사건을 나타내므로, 미세소관microtubule과 미세섬유의 세밀한 구성을 포함하는 뉴런의 양자역학적 구조를 다루는 사건이라는 각본이다. 이는 이전에 탐험되지 않은 신경과학의 새로운 영역을 펼쳐 보이지만 여기서 탐험하지는 않을 것이다. 그것이 진정 어떤 수준에서든 진지하게 탐구할 가치가 있는 것인지 의심스럽기 때문이다. 그것을 제외시키는 이유는, 감각 자극을 지원하는 뉴런 요소와 운동 활동을 지원하는 뉴런 요소가 아주 비슷한 것으로 보이기 때문이다. 감각질은 특정한 뉴런 자체와 관계가 있을 뿐만 아니라, 뉴런이 지원할 수 있는 기하학적인 전기 활동 패턴과는 더 많은 관계가 있는 것으로 보인다.

    내가 볼 때 감각질이 존재하는 진화적 이유는 간단하다. 감각질은 궁극적인 핵심bottom line을 나타낸다. 감각 자체가 전기적으로 유발된 기하학적 사건이기 때문이다. 여기서부터는 더 이상 물질적으로 환원하지 못한다. 이 기하학적 기능 상태가 감각 자체라면, 심각한 철학적 문제가 고개를 든다. 이 정의에 따르면, 감각질은 그저 '우리가 아직 이해하지 못한 것'의 한 예가 아니란 말인가? 아니면 질적으로 완전히 다른 특성을 가진 어떤 것, 우리가 숨기고 싶어하는 뉴런과 그것의 전기적 활동이라는 신경학적 토대를 초월하는 어떤 것일까? 난 그렇게 생각하지 않는다. 뉴런에서 일어나는 패턴화된 전기적 활동과 그것의 분자 대응물이 바로 감각이라고 믿기 때문이다.

과학이 느낌을 이해할 수 있을까

그러므로 감각질의 신경생물학적 기초에 관해서는 이렇게 말할 수 있다. 관찰할 수 있는 수준에서의 감각질이란 특정한 뉴런 회로의 집합에 의해 지원되고, 그러한 그물망 안에 속한 일부 뉴런의 활동 및 다른 뉴런의 침묵과 관련되는 기능적인 전기생물학적 사건이다. 이 기본적인 서술은, 진부해 보일지는 몰라도 이 문제에 과학적으로 접근할 수 있는 유일한 토대가 된다. 궁극적으로 신경계의 복잡한 작용에 관해서 훨씬 더 많이 알게 된 후에야 도대체 느낌이란 무엇인가에 대한 이해가 시작된다. 하지만 감각질에 관해서는 무슨 말을 할 수 있을까?

사실 감각질이나 느낌의 문제는 의식적 경험의 문제이다. 과학 용어로 정의하기 어려운 현상을 이해할 가능성이 있는가라는 문제는 계속해서 논란이 되는 주제이다. 심지어 물리학적이나 신경학적인 가설로 설명이 가능한가에 대해서도 그렇다. 이 문제에 대한 다양한 접근법에 관해서는 Chalmers 1995, 1997; Shear 1997을 보라. 당장 이 문제에 대한 해답을 구할 수는 없지만 적어도 유용한 방식으로 질문을 정리해볼 수는 있다.

이 논란에서 최근 가장 두드러진 목소리를 내고 있는 데이비드 차머스 David Chalmer는 이 문제에 대해 의식이라는 용어가 구별 가능한 현상들의 집합으로 모호하게 사용되어 왔음을 지적한다. 그리고 의식에는 그가 이름 붙인 '쉬운 문제 Easy problem'와 의식 경험 자체라는 '어려운 문제 Hard problem'가 포함된다고 보았다.

의식의 쉬운 문제란 인지과학의 표준 방법을 써서 직접 해결할 수 있는 것으로 보이는 문제이다. 인지과학은 어떤 현상을 계산 메커니즘이나 신경 메커니즘으로 설명한다. 어려운 문제는 그러한 방법이 먹히지 않는 것처럼 보이는 문제이다. 의식의 쉬운 문제에는 아래에 설명하는 현상들이 포함된다.

외부의 자극을 구별하거나 범주화하고 그에 반응하는 능력
인지 체계에 의한 정보의 통합
정신 상태를 보고하는 능력
체계가 자신의 내부 상태에 접근하는 능력
주의의 집중
의도적인 행동 조절
깨어 있음과 잠들어 있음의 차이 Chalmers 1995.

이 현상들은 일단 관련 기능들이 어떻게 수행되는가를 설명하는 것으로 대체할 수 있다. 반대로 어려운 문제는 기능이 어떻게 수행되는가에 관한 문제가 아니다. 주어진 기능에 대한 설명과 상관없이 그것은 여전히 당연한 것 이상의 문제이다. 이 기능의 수행이 어째서 의식적 경험과 연관될까? 쉬운 문제에 대한 답인 기능적 설명이 자동적으로 어려운 문제의 답으로도 적합한 건 아니다. Chalmers 1997.

차머스는 의식 consciousness과 연관된 이 모든 '쉬운' 현상들을 '자각 awareness, 보고 가능한 기능적 현상'이라는 포괄적 용어 아래로 집결시킨 다음, 자각과 경험 사이에는 인과적으로 풀 수 없는 고리가 존재한다고 주장한다.

대략적으로 말해서, 최소한 언어를 사용하는 체계에서는 자각의 내용에 직접 접근할 수 있고 그것을 보고할 능력도 있다. 자각은 순전히 기능적인 개념이지만 의식적 경험과 밀접하게 연결되어 있다. 우리는 의식을 발견하는 곳이면 어디서든 자각을 발견한다. 의식적 경험이 있는 곳이면 어디든지 체계 안에 대응되는 정보가 있고, 그것은 행동을 조절하거나 언어로 표현하는 데 이용될 수 있다. 반대로, 말로 표현하거나 포괄적 조절을 위한 정보를 이용할 수 있는 곳이면 어디든 대응되는 의식적 경험이 있는 것으로 보인다. 따라서 의식과 자각 간에는 직접적인 대응관계가 있다. Chalmers 1995.

차머스가 자각을 의식적 경험에 대응시키는 근거를 뇌의 물리적 메커니즘 안에서 찾으면서 우리는 본질적인 문제로 되돌아간다.

일반적으로 의식적으로 경험되는 정보는 어떤 것이든 인지적으로도 표상될 것이다… 이 원칙은 인지 과정이 의식적 경험에 관한 사실을 개념적으로 함축하지 않더라도 의식과 인지는 긴밀하게 응집된다는 중심적인 사실을 반영한다. Chalmers 1995.

차머스가 제시한 연결고리가 맞을지도 모르지만, 그 역시 감각질의 근본적인 기원에 대해서는 2차적이다. 차머스가 감각질의 기원으로 살아 있는 유기체 안에 존재하는 물리적 메커니즘의 성질 자체로부터 일어나고 복잡한 뇌의 인지 처리보다 오래된 것을 찾는다면 말이다.

개념적으로 감각질은 그 기원의 끝에서 나오는 결과여야 한다. 이런 점에서 볼 때, 감각질의 본성에 관해 제시할 수 있는 어떠한 가설이 있는 것 같다. 이 관점에 대한 엉뚱한 오해를 막기 위해서 간단한 각본을 마련해 보자. 우리는 단세포가 자극반응성, 즉 자극에 대해 사물이나 다른 세포로부터 멀리 움직이거나 그것에 접근하는 등의 행동으로 반응할 능력이 있음을 알고 있다. 이 경우는 먹이 사냥이나 위협적인 조건에서 달아나는 상황일 것이다.

이러한 관찰은 단세포 안에 원시적인 방식의 지향성, 즉 원시 감각 기능으로 간주될 수 있는 것과 관련된 어떤 능력이 있음을 일깨워준다. 감각질이 그러한 원시 감각 기관이 전문화된 것으로 생각할 수 있다면, 거기에서 출발하여 더 고등한 유기체가 보여주는 다세포의 '공동 느낌' 현상까지 이동하는 데에도 개념적으로 무리가 없을 것이다. 여기까지 받아들이는 데 무리가 없다면, 감각질은 근본적으로 단세포의 성질 이 감각 기능 전문 회로의 조직에 의해 증폭되어서 에서 일어나는 게 틀림없다는 걸 이해하게 될 것이다 그림 10-2.

이는 필요한 수의 감각 세포에 의해 특정한 구조로 조직된 회로만이 그러한 기능을 지원할 수 있다는 뜻이다. 근육세포에서도 같은 현상을 볼 수 있다. 근육세포의 특징인 수축성질은 모든 세포에서 발견할 수 있는 섬유 상호작용이 근섬유 특유의 구조 때문에 눈에 띄게 전문화된 것에 불과하다. 근육에서 액틴과 미오신 분자는 미끄러지는 섬유 망을 지탱하고 내골격계에 뿌리를 내릴 수도 있도록 서로 평행하게 조직되도록 한다. 따라서 섬유들 간의 상호작용으로 발생하는 힘은 벡터적으로 합산되어 세포 수축을 지원한다 Huxley 1980 근활주설, sliding filament theory. 많은 세포가 합쳐질 수 있다면, 동시에 수축되어 발생하는 힘은 한 지점 힘줄으로 수렴되어 운동을 일으킬 수 있는 거시적 힘을 만들어낸다. 협동운동이 발생하는 것이다. 감각세포에도 이와 비슷한 일이 일어날 것이다. 그것의 합해진 성질은, 연구될 수 있고, 실제로 연구되어왔다. 합해진다는 것 단세포의 원시 감각질과 비슷한 성질이 무엇인지를 이해해야 하지만, 문제는 훨씬 더 쉬워 보인다. 우리는 유령을 찾고 있는 게 아닌 것이다.

단세포와 감각질

감각질의 발생에서 단세포의 역할에 대해서는 어떻게 말할 수 있을까? 이 문제를 다루는 가장 단순한 방법은 상관이 있을지도 모르는 다른 세포의 성질을 고려하는 것이다. 우리가 아는 중에 다른 어떤 체계에서 전기 신호가 응집된 세포 행위를 유발하는가? 앞서 말했듯이 감각질과 가장 유사한 건 근육 수축이다. 다음 성질들은 근육 수축과 감각질의 공통점이다.
1. 둘 다 세포가 전기적으로 활성화되어 유발된다.

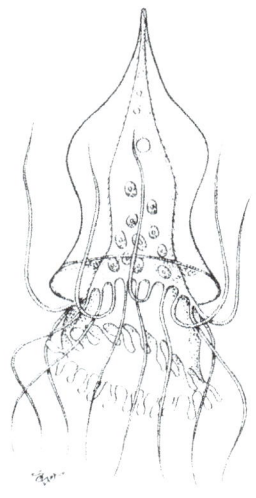

그림 10-2 단세포 유기체인 코도넬라 콤파넬라(Codonella companella)의 그림. 단세포에서도 높은 수준의 구조적 전문화가 가능함을 보여준다. (Villee-Dethier, 1971, 그림 3-2, p.33에서.)

2. 둘 다 관심이 되는 세포 사건은 그것을 유발하는 전기적 사건과 분리할 수 있고, 시간적으로 전기적 활성화에 뒤따른다.
3. 근육 수축이나 감각질의 '협동 사건'은 활성화되는 요소의 수 및 활성화 빈도와 관계가 있는 합산 성질이 있다.
   — 근육에서 세포 활성화의 산물인 힘은 **주어진 시간**에 각 세포가 공통 힘줄_{기하학적 성질}에 가한 당김의 합_{선형적}이다.
   — 감각질에서 세포 활성화의 산물인 '감각'은 **주어진 시간**에 각 세포가 공통 협동 사건_{기하학적 성질}에 미치는 활성화의 합_{대수적}이다.

4. 약물이 근육 수축과 감각질에 영향을 줄 수 있다.
— 나트륨 전도 차단_{예컨대 TTX}으로 전기적 활동을 조정하면 근육 수축과 감각질 둘 다를 방해한다.
— 약물_{글리벤카마이드(glibencamide)}이 막 수용체에 작용하여 세포 안에서 일어나는 특정한 분자적 사건을 조정해서 근육 수축을 조정할 수 있다_{Light 등 1994}. 유사하게 약물_{마리화나와 같은 향정신약}이 막 수용체에 작용하여 세포 안에서 일어나는 특정한 분자적 사건을 조정해서 감각질을 조정할 수 있다.

다음 성질들은 근육 수축과 감각질에 관련된 차이점이다.
1. 근육 수축과 감각질의 궁극적인 산물은 전혀 다르다.
— 힘은 오래된 물리적 개념으로 근본적으로 근육세포 안의 분자들_{미오신과 액틴} 간에 입자를 전달하는 실제 힘의 빠른 교환과 관계가 있다_{근활주설}.
— 감각질_{주관적인 감각}은 오래된 '자연철학' 개념으로 근본적으로 이 순간 우리가 세포 안에서 알고 있는 것과는 아무 관계가 없다.
2. 근육세포는 아주 특이한 내부 구조로 쉽게 알아볼 수 있다. 감각질을 지원하는 뉴런은 현재 감각질을 지원하지 않는 뉴런과 형태상으로 구분할 수 없다. 지금으로선 차이가 있는지조차도 분명하지 않다.
3. 근육세포는 시험관_{in vitro} 조건에서 수축할 수 있다. 감각뉴런은 온전한 동물 내부가 아닌 조건에서는 감각질을 만들어내는 과정을 보여줄 수 없다. 따라서 뉴런의 전기 자극이 감각을 발생시키는 것은 사람이 하는 "네, 그렇게 느꼈어요."라는 말과 같은 행동적 반응으로 보고될 뿐이다.

비슷한 점이 다른 점보다 훨씬 많다는 것과, 차이점의 영역은 구체적인 지식의 부재라는 단일한 범주에 속한다는 것에 주목하라.

감각질의 양을 잴 수 있을까

뇌가 언제나 운동 조절의 기능적 과부하를 줄이려고 애쓴다면, 감각계를 위해서도 같은 일을 하리라고 생각하지 않을 수 없다. 그렇다면 감각질은 무엇을 단순화한 것일까? 우리는 항상 모든 것을 한 번에 경험할 수 없기 때문에 감각질은 시상피질계에서 매순간 초점, 주의, 중요성을 기초로 한 우선순위대로 하나의 구조를 제공한다.

어떤 감각 양상을 통해서든 지각의 작동을 이해할 수 있는 특정한 방법이 있을까? 감각질을 지원하는 기능적 구조를 간파하게 해주는 기본 패턴이 있을까? 다시 말해서 감각질을 무대에 올리는 기능적 구조의 본성을 밝혀줄 감각질의 척도가 있을까? 대답은 '있다'이다. 모든 감각질의 척도는 감각 자극의 강도와 지각의 관계를 지배하는 다음의 베버-페흐너 법칙 Weber-Fechner law Cope 1976 에 의해 수학적으로 주어질 수 있다.

$$s = k \ln A/A_0$$

여기서 s는 감각 경험, k는 비례상수, ln은 자연로그, A는 감각 자극이다. A_0는 감각 경험이 전혀 없는 감각 자극의 수준이다. 즉, 자극이 지각의 역치 아래에서 유지되는 것이다. A의 진폭이 커짐에 따라 감각 경험이 일정한 비율로, 즉 자연로그의 밑인 e의 2.17이라는 값을 기반으로 하는 기하학적 수열로 커지는 것을 볼 수 있다.

감각 경험을 음높이로 환산하여 불연속 지각 사건들로 나누는 이 수학적 수열은 쉽게 이해할 수 있다. 사람은 음높이의 지각적 차이를 음 진동수 백분율 변화의 수천 분의 일 만큼씩 단계적으로 감지할 수 있다. 악보를 보면 소리 진동수에서 주어진 증가분 혹은 감소분에 해당하는 음이 중심 진동수 혹은 음정으로부터 일정한 비율로 변화함을 알 수 있다. 예를 들어 한 옥타브는 이 중심 음 진동수의 두 배에 해당하므로, 옥타브 진동수는 어느 음에서 출발하든 상관없이 다음 옥타브에서 두 배, 두 옥타브를 올라가면 네 배, 세 옥타브를 올라가면 여덟 배 등으로 커진다. 마찬가지로 악보에서 사용되는 5선은 귀도 다레초 Guido de Arezzo 가 1,000년 전에 이 체계를 도입한 이후 왼쪽에서 오른쪽으로 시간을 표시하면서 수직적으로는 소리 진동수의 로그를 표시한다 그림 10-3. 사실 음악인류학자들은 서양 음계의 기본 7음 구조가 전혀 고유한 것이 아님을 안다. 인도 음계의 음인 사, 리, 가, 마, 파, 다, 니는 모든 면에서 서양 음계의 음인 도, 레, 미, 파, 솔, 라, 시와 똑같다. 우리가 일곱 색깔을 인식하는 것도 우연이 아닐지도 모른다. 무지개의 일곱 색깔 구조는 우리의 감각질에 나타나는 일정한 유형이다. 그 순서는 언제나 같다. 두께도 일정한 유형이다. 이것은 숫자 7이 감각 경험의 한계를 정하는 중요한 역할을 한다는 암시를 준다. 조지 밀러 George Miller 가 아주 우아하게 묘사한 마법의 수인 '7±2'라는 명제가 이를 뒷받침한다.

　　이 기하학에 관해, 나는 어떤 감각 경험에서든 감각질의 기본 구조가 하나의 중심점 center point과 더불어 위아래에 중심 값의 비율로서 여러 수준 5~9개의 주요 지점을 기본으로 하는 체계에서 지점 당 2~4개 수준에 걸친 구조로 이루어져 있으리라고 생각한다. 중심점이 가리키는 것은 주어진 감각 양상을 위한 대부분의 수용체가 공통된 발화율이나 패턴을 작동시키는 수준이다. 이 중심점을 넘거나 중심점에 못 미치는 발화율은 중심점을 향해 재조정을 일으킬 것이다. 체온의 경우 체계가 작동하는 중심점은 36.5℃이다. 이 값에서 변동이 생기면 체계를 정해진 점으로 다시 가져가는 사건이 작동하기 시작한다. 비슷한 예로 사람의 전정계, 즉 평형감각을 관리하는 체계에서 신경활동의 중심점은 똑바로 서 있는 상태의 몸을 기초로 한다. 몸의 작은 움직임에도 가장 쉽게 발화하는 전정 뉴런은 주변 작용에 대한 중심점이 균형을 알리는 것으로 직립자세의 중요성을 지적했다.

　　이와 같은 기능적 기하학이 어떻게 나오게 되었는지 궁금하다면, 1614년 존 네이피어 John Napier가 서술한 로그 밑이 e일 때 방해받지 않을 경우 일어나는 자연 증가에 주목해볼 가치가 있다. lnx=1의 해인 이 보편상수 universal constant는 모든 증가를 지배하고 톰슨Thompson의 『증가와 형태에 관하여(On Growth and Form)』를 보라 연체동물 앵무조개의 껍질 곡률에서 멋지게 드러난다. 그것은 자연 어디든 존재하는 아름다운 기하학적 구조의 일례이다. 그러한 대수적 정돈 능력이 있는 뉴런 회로 안에 유입된 전기적 구조에서 감각질이 나온다고 해도 놀랄 일은 아니다. 감각이 베버-페흐너 법칙으로 묘사되는 기하학과 일치한다면, 감각질을 표상하는 뉴런의 전기적 패턴이

그림 10-3 서양의 일곱 음계를 보여주는 악보. 로베르트 슈만의 이 유명한 피아노곡에서 보이는 것처럼, 각 음의 높이를 정하는 것은 높은음자리표(위)나 낮은음자리표(아래) 상의 위치이다.

유사한 대수적 기하를 기초로 작동하는 것도 얼마든지 가능해 보인다.

감각질은 내부 신호를 만든다

오늘날의 지식으로 볼 때, 우리는 감각질에 대한 이해에 상당히 근접한 것 같다. 감각질을 뉴런 회로의 전기적 활동과 기하학으로 환원하길 거부하는 사람들은, 어쩌면 기능적 기하학을 전혀 이해하지 못하기 때문에 그러는 것일지도 모른다. 감각질은 전기 활동이라는 본성을 '느낌'으로 변화시키기 위해 기적적으로 그럭저럭 '틈새에 살고 있는' 어떤 불가사의한 사건이 아니다.

위에 말했듯이 감각질은 국소마취로 사라질 수 있음을 기억해야만 한다. 여기서 기계 속의 유령은 외과 수술에 반응하거나 심지어 머리를 한 대 얻어맞아도 반응을 한다. 초월적인 성질이 언제부터 그렇게 연약하고 생물학적 과정에 가깝게 되었을까? 인색하고도 진지한 과학이 분명히 나타내는 것은, 전기화학적 사건이 감각으로 바뀌는 '불가사의한 변환'이라는 '다리'는 공집합이라는 사실이다. 그것은 존재하지 않는다. 뉴런 활동과 감각은 하나이자 동일한 사건인 것이다.

실제로 단세포가 눈곱만큼의 감각질도 가질 수 없다면, 한 무리의 세포는 어떻게 주어진 개체에 속하지 않는 어떤 것을 만들어낼 수 있을까? 감각질이 단세포의 성질인가 아닌가를 묻는 것은, 운동이 단세포의 성질인가 아닌가를 묻는 것과 비슷하다. 위에서 말했듯이, 운동은 팔다리의 경우에서처럼 많은 근육세포들의 수축 성질이 합쳐져서 생겨난다. 하나의 근육세포는 팔다리의 거시적 운동을 만들어낼 수 없다. 논의를 완성하기 위해서는 신경세포에 '원형감각질protoqualia' 능력이 있어야만 한다. 하나의 조직된 감각을 위해서는 많은 뉴런이 특정한 패턴으로 활성화되어야 한다. 즉, 근골격 기관이 운동을 일으키기 위해서는 일정한 구조가 필요한 것처럼 거시적 감각질을 지원할 수 있는 뉴런 구조가 만들어져야 한다.

감각 FAP의 문제로 돌아가면, 신경과학의 한가운데에는 그 분야가 있어온 시간만큼 존재해온 '표지된 노선labeled lines'이라는 개념이 있다. 이 개념은 기계 속의 유령을 이론적으로 영원히 몰아내는 데 추가의 도움을 줄 수 있다. 표지된 노선 개념은 모든 감각 양상의 경로는 그것이 전달하는 세계의 특정한 성질을 아주 특정한 발화 패턴으로 부호화하며, 각 노선 혹은 경로는 그 특정한 양상의 정보만을 전달한다고 말한다. 문자 그대로 이 특정 패턴이 곧 외부 세계로부터 오는 특정 감각 양상의 메시지인 것이다.

높은 진동수의 소리를 지각하려면 음파를 신경 에너지로 변환하는 수용체가 필요하다는 사실은 직관적으로 이해가 된다. 이것이 청각 기관의 유모세포hair cell로 높은 진동수의 소리에는 높은 발화율로 반응한다. 이와 비슷하게 낮은 진동수의 소리를 제시하면 낮은 발화율로 반응한다. 기계적 압박에 반응하는 피부 수용체인 파치니 소체pacinian corpuscle는 약한 압박에는 낮은 진동수의 박동으로, 더 큰 기계적 압박에는 높은 진동수의 박동으로 표지된 노선 메시지를 발화한다. 표지된 노선 개념은 진동수 부호화 성질과, 각 감각 경로가 특정 감각 양상에 관한 정보만을 전달한다는 사실로부터 나온 것이다.

　　이 표지된 노선 중 하나를 중추신경계 바로 안까지 조금만 더 따라가 보자. 높은 진동수의 소리에 반응해서 발화한 청각 기관의 높은 진동수는 그 자체로 유지되지 않는다. 이 표지된 노선을 따라가다가 종점 청각피질 뉴런에 도달할 쯤이면 높은 진동수 활동이 **낮은** 진동수 활동으로 바뀐다. 이는 우리에게 중요한 무언가를 말해준다. 전달되고 있는 것은 외부 세계로부터 오는 부호나 메시지가 아니라는 점이다. 그 **자체**로 메시지인 것은 바깥에서의 메시지에 반응하는 뉴런 요소이다! 그것은 내부에서 활성화된 감각 FAP로부터 태어난 감각이다. 따라서 표지된 노선이 전달하는 것은 진동수라고 단호하게 말할 수 있다. 왜냐하면 그것이 발사되었으니까!

　　우리는 지금 감각질을 정의할 수 있는 기능적 구조에 조금이라도 더 가까이 가고 있을까? 감각 FAP로 존재하는 감각의 효과기라는 개념을 조금만 더 따라가 보자. 2장과 7장을 통해 운동 FAP가 자연선택된 중추신경계의 기능적 조직, 즉 계산적 효율성에 치우친 조직을 대표한다는 걸 이해하게 되었다. 이 '플러그 앤 플레이 plug and play: 컴퓨터에 주변 기기 등을 접속하자마자 자동적으로 인식과 설정이 이루어져 사용할 수 있는 상태' 모듈은 활성화되거나 방출되면 자동적으로 단순한 것에서 복잡한 것까지 정형화한 운동 실행을 위해 다양한 근육 집단과 협동운동에 기회를 선언한다. 기억하겠지만, 효율성은 미리 설정된 이 기능 모듈들의 자동성에 의해 얻어진다. 즉 뉴런 회로 연결망의 관점에서 뇌는 주변 상황이 몸에서 특정한 기계적 운동을 요구할 때마다 원점으로 돌아가 다시 바퀴를 발명할 필요가 없다. 덕분에 중추신경계는 다른 것에 전념할 수 있는 것이다. FAP의 효과기는 운동 뉴런인 동시에 운동

뉴런이 수축시키는 근육이다. 다시 말해 순간적인 내부적 혹은 외부적 아니면 둘 다인 맥락이 주어질 때 몸이 어떻게 움직일 수 있고 움직일 필요가 있는가 하는 것을 기능적 기하학을 통해 표현으로 바꾸는 일은 기저핵 안에 있는 내부의 기능적 기하학에서 일어난다. 감각질 감각 혹은 감각 경험 도 같은 식으로 생각할 수 있다. 그리고 여기서의 열쇠는 부담을 줄이려는 뇌의 타고난 욕구이다. 앞서 중추신경계 안으로 감각 경로를 따라 조금 더 깊이 들어가면 높은 진동수의 청각 신호가 낮은 진동수의 활동으로 바뀐다고 했다. 이는 전달에 관해 뇌가 가진 경제원칙과 여태까지 이야기해 온 것과 상당히 들어맞는다. 요소는 단순한 것에서 복잡한 것으로 만들어지는 게 아니라 고유한 성질을 운반하는 것이다. 그리고 미리 존재하던 중요한 활동과 다른 중요한 활동의 부재에 의해 전체가 조립되는 것이다.

　이 점은 5장에서 설명한 감각계의 기능적 조직에 관해 이해하게 된 것과 같은 선상에 있다. 외부 세계 성질의 기하학을 내부 기능 공간의 기하학으로 변환하는 일의 본성상 실재는 언제나 **단순화된다**. 그래야 한다. 그것만이 뇌가 실재를 따라잡을 수 있는 유일한 길이기 때문이다.

입력의 산물, 출력의 원동력

　동물에서의 감각질 문제를 다루는 게 왜 그렇게 중요할까? 대부분의 사람들은 동물에게 감각질이 필수라고 확신하지 못한다. 동물은 감각질이나 느낌이 없어도 정확히 똑같은 행동을 할 수 있을 것으로 짐작된다. 감각질이 없어도 일생은 정확히 똑같을 것이다! 고양이는 감각질이 없어도 녀석이 하는 모든 짓을 자동으로 할 수 있을 것이다. 추가되는 이익이 없으니 감각질을 가질 이유가 없다. 그렇다면 그것이 존재한다는 사실을 부인해야 할까? 내게는 반대로 뇌 작동의 관점에서 볼 때 감각질은 **궁극적인** 핵심이라고 생각된다. 감각질은 자아의 한부분으로 다시 우리 와 관련되어 있다. **환상적인 수법이다!** 우리는 감각질 없이 작동할 수 없다. 그것은 기념비적인 중요성을 가진 마음의 성질인 것이다. 감각질은 명확한 틀, 즉 단순화하는 패턴을 제공해서 결정 속도를 높이고, 그러한 결정이 체계로 다시 들어가 지각 풍경의 일부가 되게 해줌으로써 신경계의 작동을 돕는다. 우리는 가시에 옆구리를 찔려 움직였을 뿐만 아니라, 이제는 일반적인 가시에 민감해지기도 했다. 가시를 피할 수도 있고 그것을 길들여 무기로 사용할 수도 있게 된 것이다. 그러므로 감각질은 지각적 통합에서 극히 중요한 도구가 된다. 결합 사건의 보고寶庫인 것이다.

    5장에서 우리는 눈의 진화를 자세히 살피면서 자연이 무척 복잡한 기능적 구조를 만들어내었음을 보았다. 눈, 심장 등과 더불어 FAP와 심지어 언어까지도 기관organ의 전문화된 능력과 의무가 있는 기능의 국소 모듈로 간주할 수 있다. 나는 우리가 감각질을 일종의 우두머리 기관master organ, 즉 개별 감각들이 하나의 집합체처럼 작용하거나 한데 섞이게 해주는 기관으로 이해해야 한다고 본다. 감각질은 이 집합체 활동을 단순화하여 이 판단이 유기체자아의 예측적 필요를 위해 체계 안으로 재입력되게 해준다. 감각질은 감각 경로나 감각에 의해 전달되는 정보의 회로 수준에서 일어나는 판단이나 평가를 나타낸다. 그리고 내부 감각 FAP 활성화의 통합된 산물인 감각은 자아의 내부 풍경 안으로 재순환 또는 재입력되는 궁극적인 예측 벡터를 나타낸다. 그것이 곧 기계 속의 '유령'으로 입력과 출력 사이의 중요한 공간을 나타낸다. 입력도 출력도 아니지만, 입력의 산물이자 출력의 원동력이기 때문이다. 감각질은 우리 뇌가 가진 뉴런 회로의 본질적 성질에서 보자면 비교적 단순화된 구조이다.

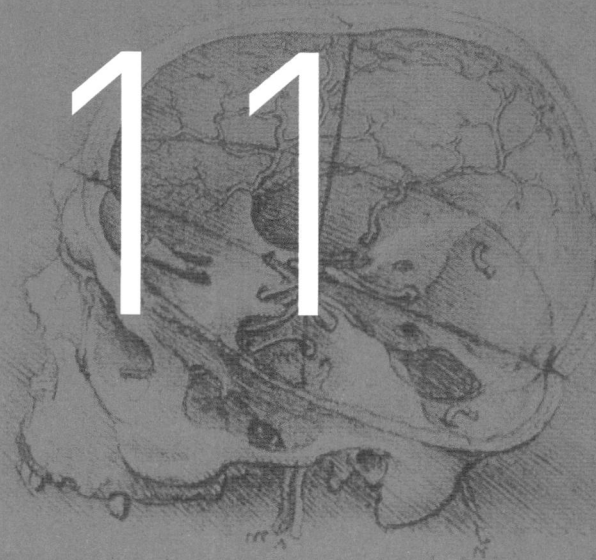

11

추상적 사고와 언어

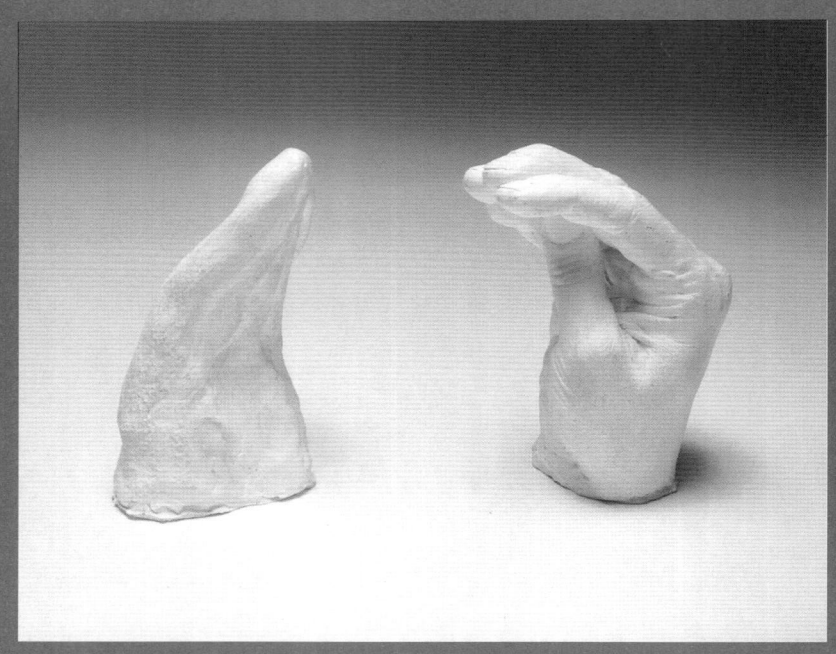

「혀와 손Tongue and Hand」, 키키 스미스Kiki Smith, 1985, 채색 석고, 혀 부분 5-1/2×3-1/2×3inch(14×8.9×7.6cm), 손 부분 5-1/2×3×3-1/2inch(14×7.7×8.9cm). 엘렌 페이지 윌슨 사진. 페이스 윌덴스테인 제공.

추상과 감정

추상abstraction 혹은 추상적 사고abstract thinking를 정의하는 것으로 이 장을 시작해보자. 추상은 일반적으로 마음속에만 존재하는 무언가를 가리킨다. 즉 외부 세계에 존재하는 혹은 존재하지 않는 무언가의 정신적 표상으로서의 개념이다. 추상, 혹은 추상을 일으키는 신경 과정들의 집합은 신경계 기능의 근본 원리이다. 이 과정의 속성은 진화 과정에서 신경계가 종족발생적으로 획득한 배선 패턴에서 기원한다. 이와 같이 추상은 오래 전 원시적인 신경계에서 시작되었을 가능성이 높다. 이 관점은 신경계가 예측적 운동을 위한 준비를 하고 있었다는 사실에 근거한다. 전신의 맥락 안으로 운동을 집어넣기 위해서, 동물은 먼저 어떤 유형의 내부 '이미지'를 만들어내거나 전체로서의 자신을 묘사할 능력이 있어야 한다. 그러므로 동물이 내부에서 만든 이미지는 전략을 지원하고 그것을 중심으로 전술을 구성할 수 있도록 해야 한다.

언뜻 보아도 자발적으로 발생하는 내부 감각운동 변환7장을 보라은 변환에 필요한 명백한 뉴런 연결망과 일치하지 않는다. 내부 감각운동 변환은 발가락이 채였을 때 곧 다리를 꺾어 충격을 완화하는 행동 같은 것이다.

분절반사segmental reflex 이상을 표상하는 것은 더 새로운 유형의 배선이다. 그것은 초분절적metasegmental으로 국소 분절에 의해 지원되는 보행이 아니라 다분절로 이루어진 긴 동물의 조화로운 걷기와 같은 포괄적 기능을 나타낸다. 여기서 '긴 동물'이란 머리끝과 꼬리 혹은 발끝이 있고 몸의 길이를 관통하는 혹은 보조하는 기둥이나 사슬 모양의 신경조직을 가졌으며 대뇌가 있는 동물을 가리킨다. 이 묘사에는 아주 원시적인 척색을 가진 하등한 동물에서 상당히 정교한 척수를 가진 동물까지 포함된다. 신경계가 진화에서 분절 방식의 조직을 선택한 것은 몸의 부피에 대한 표면적을 최적화하므로 외부 세계에서 들어온 신경 신호가 이동할 하는 거리를 최소화하려는 신경생물학적 실용성에서 비롯되었을 것이다. 긴 동물의 몸은 기본적으로 동전을 눕혀서 쌓은 모양으로 만들어진다. 여기서 각 동전을 보조하는 신경적 수단은 해당 분절에 관해서는 알지만 상대적으로 그 외의 것은 거의 모르도록 구성되어 있다. 이 분절들로 완전하게 작동하는 한 마리 동물을 만들기 위해서는 분절적이지 않은 신경계가 있어야만 한다. 이 부분은 많은 분절들을 한데 모아 통일된 전체를 만들어낼 수 있다. 위에서 말했듯이 우리는 이것을 추상 기능의 시작으로 여긴다. 이 신경계의 부분은 특정한 분절 수준에서 신경계의 연결망에 **직접적**으로 연관되지 않기 때문이다. 중추신경계는 동물이 일련의 단위 분절들로 구성되어 있다는 사실을 추상화한다. 바로 그 사실에 의해 분절 간 통합 과정은 하나의 추상이 되고, 자연선택된 생물학적으로 추상이 시작되었음을 나타낸다. 중추신경계가 척수 앞에서 무성하게 뻗어 나와 꼭대기에 있는 대뇌에서 끝난다는 사실은 이것이 진화의 방향이라는 것을 뒷받침한다. 동물은 자신의 내부 표상을 부분들의 집합으로만이 아니라 하나의 전체적 존재로 가질 수 있다. 이같은 사실은 동물의 신경학적 발생에서 비롯된다는 근거로 매우 중요하다. 추상이 시작되고 자아가 등장하는 곳이 바로 여기, 이 원시적 초월사건 metaevent으로부터이다.

이것이 예측과 어떤 관계가 있을까? 신경계의 본질적 회로는 동물 자체를 묘사하는 것은 물론이고 동물에게 오는 입력을 묘사하는 걸 넘어서, 바깥에서 일어나고 있는 것의 전운동 표상을 만들어낼 능력이 있다. 이로부터 운동 이미지를 가지고 동물은 자기참조적으로 무엇을 할지를 결정할 수 있다. 예측을 할 수 있는 것이다. 동물이 달리거나 싸우거나 먹이를 찾거나 뭘 하는 신경계는 기능적으로 감각운동 속성을 표상하는 회로이고 이 중추적 사건의 본질은 추상적이다.

이제 중요한 건 운동을 유발하는 자극과 풀려난 운동 FAP 사이에 일어나는 사건이다. 유발 자극은 외부에서 흰족제비가 내 바지로 기어오르고 있다! 올 수도 있고 내부에서 집에 가스레인지를 켜 두고 왔다! 올 수도 있다. 어느 쪽이든 적절한 내적 중요성이 부여되면 순환하는 시상피질계의 순간적인 상태나 맥락에 의해 그 안에서 이 자극은 감정 상태로 증폭된다. 신경계는 보통 조건에서는 앞서 발생한 감정 상태에 의해서만 FAP가 행동으로 풀려나도록 배선되어 있음을 이미 보았다. 그렇다면 그러한 내부사건인 감정은 전운동 상태라고 할 수 있다.

여기서 더 나아갈 수 있다. 감정이나 감정 상태는 외부 세계에 존재하지 않는 사건이다. 그것은 순전히 내부사건이고 운동성으로 표현하지 않으면 계속 우리 다른 사람의 관찰자로서에게 완전히 가려져 있을 것이다. 정확히 **어떤** 감정이 일어나고 있는가는 주어진 감정에 의해 풀려난 FAP의 표현을 통해서만 추리할 수 있다. 개가 으르렁거리면서 나를 향해 이빨을 드러내고 있다면 그 개는 나를 보는 게 즐겁지 않은 것이 분명하다. 내가 그것을 어떻게 알게 되었거나 추리하게 되었는지는 또 하나의 중요한 문제로 나중에 논의할 것이다. 그 자체로 순전히 내부사건인 감정은 중추신경계 쪽에서 보면 단순히 발명된 상태이고 그 자체로 추상이라는 게 여기까지의 요점이다. 감정이 중추신경계 기능의 본질적 산물이라면 추상도 마찬가지다.

지향성, 운동의 표상

　예측으로 돌아가자. 예측에는 목표가 있어야 한다. 그렇지 않으면 참조할 근거가 아무 것도 없다. 목적 없는 운동은 낭비일 뿐만 아니라 위험할 수도 있다. 운동의 목표는 뚜렷해야만 하고, 여기서는 그것을 목표에 의해 하려는 것으로 정의할 수 있다. 역시 하나의 추상인 지향성은 원하는 운동 결과의 전운동의 자세한 목록으로, 그것을 통해 특정한 감정 상태가 표현된다. 즉 실제로 하기 전에 무엇을 할 것인가를 선택하는 것이다.

　다음을 생각해보자. 뇌가 운동 전략을 계획해서 필요할 때 제공할 수 있다면, 머릿속에서 일어나고 있는 것의 운동적 표상으로서의 **지향성**을 밖으로 표현할 능력도 있을 것이 틀림없다. 나는 지금 전운동 활동의 외부적 표현이 특정한 운동 패턴의 활성화에 앞서 그것을 예고한다는 걸 말하고 있는 것이다. 한 예로, 위험에 빠져서 실제로 뛰기 시작하기 전에 "뛰어!"라고 소리친다. 이는 언어가 가진 결정적으로 중요한 점을 부각시킨다. 나는 지향성의 여러 측면을 발성하는 능력이 처음에 **사물의 성질을 사물 자체로부터 분리하는 능력**으로서 개발되었다고 제안한다. 이 추상의 과정은 오랜 세월에 걸쳐 알파벳과 같은 정신적 자산을 낳았다. 덕분에 우리는 언어를 도구로 사용해서 머릿속에서 재입력할 사건들을 만들어낼 수 있었을 것이다. 이제 첫 번째 결론에 도달했다. 언어 발생에 선결되는 기반으로 언어가 의사소통이 가능할 만큼 충분히 잘 구성되기 전에, 이미 신경계는 사물 자체에서 사물의 성질을 추상화하는 데 필요한 전운동 심상을 만들어낼 능력을 가지고 있었음이 틀림없다. 보편성을 추상화하는 데에는 전운동 심상이 필요했다.

그러므로 언어의 진화를 고려할 때 염두에 두어야 하는 중요한 두 가지 문제가 있다. 첫째, 진화 과정에서 추상적 사고는 언어보다 앞서 생겨났다. 둘째, 모든 면에서 의도된 언어로 표현되는 전운동 사건은, 의도된 운동에 앞선 전운동 사건과 똑같다는 것이다. 유사한 이 두 사항을 통해 알 수 있는 것은 언어는 단순히 훨씬 더 크고 일반적인 기능의 범주에 속한다는 사실이다.

운율, 바스락거리는 언어

이제 그 기원과 필수적인 도구로서 진화된 언어에 대해 좀 더 알아보자. 다소 방황하는 것 같은 눈의 진화와 마찬가지로, 언어도 진화 시간을 거슬러 분명하게 추적하기가 어렵다. 그에 관한 논의와 개념들을 참고하려면 MacNeilage 1994, 1998; Verhaegen 1995; Gordon 1996; Ujhelyi 1996; Aboitiz와 Garcia 1997 a, b; Honda와 Kusakawa 1997; Ganger와 Stromswold 1998; Gannon 등 1998; Kay 등 1998; Doupe와 Kuhl 1999; Nowak과 Krakauer 1999. 앞의 예에서와 같이, 전문화된 기관의 등장에 앞선 진

화 단계들이 반드시 오늘날의 기관처럼 보이거나 기능하는 것은 아니다. 우리를 눈으로 데려간 수많은 일생에서 배웠듯이, 언어의 조상에서도 어쩌면 예기치 않은 계통적 경로를 거쳤을 것이다.

이제 더 나아가기 전에 몇 가지 정의를 분명히 해야 한다. '언어language'란 무엇일까? 맨 처음 전형적으로 떠오르는 것은 사람의 언어이다. 그것의 폭넓은 유형, 말할 뿐만 아니라 쓰기도 한다는 것, 자신의 언어 이외의 언어는 즉시 신비의 막으로 가려진다는 사실이 떠오른다. 대부분의 사람들은 언어가 전적으로 사람의 능력이라거나 사람이 언어를 발명했다고 생각한다. 그러나 나는 진정으로 그 생각에 동의하지 않는다. 이유는 간단하다. 언어는 분명히 진화적 의미에서 호모 사피엔스보다 더 오래된 많은 종에도 존재하기 때문이다. 게다가 인간에게만 있다고 하기에 언어는 동물의 왕국 전체에서 너무나 일반적인 속성이다. 인간이 가장 풍부하고 가장 복잡한 언어를 과시한다는 건 사실이지만, 그렇다고 인간이 언어의 기원이거나 유일한 소유자라고 할 수는 없다.

한 동물이 다른 동물과 의사소통하는 방법이 언어라고 정의하자. 이렇게 보면 언어는 다소 크고 일반적인 범주이다. 이 정의는 의사소통하려는 의지intent보다는 단지 궁극적으로 어느 수준의 의사소통이 달성되는가를 가리킨다. 지금까지, 언어는 중추신경계의 본질적 추상성에서 나온 논리적 산물이거나 단순히 추상적 사고의 산물이라고 말했다. 그러나 이는 언어 안에서 내가 생물학적 '운율prosody'이라고 부르는 하위 범주라고 말하고 싶다. 운율은 운동 행동의 더 일반화된 형태, 내부 상태를 밖으로 드러낸 몸짓, 중추에서 만들어진 추상의 외부적 표현으로서 다른 동물에게 전하는 메세지이다. 우리에게 미소, 웃음소리, 찡그림, 눈썹 치켜 올림은 모두 운율의 형태이다. 다른 누군가가 알아보고 이해할 수 있는 방식으로 내부의 순간적 상태를 전달하기 때문이다. 운율은 언어이지만, 말로 하는 언어는 아니다. 그럼에도 불구하고 목적이 있는 의사소통이다. 운율은 사람에게만 국한되지 않는다. 동물의 왕국 전체에 퍼져 있으며 진화적으로도 꽤 오래된 것이다. 다윈은 얼굴 표정에 관해 쓴 책에서 동물의 운율을 기분과 표정의 관점에서 서술했다. 그는 표정과 자세가 한 동물의 순간적인 내부 상태를 어떻게 나타내는지를 밝혔다. 운율은 감정이나 의도처럼 내부 추상의 표현이다. 따라서 운율 사건은 다른 동물에게 그 순간 자신의 내부 상태가 어떠한지 전달하는 운동 표현과 짝지어지는 하나의 추상이다.

운율이 언어에 속한 하위 범주를 나타낸다면, 운율이 없는 언어란 어떤 것일까? 유난히 특이한 유형의 언어가 있는데, 그것은 아주 단순한 메시지를 전달함에도 불구하고 그 종의 생존을 위해서는 필수적이다. 나방의 페로몬 전달 및 수용 체계는 수 킬로미터까지 유효한 것으로 알려져 있는 원거리 의사소통의 대표적인 예이다. 암컷이 방출하는 페로몬은 특이하게 전적으로 같은 종의 수컷만 인식할 수 있고, 다른 나방들이 우글우글한 활동 영역 안에서 서로의 짝을 찾을 수 있을 정도로 의사소통에 효과적이다_{Willis와 Arbas 1991; Hildebrand 1995; Roelofs 1995; Baker 등 1998}. 그러나 이 언어는 그 종의 생존에는 중요할지 몰라도 내부에서 만들어지는 추상을 밖으로 표현하는 것과는 아무 상관이 없다. 그러므로 이는 운율이 아니라 단순히 특정한 분자의 방출과 수용을 통해 행동을 조정하는 사건일 뿐이다.

그러나 대개의 경우 언어는 운율적 사건을 포괄한다. 언어는 진화의 많은 수준에서 관찰되며 다른 여러 기능을 위해 봉사하는 걸 볼 수 있다. 인간의 언어가 아닌 것 중 잘 알려진 언어로는 단순한 명령을 주고받는 꿀벌의 언어가 있다. 이 언어는 기본적으로 하나의 춤, 즉 공간에서 공연되는 리듬과 방향이다. 꿀벌 종에 따라 고유한 이 춤은 벌집을 기준으로 먹이의 양과 위치에 관한 정보를 알려준다. 이런 식으로 군체 내의 모든 꿀벌이 먹이에 관해 알고 그것을 지키도록 도울 수 있다von Frisch 1994; Gould 1976, 1990; Hammer와 Menzel 1995; Menzel과 Muller 1996; Waddington 등 1998. 이처럼 척추동물과 기타 무척추동물의 언어도 연구되어 왔다. 어떤 경우에도 수용하는 유기체가 전달되는 정보를 어떤 목적을 위해 사용할 수 있으려면 의사소통 형태에 사회적 질서가 필요하다.

가족을 위한 먹이의 문제와는 아주 다른 정보를 전달하는 변종 언어도 있다. 예를 들어 대개의 동물은 방어를 하고 있는지 반격을 날리기 직전인지를 공격자가 분명하게 알아볼 수 있는 자세를 취한다. 복어가 몸을 부풀리는 건 단순한 자세이고, 대부분의 척추동물이 취하는 이빨 드러내기와 으르렁거리기는 매우 일반적인 자세이다. 코뿔소나 물소처럼 뿔이 있는 동물은 위협하거나 공격하는 동물 쪽으로 뿔을 향하는 자세를 취한다. 이 모든 것이 언어이다. 가짓수는 매우 제한적이지만 이 운율 형태는 모든 유형의 목적이 있는 종과의 혹은 종끼리의 의사소통의 기본이 된다.

진화의 사다리를 높이 올라갈수록 수준 높은 체제를 전달하는 언어를 볼 수 있다. 늑대의 언어가 그렇다. 늑대 무리는 운율을 써서 사회적으로 구축된 비교적 복잡한 공격 및 방어 행동을 표현한다. 이 경우 서로 다른 동물들 간의 관계는 단순한 운율의 관계일 뿐만 아니라 실제로 언어가 사용되는 사회적 맥락을 나타내기도 한다.

늘대에서 볼 수 있는 이러한 운율 형태는 매우 정교해서, 전체적인 표현을 위해 울음소리, 눈 맞춤, 고갯짓, 전신 의사소통을 포함한 많은 수의 서로 다른 운동 방법을 이용한다. 예를 들어 어떤 늑대가 우두머리가 될지는, 힘센 녀석이 누구인지에 대해 의사소통하는 것으로 결정되는 게 아니라, 우두머리에게 수컷들이 복종의 표현을 함으로써 스스로의 사회적 지위를 나타내는 방식으로 결정된다. 그 수컷들은 등을 대고 자빠져서 우두머리에게 자신의 목을 내어줄 것이다. 이 형태의 언어로부터 사회적 위계질서가 확립되고, 무리는 전체의 전략에 중심이 된다.

그러나 사냥하는 동안은 여러 변수들이 일어나므로 어떤 늑대든지 움직임을 개시할 수 있기 때문에 진정한 지도력이 강하게 드러나지 않는다. 그래도 사냥할 때와 새끼를 돌볼 때 녀석들은 확실하게 협동한다. 그렇듯 야생 늑대 무리에서는 지배 체제가 뚜렷하게 드러나지 않지만, 동물원에 갇혀 있는 늑대 무리는 사람이 먹이를 주기 때문에 사냥이 불필요해지면서 서로를 위협하고 우위를 다지는 데 많은 시간을 보낸다 Dewsbury와 Rethlingshafer, 1973.

위의 예는 갇혀 있을 때 관찰된 행동을 보고 야생에서의 행동에 관해 설부르게 일반화를 하지 말라는 경고이다. 늑대의 사회 체제에는 분명히 위계질서가 있다. 따라서 언어나 운율적 사건은 서로 다른 위계 수준에서 다르게 이해될 것이다. 같은 운율이라도 다 자란 수컷에게는 공격 순서에서 자신의 차례임을 알려주는 단서가 되고, 새끼에게는 단순히 공격과 방어의 차이를 가르쳐주는 것이 될 수 있다. 여기서의 요점은, 모든 수준에서 통용 가능한 공통적인 요소가 없다면 사회적 위계질서 자체가 존재할 수 없으리라는 점이다. 이 경우에서처럼 언어는 특정한 사회 질서의 맥락 안에서 발달했음을 알게 되었다. 전체의 이익을 위해 동물들을 단일하게 움직이는 존재로 결합시키는 수단으로 발달했던 것이다.

아프리카의 들개에게는 아주 흥미로운 사냥 습성이 있다. 녀석들은 흔히 키 큰 풀들이 있는 곳에서 공격을 한다. 먹잇감인 작은 동물들이 주로 그곳에 숨어 있기 때문이다. 이 들개는 끝이 하얀 꼬리를 항상 공중에 꼿꼿이 세우고 있다. 녀석들이 특정한 패턴으로 꼬리를 앞뒤로 흔들면 그것이 주변 시야를 자극하므로, 각 개들은 그다지 주변을 살피지 않아도 다른 꼬리들이 어디에 있는지 알 수 있다. 따라서 먹이를 덮치거나 구석으로 몰면서 무리의 구조에 관해 끊임없이 최신 정보를 보고받는다. 여기서 해부학적 구조가 전략의 언어와 관련되도록 진화했다는 필연적인 결론을 가만히 들여다보면 탄성이 절로 나온다.

개 족속의 이 운율적 집합체 성질 덕분에 개는 사람과 아주 특별한 관계를 맺을 수 있었다. 특히 이 관계는 양을 치거나 사냥을 하는 경우처럼 사람과 개가 팀을 이루는 상황에서 분명하게 드러난다. 여기서 개는 단순히 유전적으로 결정된 성질들 _{추상과 운율}을 표현하면서 이미 알고 있는 위계 관계를 각인하고 있는 것이다. 다만 여기서의 위계는 다른 개가 아닌 어떤 동물과의 관계일 뿐이다.

모방, 운율은 전염된다

언어가 일반적으로 특별한 소리나 몸짓으로 표현되는, 운율의 전언어적 prelinguistic 유형의 속성에서 진화했음이 분명해 보인다. 하지만 언어가 지닌 중요한 요소를 간과해서는 안 된다. 운율이 순간적인 내부 상태의 외적 표현인데 그것을 다른 동물이 이해하지 못한다면 어떻게 될까? 합의된 의미가 없는 의사소통은 결코 의사소통이 아니다. 따라서 우리가 진정으로 묻고 있는 것은, '어떻게 의사소통에 의미가 생겨났을까?' 하는 것이다.

여기에 뇌 활동의 전염성으로 불릴만한 무언가가 있다. 웃음이 완벽한 예다. 웃음은 사람들 사이에 전염이 된다. 누군가 깔깔 웃기 시작하면 이것을 듣고 혹은 보고 곧 웃지 않을 수 없다. 다시 말해서 웃음이 발생하고 그것을 수용하면 우리는 머릿속에서 유사한 상태를 만들어낸다. 마치 추상 자체가 전염성 그 자체를 이해하는 것처럼 보이는 뉴런 회로의 본질적 성질 인 것처럼 보인다. 웃음이 전염성인 것처럼 하품이 그렇다면, 이빨을 보이고 으르렁거리는 것도 전염성이라고 생각할 수 있다. 이 점을 더 살펴보자.

오스트레일리아의 물총새 kookaburra를 보자. 이 새들은 함께 어울려서 두세 그루의 가까운 나뭇가지에 점점이 앉는다. 고요를 깨고 한 마리가 특징적인 소리를 내기 시작한다. 이 소리는 변형시킨 사람의 웃음소리처럼 들린다. 다른 한 마리가 처음과 같은 소리를 흉내내면서 합세하고, 몇 초 안에 전체 새떼가 '깔깔 웃는다'. 개똥벌레에게서도 유사한 사건을 본다. 한 마리 수컷이 불을 켜면 다들 합세한다. 그러면 멀리 떨어져 있는 암컷은 진짜로 번쩍한다!

이 모방이 언어에 대해 의미하는 것은 무엇일까? 신경계가 우연히 감각 입력을 통해 **다른 신경계**가 보이는 FAP를 알아볼 능력을 얻게 된다면, 이는 그 동물이 무리를 지어 살게 될 때 아주 유용한 성질이 될 것임을 상상할 수 있다. 이 성질은 그 무리를 같은 종류로 묶는다. 그래서 서로를 모방할 능력이 있는 동물은 그로 인해 싹튼 친밀감 때문에 즉시 일가를 형성하는 경향이 있을 것이다. 어이! 너 **우리** 편이로구나!

자신의 일가를 알아보는 것은 아주 오래된 현상이다. 하지만 이러한 인식은 모방을 통해, 즉 감각을 통해 하나둘씩 모이는 다른 동물의 FAP를 반복함으로써 길러진다 그림 11-1. 하지만 종을 넘나드는 소통적 의미에 대해서는 무슨 말을 할 수 있을까? 아직까지 나를 향해 으르렁거리고 있는 개를 보면, '난 이제 큰일난' 것이다. 다른 개의 경우도 마찬가지다. 개는 그것을 어떻게 알까? 나는 어떻게 알까? 아니, 우리는 어떻게 알게 **되었을까**? 진화를 뒤로 감아서 잘 생각해보자.

어떤 동물이 다른 동물에게 이빨을 드러내도, 다른 동물은 이 FAP를 알아차리지 못한다. 그럼에도 불구하고 이 FAP는 '너도 이빨을 보여줘' 혹은 '뛰어' 라는 FAP를 유발한다. 왜? 이빨을 드러내는 FAP를 빨리 알아차리지 못했던 모든 동물은 **죽었으니까**! 그 동물들은 점심거리가 되었고, 따라서 세월이 지나면서 자연히 유전자 풀에서 퇴출된 것이다! 하지만 자연선택으로 남은 동물들은 그러한 FAP 인식이 타고난 선험 명제가 되도록 진화했다. 따라서 반드시 개체발생 시간 내에 실시간으로 암기하지 않아도, 종족발생에서 일정한 것을 위험으로 인식하는 능력이 나온다. 예를 들어 물고기는 태어날 때부터 밝은 색깔의 다른 물고기는 위험하다는 걸 알

그림 11-1 모방을 통해 학습한 개미 낚시. (니시다T. Nishida가 찍은 사진, Whiten 등 1999.)

고 있다. 저기 있는 저 밝은 색깔의 물고기는 독이 있다. 저놈들은 그걸 **광고하는 거다!** 그리고 이는 물고기에게 꼬리지느러미가 있다는 사실과 똑같이 배선되어 있는 것이다!

  위의 예는 진화적 하류의 종점이지만, 발단에 있는 것은 모방이다. 물론 우리는 수용자가 이해하지 못한다면 언어는 아무 의미가 없다는 데 동의한다. 이해는 어떻게 일어날까? 수용자가 언어의 뜻을 이해하는 가장 쉬운 방법은, 수용하는 동물이 어떤 식으로든 자신이 운동한 사건의 결과를 그 운동 사건의 감각적 수용과 연관시키는 것이다. 즉, 내부 감각운동 이미지의 외부적 운동 표현을 수용하는 동물이 실제로 감각적으로 경험하는 것과 짝짓는다. 원숭이는 본다, 원숭이는 한다. 그것은 학습을 통해서도 이루어질 수 있지만, 그보다는 더 강력해야 한다. 그것은 이 모방된 운동 행동의 결과를 감각적으로 이해함으로써 이루어졌을 것이다. 이 문제는 약간 복잡하다. 넘어야 할 장애물이 있다.

　　이번에는 내가 악어가 되어 이빨을 드러낸다고 하자. 너무도 간단하지만 여기에는 문제가 있다. **나는 결코 나 자신이 이빨을 드러낸 모습을 보지 못한다는** 사실이다. 그러나 자신의 으르렁거림은 들을 수 있는 나는 내 기분이 어떠할때 으르렁거리는지를 알 것이다. 으르렁거림이 이빨 드러냄과 연관된다면 나는 곧 둘을 연관시킬 것이다. 이것이 바로 다른 악어가 나를 향해 이빨을 드러낼 때, 그 악어가 나를 공격할지도 모른다는 생각 때문에 그 악어에게서 시선을 떼지 못하는 이유이다. 우리는 진화적 난제에 봉착해 있다. 보편성을 알게 되는 것은 보편성을 모르는 것에서 나왔음에 틀림없다. 이런 일이 일어날 수 있는 길은 둘 중 하나밖에 없다. 신경계가 자신이 무엇을 하게 될지를 미리 완벽하게 알거나, 아니면 모르거나. 모르는 경우 나의 반응을 결정하는 것은 자연선택이다. 즉, 다른 악어가 나에게 이빨을 드러내면 나도 바로 이빨을 드러내는 것이다. 물론 답은 후자인 자연선택이 되어야 한다. 어떻게 아냐고? 사람들이 생전 처음으로 TV나 영화에서 자신을 보았을 때 어떻게 행동하는지를 생각해보라. 내부의 무언가는 같은 사건의 외부적 표현과 일치하지 않는다. 따라서 **그냥 그것을 하는 것의 감각운동 이미지**으로는 완전히 이해하는 데 충분치 않다. 운동 행동의 결과를 감각적으로 이해하는 방법이 있어야만 하고, 그 유일한 길은 모방을 통하는 것이다. 나는 나 자신이 이빨을 드러낸 모습을 볼 수 없지만, 내가 화가 나서 공격할 태세일 때 그렇게 한다는 사실을 안다. 그것은 나의 감정 상태이고 그 감정 상태가 방출하는 FAP다. 이제 나는 다른 동물이 나를 향해 이빨을 드러내고 있는 걸 본다. 그것은 다른 악어일 수도 있고 이빨을 드러낸 다른 동물일 수도 있다. 이때 FAP는 내가 아는 분노와 똑같은 내부 상태의 외적 표현이라고 종합 판단할 것인가, 아니면 하지 않을 것인가? 그렇게 하길 바란다 나의 생명이 거기 달려 있으니까. 하지만 여기서의 요점은 이것이야말로 어떤 동물이 다른 동물의 순간적인 내부 상태가 어떤지를 깨닫고 알게 될 수 있는 유일한 길이라는 것이다. 나아가 이 부분에 대한 이해는 시행착오와 모방을 통해 얻어져야만 한다. 모방이란 다른 동물이 표현하고 있음을 알아차린 운동 행동을 복제하려는 시도를 말한다. 그러한 이해는 시행착오에 의해 일반화된다. 나는 다른 동물의 특별한 몸짓이 위험을 의미한다는 걸 몰라서 그것을 영원히 이해하지 못할 수도 있다. 대신 그것을 아는 악어들 주위에 오랫동안 살면서 다른 악어들을 향해 이빨을 드러내고 으르렁대는 악어들의 행동을 단순히 모방했을지도 모른다. 그들이 걸어가므로 나도 그들과 함께 걸어간다. 갑작스러운 사건이 무엇이었는지에 관해서는 어렴풋한 짐작조차 없이! 하지만 동료 악어가 가진 지식 덕분에 나의 생존 기회는 늘어난다. 나는 자연히 선택된다. 마치 무언가가 나를 향해 이빨을 드러내면 그것이 위험을 의미한다는 걸 내가 알기라도 하는 것처럼 행동하기 때문이다. 이것이 바로 이해의 일반화이며, 그 이해 역시 시행착오의 결과이다. 이것이 각 동물 특유의 정보 범위, 즉 내 주변의 동물들이 무엇을 하고 이것이 나에게 무엇을 의미하게 되는가를 알려준다.

    여기서 일어나는 패턴 인식은 전적으로 맥락에 의존한다. 이것이 바로 나일강에서 잡은 악어를 아마존강에 집어넣고 살아남기를 기대할 수 없는 이유이다. 거기에는 더 이상 친숙한 패턴도 없고 이미 형성된 내부와 일치되는 외부 세계도 없다. 그 악어는 주변의 **어떤** 것도 알아보지 못할 것이다. 안타깝게도 그 악어의 체계는 자신을 둘러싸고 있는 것과는 완전히 다른 외부 특성의 집합이기 때문이다! 다시 말해서 추상을 빼앗긴 것이다!

간단한 각주; 마치 추상이 내부와 외부의 일치를 추구하고 있는 것처럼 보인다. 그 체계는 가까운 패턴만을 인식할 수 있는 것 같다. 각인에 관해 이야기한 것을 상기하라. 이 현상은 이해나 의미를 낳고 연관시키기 위해 분명히 패턴 인식, 즉 추상을 적용한다.

또 하나의 예로, 최근에 마이크로칩으로 인공 꿀벌을 만든 적이 있었다. 그것은 춤추고, 다른 진짜 벌들과 의사소통을 하고, 다 함께 먹이를 찾아 전속력으로 날아가기도 한다 Montague 등 1995. 그것은 정말로 꿀벌일 필요가 없다. 그저 상당히 가깝고 역동적인 4차원의 기하학적 패턴이면 되는 것이다!

언어 발달에서 모방의 역할

모방과 언어 발달에서 모방이 하는 역할로 돌아가자. 자연선택은 모방을 본질적 성질로 만들기 위해서 어떤 경로를 택했을까? 가장 저항이 적은 경로를 택했을 것이다.

우리는 지금 모방하는 능력에서 중요한 다음 단계인 모방하려는 욕구로 넘어가고 있다. 대부분의 동물이 청각계를 통해 모방을 아주 쉽게 달성한다는 사실은 모방하려는 본능을 증폭시킨다. 왜? 어떤 소리를 들으면 그것과 일치할 때까지 몇 번이고 반복해서 자신의 소리를 만들어낼 수 있기 때문이다.

앞에서 지적했듯이 시각계는 좀 더 어렵다. 우리는 대개 무언가를 하고 있는 자신을 볼 수 없기 때문이다. 따라서 모방은 그것이 아주 쉽게 번성하는 체계 안에서 가장 빠르게 진화하고 폭주하게 된다.

소리의 모방

동물은 소리를 낼 수 있다. 소리의 좋은 점은 동물이 스스로 내는 소리를 들을 수 있다는 것이다. 발성의 FAP는 엄청난 차이를 만든다. 이제 그 동물은 운동 관점에서 자신이 가진 어떤 감각 테이프, 즉 자신이 모방하고자 하는 어떤 소리에도 필적할 수 있기 때문이다. 새의 노래 문제를 기억하라.

발성은 아주 흥미진진한 주제이다. 몇 가지 이유로 우리는 으레 사람의 언어를 뜻할 때 발성과 언어를 한 덩어리로 취급하는 경향이 있지만, 발성은 훨씬 오래된 것이다. 우리가 알기로 발성이 풍부하게 진화된 것은 의도나 운율이 발성이라는 효과기와 결합된 후이다. 그러나 발성이라는 효과기는 아마 우연한 운동 사건으로 처음 생겨나 이로움을 주면서 자연적으로 선택되었을 것이다.

처음에 발성 자체는 비교적 정교한 FAP 중 하나였다. 어떤 FAP냐고? 우리는 다치면 크게 운다. 아프니까 우는 것이지만, 이 발성도 일종의 방어다. 큰 소리로 울면 일순간 사람이든 다른 동물이든 공격하는 상대를 깜짝 놀라게 하는 경향이 있고 순간적으로 공격자의 주의를 딴 데로 돌릴 수 있다. 비명을 지르면 공격자는 멈칫하고 심지어 가버릴 수도 있다. 생존의 기회를 높인 것이다. 이제 진화적 의미에서 생각해보라. 우리는 얻어맞을 때나 공격당할 때 비명을 지른다. 이는 얻어맞거나 공격당하고 있다고 생각할 때도 비명을 지르는 것으로 발전한다. 다음엔 공격받는 것과는 아무 상관없이 단순히 아픔을 느낄 때도 비명을 지르게 된다. 배가 찌르는 듯 아프거나, 다리에 쥐가 나거나, 돌부리에 걸려 넘어질 때도 비명을 지른다. 그때부터 일반화가 일어난다.

발성은 그냥 외부 활동에 대한 반응을 나타내는 것으로부터 **내부** 활동을 나타내는 데로 옮겨간다. 발성은 각성arousal시키는 운동 반사이다. 이제 각성이 외부 세계에서 오는 무언가에 대한 반응일 뿐이라고 생각해서는 안 된다. 자명종 시계는 확실하게 각성을 일으키는 물건이 분명하다. 하지만 각성은 밖에서와 마찬가지로 내부 상태인 안에서도 일어난다. 실수로 차 열쇠를 차 안에 두고 잠갔음을 몇 시간 후에 깨닫는다. 에구머니나! 이는 절대적으로 각성이다. 이 상태는 차 안에 열쇠를 두고 잠근다는 내부 자극이 마음을 어지럽히는 것으로부터 생겨난다. 이러한 개념이 바로 자극이다. 혹은 너무도 강렬한 꿈이 우리를 잠에서 깨울 수도 있다. 이 역시 순전히 내부에서 비롯되는 각성이다. 외부 세계의 자극도 신경계를 때리고 내부 세계에서 나오는 자극도 신경계를 때린다. 이 점에서는 거의 똑같다. 따라서 동물은 실제로 얻어맞았기 때문에도 울고 안으로부터 얻어맞았을 때도 운다.

그러므로 동물은 소음을 듣고, 소음을 내고, 자신이 내는 소음을 들으면서 자신이 그 소음을 낼 때와 다른 동물이 같은 소음을 내는 게 들릴 때 그것이 무엇을 의미하는가를 배우게 된다. 이 형태의 모방은 아마도 사물을 연관짓는 최고의 방법일 것이다. 앞서 말했듯이 우리는 화가 났을 때 화난 소음을 내고, 다른 동물에게서 나는 이 소음을 '화남'으로 인식하게 된다. 그 동물도 내가 그 특별한 소음을 냈을 때 했던 것과 같은 종류의 내부 경험을 하고 있음을 깨닫게 된다. 앞서 말했던 웃음과 마찬가지이다. 웃음소리를 듣고 자신의 웃음소리를 연상하기 때문이다.

우리는 우리가 내는 소리를 듣고 그 소리를 다시 낼 수 있기 때문에 모방은 이 체계를 통해서 매우 잘 번성했다. 인간이 정교한 후두 메커니즘을 갖고 있고 Hirose와 Gay 1972; Passingham 1981; Doupe 1993; Zhang 등 1994; Davis 등 1996; Jurgens와 Zwirner 1996; Jurgens 1998; Doupe와 Kuhl 1999, 새가 폭넓은 소리를 내는 울대를 갖고 있듯이 Goller와 Suthers 1996a, b; Goller와 Larsen 1997a, b; Wild 1997a, b; Suthers 1997; Suthers 등 1999, 어떤 생물이 충분히 복잡한 소리와 소리 패턴을 만들어 낼 수 있는 기관을 가지고 있다면, 그 생물은 내적 의미를 외적으로 표현하는 방법이 번성할 것이다. 한편 암소는 '음매' 하고 울 수 있지만, 그걸로 끝이다. 다른 다양한 목소리가 없다. 인간과 많은 새들에게는 발성 기관의 범위가 엄청나게 넓어서 자연스럽게 의사소통을 위한 훌륭한 매체로 발성기관이 선택된 것이다.

시각적 모방

역시 동물의 왕국에서는 종종 발견되지만 쉽지 않은 게 시각계를 통한 모방이다. 넙치를 생각해보자. 동물 중에 가장 못생긴 넙치는 의지만큼은 매혹적이다. 생각해보라. 녀석의 두 눈은 몸의 짙은 색 면에 모여 있다. 배 쪽인 다른 면은 밝은 색이다. 넙치는 바다 밑바닥에 자리를 잡고 주변 세계의 이미지 안으로 사라진다. 여기서 너무나 흥미로운 것은 넙치가 자신의 우주 이미지를 완성하면서 바다 밑바닥 조각 위에 자신의 몸으로 무늬를 만들어 다른 동물이 자신을 보지 못하게 만든다는 점이다. 녀석의 눈은 위를 향하고 있으므로 몸이 덮고 있는 아래를 볼 수 없다. 다른 동물에게 보이기 위해 만들어진 그 이미지는 정착한 곳에서 자신을 둘러싸는 다른 모든 것들의 시각적 맥락을 모방하려는 시도이다. 넙치는 다른 동물에게 바다 밑바닥 **모습처럼 보이는** 이미지를 자신의 피부로 만들어내고 있는 것이다. 이 녀석은 정말 기묘한 동물이다. 눈을 가리면 무늬를 만들지 못한다. 넙치를 체스판 위에 올려놓으면 그 무늬를 베끼려고 한다. 중요한 것은 넙치가 이와 같은 모방을 하기 위해서는 일반화, 즉 추상을 할 수 있어야 한다는 점이다. 체스판 무늬를 아주 똑같이 만들어내지는 못하겠지만_{여기서 넙치의 시각계가 가진 분명한 문제를 볼 수 있다} 녀석은 당당하게 시도한다. 이것은 시각계의 관점에서 본 모방의 아주 멋진 사례이다. 넙치는 한 조각의 실재를 창조할 능력이 있다. 그 실재는 존재하지 않지만 그럼에도 불구하고 다른 동물이 불연속성을 찾아낼 수 없을 만큼 지형에 가깝다_{그림 11-2}. 넙치의 이러한 위장_{camouflaging} 행동을 설명하기 위해서는 이 유형의 패턴 생성에 추상이 관련되어야만 가능하다.

시각계를 통한 모방이 비교적 더 진화된 것을 볼 수 있는 다른 동물은 세피아_{Sepia}라는 오징어다. 이 두족류는 피부 안에 발색단_{chromophore}이라는 전문화된 세포가 있다. 이 세포는 신경 활성화에 의해 확장되거나 축소됨에 따라, 흰색에서 검은 색으로 바뀌는 것처럼 보인다_{Ferguson 등 1994; Loi 등 1996; Shasher 등 1996}. 오징어는 발색단을 사용해서 몸을 이리저리 가로지르

그림 11-2 넙치의 사진. 모습을 바꾸어 배경의 색과 질감을 모방함으로써 자신을 위장하는 능력을 보여준다. 적응 변화는 2~8초 안에 일어난다. 왼쪽과 가운데 이미지는 같은 물고기이다. (가운데와 오른쪽은 Ramachandran 등 1996, 그림 1, p.816.)

는 직선이나 기하학적인 선과 같은 온갖 종류의 무늬를 만든다. 상당히 놀라운 이 효과는 복잡한 운율적 언어의 또 다른 예가 된다. 이는 순전히 시각적인 것으로 수기手旗 신호 유형의 언어이다. 오징어는 흩어져 없어지는 무늬를 커다란 범위의 복잡성을 덧붙여서 매우 빠른 속도로 만들 수 있기 때문에 이것은 풍부한 언어이기도 하다. 두 마리 세피아 사이에는 이 언어에 의해 전달되는 의미가 있음이 분명하다. 서로의 무늬와 무늬의 패턴을 모방하는 정확도와 속도로 볼 때 반사 이상의 것이 진행 중임을 분명히 알 수 있다. 그렇게 복잡한 신호를 보낼 수 있으려면 무언가가 필수적인 정교함과 조절의 원동력이 있어야 하고 의도가 분명해야 한다.

간단히 요약하자. 언어는 추상이나 추상적 사고에서 태어나는 게 틀림없다. 다시 말해서 신경계의 추상성을 일으키는 과정은 이른바 언어, 특히 운율적 언어보다 앞서 생겨났다. 우리는 운율을 순간적인 내부 상태의 외부적 표현으로 정의했다. 내부 상태는 이 외부적 표현을 거쳐 다른 동물에게 의미를 전달한다. 감정이든 의도든 그러한 내부 상태는 외부 세계에서는 존재하지 않으므로 당연히 추상이다. 그러한 내부 상태가 같은 것 혹은 동물들 간에 유용할 만큼 같은 것에 가까운 것 을 의미하게 된 방식은 모방을 통해 진화되었다. 모방은 같은 행동의 공통성을 제공함으로써 다른 동물의 내부 상태와 지각되는 행동 간의 연상을 일으킨다. 나는 이렇게 느낄 때 이것을 한다. 지금 네가 하는 행동을 보아하니 아마 너 역시 내가 그 행동을 할 때 가졌던 느낌이겠구나. 그러므로 무한히 긴 시행착오의 시간을 거쳐 유기체 간에 의미가 진화된다.

  모방은 두 가지 주요한 방식으로 일어났고, 유형은 다를지 몰라도 둘 다 내적 추상을 반영한다. '이 소리가 들린다, 일치할 때까지 이 소리를 낸다' 와 같이 복제 copying 하는 방법으로서의 모방이 있고, 넙치가 하듯이 자신을 추상해서 다른 동물이 보는 시각적 패턴 안으로 집어넣는 **외삽** extrapolation 이 있다. 포괄적으로 말해서, 모방에 의해 공통성의 단계가 설정되면 그것을 기준으로 외삽의 미묘한 차이가 생기고, 그 차이를 구분하는 것으로 의미 있는 의사소통이 이루어진다고 할 수 있다.

사람의 언어

  위의 모든 것으로부터 알 수 있듯이 어떤 종류의 언어든 생물학적 진화에서 전광석화처럼 느닷없이 구현될 수는 없다는 게 분명해진다. 사람의 언어 이외에는 진정한 형태의 언어란 없다고 느끼는 사람을 제외하고는 추상과 운율, 모방으로부터 서서히 발달된 종족 내와 종족 간의 의미야말로 우리가 사람의 언어로 알고 있는 것을 위한 선결 요소, 진화적 서문이 틀림없다고 여기는 게 합리적이다.

언어, 특히 사람의 언어는 전운동 상태, 즉 추상적 사고가 더 풍부해지면서 지향성의 복잡성이 증가되는 연장선상에 일어났다. 운동 능력과 더불어 존재하는 FAP를 조정하고 억누름으로서 목적 있는 운동을 점점 더 정교화해서 사람은 필수적으로 더 많은 것을 하게 되었다. 이로 인해 아마도 FAP를 억누르는 능력과 운동 표현이 훨씬 넓은 영역으로 확장되었을 것이다.

7장에서 설명한대로 풀려난 FAP를 억누르는 능력은 점점 더 정교해지는 시상피질계로부터 태어난 것이다. 이같은 사실을 가장 확실하게 지원하는 것은 피질척수 연결망 이른바 피라밋로(pyramidal track)의 발달이다. 목적 있는 운동의 이면에 점점 더 정교화된 지향성이 더해지는 것을 볼 수 있다. 손가락 및 발가락 운동을 비롯해 입술, 혀, 인후를 자극하는 뇌신경의 활성화와 관련이 있는 피라밋로와 같이 전문화된 체계의 진화는 특정한 FAP를 억누르는 능력을 지원하는 동시에 타고난 제약을 제거했다. 그것은 고등 포유류, 특히 유인원과 사람에게서 보이는 믿을 수 없는 기민함을 가능하게 했다. 운동계에 일어난 피질 진화와 보강은 피질 진화에서 모을 수 있는 가장 중요한 전체적 메시지이다. 그것은 그동안 신경계가 수의운동이 쉽게 실행되기 위해 궁극적으로 올라타야 하는 FAP들을 어지럽히지 않으면서 기능 상태의 수를 늘려왔기 때문에 가능한 것이다. 우리는 FAP를 억눌러서 그것이 아예 존재하지 않거나 완전히 숨는 지점까지 갈 수는 없다. 우리는 신경계의 계산적 부담을 줄여야 하는 지극히 중요한 필요를 FAP가 충족시킨다는 것에 관해 깊이 논의했다. 오히려 그것은 자동 계산의 효율과 섬세한 운동을 만들어내는 능력 사이에서 완성된 진화적 균형이다. 섬세한 운동 능력은 인간의 뇌가 모든 뇌 중에서 가장 유능한 뇌가 되게 하는 특징이다. FAP는 너무나 당연한 것이어서 그것을 의식하는 일은 거의 없지만, FAP는 대중 연설과 같이 지극히 평범한 일에서도 필수적이다. 연사는 꼿꼿이 서 있는 자세이거나 상황에 따라 일정하게 왔다 갔다 한다. 그 와중에 한 단어를 만들어내기 위해서 호흡, 후두, 구강안면 메커니즘이 동시에 작용하도록 해주는 매우 복잡한 협동운동을 원활하게 실행해야만 한다. 그럼에도 불구하고 대개의 경우 그것은 단순히 '동시에 걷고 말하기'로 간주된다.

  눈과 손의 협응이 증가되는 진화의 예를 들어보자. 새로 정교화된 피질 연결망은 가능한 운동의 변이 폭을 넓히면서도, 모든 수의운동의 바탕이 되는 FAP를 어지럽히지 않는다. 이 새로운 체계가 기존의 FAP와 얽히면서 그것을 자신을 지탱하는 기둥이나 버팀벽으로 사용한다고 말할 수 있다.

  은유적으로 말해서, 더 풍부한 지향성에는 전에 한 번도 상연된 적이 없는 특별한 연극을 공연할 무대가 필요하다. 이는 추상의 바탕이 되어가는 과정에 가깝게 들릴 것이다. 둘은 하나이자 동일한 과정이기 때문이다. 6장에서 논의했듯이, 이는 추상적 사고가 정확히 정제되는 곳이다. 하지만 주의하라, 발성은 필요에 의해 FAP가 되었음을! 증가된 지향성과 운율적 능력을 가져오는 새로운 체계는 발성의 FAP를 사용하고 확장하면서 그것의 광범위한 소리 패턴 발생을 이용했다. 그러므로 지향성이 복잡하게 증가하면서 눈과 손 협응이 강화된 것처럼, 내부 추상을 표현해야 할 필요가 커지면서 동물이 가진 발성 메커니즘의 기민함도 발달하고 더 많이 활용되었다. 서로 다른 소리를 만들어내는 후두와 구강안면 구조뿐만 아니라, 특정한 소리를 만들기 위해 필요한 공기 흐름 패턴을 만드는 데 필수적인 호흡 기관 전체가 발성의 발달을 도왔다 Wild 1994; Davis 등 1996. 모방과 반복의 과정을 통해 우리 모두에게 알려진 이 소리가 바로 언어를 구성하는 음소 phoneme 이다. 그것은 언어를 섬세하게 나타내고, 사용되는 특정 언어와 독립적인 인간 언어의 기초가 된다. 활성화되는 운동 패턴의 수가 매우 큰 눈과 손의 협응에서도 Jeannerod 1986; Miall 1998 가능한 패턴의 숫자는 제한되어 있다. 그렇기는 음소나 알파벳 글자나 마찬가지이다. 이 유한한 운동성의 낱알들이 엄청난 표현의 모자이크로 맞추어지면서 많은 것이 이루어질 수 있다. 언어에다 이미 풍부한 운율적 능력이 보태지면 우리가 다른 어떤 종보다 더 완전하게 내부 상태를 표현하도록 진화되었다는 데 이의를 달기 힘들다.

  언어 이론에 관한 하나의 주요한 제안이 이 세기에 많은 논란의 근원이 되었다. 뇌 기능과 관련된 모듈성 modularity 의 개념이다. 촘스키는 언어의 신경학적 기초에 관한 그의 책에서 Chomsky 1972 복잡한 언어를 만들어내는 인간 신경계의 고유한 능력은 아마도 전문화된 영역이 뒷받침하는 뇌 안의 특별한 기능에 의해 생겨났다고 보았다. 그러나 반드시 그런 것은 아니다. 베르니케 영역 언어 이해나 청각적 연상 영역 과 브로카 언어 영역의 존재와 이 영역에 대한 손상이 일으키는 문제 독서불능증, 건망성 실어증, 단어 찾기 장애, 실어증, 기타

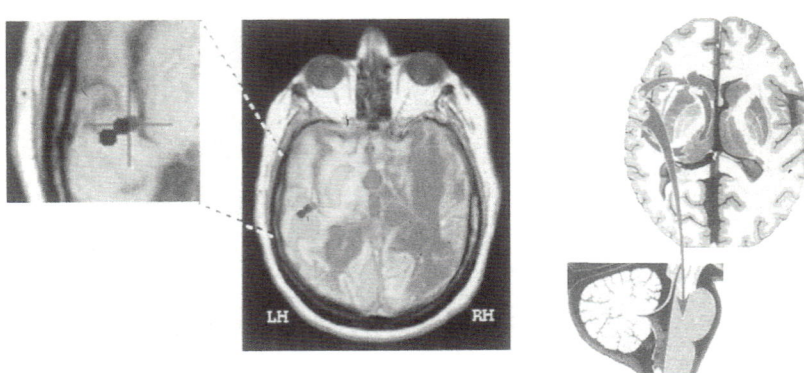

그림 11-3 20년 이상을 식물인간으로 혼수상태에 빠져있었던 여성의 양전자방출단층촬영 (PET) 사진. 그녀는 어떠한 외부 자극과도 상관없는 동떨어진 단어들을 가끔 내뱉는다. 그녀의 상태는 연이은 세 번의 광범위한 뇌졸중이 기저핵, 시상의 일부, 언어의 운동적 생성을 조절하는 브로카 영역인 피질 영역을 제외한 모든 부분을 한꺼번에 손상시킨 결과이다. 강조된 영역은 의미 있는 대사 활동을 보이는 소수 뇌 영역을 나타낸다(그림 7-7 참조). 이 병력은 선택된 대뇌 회로가 '모듈적' 운동 표현을 지원할 수 있음을 나타낸다. 단어를 말할 경우, 성대 외에도 음운론적으로 적절하고 또렷한 발음과 다양한 근육(횡격막을 포함한)의 때맞춘 활성화가 필요하다. (Schiff 등 1999, 그림 4에서 수정.)

언어 장애들는 이 이론에 근거가 되었다. 그럼에도 불구하고 신경계가 어떤 점을 넘어 자신을 재조직할 수 있는 제한된 능력과 이 영역들의 부정확한 위치, 그러한 기능들이 뇌의 한 부위에서 다른 부위로 이동할 수 있는 가능성 예컨대 간질의 경우 때문에 이 해답은 불충분하다. 이러한 발견들은 종족발생적 유형의 모듈적 구성이라는 극단적으로 단순화한 관점 때문에 의혹을 받는다. 이 관점은 오랜 세월동안 신경과학에 스며들었고 신골상학neophrenology 이라 부를 만한 것에서 비침습적 영상 기법을 오용함으로써 다시 지원되는 것처럼 보였다. 하지만 하나의 뇌 사건이 일어나는 자리를 몇 cm^{2}의 조직이내에서 정확히 가리키기 어렵다는 사실이 모듈성 전체를 내버리기에 충분한 증거는 아니다. 특히 그러한 모듈성이 흩어져 없어지는 구조일지라도 하나의 기능적인 구조라고 간주한다면 말이다.

내가 이 관점을 받아들이는 특별한 이유는 7장에서 묘사한 것과 같은 환자나 FAP의 문제와 관계가 있다. 모듈에 대해 최소한의 신경적 상관물밖에 남아 있지 않을 정도로 뇌가 손상된 사람도 음소 뿐만 아니라 특정한 단어를 만들어낼 수 있다 그림 11-3. 이를 통해서 특정한 모듈의 행동을 위해 운동 FAP가 필요충분조건이지만, 단어를 말하는 이면의 사고나 단어를 사용할 맥락을 만들어낼 수 있는 능력인 말의 다른 측면을 이해하기 위해서는 운동 FAP만으로 충분치 않다는 걸 알 수 있다.

i of the vortex

12

집단 마음

「회색빛 알파벳Gray Alphabets」, 재스퍼 존스Jasper Johns, 1956, 신문용지에 납화와 캔버스에 연필, 168×124cm, 휴스턴 메닐 컬렉션.

의사소통

    11장에서 다루었듯이 추상은 본질적 뇌 기능의 일반적인 범주에 들어가는 한 요소로, 생물학 역사에 걸쳐 자연선택되어 온 신경계의 전체적인 조직에서 비롯되었다. 단편적인 기능을 다루지 않는 신경계도 많이 있다. 단편적인 기능을 하나의 복합체로 결합하는 게 추상이다. 그것은 운동 감각적으로 동물을 그 자신에게 하나의 전체로 비추어준다. 따라서 외부 세계의 맥락 안에 자신을 배치하는 능력을 갖게 된다. 나아가 대뇌화의 진화 경로에는 가장 중요한 특징으로 보강되는 시상피질계가 있다. 인간의 시상피질계가 가장 보강된 예이다. 이 보강의 주된 목적이 무엇이냐고 묻는다면, 대답은 FAP를 억누르기 위한 것이다.

    이 능력이 '자아'를 추상하는 능력과 결합되면 많은 비교적 고등한 동물에서 복잡한 꿈틀거림 운동으로 이루어진 탈출 행동이 된다. 이 행동은 동물이 예기치 않은 문제나 어쩌다 꼼짝 못하게 붙들린 상태로부터 스스로 빠져나가도록 도와준다. 그러한 행동을 하려면 동물은 자신을 가둔 맥락 안에 들어 있는 자신의 이미지를 가지고 있어야 한다. 더불어 구속된 상황을 벗어나기 위해 걷기나 긁기, 씹기를 유발하는 일상적이고 부적당한 FAP를 억누르는 일련의 운동 해법도 적용해야 한다. 예를 들어 걸어 다니고 있는 신천옹albatross, 우리나라에서는 나그네새로 알려진 분홍빛의 커다란 부리를 가진 새. 비행하는 모습이 하늘의 신선을 닮았다고 신천옹(信天翁)이라 불린다.과 날고 있는 신천옹이 이런 문제에 직면했다고 생각해보자. 몸의 부피와 모양새가 완전히 다를 것이므로 다른 자기 이미지를 적용해야만 한다.

자기 이미지와 FAP의 억누름 모두는 신경계의 추상적 성질을 이용해야 한다. 이 추상은 외부 세계로 빠져나온다. 그래야 모방을 통해 이해되고 학습 따라서 의사소통 될 것이기 때문이다. 저렇게 꿈틀거리는 게 형제를 구하는 데 도움이 되었다면, 나에게도 도움이 되겠지.

그러나 여기서 우리는 인간과 다람쥐의 중요한 차이를 구분해야 한다. 다람쥐는 몸을 비틀고 돌려서 포식자에게서 빠져나간다. 다람쥐는 다른 다람쥐나 동물에게 격렬한 몸부림과 꿈틀거림이 적에게서 빠져나오는 데 도움이 된다는 걸 보여주긴 하겠지만 그것을 말로 표현할 능력은 없다. 그렇다고 다람쥐를 하찮게 여기는 건 아니다. 다만 말을 사용한다면 내부의 추상을 상세하고도 정확하게 소통하도록 도울 수 있으므로 그 메시지는 더 효과적으로 전달될 수 있다는 것이다.

운율적 몸짓이나 얼굴 표정에 반대되는 것으로서의 말은 많은 면에서 측정할 수 없을 만큼 의사소통의 영역을 넓혀주고 의미의 영역 또한 넓혀준다. 어떻게? 아무 예나 들어도 좋다. 한 친구가 내 어깨에 올라서서 아주 높은 담장 너머를 본다.

"뭐가 보여?"

내가 묻는다. 그러면 친구가 말해준다. 여기서 말은 분명히 나로 하여금 내가 볼 수 없는 곳을 '보게' 해준다. 혹은 친구가 팔을 뻗어 건너편에 있는 물건을 만져본다.

"거기 뭐가 있어? 느낌이 어때?"

이제 나는 내가 만질 수 없는 것을 만질 수 있다. 친구가 담 너머로 고개를 내밀면, 이제 그것은 영역이 넓어진 나의 후각이 된다.

여기서 두 가지 문제가 생긴다. 첫째, 친구가 보고, 느끼고, 냄새 맡은 것을 운율몸짓과 표정을 써서 소통하는 것도 가능하지만, 원하는 최종 결과가 정보를 정확하게 전달하는 것이라면 상세하고 명확하게, 따라서 빠르게 전달하기는 힘들 것이다. 단어나 행위를 통한 속임수죽은 척 하는 주머니쥐를 포함해 어떤 수단을 써서 의사소통을 하더라도 대개 마찬가지이다. 어떤 종류의 속임수든 원하는 결과를 얻으려면 내부의 추상을 확실하게 밖으로 표현해야 한다. 이 추상이 얼마나 잘 외부 실재를 표상하는가는 상관이 없다. 의도를 전달하는 명확성과 정확성만이 중요하다.

말을 수단으로 한 감각 연장의 두 번째 문제는 한계에 관한 것이다. 연장의 영역은 의사소통의 발성과 청각적 요소가 조합된 영역으로 한정된다. 우리는 아주 크게 소리치고 아주 멀리서 들을 수 있을 뿐이다. 따라서 이러한 형태의 의사소통에는 분명한 한계가 있다. 벗어나기가 다소 어려워 보인다. 하지만 그럴까?

이번에는 친구가 사다리에 올라가서 같은 담 너머를 보고 있다고 하자. 나는 친구의 목소리가 겨우 들릴 만한 곳에 있고 친구는 무엇이 보이는지 소리쳐 말한다. 나는 돌아서서 내 목소리가 겨우 들릴 만한 곳에 있는 다른 사람에게 소리를 지르고, 그런 식으로 계속해서 이어진다. 이 의사소통의 사슬 덕분에 멀리 떨어진 누군가도 담 너머를 보고 있는 내 친구의 눈으로 '볼' 수가 있다. 여기에 핸드폰을 가지고 있다고 생각해보자.

의사소통 영역의 연장이 감각의 영역을 연장한다는 데는 의심의 여지가 없다. 언어로 의사소통을 했던 초기의 사람이 이것을 배워 사용함으로써 이득을 얻었다는 것도 의심할 구석이 없다. 구전口傳 의사소통이 계속

되고 있는 이 사슬의 마디들 간에 도보로 혹은 말을 태워서 전령을 보내고 깃발이나 연기, 반사면과 같은 수기신호를 덧붙여서 말이다. 여기에 구획 segment이나 마디 node 방식으로 먼 거리를 건너 정보를 전달하는 기술이 있었다. 이 방식은 활동전위 신호의 전달과 전혀 다를 것이 없다.

그러나 망가지지 않고 변하지 않는 활동전위와 달리 위에 묘사한 형태의 의사소통에는 한계가 있다. 언어는 의사소통의 영역 따라서 의미의 이론적 영역을 넓혀가는 대신 속도와 정확성 모두를 잃는다. 소문을 통해서 정보가 어떻게 왜곡되는지를 보면 내 말뜻을 알 것이다. 이야기가 한 바퀴 돌아올 때쯤엔 변형과 왜곡이 일어나서 애초의 이야기와는 거의 다른 이야기가 되어 있다. 그러한 왜곡이 재미있을 때도 많지만 '명령의 하달'이 중요한 전쟁터에서 '육로로 하나, 해로로 둘' 과 같은 명령이 뒤섞인다면 무척 곤란할 것이다.

너무 많은 고리는 사슬을 약하게 한다는 옛말이 있다. 여기서 '사슬'을 언어 spoken language로 생각하고 '약하게'를 상세함, 정확성, 속도가 떨어지는 쪽으로 생각해 보면 맞는 말이다. 어찌어찌해서 정보의 전달이 모든 연쇄적 흐름 의사소통 경로에서 시초부터 마지막까지 각 마디마다 변하지 않는다고 해도 정보를 받는 구성원들 쪽은 시간차가 있으므로 전체적인 신호에는 왜곡이 일어난다. 적절히 영향력을 미치기 위해서는 주어진 신호 메시지가 매번 한 곳이 아닌 많은 목적지로 전해질 필요가 있다.

더 넓은 진화적 맥락에서 정보의 흐름을 보자. 단세포가 동물이 되기까지 오랜 세월이 걸린 것처럼 인간이 진화해서 긴밀하게 짜인 사회를 이루기까지도 오랜 세월이 걸렸다. 그 이유는 기본적으로 같다. 단세포의 경우 4장에서 다루었듯이 하나의 세포가 다세포 동물로 무리를 짓기 위해서는 세포들 간에 의사소통_{의미}이 필요하다. 이것이 발달하는 데는 막대한 시간이 걸렸다. 가장 원시적인 세포 군체에서조차도 신호수용의 동시성이 중요하다는 건 분명한 사실이다. 칠성장어의 헤엄치는 FAP와 같이 가장 간단한 운동조차도 성공적으로 수행하기 위해서는 운동 성분들의 조합이 동시에 일어나야 한다는 걸 생각해보라. 신경계가 진화를 거쳐 그것만의 세포 공동체로 발달하는 동안 활성화의 동시성은 기능의 바탕이 되는 일종의 모듈로서 보존되었을 뿐만 아니라 더욱 강력해졌다. 점점 복잡한 운동이 필요해지면서 폭넓은 협동 근육의 동시적 활성화는 필수가 되었다. 이것은 아래올리브핵과 같은 위치에서 타이밍 신호를 조절하고 다양한 전도 속도를 가진 여러 길이의 섬유를 통해 신호가 다양한 거리를 건너 목적지까지 동시에 도달하도록 해주는 두 가지 방법을 통해 이루어졌다.

진화적 현재 시제에서 볼 때 뇌가 지각적 결합과 그것의 부산물인 인지의 문제를 해결한 것은 활성화의 동시성을 보존하고 다듬고 도입한 자연선택의 가장 의미심장한 예이다. 온전히 이 문제를 다루고 있는 6장에서는 시상피질계가 등시적_{동기화된} 기능 영역에 대해 닫힌계로서 공간적으로 떨어진 뇌 영역의 뉴런 활동들이 표상하는 내부 및 외부 실재의 분열된 성분들을 때맞추어 결합한다고 설명했다. 이에 따르면 이 체계 안에서 일어나는 활성화의 동시성에서 나온 결과가 바로 지각의 단일성이다. 손 안에 만져지는 이 책, 그것을 읽어주고 있는 것 같은 목소리, 나를 둘러싼 의자의 느낌, 모든 게 지금 일어나고 있는 하나의 사건처럼 보이는 것이다.

활성화가 동시에 일어나지 않았을 때 지각적 진실에 일어날 문제를 상상해보라. 한 가지 감각 양상 안에서조차 문제가 생길 것이다. 혀가 느끼는 것, 이에 느껴지는 변하는 압력, 입천장과 안쪽 뺨의 감각을 지각 시간상에서 결합할 수 없다면 무엇보다도 음식을 소화하기 위해 너무나 중요한 이 복합 성분 기관은 급속히 무너질 것이다. 이 서로 다른 촉감을 동시에 느끼게 하는 지각 타이밍이 잠시라도 사라진다면 저녁밥을 씹는 단순한 행위로 혀가 깨물리고 뺨이 찢어질 것이다.

활성화의 동시성 없이 하나 이상의 감각 양상을 조화시키려면 문제는 더 커진다. 듣는 것과 손가락에서 느껴지는 게 일치하지 않기 때문에 악기 연주는 절대로 불가능할 것이다. 유창하게 말을 하거나 자전거를 탈 수도 없을 것이다. 한 마디로 조화된 활성화의 동시성 없이는 다양한 감각계의 활동을 단일한 지각으로 결합하는 게 불가능하므로 결국 자아는 분열된 채로 남을 것이다. 진화가 결합 문제를 해결하지 않았다면 우리는 지금 그것을 논의하고 있지도 않을 것이다. 문자 그대로 시간에서 벗어나면 마음에서도 벗어난다 Out of time, out of mind.

인간 사회 형성의 초기에도 정보 전달을 위해 결합 문제를 해결할 필요가 있었음을 볼 수 있다. 메시지는 사회 안의 서로 다른 구성원들 간에서 서로 다른 속도로 분산된다. 따라서 모든 사람이 동시에 받지 못한다는 이유로 왜곡되었다. 모든 것은 변화한다. 오늘 중요한 것이 내일은 그렇지 않기 때문에 메시지는 논란을 일으킨다. 그 결과 사건들의 전체적 심지어 국지적 상태에 관해 합의된 사실은 완전하지도 안정적이지도 않게 된다.

뇌의 진화가 활성화의 동시성을 도입하고 사용해서 지각의 결합 문제를 해결했듯이, 본질적 뇌 활동의 산물인 추상은 정보에서 합의된 진실

그림 12-1 한 인간에게는 작은 한 걸음이지만 인류에게는 큰 도약이다. 우주비행사 에드윈 버즈 올드린Edwin Buzz Aldrin이 1969년 아폴로 11호 임무 수행 도중에 달에 있는 흙의 성질과 표면에 대한 압력의 효과를 연구하기 위해 남긴 발자국. (http://nssdc.gsfc.nasa.gov)

을 이끌어내어 인간 사회를 한데 결합하는 의사소통 구조를 단단히 조였다. 그림에 이어 글을 통한 의사소통으로 시작된 추상적 사고는 일련의 기술적 발전을 이끌었다. 그 결과 더 정확하고, 상세하고, 오늘날에는 아주 멀리 떨어져 있는 사람들 간에도 거의 동시적인 의사소통이 가능해졌다. '한 인간에게는 작은 한 걸음이지만 인류에게는 큰 도약' 최초로 달에 발을 디딘 암스트롱의 말이라는 말은 평범하게 들릴 수 있지만 지구상의 우리 모두에게 동시에 깊이 새겨지는 역사적 순간으로 경험될 수 있다. 그림 12-1.

1990년대의 십년 동안 우리는 이 일련의 의사소통적 발전에 들어가는 극적인 사건인 월드 와이드 웹 World Wide Web 을 경험했다. 진정으로 웹은 의사소통에서 하나의 분기점이 되었다. 아마도 그 중요성은 문자의 발명에 버금갈 것이다. 문자의 발명이라는 위대한 진전이 인간 문명의 행로를 바꾸었듯이 웹의 발명 역시 그와 같을 것이다. 아직 유아기이지만 웹의 존재는 가장 발달되어 있는 사회 형태를 이미 근본적으로 바꾸어놓았고 앞으로도 상상을 뛰어넘는 방식으로 계속 그렇게 할 것이다.

웹, 의사소통의 허브(hub)

웹 말고 우리에게 어떤 의사소통 체계가 있는지 생각해보자. 텔레비전 신호는 훨씬 느리긴 하지만 신문처럼 수백만 명에게 도달할 수 있다. 하지만 어느 것도 상호적이진 않다. 주어진 메시지나 의견이 말해지면 우리는 그것을 받고, 판단을 내리는 것에서 끝난다. 친구와 그에 관해 논의할 수도 있지만 어떤 의미로도 그 정보의 일방적인 흐름에는 기여하지 못한다. 편집자에게 글을 쓸 수도 있지만 이는 보나마나 코끼리에게 조약돌 던지기가 될 것이고 설상가상으로 이 상호작용은 끔찍하게 느릴 것이다. 점심식사 자리에서 나누는 간단한 대화와 비교하면 이것은 상호작용 축에 끼지도 않는다.

전화나 일정 형태의 무선은 영역과 속도에 있어서 순간적으로 전달이 가능하지만 사용자의 수가 몇 명이라도 늘어나면 쌍방향 소통 흐름이 순식간에 단방향으로 바뀐다. 콜택시 기사라면 채널 사용자의 수가 많아지면 특정한 채널의 활동을 들을 수는 있어도 한 마디 하기가 얼마나 힘든지 알 것이다. 주파수 대역폭이 꽉 차면 흔히 일어나는 일이다.

전화는 어떤 곳에 있는 어떤 사람에게나 거의 지연 없이 연결이 가능하다. 하지만 이런 방식으로 얼마나 많은 사람과 상호작용할 수 있을까? 이론적으로는 강당을 채워놓고 스피커나 회의용 전화기를 통해 대중에게 연설을 할 수도 있지만, 두 사람 이상만 대답을 해도 알아들을 수 없는 소음이 될 것이다. 그러므로 다시 한 번 사용자 수가 늘어나면서 쌍방향 소통 흐름은 순식간에 단방향이 되고 상호작용은 듣기나 말하기로 줄어드는 것은 물론이고 그나마 한꺼번에 하지도 못한다.

독립전쟁의 영웅 폴 리비어 Paul Revere의 시대 이래로 상세함, 정확성, 영역 아무튼 순차적인 영역 문제에서 많은 것이 변했고 개인적 의사소통에 있어서 속도는 더 이상 심각한 문제가 아니다. 우리 능력의 외면적 한계가 노출되는 때는 광대한 영역에 걸쳐서 주고받는 상대방 숫자가 엄청난 가운데 거의 동시적인 쌍방향 또는 상호 정보 흐름을 고집할 때 뿐이다. 뇌에서 늘 하는 그런 의사소통 흐름을 인간 사회에서 똑같이 요구하면 광범위한 정보 전달의 한계가 드러날 수밖에 없다.

그러나 이제 신경계를 닮은 구조인 웹의 기능이 어느 정도 사회의 결합 문제를 해결하고 있다는 점에서 최소한 이론적으로 이러한 한계가 사라지고 있다고 할 수 있다. 그림 12-2.

http://www.

그림 12-2 월드 와이드 웹.

　이미 웹은 세상이 여태껏 구경한 어떤 것과도 달리 의사소통적인 활성화의 동시성을 제공하여 개인이 수천, 수십만, 심지어 수백만의 사람들에게 거의 동시에 메시지를 보낼 수 있게 해준다. 게다가 상호작용은 여전히 쌍방향을 유지한다. 수신자 중 한 사람이나 전부가 즉시 자신의 답변을 보낼 수 있다. 유일한 지연은 생각을 정리하고 답변을 작성하는 데 걸리는 시간이다. 다시 말해서, 지연은 더 이상 기술적인 문제가 아닌 것이다.

　웹을 통한 정보의 흐름은 뉴런들 간의 정보의 흐름과 비슷하고, 그것으로 가장 잘 비유된다. 뉴런에서처럼 웹에도 모종의 본질적인 유입이 있을까? 만일 그렇다면 무엇이 유입될까? 3장과 8장에서 신경 활동의 반복적인 패턴은 신경계의 광범위한 작동 모드_{기억, FAP 등} 안으로 통합된다는 걸 배웠다. 그 모드는 자나 깨나 계산적 부담을 줄이는 한편 효율을 높이려고 시도한다. 웹에서 볼 수 있는 증가된 속도와 정보 흐름의 부피는 이 유입의 개념 안으로 잘 흡수될 것 같지만, 이 비유가 현실적일까? 만일 그렇다면 그 결과가 유익할까?

　뉴런이 마음을 낳는다면, 웹에서 각 접속점_{nodal point}을 대변하는 사람들_{마음들}은 집단 마음_{collective mind}을 만들어내거나 그 자체가 될 수 있을까? 웹이 인간의 의식을 지원할 수 있을까? 만일 그렇다면 그 결과는 어떻게 될까? 표면상 웹과 뇌는 아주 다르다. 뇌는 살아있고 웹은 그렇지 않다. 생물이 아닌 것도 마음을 가질 수 있을까?

이 마지막 질문은 수사적인 것도 아니고, 웹에 관한 논의로 한정되는 것도 아니다. 이는 인간 사회에서 잠재적으로 중요하고 더불어 많은 학문 분야에 걸쳐 면밀하고 일치된 주의를 요구하는 질문이다.

언뜻 보기에 웹이 하는 일은 뇌가 하는 일과 공통된 특징이 있는 것처럼 보인다. 그러나 이 거짓 유사함조차도 면밀하게 살펴보면 다소 어이없이 무너진다. 나는 이 책 전체에 걸쳐 줄곧 기능적 구조의 관점을 강조해 왔다. 이 관점에서 보면 웹은 기껏해야 솜씨가 서툰 친구일 뿐이다. 현실적으로 지금 있는 그대로의 웹은 다수의 의식을 지원할 수 없을 것이다. 웹은 아주 잡음이 많은 체계이다. 또한 메시지를 전달하는 작업은 매우 빠르지만, 신경계_{유일한 기준이나 표준은 아니라 해도 여전히 우리에겐 최고인}가 하듯이 의식을 지원할 만큼 통합적 요소는 빠르지 않다. 신경계는 기능의 모듈화를 통해서 자신의 효율을 높인다는 걸 기억해야 한다_{Miklos 1993을 보라}. 현재 존재하는 대로의 웹은 모듈 식이 아니다. 웹은 모든 신경계 중에서 강장동물_{히드라나 해파리}의 신경계와 가장 닮았다. 그리고 만일 해파리 안에 정말로 의식이 존재한다 해도 그것은 떼를 지어 집단 마음을 지원할 수 있는 성질의 것이 아니다. 궁극적으로 필요한 것은 모으는 하위체계와 퍼뜨리는 또 하나의 하위체계로 이 둘이 접속점에서 만나 가장 간단한 상호작용을 할 수 있어야 한다.

집단의식의 개념은 새로운 게 아니다. 선거의 결과는 대중에 의한 집단적 결정을 대표하며 민중의 명령으로 받아들여진다. 신경계가 새로운 자극에 특별한 주의를 기울이고 반복을 근거로 자극을 유입하는 것처럼 유입을 위해서는 다른 많은 마음들과 각 마음이 대변하는 경험들과 상호작용하는 것에서 오는 혜택이 분명히 있어야 한다.

한 사람이 "배에 모래시계가 달린 까만 거미는 가지고 놀지 마."라고 경고했다고 하자. 그리고 이어서 "믿지 못하겠지만 날아다니는 고래를 본 적이 있어."라는 얼토당토않은 말을 한다면 거미에 대한 경고는 거미에게 물리고 있을 때쯤에야 기억이 날 것이다. 반면 거미에 대한 충고를 친구, 부모님, 선생님, 의사에게 반복적으로 듣는다면 아마도 그렇게 생긴 거미를 본 순간 바로 피할 것이다. 반복해서 들은 경고는 나보다 먼저 다른 마음들 간에 반복적으로 소용돌이치고 있는 정보에서 나온 지식이므로 분별력을 가지고 자신의 마음에 새길 것이다.

하지만 잠깐! 집단 지식과 집단 마음은 동일한 게 아니다. 집단 마음에 관한 많은 정의 중에서 우리 모두가 동의하는 사실은 하나의 전체로 마주했을 때 무엇을 할 것인가에 관해 단일한 결정이 이루어지고 실행되도록 구성요소들이 결합되는 것이다. 이렇게 이루어진 결정은 분명히 각 요소의 관점이나 의견을 대표하지 않을 수도 있지만, 그래도 그것은 전체 집단의 이익에 봉사하는 여론이다. 이는 단세포가 사회를 이루어 결국 다세포 유기체가 되기로 선택할 때 치른 희생과 그로 인해 얻은 이익과 같다. 이 과정은 그 동물을 위한 의사결정자의 역할을 맡는 집단적 구조인 신경계의 형성에서 절정을 이룬다.

집단 마음을 구성하는 게 무엇인지에 관해 진지하게 생각해보자. 다수의 의식을 지원하기 위해 웹이 잠재적으로 무엇을 취할 수 있는가라는 관점에서 집단 마음을 구성할 수 있는 유력한 후보는 웹이다. 분명한 사실은 웹이 집단 마음을 창조하려는 인간의 욕구에서 창조되었다는 것이다.

웹은 신경계들로 구성된 하나의 신경계일까? 마음들로 구성된 하나의 마음일까? 앞서 말했듯이 집단 마음의 고전적 의미에서는 아직 하나의 신경계나 마음이 아니다. 웹은 의사소통을 하지만 생각은 하지 않는다. 그럼에도 불구하고 그 안에 생각과 유사한 형태의 총체적 의사결정 과정이 모습을 드러내고 있고, 좋은 쪽으로든 나쁜 쪽으로든 모든 사람에게 영향을 주기 시작하고 있다. 앞으로도 그럴 것이다.

쓰레기라도 삼켜

우리는 쓰레기 같은 의견이라도 받아들여야 한다고 믿어야 할까? 이것이 논리적일까? 그게 **진실**일까? 이것이 숫자가 가진 문제이다. 다수의 횡포는 언제나 하나의 쟁점이었다. 미국 헌법도 부분적으로 이 위협으로부터 시민을 보호하도록 고안되었다. 그럼에도 불구하고, 둘 다 아직 증명되지 않은 아마도 증명할 수 없을 이론이라는 논리로 많은 사람들이 학교에서 창조론을 진화론과 동등하게 학생들에게 가르치기를 원하면 그렇게 된다 미국에서는 주에 따라 실제로 학교에서 창조론을 진화론과 함께 가르친다. 앞서 말했듯이 웹처럼 상호적이거나 웹이 할 수 있는 것처럼 우리의 생각에 반응하지 않음에도 불구하고, 공공의 의견에 미치는 대중매체의 영향력은 수없이 증명되어 왔다. 지금까지 대중은 수동적으로 정보를 받아들이는 사람들이었다. 그러나 웹이 가져오는 엄청난 의사소통의 속도, 영역, 부피 때문에 이제 공공의 의견은 **진정으로 공적인 것** 본래 장단점이 있는 이 될 수 있다.

여기서 숫자가 가진 문제가 일어난다. 웹은 정확히 그것이 가진 정보 흐름의 속도와 부피 때문에 이념이나 믿음의 가치를 단순히 그것을 지지한다고 공표하는 사람들의 숫자를 근거로 저울질하는 관념을 영속시킨다. 이것은 다수의 횡포일 뿐만 아니라 스스로 선택된 한 사람의 횡포이다! 더구나 그가 편견을 가지고 있다면 더 큰 문제이다. 웹상에서 어떤 쟁점에 대해 의견을 제시하는 20만의 사람들의 생각이 **진실이 될 때가 있다**. 이 숫자의 관성에는 스스로의 생명력이 생겨나 우리가 어떤 것을 좋아하거나 믿어야 할지의 여부를 결정하므로, 결국 이미 말했기 때문에 성취될 수밖에 없는 예언을 초래한다. 그리고 이 현상은 웹의 권모술수에 의해 가속될 게 틀림없다.

개인으로서의 우리는 대중의 의견에 근거한 일반화가 미덥지 못하다는 걸 안다. 하지만 개인의 수준에서 그 관성에 동의하지 않으면 국외자가 되고, 무리에 속하지 못한 채 곤란을 겪을 것이다. 실제로 한 사람이 무슨 말을 하든지 즉시 수백만의 사람들이 그것을 비판할 수 있다면 다른 사람들의 믿음과 느낌에서 자아를 분리시키기가 매우 어려워질 것이다. 그러한 압력 아래서는 반드시 사고의 균일화가 일어난다. 웹의 지능이 높아지면서, 이 권모술수는 자아 인식에 강력한 영향을 미칠 것이고 자아의 개념 자체가 재정의될 것이다. 웹에 올라온 사상이 받아들여지면 즉시 평범해지고 아니면 즉시 거부될 것이므로 나만의 사상이라는 개념은 희미해질 것이다. 이는 개인의 정체성을 구별하는 능력, 사상의 소유_{본질적으로 우리의 믿음과 자아의 지주를 이루는}를 조금씩 갉아먹을 것이다. 어쩔 수 없이 일어날 사고의 균일화는 숫자의 관성이 더 커지면서 주체할 수 없이 폭발적으로 순환될 것이다.

사고의 균일화는 사회의 균일화로 이어질 것이다. 미래에 관한 냉정한 전망이다. 젊어서 여행을 할 때는 문화, 믿음, 관점에서의 풍부한 차이를 보는 게 좋았다. 오늘날은 어림도 없다. 예를 들어, 아시아와 유럽과 아프리카의 아이들이 모두 같은 상품을 원하는 걸 볼 수 있다. 그들이 접하는 매체에서 비슷한 영상이 쏟아지기 때문이다. 동일성을 향한 경향은 어디에서나 분명하다. 좋은 것이든 흔해빠진 것이든 모든 걸 베끼고 있다. 생각이 좀 필요한 것보다 흔해빠진 걸 베끼기가 쉽다. 우리는 겉치레에서 뿐만 아니라 사회의 특징과 가치에서도 획일화된 문화로 치닫고 있다. 공중 매체의 힘과 영향력은 이러한 추세에 저항할 수 없게 만들어버렸다. 웹이 이 과정을 가속하지 않을 거라고 믿을 이유는 하나도 없다.

균일화의 내리막에는 다양성의 감소가 있고, 다양성은 생존의 열쇠이다. 어떤 사건이나 주어진 가치 체계에 관해 모든 사람이 정확히 같은 걸 느낀다면, 선택의 여지가 줄어들기 때문에 체계는 더 부서지기 쉬워진다. 동일한 배경을 뒤로 하고 있으므로 취약함은 더 쉽고 더 자주 드러난다. 이에 관해서는 조금 있다가 살펴보겠다.

집단 마음의 발생에 관한 마지막 요점은, 진화에서처럼 시행착오가 필히 개입되어야 한다는 것이다. 우리가 집단 마음과 같은 연장된 자각을 충족시키는 방법을 배우려면 신경계가 뇌를 만드는 데 걸린 것만큼 오랜 시간이 필요하다. 적절하게 사용된다면 그 자각은 뛰어난 발전을 이룰 수 있다. 하지만 지금 이대로의 웹이 우리가 논의한 자연의 집단적 사건에 조금이라도 접근하기 위해서는 그것의 기능적 구조를 철저하고 정밀하게 검사할 필요가 있다.

세계 질서가 모든 면에서 뇌의 질서와 닮았다고 여기는 게 합리적일까? 그렇다. 여러 수준에서 우리가 관찰할 수 있는 것은 세포에서 동물까지, 한 마리 동물에서 공동체까지 모든 수준에서 표현되는 질서의 유사성이다. 이것은 어쩌면 만물의 보편 법칙이 아닐까 한다. 체계가 스스로 조직되는 방식에서, 예를 들어 '시간이 지나면서 질서는 감소한다'는 열역학 제2법칙의 횡포에 대한 해결책을 엿볼 수 있다. 여기에는 더 깊은 메시지가 있을 것이다. 국지적 질서가 증가할 수 있는 드문 방법 가운데 하나는 신경계와 같이 **기능의 모듈화**를 적용하는 무언가를 만들어내는 방법이다. 모듈화가 진정으로 무질서와 전투를 벌이는 보편 법칙이라면 이러한 기하학적이고 구조적인 해결책은 다른 수준에서도 일어난다. 바탕이 되는 보편적 경향은 강한 인간원리 the strong anthropic principle 가 아니라, 반대로 약한 인간원리 the weak anthropic principle 일 가능성이 높다. 우리가 지금 여기 있는 이유는, 아주 먼 옛날에 이미 정해진 사건이 실제로 '일어나' 게끔 우주가 형성되었다기보다는, 보편 법칙이 그것을 있을 법한 것으로 만들어서 일어날 수밖에 없는 지점에 이르렀기 때문이라는 것이다.

스키너의 상자

웹의 이면에 있는 과학기술의 자식들이 적절하게 조정되지 않으면 불길한 사건을 일으킨다. 걷잡을 수 없이 팽창하도록 내버려두면 위험하다. 어쩌면 여태껏 보아온 사건 중에서 가장 심각한 위협이 되어서 전쟁, 질병, 기아, 마약 문제를 무색하게 할 만한 사건을 일으킬 수도 있다. 우리가 가장 두려워 해야 하는 사건은 인간이 더 나은 형태의 의사소통을 개발해서 더 이상 외부 세계와 상호작용할 욕구가 생기지 않게 되는 것이다. 향정신성 약물이 사회에 미치는 문제가 걱정되는가? 사람들이 자신의 꿈을 실제나 가상의 다른 사람과 가상의 의사소통 수단으로 실현할 수 있다면 어떻게 되겠는지 상상해보라. 시각계를 통해서만이 아니라 모든 감각계를 통해서 말이다. 우리에게 존재하는 현실도 이미 가상의 것임을 명심하라. 우리는 본디 꿈꾸는 기계이다! 그러므로 가상현실은 쉽게 스스로 붕괴될 위험을 무릅쓰고 자신을 먹고 살 수밖에 없다.

오늘날 사람들이 하루에 몇 시간이나 TV를 보는지 생각해본다면, 가상 세계에서 보낼 시간의 양은 더 많을 수밖에 없다는 걸 알게 된다. 가상 세계는 그냥 보기만 하는 TV와 달리 **상호작용**이기 때문이다. 우리는 가상 세계에서 음악을 연주할 수 있다. 비행기를 운전할 수도 있고, 코끼리를 사냥할 수도 있고, 성적 경험을 할 수도 있다. 원하는 건 무엇이든 할 수 있다. 사회에 혼란을 일으킬 가능성은 무궁무진하다. 그것은 궁극적으로 지능에 달려 있을 수도 있다. 현실이 정의하는 진정한 한계가 사라질 것이기 때문이다. 삶의 확고한 사실들이 진지하게 의문시될 수 있다. 여기에 완전히 쾌락주의적인 상태, 자기 파괴와 망각으로 곤두박질치는 퇴폐 향락 사회가 생겨날 가능성이 있다. 우리 모두는 쾌락을 적절한 선에서 끊어야 한다는 걸 알고 있다. 너무 깊이 들이마셔서는 안 된다. 쾌락은 그 자체로 끝이 아니라 끝으로 가기 위한 수단으로 사용하는 게 이상적이다. 우리는 모종의 집단의식에 가까이 가고 있고 이 집단의식은 위험할 정도로 자기도취적인 형태이다. 그러므로 이미 반지성적인 기후의 영향권 안에 들어간 우리 사회의 해체를 촉진할 수도 있다.

뇌 연구는 오래 전부터 이런 사실을 감지했다. 쥐의 내측전뇌다발medial forebrian bundle, 즉 뇌의 쾌락 중추pleasure center를 자극하기 위해 전극을 꽂아보라. 쥐가 전기적으로 연결된 손잡이를 눌러서 그 영역을 마음대로 자극하도록 내버려두면 쥐는 먹거나 잠을 자지도 않고 끊임없이 황홀 상태를 유지하려 할 것이다. 그러다가 죽음을 맞는다그림 12-3. 사람도 마찬가지로 목숨을 걸고 코카인 흡입과 줄타기를 한다. 이런 점에서 가상현실은 어쩌면 여태까지 보아온 어떤 것보다 더 강력하게 중독되는 '쥐의 손잡이'가 될 것이다. 삶 자체는 꿈이 아니다. 물리적 생존과 그것의 지속이다. 가상현실은 그 필요를 채워주지 못한다.

잘하면 인간이 본래 가지고 있는 지혜로 결국 가상 영역이 비현실적이라는 걸 깨달을 것이다. 진화적 사건은 이변에 의해 이와 같은 일이 가능하다는 걸 알고 있었으며, 그래서 우리 뇌가 자신을 해치지 않고서는 REM에 의해 가동되는 꿈을 실행하지 못하도록 진화했다는 사실을 깨달을 것이다. 더 현실적으로는 진화가 엄청난 자연 재해를 해결하듯 변이와 선택을 통해 그 문제를 해결하기를 바랄 수 있다. "2차원적인 섹스는 그만, 진짜를

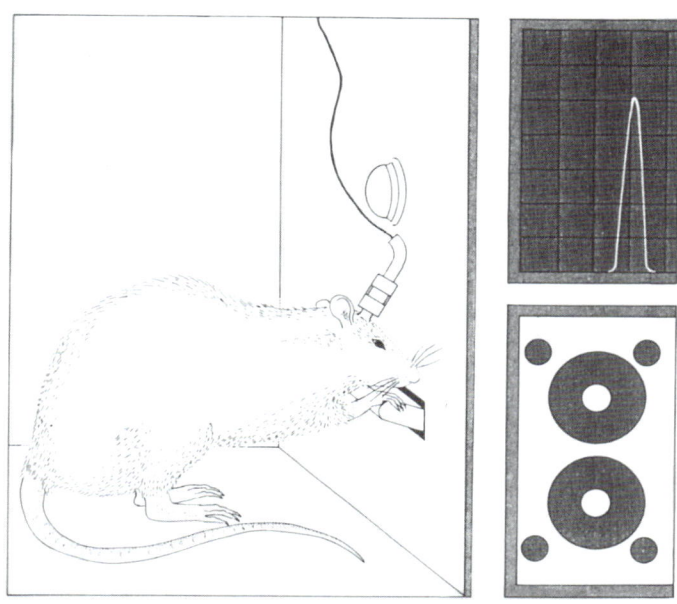

그림 12-3 무분별한 자기 자극. 스키너 상자 장치를 이용해서 뇌 보상의 행동적 효과를 연구한다. 쥐의 보상 체계(reward system) 안에 금속 전극을 심고 녀석이 발판을 눌러서 뇌에 전기 자극을 유발할 수 있게 한다. 자극하는 전극을 시상하부의 내측전뇌다발에 심으면, 쥐는 거의 끊임없이 여러 날 동안 먹이, 물, 잠을 무시한 채 자신을 자극한다. 다른 부분의 보상 체계는 그렇게까지 극적인 효과를 일으키지 않는다. (Routtenberg, 1978.)

다오."라고 말하는 소수의 사람들이 생길 것이다. 자연선택을 통한 사회적인 선별은 더 사려 깊은 다른 인간을 만들어낼 것이다. 그것이 우리가 바랄 수 있는 전부이다.

마음을 가진 컴퓨터

웹이 생물학적 의미에서 살아 있는가의 여부는 어쩌면 집단 마음을 만드는 것과 상관이 없을지도 모른다. 개인에게서 나오는 각각의 의견, 믿음, 메시지를 하나의 자극으로 간주하면, 웹은 많은 부분에 있어 인간의 의식과 비슷하게 작동한다. 그것은 들어오는 자극에 대해 재빠르게 찬반의 합의된 결정을 내리고 하나의 해결책을 내놓는다. 동시에 다른 것을 수행할 시간은 없다.

이 본성에 관한 논의는 명백하고 궁극적인 질문을 던진다. 마음은 과연 생물학적인 혹은 살아 있는 살과 피의 영역 안에서만 거주할 수 있는 성질일까?

잠시 날기의 경우에 관해 생각해보자. 공기보다 무거우면서 날 수 있는 유일한 대상이 살아 있는 동물이라는 사실 때문에 13세기나 14세기였다면 날기는 생물의 성질이라고 결론을 내렸을 것이다. 반대로 20세기 말에 살고 있는 모든 사람은 날 수 있는 능력이 전적으로 생물에게만 있는 게 아님을 안다. 이처럼 마음이 전적으로 생물학적 성질일까 의심해볼 수 있다. 오늘날 우리가 아는 컴퓨터는 마음을 가질 준비가 되어 있지 않아 보이지만, 그것은 인공 마음 창조에 관한 이론적 제약이 아니라 설계 구조 선택상의 한계 때문일 수 있다. 날기의 경우 플라스틱, 죽은 목재, 다양한 금속 등은 특수화된 피부, 표피조직, 깃털 등과 마찬가지로 중력을 극복하게 해주는 성분이라는 게 증명되었다. 여기서 가능성을 높이는 건 재료가 아니라 설계이다.

그러니 '마음'이 생물만의 성질일까, 아니면 사실은 이론상 어떤 비생물학적 구조에 의해 지원되는 물리적 성질일까? 다시 말해서 생물학이 물리학과 별개라고 믿을 엄밀한 이유가 있을까? 지난 1백여 년에 걸쳐서 수집된 과학 지식은, 놀랍도록 복잡한 생물학이 물리학의 법칙을 따르고 있다는 걸 암시한다. 따라서 의식은 물리적 유기체에 의해 주어질 수 있다. 우리는 어쩌다 그것을 생물학 체계라고 부르게 되었을 뿐이다.

사람들이 일반적으로 묻는 질문은 조금 다르다. 본성상 생물이 아닌 어떤 장치가 신경계 기능의 성질로 간주되는 의식, 감각질, 기억, 자각을 지원할 수 있는가이다. 즉, 컴퓨터가 과연 정말로 생각을 할 수 있을까?

쉽게 대답하자면, '그렇다'. 그럴 수 있고 그렇게 될 것이라고 생각한다. 하지만 더 적절한 질문은 "뇌와 같이 할 수 있으려면 물리적 체계는 어떤 것이 되거나 혹은 어떻게 생겨야 할까?"이다. 그렇지 않다면 아직도 일부 사람들이 느끼는 것처럼 뇌에는 철학에서 '어려운 문제'로 불려온 유령이나 달리 정의할 수 없는 정체모를 어떤 게 있을까? 내게는 그것이 생물학의 살아 있음 대 물리학의 죽어 있음의 문제라기보다는, 기능적 구조가 가진 물리적 자유도의 문제로 보인다.

가끔 무척추동물에 대해서도 연구하기는 했지만 평생을 척추동물 생리학자로 지내온 내가 이 책에서 의식의 이미지로 제시한 것은 특정 유형의 신경망 혹은 신경회로에 의해 구체화되는 어떤 것이다. 하지만 뇌 기능을 곰곰이 생각하면서 내가 경험한 가장 놀라운 사실 중 하나를 말해야겠다.

이는 우즈홀 해양생물 연구소에 있는 로저 한린 Roger Hanlin과의 논의에서 깨달은 것으로, 문어에게 비범한 지능적 재주가 있다는 사실이다. 나는 J. Z. 영Young 1989이 문어 실험에 관해 쓴 걸 읽었다. 그 글에 의하면 이 무척추동물은 항아리 안에 갇혀 있는 게를 꺼내기 위해 뚜껑을 여는 복잡한 문제를 해결했다. 안에 게가 있음을 표시하는 시각 이미지와 후각적 단서, 그리고 항아리를 건드려서 움직일 수 있다는 사실 외에는 아무 것도 없이 이 동물은 마침내 힘을 가하면 뚜껑이 열린다는 걸 발견했다. 문어가 문제를 해결한 후 다시 같은 문제를 제시하면 녀석은 즉시 뚜껑을 열고 게를 끄집어낼 수 있었다. 놀랍게도 이는 단 한 번의 시도로 학습될 수 있었다. 그러나 더 중요하고 가장 눈에 띄는 것은, 문어가 과제를 풀고 있는 다른 문어를 관찰함으로써 학습을 할 수 있다는 보고이다 그림 12-4. 여기서 깜짝 놀랄 만한 사실은, 이 동물의 신경계 조직은 이러한 유형의 활동을 지원할 수 있다고 배워온 척추동물 뇌 조직과 완전히 다르다는 점이다 Miklos 1993을 보라. '지능' 문제에 두 가지 가능한 해결책이 있다는 엄연한 사실을 직시한다면, 우리가 인지와 감각질에 필수적이라고 여기는 것의 기초가 되는 구조는 당연히 아주 많을 것이다. 한편 문어나 세피아와 같은 동물에서 대단한 지능을 관찰했음에도 불구하고, 이 생물에게 사실상 감각질과 같은 건 전혀 없을지도 모른다. 그래도 보이는 사실을 근거로 나는 문어의 행동이 주관성을 뒷받침한다는 게 가장 간단한 가정이라고 본다. 절약의 원칙을 놓고 볼 때 동물의 주관성 존재 여부를 입증할 책임은 동물에게 감각질이 없다고 믿는 사람들에게 있다.

신경계 자체에는 컴퓨터의 구현 유형과 원리적으로 아주 다른 무언가가 있을까? 그것은 아주 심각하고 중요한 질문이다. 앨런 튜링Alan Turing,

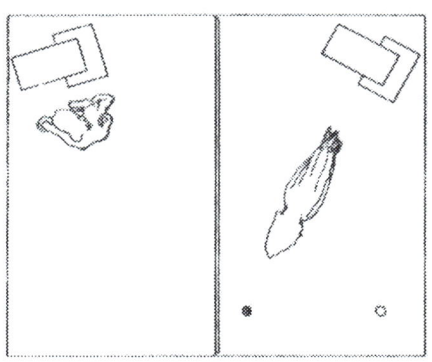

그림 12-4 놀라운 문어. 실험 장치와 절차의 도식. 오른쪽 왜문어(octopus vulgaris)가 검은 공을 공격하면서, 왼쪽의 관찰자를 위한 시범자로 작용하는 것을 보여준다. 왼쪽 문어는 전체 실험 기간 동안 자기 집 바깥에 서서 투명한 벽을 통해 친구를 지켜보고 있다. 각 수조는 흐르는 물을 따로따로 공급했다. 문어들은 관찰에 들어가기 전에 두 시간 동안 시각적으로 상호작용하도록 놓아두었다. 시범자의 능력에 달려 있는 여러 시도의 평균 지속시간은 40초였고, 각 시도 간의 평균 간격은 5분이었다. (Fiorito와 Scotto, 1992, 그림 1, p.545.)

Turing, 1947; Millican과 Clark 1996이 그랬듯이, 적절한 연산방식이 주어지면 디지털 유형의 장치로 보편적 기계 universal machine 를 만드는 게 원리적으로 가능한가의 여부를 생각해볼 수 있다. 연산적 계산이, 우리 뇌와 같은 14w짜리 존재가 1.5kg의 질량을 가지고 이행할 수 있는 성질의 총합을 이행할 만큼 충분히 강력하고 빠르고 간결할 수 있을까? 그리고 한 대의 로봇으로 단지 수 mg의 뉴런 덩어리, 즉 마이크로칩 한 개보다도 무게가 덜 나가는 뇌를 가지고 믿을 수 없는 계산적 민첩함을 보여주는 개미의 지능은 어떻게 보아야 할까? 근본적인 문제는 뇌는 디지털 컴퓨터와 하나도 닮지 않았다는 점이다. 뇌는 아날로그 방식으로 작동하고, 따라서 그것의 측정은 직접적으로 물리학을 이용한다. 측정치가 발생한 근원 요소들을 씻어내고 0과 1에서 추출한 수치를 따르는 디지털 방식과는 다르다. 디지털식으로 작동되는 컴퓨터가 수행하는 계산과 아날로그 장치가 수행하는 계산이 비교될 수 있을까? 사람들은 디지털 컴퓨터가 뇌와 동격의 계산 성질 능력을 지원할 수 있기 위해서는 몇 자릿수 더 큰 질량과 전력 공급이 필요하다고 말해왔다.

　　뇌와 컴퓨터의 차이에 관한 다른 논란이 있다. 워런 맥쿨록 Warren McCulloch은 오래 전에, 그러한 신뢰도 reliability가 신뢰할 수 없는 체계에서 일어날 수 있는지 의문을 제기했다 McCulloch 1965. 독자는 지금쯤이면 신경세포들이 계산적 실체로서 얼마나 신뢰할 수 없는지를 알아야 한다. 거기에는 본질적 활동이 있고, 따라서 정보를 전달하고 중계하는 역할을 하기에는 지극히 잡음이 많다. 맥쿨록의 대답은 상당히 흥미롭다. 그는 뉴런들이 평행하게 조직되어 궁극적인 메시지가 동시에 작용하는 뉴런 활동의 합이 된다면, 신뢰도를 얻을 수 있다고 느꼈다. 나아가 신뢰할 수 없는 요소들의 불신도 unreliability가 충분히 서로 다른 체계라면, 원리적으로 전부 신뢰할 수 있는 부분들로 만들어진 체계보다 훨씬 더 신뢰할 수 있을 것이라고 설명했다. 여기서 신뢰할 수 있는 체계란, 최소이긴 해도 각 요소의 불신도가 여전히 존재하는 체계이다.

　　역설적으로 들리겠지만, 신뢰할 수 있는 체계로 여겨지는 것의 요소들은 대략 같은 정도로 신뢰할 수 있다. 그리고 이 신뢰도가 99.99%라 할지라도, 문제는 그 요소들의 불신도 역시 똑같다는 것이다. **신뢰할 수 없는 게 모든 요소에 공통적으로 들어 있다.** 그러므로 그것은 확률의 문제가 된다. 그렇게 되면 신뢰할 수 있거나 반복되는 체계에서는 아무리 미세한 문제나 불신도 unreliability 라도 실제로 가지고 있는 건 무엇이든 **합산**될 것이다. 하지만 신뢰할 수 없는 체계에서는 요소들이 반복되지 **않으므로** 그 불신도가 약간씩 다르다. 불신도가 약간씩 다르기 때문에 이 불신도의 확률은 결코 합산되지 않을 것이다! 따라서 이 신뢰할 수 없는 체계를 신뢰할 수 있는 체계보다 훨씬 더 신뢰할 수 있다.

이같은 사실의 이면에는 요소들의 불신도가 다른 체계에서 그 요소들이 공통으로 가지고 있는 걸 신뢰할 수 있는 측면이 있다! 이것이 기본이다. 어떤 장치가 완전히 신뢰할 수 있게 되기 위해서는, 궁극적으로 그것이 신뢰할 수 없는, 즉 다양한 부분들로 만들어져야 함을 의미한다!

웹이 우리의 사고, 사상, 믿음에 미치는 균일화 효과로 인해 우리가 경험하게 될 사회의 허약함이 정확히 여기에 있다. 다양성이 감소함에 따라 모든 건 점점 중복되게 되고 불신도는 여러 요소들로 인해 공통성으로 변한다. 그리고 사회의 경우에서 그 요소들은 바로 **우리**이다.

의식과 이른바 인공 비생물학적 지능의 완성으로 돌아가서, 아날로그 체계에서의 계산의 불신도와 확률적 본성이라는 문제를 이해할 수 있을 때까지는 필요한 건축구조를 만들어내지 못할 수도 있다. 적절한 기능적 구조를 가지면 아마도 아주 커다란 비생물학적 실체의 집합 안에서 의식을 만들어낼 수 있을 것이다.

두 번째 문제는 자아를 아는 문제이다. 잠재적으로 구현된 의식에게 외부 세계를 탐험하고 내면화하는 데 필수적인 자유가 허락되어서, 원시적 일지언정 자아의 이미지가 주어진다고 가정해보자. 이러한 구현이 외부 실재를 측정할 수 있을지는 몰라도, 우리가 뜻하는 의미의 자각하는 실체는 갖지 못할 것이다. 우리는 자아가 신경계의 기능에서는 기본이라는 걸 안다.

세상을 시각적으로 거꾸로 보이게 하는 반전 프리즘을 받은 사람들에게서 이같은 현상을 볼 수 있다. 이 사람들은 오직 운동적 의미에서 시각적 이미지와 상호작용할 때에만, 그 이미지에 제대로 반응하고 학습한다. 시각적 이미지를 조정하기 위해서는 그 이미지 안에서 움직여야만 한다. 결국 인지를 만들어낼 능력이 있는 구조는 그러한 인지가 발달된 발판인 운동성과 관계가 있어야 한다는 걸 알 수 있다. 컴퓨터가 의식이 있기 위해서는 움직이고 조작해야 한다. 로봇이어야 하는 것이다. 그러한 자기 참조가 없으면, 의식은 궁극적으로 단순히 맥락에 의존하므로 항상 문법론 대 의미론syntax vs. semantics의 문제가 제기될 것이다. ˙중국어 방(Chinese room)˙ 패러다임을 보라; Searle 1992. 중국어를 전혀 모르는 어떤 사람이 ˙중국어 방˙ 에 들어앉아, 일련의 한자 배열을 다른 한자 배열로 변환하는 규칙을 보며 밖에서 들어오는 한자를 변환하여 다시 내보낸다면, 밖에서는 그가 중국어를 잘 하는 사람이라고 생각하지만 실제로는 방 어디에도 중국어에 대한 ˙이해˙ 는 없다.

인지를 만들어내기 위한 구조가 마침내 실현된다면 우리는 사고하거나 느끼는 기계를 가지게 된다. 그러나 우리가 그것을 설계하고 조립하는 능력은 뇌 기능을 이해하는 데에는 궁극적으로 그렇게 유용하지는 않을 것이다. 비행기에 대한 이해가 박쥐나 새를 날게 하는 생리학에 관한 모든 것을 말해주지 않는 것처럼.

감사의 말

    이 책은 1989년 스코틀랜드에 있는 세인트 앤드루스대학의 글렌 코트렐 Glen Cottrell 교수가 친절하게도 나를 초대하여 재미교수 강연 American Alumni Lecture 을 맡긴 것에서 비롯되었다. 그때는 세인트 앤드루스가 내 인생에 다시 등장하리라는 걸 몰랐다. 그 뒤 1998년에 아들 알렉산더가 뉴욕대학에서 의학 공부를 하는 도중에 세인트 앤드루스대학에서 박사 학위를 받는 인연으로 이어졌다.

    이 책이 만들어지기까지 키슬러 Michael Kistler 에게 많은 빚을 졌다. 원고의 많은 부분은 나의 구술을 그가 정리한 것이다. 그는 자료들을 책을 만드는 작업이 가능한 형태로 바꾸어주었다. 진 자코비 Jean Jacoby 박사는 편집을 도와주었다. 현재 하버드의 베스 이스라엘 병원에서 신경과 의사로 재직하고 있는 아들 라파엘이 시간을 들여 원고를 읽고 비평해주었고, 아내 질리언 킴버 Gillian Kimber 박사도 마음 철학자의 관점에서 조언을 아끼지 않았다. 특히 절친한 친구인 안토니오 페르난데스 데 몰리나 Antonio Fernandez de Molina 박사와 동료인 케리 월튼 Kerry Walton 박사가 성실한 조언과 함께 책의 내용을 더 풍성하게 해준 것에 대해 감사의 마음을 전한다.

    이 책은 통합적인 시도를 반기는 동료들과 신경과학을 공부하는 학생들을 비롯해 일반 독자를 위해 쓴 것이다. 이 책은 신경적 통합 neuronal integration 과 시냅스 전달 synapse transmission 에 관심이 있는 단세포 생리학자의 관점에서 신경과학과 철학의 여러 주제들에 관해 일반적인 시각을 제시한다. 이 같은 관점은 뇌 기능과 연

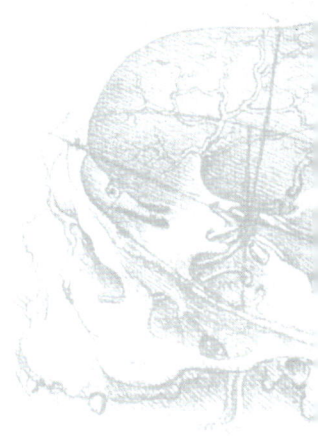

관되면서도, 분자적인 영역과 체계적인 영역을 포괄하고 있다는 점에서 특별하다.

물리적인 뉴런 하나는 밀리미터의 10분의 1이라는 낮은 배율에서 가장 잘 관찰된다. 좋은 돋보기와 핀을 사용하면 손으로 해부할 수 있을 정도로 크다 Deiters 1856. 마이크로미터 수준으로 두 자리만 내려가면 시냅스 전달의 단위에 도달하게 된다. 물론 이 단계에서는 더 배율이 높은 현미경이 필요하다. 여기서는 신경과 근육의 연합체에서 시냅스들이 관찰될 것이다. 두 자리를 더 내려가면, 수십 나노미터 수준에서 전자현미경의 도움을 받아 단일 이온 통로의 영역과 신호 변환 및 분자 생물학의 영역을 볼 수 있다.

반대로 단세포의 생리학보다 높은 단위를 거닐고 싶다면, 두 자리 올라간 센티미터 영역에서 동전, 단추, 손톱 크기의 세계를 발견할 수 있다. 두 자리 더 올라가면 미터 영역에서 인간의 특징인 운동성 motricity과 인지 cognition의 세계에 닿을 수 있다. 즉, 의자나 전화를 비롯해 손에 쥐거나 팔로 안을 수 있는 물건들의 영역이다.

대부분의 신경과학자가 느끼기에 사람은 중심 초점에서 두 자리만 올라가거나 내려가면 충분히 '수평선'에 도달한다. 때문에 더 나아가 네 자리 위나 네 자리 아래를 시도하는 건 무모하게 보인다. 그러나 이렇게 무모하고 역동적인 영역에 대한 연구를 시도하는 사람들이 있다. 실패의 위험이란 통합에 이르기 위한 대가이며, 그것이 없이는 언제까지나 동떨어진 분야들로 남아 있게 된다는 걸 알기 때문에.

이 책은 서로 전혀 모르던 세 사람이 '책'이라는 공통의 관심사를 통해 이어지면서 탄생했다. 뇌과학 강의로 유명한 박문호 박사님이 '나눔문화'에서 하신 「뇌의 세계, 그 마음의 열림과 접힘」이라는 강의를 들은 「북센스」 송주영 실장은 박사님께 뇌과학에 관한 최고의 책을 추천해주시길 부탁드렸다. 그러자 박사님은 흔쾌히 이 책 『꿈꾸는 기계의 진화』 원제『i of the Vortex』와 함께 『의식의 탐구』 크리스토프 코흐 지음를 번역했던 역자를 번역자로 추천하셨던 것이다. 박사님은 『의식의 탐구』가 출간되었을 때 당신이 공동 운영위원장인 독서클럽 www.100booksclub.com에서 그 책을 백한 권 째 책으로 선정하시고 손수 연락처를 수소문해 역자에게 격려 전화를 주신 적이 있다.

그렇게 이 책이 기획된 후 마침 박사님이 연구공간 '수유+너머'에서 6주에 걸쳐 「뇌와 생각의 출현」이라는 강의를 하게 되었다. 세 사람은 그 곳에서 6주 동안 자연스레 머리를 맞댈 수 있었다. 이 책을 위한 훌륭한 예비 단계였던 그 강의를 들으며 역자는 번역에 많은 도움이 된 큰 그림을 얻을 수 있었다.

그러나 개운하게 해결하지 못한 특정한 단어와 문장이 아직도 마음을 어지럽힌다. 저자에게 이메일로 질문들을 보내자 처음 한 번은 친절하게 답장을 주더니 이후에는 '더 이상 시간이 없습니다' 라는 답이 돌아왔다. '이거 오타 아니냐, 이 문장은 왜 들어갔는지 모르겠다' 등의 시시콜콜한 질문들에 기분이 상하셨나? 그랬

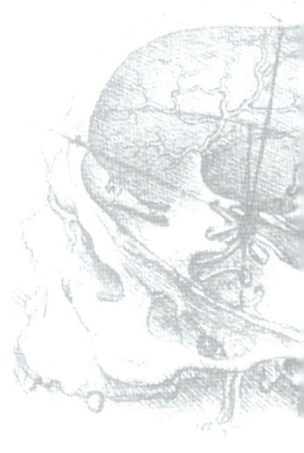

다면 책을 잘 만들려는 열의로 이해해달라고 했더니 이번에는 좀 긴 답장이 왔다. 자신도 책이 잘 되길 바라지만 뉴욕에서 중요한 직책을 맡고 있고 정기적인 강의 외에도 유럽 등지에서 수시로 강의를 해야 하며 대학원생을 비롯해 신경 쓸 사람이 수십 명인데다 써야 할 논문도 밀린 상태이니 정말 중요한 질문이 아니면 자제해달라고.

저자들은 사실상 독자일 때의 나도 커다란 맥락을 중요시하지 부분적인 문제는 있는지조차 알아차리지 못하는 경향이 있다. 그래서 결국 해결하지 못한 부분 중 하나를 후일담으로 짚고 넘어가려고 한다.

1장에 보면 "뉴런은 '일찍 일어나는 새'인 동시에 '벌레'이기도 하다."라는 대목이 나온다. 분명 원문을 제대로 옮겼건만 갑자기 이 속담이 거기서 왜 나오는지 도저히 이해할 수 없었다. 그래서 저자에게 이메일로 질문한 요지는 순전히 '속담과의 연결 관계'였는데, 저자의 답변은 다음과 같았다.

"이것은 말장난이다. 뉴런은 정보의 '수용기'인 동시에 '감지기'라는 말이다. 사람들은 뉴런이 정보를 수용하기만 하고 느끼지는 않는다고 생각할 것이다. 느낌은 '영적'인 것이라고 하겠지만, 나는 세포가 수용하고 동시에 느낀다고 생각한다."

요즘 세간에 번역에 관한 말들이 많다. 역자는 그런 말들을 들으면 마음이 아프다. 초보에게는 초보라서 하는 실수가 있고 프로에게는 프로라서 하는 실수가 있다. 결국은 그 누구도 심지어 원저자도 실수에서 자유로울 수는 없다.

역자의 친정 엄마는 평생을 서울에 사시다가 근래에 서해안에 내려가 집 짓고 사시며 바위에 붙은 굴을 따는 데 재미를 붙이셨다. 정성껏 따오신 굴을 고향이 바닷가이면서 젊어 상경하신 시부모님 드리라고 보내주신다. 어머님은 '굴은 초보가 딴 걸 먹어야 돼' 하신다. 알알이 정성들여 따느라 깨진 껍질이 거의 나오지 않는다는 뜻이다. 마흔 들어서며 번역을 시작한 나의 작품들이 그 굴과 같이 조심스럽고 깨끗했으면 좋겠다고 생각하며 작업을 했다. 귀중한 책을 번역할 기회를 주신 박문호 박사님에게 진정한 감사를 전하는 길은 '초심을 잃지 않는 프로번역가'로 자리매김할 수 있도록 정진하는 것이리라.

2007년 봄
김미선

i of the vortex

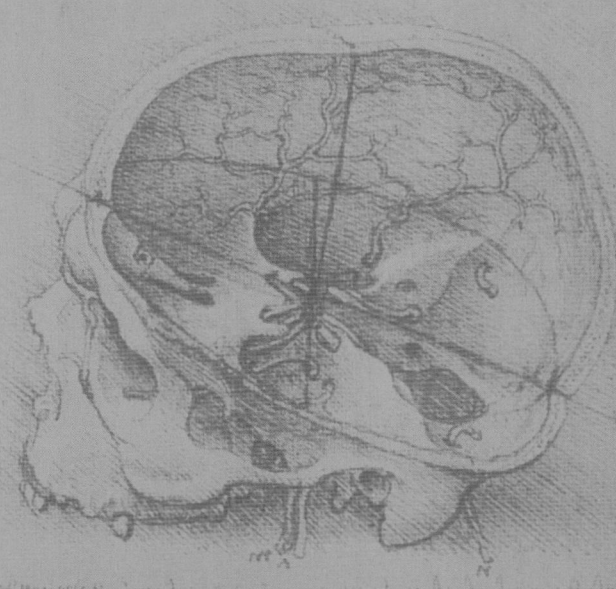

참고문헌 · 찾아보기

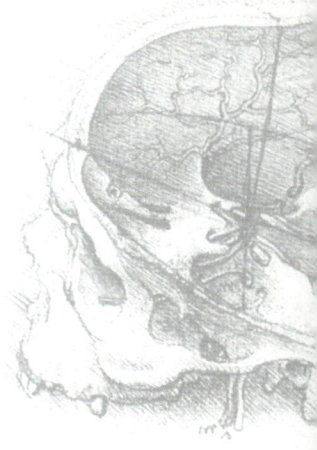

A

Abbott, L. F., Rolls, E. T., and Tovee, M. J. (1996). Representational capacity of face coding in monkeys. Cereb. Cortex. 6: 498-505.

Abel, T., and Kandel, E. (1998). Positive and negative regulatory mechanisms that mediate long-term memory storage. Brain Res. Rev. 26: 360-378.

Aboitiz, F., and Garcia, R. (1997a). The anatomy of language revisited. Biol. Res. 30: 171-183.

Aboitiz, F., and Garcia, R. (1997b). The evolutionary origin of the language areas in the human brain. A neuroanatomical perspective. Brain Res. Rev. 25: 381-396.

Adrianov, O. S. (1996). Cerebral interrelationships of cognitive and emotional activity: Pathways and mechanisms. Neurosci. Behav. Physiol. 26: 329-339.

Ali, M. A., ed. (1984). Photoreception and Vision in Invertebrates. New York: Plenum.

Archer, S. M., Helveston, E. M., Miller, K. K., and Ellis, F. D. (1986). Stereopsis in normal infants and infants with congenital esotropia. Am. J. Ophthalmol. 101: 591-596.

Armstrong, D. L., Turin, L., and Warner, A. E. (1983). Muscle activity and the loss of electrical coupling between striated muscle cells in Xenopus embryos. J. Neurosci. 3: 1,414-1,421.

Arnold, A. P. (1975a). The effects of castration on song development in zebra finches (Poephila guttata). J. Exp. Zool. 191: 261-278.

Arnold, A. P. (1975b). The effects of castration and androgen replacement on song, courtship, and aggression in zebra finches (Poephila guttata). J. Exp.

Zool. 191:309-326.

Arshavsky, Y. I., Deliagina, T. G., and Orlovsky, G. N. (1997). Pattern generation. Curr. Opin. Neurobiol. 7: 781-789.

B

Bailey, C. H., Bartsch, D., and Kandel, E. R. (1996). Toward a molecular definition of long-term memory storage. Proc. Natl. Acad. Sci. USA. 93: 13,445-13,452.

Baker, T. C., Cosse, A. A., and Todd, J. L. (1998). Behavioral antagonism in the moth Helicoverpa zea in response to pheromone blends of three sympatric heliothine moth species is explained by one type of antennal neuron. Ann. NY Acad. Sci. 855: 511-513.

Banks, W. P. (1996). How much work can a quale do? Conscious Cogn. 5: 368-380.

Bard P. (1928). A diencephalic mechanism for the expression of rage with special reference to the sympathetic nervous system. Amer. J. Physiol. 84: 490-515.

Bateson, P. P. G. (1966). The characteristics and context of imprinting. Biological Review 41: 177-220.

Batueva, I. V. (1987). Efficiency of electrical transmission in reticulomotoneuronal synapses of lamprey spinal cord. Exp. Brain Res. 69: 131-139.

Batueva, I. V., and Shapovalov, A. I. (1977). Electrotonic and chemical EPSPs in lamprey motor neurons following stimulation of the descending tract and posterior root afferents. Neirofiziologiia 9: 512-517. [Article in Russian]

Bear, M. F., Conners, B. W., and Paradiso, M. A. (1996). Neuroscience: Exploringthe Brain. Baltimore: Williams and Wilkins.

Beeckmans, K., and Michiels, K. (1996). Personality, emotions and the temporolimbic system: A neuropsychological approach. Acta Neurol. Belg. 96: 35-42.

Bekoff, A., Stein, P. S. G., and Hamburger, V. (1975). Co-ordinated motor output in the hindlimb of the 7-day chick embryo. Proc. Natl. Acad. Sci. USA 72: 1,245-1,248.

Benini, A. (1998). Pain as a biological phenomenon of consciousness. Schweiz Rundsch Med. Prax. 87: 224-228.

Benke, T., Bosch, S., and Andree, B. (1998). A study of emotional processingin Parkinson's disease. Brain Cogn. 38: 36-52.

Bennett, M. V. L. (1971). Electric organs. In: Fish Physiology, W. S. Hoar, D. J. Randall, eds. New York: Academic Press, pp. 347-391.

Bennett, M. V. L. (1997). Gap junctions as electrical synapses. J. Neurocytol. 26: 349-366.

Bennett, M. V. L. (2000). Electrical synapses, a personal perspective (or history). Brain Res. Brain Res. Rev. 32: 16-28.

Bennett, M. V. L, and Pappas, G. D. (1983). The electromotor system of the stargazer: A model for integrative actions at electrotonic synapses. J. Neurosci. 3: 748-761.

Bennett, M. V. L, Sandri, C., and Akert, K. (1989). Fine structure of the tuberous electroreceptor of the high-frequency electric fish, Sternarchus albifrons(gymnotiformes). J. Neurocytol. 18: 265-283.

Berardelli, A. (1995). Symptomatic or secondary basal ganglia diseases and tardive dyskinesias. Curr. Opin. Neurol. 8: 320-322.

Berardelli, A., Rothwell, J. C., Hallett, M., Thompson, P. D., Manfredi, M., and Marsden, C. D. (1998). The pathophysiology of primary dystonia. Brain 121: 1,195-1,212.

Bernard, J. F., Bester, H., and Besson, J. M. (1996). Involvement of the spinoparabrachio-amygdaloid and-hypothalamic pathways in the autonomic and affective emotional aspects of pain. Prog. Brain Res. 107: 243-255.

Bernstein, N. A. (1967). The Coordination and Regulation of Movements. Oxford: Pergamon Press.

Bevans, C. G., Kordel, M., Rhee, S. K., Harris, A. L. (1998). Isoform composition of connexin channels determines selectivity among second messengers and uncharged molecules. J. Biol. Chem. 273: 2,808-16.

Bizzi, E., Saltiel, P., and Tresch, M. (1998). Modular organization of motor behavior. Z. Naturforsch. 53: 510-517.

Blackshaw, S. E., and Warner, A. E. (1976). Low resistance junctions between mesoderm cells duringdevelopment of trunk muscles. J. Physiol. (Lond.) 255: 209-230.

Bleasel, A. F., and Pettigrew A. G. (1992). Development and properties of spontaneous oscillations of the membrane potential in inferior olivary neurons in the rat. Brain Res. De. Brain Res. 65: 43-50.

Block, N. (1995). The Mind as the software of the brain. In An Invitation to Cognitive Science, ed. D. Osheron, L. Gleitman, S. Kosslyn, E. Smith and S. Steinberg, ed. Cambridge: MIT Press.

Braddick, O. (1996). Binocularity in infancy. Eye. 10: 182-188.

Broca, P. (1861). Memoire sur le cerveau de l'homme. Paris: Reinwald.

Brooks, V. B. (1983) Motor control: How posture and movements are governed. Phys. Ther. 63: 664-673.

Brown, G. (1911). The intrinsic factors in the act of progression in the mammal. Proc. Roy. Soc. Lond. B. 84: 308-319.

Brown, G. (1914). On the nature of the fundamental activity of nervous centers J. Physiol. 48: 18-46.

Brown, G. (1915). On the activities of the central nervous system; together with an analysis of the conditioning of rhythmic activity in progression and a theory of the evolution of the nervous system. J. Physiol. 49: 18-46.

Brown, K. S. (1983). Evolution and development of the dentition. Birth Defects Orig. Artic. Ser. 19: 29-66.

Brown, S., and Schafer, A. (1888). An investigation into the functions of the occipital and temporal lobes of the monkey's brain. Phil. Trans. R. Soc. London B. Biol. Sci. 179: 303-327.

Camperi, M., and Wang, X. J. (1998). A model of visuospatial working memory in prefrontal cortex: Recurrent network and cellular bistability. J. Comput. Neurosci. 5: 383-405.

Casey, K. L. (1999). Forebrain mechanisms of nociception and pain: Analysis through imaging. Proc. Natl. Acad. Sci. USA. 96: 7,668-7,674.

Chalmers, D. J. (1995). Facingup to the problem of consciousness. J. Consciousness Studies 2: 200-219.

Chalmers, D. J. (1996). The Conscious Mind: In Search of a Fundamental Theory. New York: Oxford University Press.

Chalmers, D. J. (1997). Moving forward on the problem of consciousness. J. Consciousness Studies 4: 3-46.

Chang, Q., Pereda, A., Pinter, M. J., and Balice-Gordon R. J. (2000). Nerve injury induces gap junctional coupling among axotomized adult motor neurons. J. Neurosci. 20: 674-684.

Changeux, J. P. (1996) The Neuronal Man. Princeton: Princeton University Press.

Changeux, J. P. and Deheane, S. (2000). Hierarchical modeling of cognitive functions: From synaptic transmission to the Tower of London. Int. J. Psychol. Physiol. 35: 179-187.

Charney, D. S., and Deutch, A. (1996). A functional neuroanatomy of anxiety and fear: Implications for the pathophysiology and treatment of anxiety disorders. Crit. Rev. Neurobiol. 10: 419-446.

Chelazzi, L., Duncan, J., Miller, E. K., and Desimone, R. (1998). Responses of neurons in inferior temporal cortex during memory-guided visual search. J. Neurophysiol. 80: 2,918-2,940.

Chomsky, N. (1964). The development of grammar in child language: Formal discussion. Monogr. Soc. Res. Child Dev. 29: 35-39.

Chomsky, N. (1967). Recent contributions to the theory of innate ideas. Synthese 17: 2-11.

Chomsky, N. (1968). Language and Mind. New York: Harcourt, Brace and World.

Chomsky, N. (1972). Language and Mind. New York: Harcourt, Brace and World.

Chomsky, N. (1980). Rules and representations. Behav. and Brain Sci. 3: 1-16.

Chomsky, N. (1986). Analytic study of the Tadoma method: Language abilities of three deaf-blind subjects. J. Speech Hear. Res. 29: 332-347.

Christensen, B. N. (1976). Morphological correlates of synaptic transmission in lamprey spinal cord. J. Neurophysiol. 39: 197-212.

Churchland, P. M. and Churchland, P. S. (1998). Recent work on consciousness: Philosophical, theoretical, and empirical. In On the Contrary: Critical Essays, 1,987-1,997. Cambridge: MIT Press.

Churchland, P. S. (1986). Neurophilosophy: Toward a Unified Understanding of the Mind-Brain. Cambridge: MIT Press.

Clayton, D. F. (1997). Role of gene regulation in song circuit development and song learning. J. Neurobiol. 33: 549-571.

Cloney, R. A. (1982). Ascidian larvae and the events of metamorphosis. Am. Zool. 22: 817-826.

Coffey, B. J., Miguel, E. C., Savage, C. R., Rauch, S. L. (1994). Tourette's disorder and related problems: A review and update. Harv. Rev. Psychiatry. 2: 121-132.

Cohen, A. (1987). Effects of oscillator frequency on phase-locking in the lampreycentral pattern generator. J. Neurosci. Methods. 21: 113-125.

Colcher, A., and Simuni, T. (1999). Clinical manifestations of Parkinson's disease. Med. Clin. North Am. 83: 327-347.

Cole, J. A., Mohan, S., and Dow, C. (eds.) (1992). Prokaryotic Structure and Function: A New Perspective. Society for General Microbiology Symposium, no. 47. Cambridge: Cambridge University Press.

Cook, P. M., Prusky, G., and Ramoa, A. S. (1999). The role of spontaneous retinal activity before eye opening in the maturation of form and function in the retinogeniculate pathway of the ferret. Vis. Neurosci. 16: 491-501.

Cope, F. W. (1976). Derivation of the Weber-Fechner law and the Loewenstein equation as the steady-state response of an Elovich solid state biological system. Bull. Math. Biol. 38: 111-118.

Crick, F. C. H. (1991). The Astonishing Hypothesis: The Scientific Search for the Soul. New York: Touchstone Books.

Crick, F. C. H., and Koch C. (1990). Towards a neurological theory of consciousness. Semin. Neurosci. 2: 263-275.

Crook, J. H. (1983). On attributing consciousness to animals. Nature 303: 11.

Cropper, E. C., and Weiss, K. R. (1996). Synaptic mechanisms in invertebrate pattern generation. Curr. Opin. Neurobiol. 6: 833-841.

D

Damasio, A. (1994). Descartes' Error. New York: Putnam.

Damasio, A. (1999). The Feeling of What Happens. New York: Harcourt Brace and Co.

Damasio, A. R., Damasio, H., and Van Hoesen, G. W. (1982). Prosopagnosia: Anatomic basis and behavioral mechanisms. Neurology. 32: 331-341.

D'arcy W. Thompson. (1992). On growth and form. Cambridge, UK: Cambridge University Press.

Darwin, C. (1872). The Expression of Emotions in Man and Animals. London: John Murray, Publisher.

Davis, L. (1982). What is it like to be an agent? Erkenntnis 18: 195-213.

Davis, M. (1998). Anatomic and physiologic substrates of emotion in an animal model. J. Clin. Neurophysiol. 15: 378-387.

Davis, P. J., Zhang, S. P., Winkworth, A., and Bandler, R. (1996). Neural control of vocalization: Respiratory and emotional influences. J. Voice. 10: 23-38.

DeHaan, R. L., and Sachs, H. G. (1972). Cell coupling in developing systems: The heart-cell paradigm. Curr. Top. Dev. Biol. 7: 193-228.

Deiters O. (1865). In M. Schultze, ed. Unter schungen uber Gehim und Ruckenmark des Menschen und der Sangethiere. Braunschweig Wieweg.

Deliagina, T. G., Orlovsky, G. N., and Pavlova, G. A. (1983). The capacity forgeneration of rhythmic oscillations is distributed in the lumbosacral spinal cord of the cat. Exp. Brain Res. 53: 81-90.

Dennet, D. C. (1993). Consciousness Explained. New York: Penguin.

De Renzi E. de Pellegrino G. (1998). Prosopagnosia and alexia without object agnosia. Cortex 34: 403-15.

Devinsky, O., Morrell, M. J., and Vogt, B. A. (1995). Contributions of anterior cingulate cortex to behaviour. Brain. 118: 279-306.

DeVoogd, T. J. (1991). Endocrine modulation of the development and adult function of the avian song system. Psychoneuroendocrinology.16: 41-66.

DeVoogd, T. J., and Nottebohm, F. (1981). Sex differences in dendritic morphology of a song control nucleus in the canary: A quantitative Golgi study. J. Comp. Neurol. 196: 309-316.

Dewsbury, D. A., and Rethlingshafer, D. A. (1973). Comparative psychology: A modern survey. New York: McGraw-Hill, pp. 125-127.

De Zeeuw, C. I., Lang, E. J., Sugihara, I., Ruigrok, T. J., Eisenman, L. M., Mugnaini, E., and Llinás, R. (1996). Morphological correlates of bilateral synchrony in the rat cerebellar cortex. Neurosci. 16: 3,412-3,426.

Doty, R. L. (1986). Odor-guided behavior in mammals. Experientia. 42: 257.

Doupe, A. J. (1993). A neural circuit specialized for vocal learning. Curr. Opin. Neurobiol. 3: 104-111.

Doupe, A. J., and Konishi, M. (1991). Song-selective auditory circuits in the vocal control system of the zebra finch. Proc. Natl. Acad. Sci. USA 88: 11339. 11343.

Doupe, A. J., and Kuhl, P. K. (1999). Birdsong and human speech: Common themes and mechanisms. Annu. Rev. Neurosci. 22: 567-631.

Downer J. C. D. (1961). Changes in the visual gnostic function and emotional behavior followingunilateral temporal lobe damage in the "split-brain" monkey. Nature 191: 50-51.

Duchesne de Boulogne, G.-B. (1862). [Mecanisme de la Physionomie Humaine]. The Mechanism of Human Facial Expression. Edited and translated by R. A. Cuthbertson, 1990. Cambridge UK: Cambridge University Press.

Dyer, A. B., and Gottlieb, G. (1990). Auditory basis of maternal attachment in ducklings (Anas platyrhynchos) under simulated naturalistic imprinting conditions. J. Comp. Psychol. 104: 190-194.

Dyer, A. B., Lickliter, R., and Gottlieb, G. (1989). Maternal and peer imprinting in mallard ducklings under experimentally simulated natural social conditions. Dev. Psychobiol. 22: 463-475.

E

Eccles, J. C., Llinás, R., and Sasaki, K. (1966). The excitatory synaptic action of climbing fibres on the Purkinje cells of the cerebellum. J. Physiol. 182: 268-296.

Eckhorn, R., Bauer, R., Jordan, W., Brosch, M., Kruse, W., Munk, M., and Reitbock, H. J. (1988). Coherent oscillations: A mechanism of feature linkingin the visual cortex? Biol. Cybern. 60: 121-130.

Edelman, G. M. (1992). Bright Air, Brilliant Fire: On the Matter of the Mind. New York: Basic Books.

Edelman, G. M. (1993). Neural Darwinism: Selection and reentrant signaling in higher brain function. Neuron. 10: 115-125.

Eglen, S. J. (1999). The role of retinal waves and synaptic normalization in retinogeniculate development. Philos. Trans. R. Soc. Lond. B Biol. Sci. 354: 497-506.

Elsen F. P., and Ramirez, J. M. (1998). Calcium currents of rhythmic neurons recorded in the isolated respiratory network of neonatal mice. J. Neurosci. 18: 10,652-10,662

Erecinska, M., and Silver, I. A. (1994). Ions and energy in the mammalian brain. Prog. Neurobiol. 43: 37-71.

Estevez-Gonzalez, A., Garcia-Sanchez, C., and Barraquer-Bordas, L. (1997). Memory and learning: "experience" and "skill" of the brain. Rev. Neurol. 25: 1976-1988. [Article in Spanish]

F

Fatt, P., and Katz, B. (1952). Spontaneous subthreshold activity at motor nerveendings. J. Physiol. (Lond.) 117: 109-128.

Feinberg, T. E. (1997). The irreducible perspectives of consciousness. Semin. Neurol. 17: 85-93.

Feldman, J. L., Smith, J. C., Ellenberger H. H., Connelly C. A., Liu G., Greer J. J., Lindsay, A. D., and Otto, M. R. (1990). Neurogenesis of respiratory rhythm and pattern-emerging concepts. Am. J. Physiol. 259: 879-886.

Ferguson, G., Messenger, J., and Budelmann, B. (1994). Gravity and light influence the countershading reflexes of the cuttlefish Sepia officinalis. J. Exp. Biol. 191: 247-256.

Fernandez de Molina, A. (1991). El cambio cerebral en la emocion. Anales Real Acad. Nac. Medicina Madrid, 1-109.

Fernandez de Molina, A., and Husperger R. W. (1959). Central representation of affective reactions in forebrain and brainstem: Electrical stimulation of amygdala, stria terminalis, and adjacent structures. J. Physiol. 145: 251-265.

Fernandez de Molina, A., and Husperger R. W. (1962). Organization of the subcortical system governing defence and flight reactions in the cat. J. Physiol. 160: 200-213.

Feynman R. P., and Hibbs, A. R. (1965). Quantum mechanics and path integrals New York: McGraw-Hill.

Fiorito, G., Scotto, P. (1992). Observational learning in Octopus vulgaris. Science. 256: 545-547.

Furshpan, E. J., and Potter, D. D. (1959). Transmission of giant motor synapses of the cray fish. J. Physiol. 145: 289-325.

Fuster, J. M. (1998). Distributed memory for both short and longterm. Neurobiol. Learn. Mem. 70: 268-274.

Fuster, J. M., and Uyeda, A. A. (1971). Reactivity of limbic neurons of the monkey to appetitive and aversive signals. EEG Clin. Neurophys. 30: 281-293.

Gahr, M., and Garcia-Segura, L. M. (1996). Testosterone-dependent increase of gap-junctions in HVC neurons of adult female canaries. Brain Res. 712: 69-73.

Galambos, R., Makeig, S., and Talmachoff, P. J. (1981). A 40-Hz auditory potential recorded from the human scalp. Proc. Natl. Acad. Sci. 78: 2,643-2,547.

Ganger, J., and Stromswold, K. (1998). Innateness, evolution, and genetics of language. Hum. Biol. 70: 199-213.

Gannon, P. J., Holloway, R. L., Broadfield, D. C., and Braun, A. R. (1998). Asymmetry of chimpanzee planum temporale: Humanlike pattern of Wernicke's brain language area homolog. Science. 279: 220-222.

Gerhardstein, P., Adler, S. A., and Rovee-Collier, C. (2000). A dissociation in infants' memory for stimulus size: Evidence for the early development of multiple memory systems. Dev. Psychobiol. 36: 123-135.

Geschwind, N. (1965). The disconnexion syndrome in animals and man. Brain 88: 237-294.

Glassman, R. B. (1999). A workingmemory "theory of relativity": Elasticity intemporal, spatial, and modality dimensions conserves item capacity in radial maze, verbal tasks, and other cognition. Brain Res. Bull. 48: 475-489.

Goldman-Rakic, P. S. (1987). Circuitry of primate prefrontal cortex and regulation of behavior by representational memory. In F. Plum, V. B. Mountcastle (eds). Handbook of Physiology. Sect. 1, The Nervous System. Vol. 5, Higher Functions of the Brain, Part 1, pp. 373-417. Bethesda, MD: Am. Physiol. Society.

Goldman-Rakic, P. S. (1992). Working memory and the mind. Sci. Am. 267:111-117.

Goldman-Rakic, P. S. (1996). Memory: Recording experience in cells and circuits: Diversity in memory research. Proc. Natl. Acad. Sci. USA 93: 13,435-13,437.

Goldman-Rakic, P. S., Funahashi, S., and Bruce, C. J. (1990). Neocortical memory circuits. Cold Spring Harb. Symp. Quant. Biol. 55: 1,025-1,038.

Goller, F., and Larsen, O. N. (1997a). A new mechanism of sound generation in songbirds. Proc. Natl. Acad. Sci. USA 94: 14,787-14,791.

Goller, F., and Larsen, O. N. (1997b). In situ biomechanics of the syrinx and sound generation in pigeons. J. Exp. Biol. 200: 2,165-2,176.

Goller, F., and Suthers, R. A. (1996a). Role of syringeal muscles in controlling the phonology of bird song. J. Neurophysiol. 76: 287-300.

Goller, F., and Suthers, R. A. (1996b). Role of syringeal muscles in gating airflow and sound production in singing brown thrashers. J. Neurophysiol. 75: 867-876.

Goodman, D., and Kelso, J. A. (1983). Exploring the functional significance of physiological tremor: A biospectroscopic approach. Exp. Brain Res. 49: 419-431.

Gordon, N. Speech, language, and the cerebellum. (1996). Eur. J. Disord. Commun. 31: 359-367.

Gould, E., Reeves, A. J., Graziano, M. S. A., and Gross, C. G. (1999). Neurogenesis in the neocortex of adult primates. Science 286: 548-552.

Gould, J. L. (1976). The Dance-language controversy. The quarterly review of biology. Q. Rev. Biol. 51: 211-244.

Gould, J. L. (1990). Honey bee cognition. Cognition. 37: 83-103.

Gould, J. L., and Gould, C. G. (1989). Life at the Edge. Readings from Scientific American Magazine. New York: W.H. Freeman and Co.

Gould, S. J. (199?) Lecture entitled: Unity of Organic Design: From Goethe and Geoffroy Chaucer to Homology of Homeotic Complexes in Arthropods and Vertebrates, presented at New York University in honor of Homer Smith.

Gray, C. M., Konig, P. L., Engel, A. K., and Singer, W. (1989). Oscillatory re sponses in cat visual cortex exhibit inter-columnar synchronization which reflects global stimulus properties. Nature 338: 334-337.

Gray, C. M., and Singer, W. (1989). Stimulus-specific neuronal oscillations in orientation columns of cat visual cortex. Proc. Nat. Acad. Sci. USA. 86: 1,698-1,702.

Graybiel, A. M. (1995). Building action repertories: Memory and learning functions of the basal ganglion. Curr. Opin. Neurobiol. 5: 733-741.

Greene, P. H. (1972). Problems of organization of motor systems. In R. Rosen and F. M. Snell (eds.) Progress in Theoretical Biology, Vol. 2. New York: Academic, pp. 303-338.

Greene, P. H. (1982). Why is it easy to control your arms? J. Motor Behav. 14:260-286.

Greenfield, P. M., and Savage-Rumbaugh, E. S. (1993). Comparing communicative competence in child and chimp: The pragmatics of repetition. J. Child. Lang.20: 1-26.

Greenfield, S. A. (1995). Journey to the Centers of the Mind. New York: W. H.Freeman.

Gregory, R. L. (1988). Questions of quanta and qualia: Does sensation make sense of matter.or does matter make sense of sensation? Part 1.Perception 17:699-702.

Gregory, R. L. (1989). Questions of quanta and qualia: Does sensation make sense of matter — or does matter make sense of sensation? Part 2. Perception. 18:1-4.

Grillner, S., and Matsushima, T. (1991). The neural network underlying locomotion in lamprey synaptic and cellular mechanisms. Neuron 7: 1-15.

Gross, C. G., and Sergent, J. (1992). Face recognition. Curr. Opin. Neurobiol. 2:156-161.

H

Hadders-Algra, M., Brogren, E., and Forssberg, H. (1997). Nature and nurture in the development of postural control in human infants. Acta. Paediatr. Suppl. 422:48-53.

Hamburger, V., and Balaban, M. (1963). Observations and experiments on spontaneous rhythmical behavior in the chick embryo. Dev. Biol. 7: 533-545.

Hammer, M., and Menzel, R. (1995). Learning and memory in the honeybee.J. Neurosci. 15: 1,617-1,630.

Harris, D. F. (1894). The time-relations of the voluntary tetanns in man. J. Physiol. (Lond.) 17: 315-330.

Harris, J. E., and Whiting, H. P. W. (1954a). Structure and function in the locomotory system of the dogfish embryo. The myogenic stage of movement. J. Physiol. 501-524.

Harris, J. E., and Whiting, H. P. W. (1954b). Structure and functional feedback in the control of movement. Trends Neurosc. 7: 253-257.

Hartshorn, K., Rovee-Collier, C., Gerhardstein, P., Bhatt, R. S., Klein, P. J., Aaron,

F., Wondoloski, T. L., and Wurtzel, N. (1998). Developmental changes in the specificity of memory over the first year of life. Dev. Psychobiol. 33: 61-78.

Hayhoe, M. M., Bensinger, D. G., and Ballard, D. H. (1998). Task constraints invisual working memory. Vision Res. 38: 125-137.

Hayman, L. A., Rexer, J. L., Pavol, M. A., Strite, D., and Meyers, C. A. (1998). Kluver-Bucy syndrome after bilateral selective damage of amygdala and its cortical connections. J. Neuropsychiatry Clin. Neurosci. 10: 354-358.

Heaton, J. T., Dooling, R. J., and Farabaugh, S. M. (1999). Effects of deafening on the calls and warble song of adult budgerigars (Melopsittacus undulatus). J. Acoust. Soc. Am. 105: 2,010-2,019.

Hebb, D. O. (1953). Heredity and environment in mammalian behavior. Brit. J. Animal Behav. 1: 43-47.

Heilman, K. M., and Gilmore, R. L. (1998). Cortical influences in emotion. J. Clin. Neurophysiol. 15: 409-423.

Hess, E. H. (1972). The natural history of imprinting. Ann. NY Acad. Sci. 193:124-136.

Hess, R. W. (1957). The Functional Organization of the Diencephalon. New York: Grune and Stratton.

Hess R. W., and Rugger, M. (1943). Das subkortikale Zentrum der affektiven Abwehr-reaktion. Helv. Physiol. Acta. 1: 33-52.

Hikosaka, O. (1998). Neural systems for control of voluntary action—a hypothesis. Adv. Biophys. 35: 81-102.

Hildebrand, J. G. (1995). Analysis of chemical signals by nervous systems. Proc. Natl. Acad. Sci. USA 92: 67-74.

Hille, B. (1992). Ionic Channels of Excitable Membranes, 2d ed. New York:Sinauer Associates.

Hirose, H., and Gay, T. (1973). Laryngeal control in vocal attack. An electromyographic study. Folia Phoniatr (Basel) 25: 203-213.

Honda, K., and Kusakawa, N. (1997). Compatibility between auditory and articulatory representations of vowels. Acta. Otolaryngol. Suppl. (Stockh.) 532:103-105.

Hubbard, T. L. (1996). The importance of a consideration of qualia to imagery and cognition. Conscious Cogn. 5: 327-358.

Hubel, D. H. (1988). Eye, Brain, and Vision. Scientific American Library Series, #22. New York: Freeman and Company.

Hubel, D. H., and Wiesel, T. N. (1963). Receptive fields of cells in striate cortex of very young, visually inexperienced kittens. J. Neurophysiol. 26: 994-1,002.

Hubel, D. H., and Wiesel, T. N. (1974). Sequence regularity and geometry of orientation columns in the monkey striate cortex. J. Comp. Neurol. 158: 267-294.

Hubel, D. H., and Wiesel, T. N. (1977). Ferrier lecture: Functional architecture of macaque monkey visual cortex. Proc. Roy. Soc. Serv. B. 198: 1-59.

Hubel, D. H., and Wiesel, T. N. (1979). Brain mechanisms of vision. Sci. Am. 241: 150-162.

Hubel, D. H., Wiesel, T. N., and LeVay, S. (1976). Functional architecture of area 17 in normal and monocularly deprived macaque monkeys. Cold Spring Harb. Symp. Quant. Biol. 40: 581-589.

Hunsperger R. W. (1956). Role of substantia gricea centralis mesencephali in electrically induced rage reactions. Folia Psychiat. (Amst.). 19: 289-294.

Hutcheon, B., and Yarom, Y. (2000). Resonance, oscillation and intrinsic frequency preferences of neurons. TINS 23: 216-222.

Huxley A. (1980). Reflections on muscle, Princeton University Press, Princeton.

I

Ito, M. (1984). The Cerebellum and Neural Control. New York: Raven Press.

Iverson, P. and Kuhl, P. K. (1996). Influences of phonetic identification and category goodness on American listeners' perception of /r/ and /l/. J. Acoust. Soc. Am. 99: 1,130-1,140.

Iyengar, S., Viswanathan, S. S., and Bottjer, S. W. (1999). Development of topography within song control circuitry of zebra finches during the sensitive period for song learning. J. Neurosci. 19: 6,037-6,057.

J

James, W. (1950 [1890]). Principles of Psychology. New York: Dover.

Jankowska, E., and Edgley, S. (1993). Interactions between pathways controlling posture and gait at the level of spinal interneurons in the cat. Prog. Brain Res. 97: 161-171.

Jeannerod, M. (1986). Mechanisms of visuomotor coordination: A study in normal and brain-damaged subjects. Neuropsychologia. 24: 41-78.

Johnson, F., and Bottjer, S. W. (1993). Hormone-induced changes in identified cell populations of the higher vocal center in male canaries. J. Neurobiol. 24:400-418.

Joliot, M., Ribary, U., and Llinás, R. (1994). Human oscillatory brain activity near 40 Hz coexists with cognitive temporal binding. Proc. Natl. Acad. Sci. USA 91: 11,748-11,751.

Jurgens, U. (1998). Neuronal control of mammalian vocalization, with special reference to the squirrel monkey. Naturwissenschaften. 85: 376-388.

Jurgens, U., and Zwirner, P. (1996). The role of the periaqueductal grey in limbic and neocortical vocal fold control. Neuroreport. 7: 2,921-2,923.

Jusczyk, P. W., and Bertoncini, J. (1988). Viewing the development of speech perception as an innately guided learning process. Lang. Speech. 31: 217-238.

Kahn, J. A., Roberts, A., and Kashin, S. M. (1982). The neuromuscular basis of swimming movements in embryos of the amphibian Xenopus laevis. J. Exp. Biol. 99: 175-184.

Kam, Y., Kim, D. Y., Koo, S. K., and Joe, C. O. (1998). Transfer of second messengers through gap junction connexin 43 channels reconstituted in liposomes. Biochim. Biophys. Acta. 1372: 384-388

Kandel, E. R., Schwartz, J. H., and Jessell, T. M. (eds.) (2000). Principles of Neural Science, 4th ed. New York: McGraw-Hill.

Kandler, K., and Katz, L. C. (1995). Neuronal coupling and uncoupling in the developing nervous system. Curr. Opin. Neurobiol. 5: 98-105.

Kant, I. (1781). Critique of Pure Reason. J. M. Meiklejohn (translator); Norman K. Smith, ed. St. Martin's Press, Inc. 1990

Kay, R. F., Cartmill, M., Balow, M. (1998). They hypoglossal canal and the origin of human vocal behavior. Proc Natl Acad Sci USA. 95: 5,417-5,419.

Kirk, D. L. (1998). Volvox: Molecular-Genetic Origins of Multicellularity and Cellular Differentiation. (Development and cell biology series). Cambridge: Cambridge University Press.

Kirzinger, A., and Jurgens, U. (1991). Vocalization-correlated single-unit activity in the brain stem of the squirrel monkey. Exp. Brain Res. 84: 545-560.

Kling, J. W., and Stevenson-Hinde, J. (1977). Development of song and reinforc ingeffects of songin female chaffinches. Anim. Behav. 25: 215-220.

Klüver, H., and Bucy, P. (1939). Preliminary analysis of functions of the temporallobes in monkeys. Arch. Neurol. Psychiat. (Chic.). 42: 979-1,000.

Konishi, M. (1989). Birdsong for neurobiologists. Neuron 3: 541-549.

Kretsinger R. H. (1997). EF-hands embrace. Nat. Struct. Biol. 4: 514-516.

Kretsinger, R. H. (1996). EF-hands reach out. Nat. Struct. Biol. 3: 12-15.

Krishtalka, L., Stucky, R. K., and Beard, K. C. (1990). The earliest fossil evidence for sexual dimorphism in primates. Proc. Natl. Acad. Sci. USA. 87: 5,223-5,226.

Kristofferson, A. B. (1984). Quantal and deterministic timing in human duration discrimination. Ann. NY Acad. Sci. 423: 3-15.

Kropotov, J. D., and Etlinger, S. C. (1999). Selection of actions in the basal ganglia-thalamocortical circuits: Review and model. Int. J. Psychophysiol. 31: 197-217.

Kuhl, P. K., Andruski, J. E., Christovich, I. A., Chistovich, L. A., Kozhevnikova, E. V., Ryskina, V. L., Stolyarova, E. I., Sundberg, U., Lacerda, F. (1997). Cross-language analysis of phonetic units in language addressed to infants. Science. 277: 684-686.

Kuhl, P. K. (2000) Language, mind, and brain: Experience alters perception. In M. S. Gazzaniga (ed.), The New Cognitive Neurosciences, 2nd edition, pp. 99. 115. Cambridge, MA: MIT Press.

Kuroda, R., Yorimae, A., Yamada, Y., Furuta, Y., and Kim, A. (1995). Frontal cingulotomy reconsidered from a WGA-HRP and c-Fos study in cat. Acta. Neurochir. Suppl. (Wien). 64: 69-73.

Kutukca, Y., Marks, W. J. Jr, Goodin, D. S., and Aminoff, M. J. (1998). Cerebral accompaniments to simple and choice reaction tasks in Parkinson's disease. Brain Res. 799: 1-5.

L

LaBerge, S. and Rheingold, H. (1990). Exploring the World of Lucid Dreaming. New York: Ballantine.

Lamarre, Y., Montigny, C. de, Dumont, M., and Weiss, M. (1971). Harmaline-induced rhythmic activity of cerebellar and lower brain stem neurons. Brain Res. 32: 246-250.

Land, M. F. (1978). Animal eyes with mirror optics. Sci. Am. 239: 126-135.

Land, M. F. (1980). Compound eyes: Old and new optical mechanisms. Nature. 287: 681-686.

Land, M. F., and Fernald, R. D. (1992). The evolution of eyes. Annu. Rev. Neurosc. 15: 1-29.

Lang, E. J., Sugihara, I., and Llinás, R. (1996). GABAergic modulation of complex spike activity by the cerebellar nucleoolivary pathway in rat. J. Neurophysiol. 76: 255-275.

Lansner, A., Kotaleski, J. H., and Grillner, S. (1998). Modeling of the spinal neuronal circuitry underlying locomotion in a lower vertebrate. Ann. NY Acad.Sci. 860: 239-49.

Larson, C. R. (1985). The midbrain periaqueductal gray: A brainstem structure involved in vocalization. J. Speech Hear. Res. 28: 241-249.

Larson, C. R., Kistler, M. K. (1984). Periaqueductal gray neuronal activity associated with laryngeal EMG and vocalization of the awake monkey. Neurosci Lett. 46: 261-266.

Larson, C. R., and Kistler, M. K. (1986). The relationship of periaqueductal gray neurons to vocalization and laryngeal EMG in the behaving monkey. Exp. Brain Res. 63: 596-606.

Laurent, G. (1996). Dynamical representation of odors by oscillatingand evolving neural assemblies. Trends Neurosci. 19: 489-496.

LeDoux, J. (1996) The Emotional Brain. New York: Simon and Schuster.

LeDoux, J. (1998). Fear and the brain: Where have we been, and where are we going? Biol. Psychiatry. 44: 1,229-1,238.

Leeds, S. (1993). Qualia, awareness, sellars. Nous. 27: 303-330.

Lehky S. R., and Sejnowski T. J. (1999). Seeingwhite: Qualia in the context of decoding population codes. Neural Comput. 11: 1,261-1,280.

Lengeler, J. W., Drews, G., and Schlegel, H. G. (eds.). (1999) Biology of the Prokaryotes. Boston: Blackwell Science Inc.

Llinás, R. (1974). La forme et la fonction des cellules nerveuses. La Recherche. 5: 232-240.

Llinás, R. (1981). Microphysiology of the cerebellum. In: Handbook of Physiology, vol. II, The Nervous System, part II, ed. V. B. Brooks. Bethesda, MD: American Physiology Society, pp. 831-976.

Llinás, R. (1987). "Mindness" as a functional state of the brain. In: Mind Waves, ed. C. Blakemore, S. A. Greenfield. Oxford: Basil Blackwell, pp. 339-358.

Llinás, R. (1988). The intrinsic electrophysiological properties of mammalian neurons: Insights into central nervous system function. Science 242: 1,654-1,664.

Llinás R. (1990). Intrinsic electrical properties of mammalian neurons and CNS function. In Fidia Research Foundation Neuroscience Award Lectures, Vol. 4. New York: Raven Press, pp. 175-194.

Llinás, R. (1991). The noncontinuous nature of movement execution. In: Motorcontrol: Concepts and Issues, ed. D. R. Humphrey, H. J. Freund. New

York: John Wiley & Sons, pp. 223-242.

Llinás, R., Grace, A. A., and Yarom, Y. (1991). In vitro neurons in mammalian cortical layer 4 exhibit intrinsic oscillatory activity in the 10-Hz to 50-Hz frequency range. Proc. Natl. Acad. Sci. USA 88: 897-901.

Llinás, R., and Pare, D. (1991). Of dreaming and wakefulness. Neuroscience 44: 521-535.

Llinás, R., and Ribary, U. (1993). Coherent 40-Hz oscillation characterizes dream state in humans. Proc. Natl. Acad. Sci. USA 90: 2,078-2,081.

Llinás, R., Ribary, U., and Tallal P. (1998). Dyschronic language-based learning disability. In Basic Mechanisms in Cognition and Language, ed. Von Euler et al. New York: Oxford.

Llinás, R., Ribary, U., Contreras, D., and Pedroarena, C. (1998). The neuronal basis for consciousness. Phil. Trans. R. Soc. Lond. B 353: 1,841-1,849.

Llinás, R. R., and Simpson, J. I. (1981). Cerebellar control of movement. In Motor Coordination, vol. 5. Handbook of Behavioral Neurology, ed. A. L. Towe and E. S. Luschel. New York: Plenum Press, pp. 231-302.

Llinás R., and Volkind, R. A. (1973). The olivo-cerebellar system: Functional properties as revealed by harmaline-induced tremor. Exp. Brain Res. 18: 69-87.

Llinás R., Walton, K., Hillman, D. E., and Sotelo, C. (1975). Inferior olive: Its role in motor learning. Science 190: 1,230-1,231.

Llinás, R. and Welsh, J. P. (1993). On the cerebellum and motor learning. Curr. Opinion Neurobiol. 3: 958-965.

Llinás R., and Yarom, Y. (1981a). Electrophysiology of mammalian inferiorolivary neurons in vitro. Different types of voltage-dependent ionic conductances. J. Physiol. (Lond.). 315: 549-567.

Llinás R., and Yarom, Y. (1981b). Properties and distribution of ionic conductances generating electroresponsiveness of inferior olivary neurons in vitro. J. Physiol. (Lond.) 315: 569-584.

Locke, J. L. (1990). Structure and stimulation in the ontogeny of spoken language. Dev. Psychobiol. 23: 621-643.

Logan, J. S., Lively, S. E., and Pisoni, D. B. (1991). Training Japanese listeners to identify English /r/ and /l/: A first report. J. Acoust. Soc. Am. 89: 874-886.

Loi, P., Saunders, R., Young, D., and Tublitz, N. (1996). Peptidergic regulation of chromatophore function in the European cuttlefish Sepia officinalis. J. Exp. Biol. 199: 1,177-1,187.

Lorenz, K. (1935). Der kumpan in der umwelt des vogels. J. Ornithol. 83: 137. 213.

Lorenz, K. (1937). Uber die bildungdes instinktbegriffes. Naturwiss Enschaften. 25: 289-300.

Lutzenberger, W., Pulvermuller, F., Elbert, T., and Birbaumer, N. (1995). Visual stimulation alters local 40-Hz responses in humans: An EEG study. Neurosci. Lett. 183: 39-42.

MacDougall-Shackleton, S. A., Hulse, S. H., and Ball, G. F. (1998). Neural correlates of singing behavior in male zebra finches (Taeniopygia guttata). J. Neurobiol. 36: 421-430.

MacNeilage, P. F. (1994). Prolegomena to a theory of the sound pattern of the first spoken language. Phonetica 51: 184-194.

MacNeilage, P. F. (1998). The frame/content theory of evolution of speech production. Behav. Brain Sci. 21: 499-511.

Makarenko, V., and Llinás, R. (1998). Experimentally determined chaotic phase synchronization in a neuronal system. Proc. Natl. Acad. Sci. USA 95: 15,747-15,752.

Marder, E. (1998). From biophysics to models of network function. Annu. Rev. Neurosci. 21: 25-45.

Marder, E., Abbott, L. F., Turrigiano, G. G., Liu, Z., and Golowasch, J. (1996). Memory from the dynamics of intrinsic membrane currents. Proc. Natl. Acad. Sci. USA. 93: 13,481-13,486.

Margulis, L., and Olendzenski, L. (eds.). (1992). Environmental Evolution: Effects of the Origin and Evolution of Life on Planet Earth. Cambridge: MIT Press.

Margulis, L., and Sagan, D. (1985). Order amidst animalcules: The Protoctista kingdom and its undulipodiated cells. Biosystems. 18: 141-147.

Marsden, C. D., Rothwell, J. C., and Day, B. L. (1984). The use of peripheral feedback in the control of movement. Trends Neurosci. 7: 253-257.

Marshall, J., and Geoffrey-Walsh, E. (1956). Physiological tremor. J. Neurol. Neurosurg. Psychiat. 19: 260-267.

Mazza, E., Nunez-Abades, P. A., Spielmann, J. M., and Cameron, W. E. (1992). Anatomical and electrotonic coupling in developing genioglossal motoneurons of the rat. Brain Res. 598: 127-137.

McCulloch, W. S. (1965). Embodiments of Mind. Cambridge, MA: MIT Press.

McPeek, R. M., Maljkovic, V., and Nakayama, K. (1999). Saccades require focal attention and are facilitated by a short-term memory system. Vision Res. 39: 1,555-1,566.

Menzel, R., and Muller, U. (1996). Learning and memory in honeybees: From behavior to neural substrates. Annu. Rev. Neurosci. 19: 379-404.

Miklos, G. L. (1993). Molecules and cognition: The latterday lessons of levels, language, and lac. Evolutionary overview of brain structure and function in some vertebrates and invertebrates. J. Neurobiol. 24: 842-890.

Miles, F. A. (1999). Short-latency visual stabilization mechanisms that help to compensate for translational disturbances of gaze. Ann. NY Acad. Sci. 871: 260. 271.

Millar, R. H. (1971). The biology of ascidians. Adv. Mar. Biol. 9: 1-100.

Miller, R. J. (1992). Ingested ethanol as a factor in double vision. Ann. NY Acad. Sci. 654: 489-491.

Millican, P., and Clark A., (eds). (1996). Machines and Thought: The Legacy of Alan Turing (Mind Association Occasional Series), vol. 1. Oxford: Clarendon Press.

Milner, B. (1962). Les troubles de la memoire accompagnant les lesions hippocampiques bilaterales. In: Physiologie de l'Hippocampe, Colloques Internationaux No. 107 (Paris, C.N.R.S.), pp. 257-272. [English translation (1965). In: Cognitive Processes and the Brain, ed. P. M. Milner and S. Glickman, pp. 97-111. Princeton, NJ: Van Nostrand]

Milner, B., Squire, B. R., and Kandel, E. R. (1998). Cognitive neuroscience and the study of memory. Neuron 20: 445-468.

Mitcheson, J. S., Hancox, J. C., and Levi, A. J. (1998). Cultured adult cardiac myocytes: Future applications, culture methods, morphological and electro physiological properties. Cardiovasc. Res. 39: 280-300.

Molotchnikoff, S., and Shumikhina, S. (1996). The lateral posterior-pulvinar complex modulation of stimulus-dependent oscillations in the cat visual cortex. Vision Res. 36: 2,037-2,046.

Montague, P. R., Dayan, P., Person, C., and Sejnowski, T. J. (1995). Bee foraging in uncertain environments using predictive hebbian learning. Nature. 377: 725. 728.

de Montigny, C., and Lamarre, Y. (1973). Rhythmic activity induced by harmaline in the olivo-cerebellar-bulbar system of the cat. Brain Res. 53: 81-95.

Mooney, R. (1999). Sensitive periods and circuits for learned birdsong. Curr. Opin. Neurobiol. 9: 121-127.

Moray, N. (1972). Visual mechanisms in the copepod Copilia. Perception. 1: 193-207.

Morrow, N. S., Grijalva C. V., Geiselman, P. J., and Novin, D. (1993). Effects of amygdaloid lesions on gastric erosion formation during exposure to activity-stress. Physiol. Behav. 53: 1,043-1,048.

Mortin, L. I., and Stein, P. S. (1989). Spinal cord segments containing key elements of the central pattern generators for three forms of scratch reflex in the turtle. Neuroscience 9: 2,285-2,296.

Mountcastle, V. B. (1979). An organizing principle for cerebral function: The unit module and the distributed system. In: The Neurosciences. Fourth Study Program. Cambridge: MIT Press, pp. 21-42.

Mountcastle, V. B. (1997). The columnar organization of the neocortex. Brain 120: 701-722.

Mountcastle, V. B. (1998). Perceptual Neuroscience. The Cerebral Cortex. Cambridge: Harvard University Press.

Nespor, A. A., Lukazewicz, M. J., Dooling, R. J., and Ball, G. F. (1996). Testosterone induction of male-like vocalizations in female budgerigars (Melopsittacusundulatus). Horm. Behav. 30: 162-169.

Neuenschwander, S., and Singer, W. (1996). Long-range synchronization of oscillatory light responses in the cat retina and lateral geniculate nucleus. Nature 379: 728-732.

Nichols, T. R. (1994). A biomechanical perspective on spinal mechanisms of coordinated muscular action: An architecture principle. Acta. Anat. (Basel). 151: 1. 13.

Nordeen, E. J., Grace, A., Burek, M. J., and Nordeen, K. W. (1992). Sex-dependent loss of projection neurons involved in avian song learning. J. Neurobiol. 23: 671-679.

Nordeen, K. W., and Nordeen, E. J. (1992). Auditory feedback is necessary for the maintenance of stereotyped song in adult zebra finches. Behav. Neural Biol. 57: 58-66.

Nordeen, K. W., and Nordeen, E. J. (1993). Long-term maintenance of song in adult zebra finches is not affected by lesions of a forebrain region involved in song learning. Behav. Neural. Biol. 59: 79-82.

Nordeen, K. W., and Nordeen, E. J. (1997). Anatomical and synaptic substrates for avian song learning. J. Neurobiol. 33: 532-548.

Nottebohm, F. (1980). Testosterone triggers growth of brain vocal control nuclei in adult female canaries. Brain Res. 189: 429-436.

Nottebohm, F. (1981a). Gonadal hormones induce dendritic growth in the adult avian brain. Science 214: 202-204.

Nottebohm, F. (1981b). A brain for all seasons: Cyclical anatomical changes in song control nuclei of the canary brain. Science 214: 1,368-1,370.

Nottebohm, F., and Arnold, A. P. (1976). Sexual dimorphism in vocal control areas of the songbird brain. Science 194: 211-213.

Nottebohm, F., Nottebohm, M. E., and Crane, L. (1986). Developmental and seasonal changes in canary song and their relation to changes in the anatomy of song-control nuclei. Behav. Neural. Biol. 46: 445-471.

Nowak, M. A., and Krakauer, D. C. (1999). The evolution of language. Proc. Natl. Acad. Sci. USA 96: 8,028-8,033.

Nunez, A., Amzica, F., and Steriade, M. (1992). Voltage-dependent fast (20–40Hz) oscillations in long-axoned neocortical neurons. Neuroscience 51: 7-10.

O'Donovan, M. J. (1987). Developmental approaches to the analysis of verte brate central pattern generators. J. Neurosci. Methods 21: 275-286.

Olanow, C. W., and Tatton, W. G. (1999). Etiology and pathogenesis of Parkinson's disease. Annu. Rev. Neurosci. 22: 123-144.

Ono, T., Fukuda, M., Nishino, H., Sasaki, K., and Muramoto, K. I. (1983). Amygdaloid neuronal responses to complex visual stimuli in an operant feeding situation in the monkey. Brain Res. Bull. 11: 515-518.

Ostry, D. J., Feldman, A. G., and Flanagan, J. R. (1991). Kinematics and control of frog hindlimb movements. J. Neurophysiol. 65: 547-562.

Pankesepp, J. (1998). Affective Neuroscience. Oxford: Oxford University Press.

Pantev, C., Makeig, S., Hoke, M., Galambos, R., Hampson, S., and Gallen, C. (1991). Human auditory evoked gamma-band magnetic fields. Proc. Natl. Acad. Sci. USA 88: 8,996-9,000.

Parker, G. H. (1919). The Elementary Nervous System. Philadelphia: Lippincott.

Passingham, R. E. (1981). Broca's area and the origins of human vocal skill.

Philos. Trans. R. Soc. Lond. B. Biol. Sci. 292: 167-175.
Paulesu, E., Frith, C. D., and Frackowiak, R. S. (1993). The neural correlates of the verbal component of working memory. Nature. 362: 342-345.
Pedroarena, C. M., and Llinás, R. (1998). Dendritic calcium conductance generate high frequency oscillations in thalamocortical neurons. Proc. Natl. Acad. Sci. USA 94: 724-728.
Pellionisz, A., and Llinás, R. (1979). Brain modelingby tensor network theory and computer simulation. The cerebellum: Distributed processor for predictive coordination. Neuroscience 4: 323-348.
Pellionisz, A., and Llinás, R. (1980). Tensorial approach to the geometry of brain function: Cerebellar coordination via metric tensor. Neuroscience 5: 1,125-1,136.
Pellionisz, A., and Llinás, R. (1982). Space-time representation in the brain. The cerebellum as a predictive space-time metric tensor. Neuroscience 7: 2,949-2,970.
Pellionisz, A., and Llinás, R. (1985). Tensor network theory of the metaorganization of functional geometries in the CNS. Neuroscience 16: 245-273.
Penfield, W., and Milner, B. (1958). Memory deficits induced by bilateral lesions in the hippocampal zone. Am. Med. Assoc. Arch. Neurol. Psychiatry 79: 475-497.
Penfield, W., and Rasmussen, T. (1950). The Cerebral Cortex of Man. New York: MacMillan.
Penn, A. A., Riquelme, P. A., Feller, M. B., and Shatz, C. J. (1998). Competition in retinogeniculate patterning driven by spontaneous activity. Science 279: 2,108-2,112.
Perrett D. I., Rolls, E. T., and Caan, W. (1982). Visual neurons responsive to faces in the monkey temporal cortex. Exp. Brain Res. 47: 329-342.
Persinger, M. A., and Makarec, K. (1992). The feeling of a presence and verbal meaningfulness in context of temporal lobe function: Factor analytic verification of the muses? Brain Cogn. 20: 217-226.
Pietrobon, D., Di Virgilio, F., and Pozzan, T. (1990). Structural and functional aspects of calcium homeostasis in eukaryotic cells. Eur. J. Biochem. 193: 599-622.
Pitts, J. D., and Simms, J. W. (1977). Permeability of junctions between animal cells: Intercellular transfer of nucleotides but not of macromolecules. Ex. CellRes. 104: 153-163.

Plavcan, J. M. (1993). Canine size and shape in male anthropoid primates. Am. J. Phys. Anthropol. 92: 201-216.

Plum, F., Schiff, N., Ribary, U., and Llinás, R. (1998). Coordinated expression in chronically unconscious persons. Philos. Trans. R. Soc. Lond. B Biol. Sci. 353: 1,929-1,933.

Posner, M. I., and Raichle, M. (1995). Images of Mind. New York: W. H. Freeman.

Rainville, P., Duncan, G. H., Price, D. D., Carrier, B., and Bushnell, M. C. (1997). Pain affect encoded in human anterior cingulate but not somatosensory cortex. Science 277: 968-971.

Ramachandran, V. S., Clarke, P. G., and Whitteridge, D. (1977). Cells selective to binocular disparity in the cortex of newborn lambs. Nature 268: 333-335.

Ramachandran, V. S., Tyler, C. W., Gregory, R. L., Rogers-Ramachandran, D., Duensing S., Pillsbury, C., and Ramachandran, C. (1996). Rapid adaptive camouflage in tropical flounders. Nature 379: 815-818.

Ramón y Cajal (1911). Histologie du systeme nervex de l'homme et des vertebres. Paris: Maloine.

Rasika, S., Alvarez-Buylla, A., and Nottebohm, F. (1999). BDNF mediates the effects of testosterone on the survival of new neuronsin an adult brain. Neuron 22: 53-62.

Rasika, S., Nottebohm, F., and Alvarez, Buylla, A. (1994). Testosterone increases the recruitment and/or survival of new high vocal center neurons in adult female canaries. Proc. Natl. Acad. Sci. USA. 91: 7,854-7,858.

Ray, A., Henke, P. G., Gulati, K., and Sen, P. (1993). The amygdaloid complex, corticotropin releasing factor and stress-induced gastric ulcerogenesis in rats. Brain Res. 624: 286-290.

Redgrave, P., Prescott, T. J., and Gurney, K. (1999). The basal ganglia: A vertebrate solution to the selection problem? Neuroscience 89: 1,009-1,023.

Reed, J. M., Squire, L. R., Patalano, A. L., Smith, E. E., and Jonides, J. (1999). Learning about categories that are defined by impaired declarative memory. Behav. Neurosci. 113: 411-419.

Ribary, U., Ioannides, A. A., Singh, K. D., Hasson, R., Bolton J. P. R., Lado, R., Mogilner, A., and Llinás, R. (1991). Magnetic field tomography (MFT) of coherent thalamo-cortical 40-Hz oscillations in humans. Proc. Natl. Acad. Sci. USA. 88: 11,037-11,041.

Ridley, M. (1996). Evolution, 2d ed. Boston: Blackwell Science.

Ringham, G. L. (1975). Localization and electrical characteristics of a giant synapse in the spinal cord of the lamprey. J. Physiol. (Lond.) 251: 395-407.

Robertson, M. M., and Stern, J. S. (1997). Gilles de la Tourette syndrome. Br. J. Hosp. Med. 58: 253-256.

Roelofs, W. L. (1995). Chemistry of sex attraction. Proc. Natl. Acad. Sci. USA. 92: 44-49.

Rolls, E. T. (1992). Neurophysiological mechanisms underlying face processing within and beyond the temporal cortical visual areas. Phil. Trans. R. Soc. Lond. B Biol. Sci. 335: 11-20.

Rolls E. T. (1999). The Brain and Emotion. Oxford: Oxford University Press.

Romer, A. S. (1969). Vertebrate history with special reference to factors related to cerebellar evolution. In Neurobiology of Cerebellar Evolution and Development, ed. R. Llinás. Chicago: Amer. Med. Assn., pp. 1-18.

Rosenzweig, M. R., Leiman, A. L., and Breedlove, S. M. (1999). Biological Psychology: An Introduction to Behavioral, Cognitive and Clinical Neuroscience. Sunderland, Mass.: Sinauer.

Routtenberg, A. (1978). The Reward System of the Brain. Readings from Scientific American Magazine. New York: W.H. Freeman.

Rovee-Collier, C. (1997). Dissociations in infant memory: Rethinking the development of implicit and explicit memory. Psychol. Rev. 104: 467-498.

S

Saba, P. R., Dastur, K., Keshavan, M. S., and Katerji, M. A. (1998). Obsessive-compulsive disorder, Tourette's syndrome, and basal ganglia pathology on MRI. J. Neuropsychiatry Clin. Neurosci. 10: 116-117.

Sacks, O. (1996). The last hippie. In: An Anthropologist on Mars: Seven Paradoxical Tales. New York: Vintage Books.

Saint-Cyr, J. A., Taylor, A. E., and Nicholson, K. (1995). Behavior and the basal ganglia. Adv. Neurol. 65: 1-28.

Saper, C. B. (1996). Role of the cerebral cortex and striatum in emotional motor response. Prog. Brain Res. 107: 537-550.

Savander, V., Go, C. G., Ledoux, J. E., and Pitkanen, A. (1996). Intrinsic connections of the rat amygdaloid complex: Projections originating in the accessory basal nucleus. J. Comp. Neurol. 374: 291-313.

Schacter, D. L. (1987). Implicit memory: History and current status. J Exp.Psychol.

Learning, Memory, and Cogn. 13: 501-518.

Schacter, D. L., and Buckner, R. L. (1998). On the relations among priming, conscious recollection, and intentional retrieval: Evidence from neuroimaging research. Neurobiol. Learn. Mem. 70: 284-303.

Schacter D. L., Buckner, R. L., and Koutstaal, W. (1998). Memory, consciousness and neuroimaging. Philos. Trans. R. Soc. Lond. B Biol. Sci. 353: 1,861-1,878.

Schafer, E. A. (1886). On the rhythm of muscular response to volitional impulses in man. J. Physiol. (Lond.) 7: 111-117.

Scharff, C., and Nottebohm, F. (1991). A comparative study of the behavioral deficits following lesions of various parts of the zebra finch song system: Implications for vocal learning. J. Neurosci. 11: 2,896-2,913.

Schiff, N., Ribary, U., Plum, F., and Llinás, R. (1999). Words without mind. J. Cogn. Neurosci. 11: 650-656.

Schlinger B. A., and Arnold, A. P. (1991). Androgen effects on the development of the zebra finch song system. Brain Res. 561: 99-105.

Schotland, J. L., and Rymer, W. Z. (1993). Wipe and flexion reflexes of the frog. II. Response to perturbations. J. Neurophysiol. 69: 1,736-1,748.

Schwartz-Giblin, S., and Pfaff, D. W. (1985-86). Hypothalamic output controlling reticulospinal and vestibulospinal systems important for emotional behavior. Int. J. Neurol. 19-20: 89-110.

Scoville, W. B. (1954). The limbic lobe in man. J. Neurosurg. 11: 64-66.

Scoville, W. B., and Milner, B. (1957). Loss of recent memory after bilateral hippocampal lesions. J. Neurol. Neurosurg. Psychiatry 20: 11-21.

Searle, J. R. (1992). The Rediscovery of Mind. Cambridge: MIT Press.

Searle, J. R. (1998). How to study consciousness scientifically. Philos. Trans. R. Soc. Lond. B Biol. Sci. 353: 1,935-1,942.

Shapovalov, A. I. (1977). Interneuronal synapses with electrical and chemical mechanisms of transmission and the evolution of the central nervous system. Zh. Evol. Biokhim. Fiziol. 13: 621-632. [Article in Russian]

Shashar, N., Rutledge, P., and Cronin, T. (1996). Polarization vision in cuttlefish in a concealed communication channel? J. Exp. Biol. 199: 2,077-2,084.

Sherk, H. and Stryker, M. P. (1976). Quantitative study of cortical orientation selectivity in visually inexperienced kitten. J. Neurophysiol. 39: 63-70.

Sherrington, C. S. (1910). In: Tendon Phenomenon and Spasm in System of Medicine, ed. T. C. Allbut and H. D. Rolleston, pp. 290-304. London: MacMillan.

Sherrington, C. S. (1941). Man on his nature. In: Gifford Lectures at Edinburgh in 1937, chapter 12. The MacMillan Co., Cambridge, England, University Press.

Sherrington, C. S. (1948). The Integrative Action of the Nervous System. New York: Yale University Press.

Shipley, M. T., Murphy, A. Z., Rizvi, T. A., Ennis, M., and Behbehani, M. M. (1996). Olfaction and brainstem circuits of reproductive behavior in the rat. Prog. Brain Res. 107: 355-377.

Shors, T. J., and Matzel, L. D. (1997). Long-term potentiation: What's learning got to do with it? Behav. Brain Sci. 20: 597-614; discussion, 614-655.

Sierra, M., and Berrios, G. E. (1998). Depersonalization: Neurobiological perspectives. Biol. Psychiatry 44: 898-908.

Simpson, I., Rose, B., and Loewenstein, W. R. (1977). Size limit of molecules permeating the junctional membrane channels. Science 195: 294-296.

Singer, W. (1995). Development and plasticity of cortical processing architectures. Science 270: 758-764.

Skinner B. F. (1986) The evolution of verbal behavior. J. Exp. An. Behav. 45: 115-122.

Smart J. J. C. (1959) Sensations and brain processes. Philos. Rev. 68: 141-156.

Smith, G. T., Brenowitz, E. A., and Wingfield, J. C. (1997). Roles of photoperiod and testosterone in seasonal plasticity of the avian song control system. J. Neurobiol. 32: 426-442.

Smith, O. A., and deVito, J. L. (1984). Central neural integration for the control of autonomic responses associated with emotion. Annu. Rev. Neurosci. 7: 43-65.

Smith, S. S. (1998). Step cycle-related oscillatory properties of inferior olivaryneurons recorded in ensembles. Neuroscience 82: 69-81.

Smith, Y., Bevan, M. D., Shink, E., and Bolam, J. P. (1998). Microcircuitry of the direct and indirect pathways of the basal ganglia. Neuroscience 86: 353-387.

Sokolov, A., Lutzenberger, W., Pavlova, M., Preissl, H., Braun, C., and Birbaumer, N. (1999). Gamma-band MEG activity to coherent motion depends on task-driven attention. NeuroReport 10: 1,997-2,000.

Sommerhoff, G., and MacDorman, K. (1994). An account of consciousness in physical and functional terms: A target for research in the neurosciences. Integr. Physiol. Behav. Sci. 29: 151-181.

Spyer, K. M. (1989). Neural mechanisms involved in cardiovascular control duringaffective behaviour. Trends Neurosci. 12: 506-513.

Stanford, L. R. (1987). Conduction velocity variations minimize conduction time differences among retinal ganglion cell axons. Science 238: 358-360.

Stein, P. S. (1983). The vertebrate scratch reflex. Symp. Soc. Exp. Biol. 37: 383-403.

Stein, P. S. (1989). Spinal cord circuits for motor pattern selection in the turtle. Ann. NY Acad. Sci. 563: 1-10.

Stein, P. S. G. (1984). Central pattern generators in the spinal cord. In: Handbook of the Spinal Cord, vols. 2 and 3: Anatomy and Physiology, ed. R A Davidoff. New York: Marcel Dekker, pp. 647-672

Stein P. S. G., Mortin L. I., and Robertson G. A. (1986). The forms of a task and their blends. In: Neurobiology of Vertebrate Locomotion, ed. S. Grillner, P. S. G. Stein, D. G. Stuart, H. Forssberg, R. M. Herman. London: Macmillan Press.

Steriade, M. (1991). Alertness, quiet sleep, dreaming. In: Cerebral Cortex, ed. A. Peters and E. G. Jones. eds. Vol. 9, Normal and Altered States of Function, New York: Plenum, pp. 279-357.

Steriade, M., Dossi, R. C., Pare, D., and Oakson, G. (1991). Fast oscillations (20-40 Hz) in thalamocortical systems and their potentiation by meopontine cholinergic nuclei in the cat. Proc. Natl. Acad. Sci. USA. 88: 4,396-4,400.

Steriade, M., and Amzica, F. (1996). Intracortical and corticothalamic coherency of fast spontaneous oscillations. Proc. Natl. Acad. Sci. USA. 93: 2,533-2,538.

Steriade, M., Contreras, D., Amzica, F., and Timofeev, I. (1996). Synchronization of fast (30-40 Hz) spontaneous oscillations in intrathalamic and thalamocortical networks. J. Neurosci. 16: 2788-2808.

Stock, D. W., Weiss, K. M., and Zhao, Z. (1997). Patterning of the mammalian dentition in development and evolution. Bioessays 19: 481-490.

Stoner, D. S. (1994). Larvae of a colonial ascidian use a non-contact mode of substratum selection on a coral reef. Mar. Biol. 121: 319-326.

Stryer, L. (1987). The molecules of visual excitation. Scientific American 257: 42-50.

Sudakov, K. V. (1997). Effects of acute emotional stress on the brain and autonomic variables. Baillieres Clin. Neurol. 6: 261-274.

Sugihara, I., Lang, E. J., and Llinás, R. (1993). Uniform olivocerebellar conduction time underlies Purkinje cell complex spike synchronicity in the rat cerebellum. J. Physiol. (Lond.) 470: 243-271.

Sussman, J. E., and Lauckner-Moreno, V. J. (1995). Further tests of the "perceptual magnet effect" in the perception of (i). J. Acoust. Soc. Amer. V. 34 Abs, 129th Annual Meeting.

Suthers, R. A. (1997). Peripheral control and lateralization of birdsong. J. Neurobiol. 33: 632-652.

Suthers, R. A., Goller, F., and Pytte, C. (1999). The neuromuscular control of birdsong. Philos. Trans. R. Soc. Lond. B Biol. Sci. 354: 927-939.

Svane, I. B., and Young, C. M. (1989). The ecology and behaviour of ascidian larvae. Ocean Mar. Biol. Annu. Rev. 27: 45-90.

T

Tchernichovski, O., and Nottebohm, F. (1998). Social inhibition of song imitation among sibling male zebra finches. Proc. Natl. Acad. Sci. USA 95: 8,951. 8,956.

Tinbergen, N. (1951). The Study of Instinct. Oxford: Oxford University Press.

Tinbergen, N. (1966). Animal Behavior. New York: Time Life.

Tolle, T. R., Kaufmann, T., Siessmeier, T., Lautenbacher, S., Berthele, A., Munz, F., Zieglgansberger, W., Willoch, F., Schwaiger, M., Conrad, B., and Bartenstein, P. (1999). Region-specific encoding of sensory and affective components of pain in the human brain: A positron emission tomography correlation analysis. Ann. Neurol. 45: 40-47.

Tonomi, G., Sporns, O., and Edelman, G. M. (1992). Reentry and the problem of integrating multiple cortical areas: Simulation of dynamic intgration in the visual system. Cerebral Cortex 2: 310-335.

Tovee, M. J., Rolls, E. T., and Azzopardi, P. (1994). Translation invariance in the responses to faces of single neurons in the temporal visual cortical areas of the alert macaque. J. Neurophysiol. 72: 1,049-1,060.

Travis, C. E. (1929). Excitation as the physiological basis for tremor: A biophysical study of the oscillatory properties of mammalian central neurones in vitro. In: Movement Disorders: Tremor, ed. L. J. Findley and R. Capildeo. London: MacMillan, pp. 165-182.

Treede, R. D., Kenshalo, D. R., Gracely, R. H., and Jones, A. K. (1999). The cortical representation of pain. Pain 79: 105-111.

Trimble, M. R., Mendez, M. F., and Cummings, J. L. (1997). Neuropsychiatric symptoms from the temporolimbic lobes. J. Neuropsychiatry Clin. Neurosci. 9: 429-438.

Tulving, E. (1983). Elements of Episodic Memory. Oxford: Clarendon Press.

Tulving, E., and Schacter, D. L. (1990). Priming and human memory systems.

Science 247: 301-306.

Turing, A. M. (1947). Lecture to the London mathematical society on 20 February 1947. MD Comput. 12: 390-397.

Ujhelyi, M. (1996). Is there any intermediate stage between animal communication and language? J. Theor. Biol. 180: 71-76.

Vallbo A. B., and Wessberg, J. (1993). Organization of motor output in slow finger movements in man. J. Physiol. (Lond.), 469: 673-691.

Velasco, J. M., and Fernandez de Molina, A. (1988). Unitary activity in the suprarhinal cortex of the rat and its modulation after lateral amygdala stimulation. Exp. Neurol. 99: 447-453.

Velasco, J. M., Fernandez de Molina, A., and Perez, D. (1989). Suprarhinal cortex response to electrical stimulation of the lateral amygdala nucleus in the rat. Exp. Brain Res. 74: 168-172.

Verfaellie, M., and Keane, M. M. (1997). The neural basis of aware and unaware forms of memory. Semin. Neurol. 17: 153-161.

Verhaegen, M. (1995). Aquatic ape theory, speech origins, and brain differences with apes and monkeys. Med. Hypotheses 44: 409-413.

Vicario, D. S. (1994). Motor mechanisms relevant to auditory-vocal interactions in songbirds. Brain Behav. Evol. 44: 265-278.

Villablanca, J., and Riobo, F. (1970). Electroencephalographic and behavioral effects of harmaline in intact cats and in cats with chronic mesencephalic transection. Psychopharmacologia 17: 302-313.

Villee, C. A., and Dethier, V. G. (1971). Biological Principles and Processes. Philadelphia: W.B. Saunders.

Volkmann, J., Joliot, M., Mogilner, A., Ioannides A. A., Lado, F., Fazzini, E., Ribary, U., and Llinás, R. (1996). Central motor loop oscillations in parkinsonian resting tremor revealed by magnetoencephalography. Neurology 46: 1,359-1,370.

Von Frisch, K. (1994). [The "language" of bees and its utilization in agriculture. 1946] Experientia 50: 406-413.

Waddington, K. D., Nelson, C. M., and Page, R. E. (1998). Effects of pollen quality and genotype on the dance of foraging honey bees. Anim. Behav. 56: 35-39.

Wagner, A. D., Gabrieli, J. D. (1998) On the relationship between recognition familiarity and perceptual fluency: evidence for distinct mnemonic processes. Acta Psychol (Amst). 98: 211-230.

Ward, J. M. (1994). The auditory-vocal-respiratory axis in birds. Brain Behav. Evol. 44: 192-209.

Walton, K. D., and Navarrete, R. (1991). Postnatal changes in motoneurone electrotonic coupling studied in the in vitro rat lumbar spinal cord. J. Physiol. (Lond.) 433: 283-305.

Weinstock, V. M., Weinstock, D. J., and Kraft, S. P. (1998). Screeningfor childhood strabismus by primary care physicians. Can. Fam. Physician 44: 337-343.

Weiskrantz, L. (1956). Behavioral changes associated with ablation of the amygdaloidcomplex in monkeys. J. Comp. Physiol. Psychol. 49: 381-391.

Weiskrantz, L. (1990). Some contributions of neuropsychology of vision and memory to the problem of consciousness. In: Consciousness and Contemporary Science, ed. A. Marcel and E. Bisiach. (New York: Oxford University Press), pp. 183-197.

Welsh, J. P. (1998). Systemic harmaline blocks associative and motor learning by the actions of the inferior olive. Eur. J. Neurosci. 10: 3,307-3,320.

Welsh, J. P., Lang, E. J., Sugihara, I., and Llinás, R. (1995). Dynamic organization of motor control within the olivocerebellar system. Nature 374: 453-457.

Welsh, J. P., and Llinás, R. (1997). Some organizing principles for the control of movement based on olivocerebellar physiology. Prog. Brain Res. 114: 449-461.

Wenk, G. L. (1997). The nucleus basalis magnocellularis cholinergic system: One hundred years of progress. Neurobiol. Learn. Mem. 67: 85-95.

Werker, J. F., and Tees, R. C. (1999). Influences on infant speech processing: To ward a new synthesis. Annu. Rev. Psychol. 50: 509-535.

Wessberg, J., and Vallbo, A. B. (1995). Human muscle spindle afferent activity in relation to visual and control in precision finger movements. J. Physiol. (Lond.) 482: 225-233.

Wexler, K. (1990). Innateness and maturation in linguistic development. Dev. Psychobiol. 23: 645-660.

Whaling, C. S., Solis, M. M., Doupe, A. J., Soha, J. A., and Marler, P. (1997). Acoustic and neural bases for innate recognition of song. Proc. Natl. Acad. Sci. USA. 94: 12,694-12,698.

Whelan, P. J. (1996). Control of locomotion in the decerebrate cat. Prog. Neurobiol. 49: 481-515.

Whiten, A., Goodall, J., McGrew, W. C., Nishida, T., Reynolds, V., Sugiyama, Y., Tutin, C. E. G., Wrangham, R. W., and Boesch, C. (1999). Cultures in chimpanzees. Nature 399: 682-685.

Whittington, M. A., Traub, R. D., and Jefferys, J. G. (1995). Synchronized oscillations in interneuron networks driven by metabotropic glutamate receptor activation. Nature. 373: 612-615.

Wiesel T. N., and Hubel, D. H. (1974). Ordered arrangement of orientation columns in monkeys lackingvisual experience. J. Comp. Neurol. 158: 307-318.

Wiklund Fernstrom, K., Wessberg, J., Olausson, H., and Vallbo, A. (1999). Our second touch system: Receptive field properties of unmyelinated tactile afferents in man. Acta Physiol. Scand. 167: A26.

Wild, J. M. (1997a). Neural pathways for the control of birdsongproduction. J. Neurobiol. 33: 653-670.

Wild, J. M. (1997b). Functional anatomy of neural pathways contributing to the control of song production in birds. Eur. J. Morphol. 35: 303-325.

Williams, R. J. (1998). Calcium: Outside/inside homeostasis and signaling. Biochim. Biophys. Acta. 1,448: 153-165.

Willis, M. A., and Arbas, E. A. (1991). Odor-modulated upwind flight of the sphinx moth, Manduca sexta L. J. Comp. Physiol. 169: 427-440.

Winkler, I., Kujala, T., Tiitinen, H., Sivonen, P., Alku, P., Lehtokoski, A., Czigler, I., Csepe, V., Ilmoniemi, R. J., and Naatanen, R. (1999). Brain responses reveal the learning of foreign language phonemes. Psychophysiology. 36: 638-642.

Wong, C. W. (1997). A brain model with the circuit to convert short-term memory into long-term memory. Med. Hypotheses. 48: 221-226.

Yanagisawa, N. (1996). Historical review of research on functions of basal ganglia. Eur. Neurol. 36 (suppl 1): 2-8.

Yarbus, A. L. (1967). Eye Movements and Vision (translated from Russian by B. Haigh). New York: Plenum Press.

Young, C. M. (1989). Selection of predator-free settlement sites by larval ascidians. Ophelia 30: 131-140.

Young, J. Z. (1989). The Bayliss-Starling lecture. Some special senses in the sea. J. Physiol. (Lond.) 411: 1-25.

Zadra, A. L., Nielsen, T. A., and Donderi, D. C. (1998). Prevalence of auditory, olfactory, and gustatory experiences in home dreams. Percept. Mot. Skills. 87: 819-826.

Zeki, S. (1993). A Vision of the Brain. Boston: Blackwell Scientific Publications.

Zhang, S. P., Davis, P. J., Bandler, R., and Carrive, P. (1994). Brain stem integration of vocalization: Role of the midbrain periaqueductal gray. J. Neurophysiol. 72: 1,337-1,356.

찾아보기

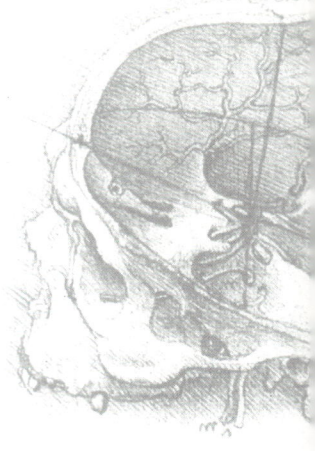

ㄱ

가리비의 눈 Scallop eye, 155~156, 158
가소성 Plasticity, 91
각인 Imprinting, 269, 280 (지각 학습 참조)
간 Liver, 143
간극 결합 통로 Gap junction channels, 139
감각 경로 Sensory pathways, 231
감각 경험 Sensory experience(s), 280, 295, 306, 312
감각 기관의 발명 Sensory organs, invention of, 145
감각 입력 Sensory input, 19
감각 Senses
   말을 수단으로 한 감각의 연장 extension of, by means of spoken language, 349
   발명품·구조물로서의 2차적 특질 secondary qualities of, as inventions·constructs, 189
감각세포 Sensory cells, 31
감각운동 변환 Sensorimotor transformation(s), 104
감각운동 이미지 Sensorimotor images, 19, 21~22, 90
감각의 표상 Sensory representation, 93
감각적 단서 Sensory cues, 28
감각성 되먹임 Sensory feedback, 52

감각질 Qualia
   기본 구조 basic structure, 307
   느낌과 감각질 feelings and, 298
   기능적 기하학 functional geometry, 307, 312
   기능의 이동과 감각질 migration of function and, 289
   단세포 성질로서의 감각질 as single-cell property, 301
감각질에 관한 베버-페흐너 법칙 Weber-Fechner law for qualia, 305, 307
감정 상태 Emotional states, 225, 229, 230, 234
   FAP과 감정 상태의 발생 FAPs and the generation of, 233
감정 Emotions
   의식과 감정 consciousness and, 234
   전역적 감각 FAP로서의 감정 as global sensation FAPs, 233
   후각과 감정 olfaction and, 238
감정과 후각 Olfaction, emotions and, 239
강축 Tetanus · tetanic contraction, 57
   수의강축 voluntary, 57
갑각류 Crustaceans, 22, 23
결맞음 리듬 coherence rhythmicity, 32

412

고든 G. 리디 Liddy, G. Gordon, 227
고정행위패턴(FAP) Fixed action patterns,
   FAP의 근원으로서의 기저핵 basal ganglia as origin of, 201
   기저핵 장애와 FAP basal ganglia disorders and, 206
   전역적 감각으로서의 감정 emotions as global sensation, 233
   FAP와 감정 상태의 발생 and generation of emotional states, 229
   고정된 정도 how fixed they are, 218
   학습, 기억과 FAP learning, memory, and, 251
   운동 FAP motor, 227, 234, 237, 296, 311
   전운동 FAP premotor, 220
   내면화된 FAP로서의 감각질 qualia as inside-out, 296
   감각 FAP sensory, 296, 310
   전략과 그것의 전술적 이행 strategy and its implementation in tactics, 211
   정형적 행동의 유용함과 FAP usefulness of stereotypical behavior and, 198
고착성 Sessile, 38 (우렁쉥이 참조)
공간 타이밍 Space-timing, 107
공격적 반응 Aggressive responses, 199
공생 Symbiosis, 117
광수용체 Photoreceptors, 145, 152, 153
광원의 방향 탐지 Light source, detection of the direction of a, 150
광자 감지와 빛의 방향 Photon sensing, and the direction of light, 152
광자 Photons, 150, 162
광합성 Photosynthesis, 146
구조적 기억 Structural memory, 254
국소 회로 뉴런 Local circuit neurons, 127 (중간뉴런 참조)
군소 Aplysia, 270

굴절 Refraction, 150, 156, 159
그림자 Shadow, 250, 282
근육 방추 Muscle spindles, 167
근육 수축 Muscular contraction, 295, 302
근육 집단 Muscle collectives, 60, 64, 69, 84
근육세포 Muscle cells, 97
급속안구운동(REM) 수면 Rapid eye movement sleep, 190
기간토키프리스 Gigantocypris, 157
기능의 이동 Migration of function, 289
기능적 기하학 Functional geometry, 91, 105
기억 Memory(ies)
   역동적 기억 dynamic, 260
   기억 획득의 메커니즘 mechanisms for acquisition of, 265
   개체발생적 기억 ontogenetic, 258
   종족발생적 기억 phylogenetic, 258
   참조 기억 referential, 260, 271
   단기 기억 short-term (작업 기억 참조)
기억상실증 Amnesia, 264
기억 세포 이론 Memory cell theory, 173
기저핵 Basal ganglia, 201, 206, 220, 244
꿈꾸기와 깨어 있음 Dreaming and wakefulness, 190~193 (렘수면 참조)

ㄴ

나무 Trees, 147
날기 Flight, 366
내골격 동물 대 외골격 동물 Endoskeletal vs. exoskeletal animals, 22
내면화 Internalization, 91, 96, 99, 101, 103
내부 기능 공간 Internal functional space, 91, 94, 103
넙치 Flounder, 335, 338
녹조류 Algae, green, 147
뇌 Brain
   핵심 활동 core activity, 89

학습 기계로서의 뇌 as 'learning machine', 253
마음과 뇌 mind and, 20
조직 organization, 97
뇌 기능 Brain function, 27
본질적 성질 intrinsic nature, 25
미리 배선됨 prewireness, 252
뇌 기능과 모듈성 Brain function and, Modularity, 341, 343
뇌 안의 운동 조직에 관한 역사적 관점 Motor organization in brain, historical views of, 25
눈 Eye(s), 97
세포로부터 체계까지의 진화 evolution from cells to systems, 163
방이 하나인 눈의 진화 evolution of single-chambered, 154
이상한 눈 unusual, 155
안점 Eye spot, 153
뉴런 Neuron(s)
전기적 성질 electrical properties, 29, 111, 114
그물망 조직과 연결 network organization and connectivity, 114
전형적 뉴런의 그림 picture of typical, 110
뉴런 신호 Neuronal signaling, 30
뉴런 연결망, 점 대 점의 구조적 선험 명제 Neuronal connectivity, structural a priori of point-to-point, 177
뉴런주의 Neuronal doctrine, 177
뉴런 진동의 결맞음 Neuronal oscillatory coherence, 32

ㄷ

대뇌피질의 피라밋 세포 Pyramidal cell of cerebral cortex, 127
대뇌화 Encephalization, 100
대상피질 Cingulate, 229, 238
대장균 Escherichia coli, 115

동시발생 탐지 Coincidence firing and detection, 184
동시성 Simultaneity, 138, 180, 182
등급 전위 Graded potentials (시냅스 전위 참조)
디지털 체계 Digital system, 55

ㄹ

리듬 있는 운동과 운동성 Rhythmic movement and motricity, 61, 289

ㅁ

마음 · 마음상태 Mind · mindness, 21, 111
마음의 진화 evolution of, 41, 50
마음은 생물학만의 문제가 아니다 is not a problem of biology alone, 366
마음의 신비성 mysteriousness of, 22
마취 Anesthesia, 291, 309
막 전류 Membrane current, 129
막 전위 Membrane potential, 112, 128, 132
말미잘 Sea anemone, 124
망막 Retina, 111
머리화 Cephalization, 102
명령계 Command system, 60
모방 Mimicry, 327, 341
시각계를 통한 모방 through visual system, 335
목표 지향 Goal orientation, 21
무도병 Ballism, 208
문어 Octopus, 368, 369
물총새 Kookaburra, 327

ㅂ

바다 동물들 Sea animals, 157
박동성 입력 Pulsatile input, 61
박동성 조절 Pulsatile control, 61, 84
반복 Repetition, 250, 257, 262, 271, 281 (연습 참조)
반사 활동 Reflex activity, 19, 22, 25 (고정행위패턴 참조)

반사론적 관점 Reflexological view, 74
발성 Vocalization, 173 (새의 노래 참조)
    방어 형태로서의 발성 as form of defense, 333
보행 Locomotion, 25
복제 Copying, 331, 338
본질적 사건으로서의 감각 Sensations, as intrinsic events, 231
본질적인 중추적 연결 Intrinsic central (connectivity), 280
불연속 시간 경과 dt(discrete passage of time), 56
빈 서판 관점 Tabula rasa perspective, 93, 252, 274

ㅅ

사고 Thinking, 63
    사고의 균일화 homogenization of, 360
사냥 습성 Hunting behaviors, 326
상어 Sharks, 47
상호적 신경 활동 Reciprocal neuronal activity, 26
새의 노래 Song of birds, 202, 204
색깔 Colors, 150, 162
생리학적 떨림 Tremor physiological, 58, 59, 296 (파킨슨병 참조)
    IO와 생리학적 떨림 IO and, 81
생명 Life
    조직된 다세포 생명 organized, multicellular 진화에 오랜 시간이 걸린 이유 reasons it took so long to evolve, 115
섬유막 Calmodulin, 115
세포내 기록을 하는 미세전극 Microelectrodes, intracellular recording, 112
세포내 칼슘 이온 농도 조절 Calcium ion, control over concentration of intracellular, 121

세포질 Cytoplasm, 115, 120
세피아 Sepia, 336, 368
소뇌 Cerebellum, 53, 78
소뇌의 바구니 세포 Basket cell of cerebellum, 127
소뇌핵(CN) Cerebellar nuclei, 79
소용돌이 Vortex, 189
수면 Sleep, 294 (꿈꾸기와 깨어 있음 참조)
수상돌기 Dendrites, 133
수의운동 Voluntary movement, 57~60, 66~69
수축성 기관 Muscle tissue, contractile, 96
수축성 Contractile, 97
순간적 수준 Momentary level, 145
습관화 Habituation, 270
시각 Vision, 147, 151, 159
시각계 Visual system, 89, 92
시간 결맞음 Temporal coherence, 178, 184, 186
시간 맞물림 패턴 Time interlocking patterns, 179
시간 사상 가설 Temporal mapping hypothesis, 105
시간 사상 Temporal mapping, 180, 184
시간적 결합 Temporal binding, 179, 184
시냅스 간극 Synaptic cleft, 133
시냅스 전달 Synaptic transmission, 123, 139
시냅스 전위 Synaptic potentials, 134, 137
시냅스 연결 Synaptic contacts, 268
시냅스후 전위 Postsynaptic potential, 131
시상피질계 Thalamocortical system, 199, 208, 218, 229, 231, 233, 240, 260, 319, 229
시상하부 Hypothalamus, 233, 237
식물 Plants, 147, 162

신경계 Nervous system
 신경계 기능의 성숙과 이동 maturation and migration of functions of, 289
 신경계의 필요 need for, 35
신경세포 Nerve cells (뉴런 참조)
신경적 운동·운동성 Neurogenic movement·motricity, 98, 102
신경적 의사소통 Neuronal communication, 126
신경회로에 의한 예측 Neuronal circuits, prediction by, 71
신장 반사 Stretchreflex, 53, 58
신장 반사회로 Stretchreflex circuit, 54
실재 Reality (외부 세계 참조)
실재의 단순화 Simplification of reality, 162
심장 세포 Cardiac cells, 96
심장의 진화 Heart, evolution of the, 96

ㅇ

아래올리브 세포 Inferior olivary cell, 78, 82
아래올리브핵(IO) Inferior olivary nucleus, 78
아메바 Amoeba, 119
아미노산 사슬 Amino acid chains, 117
악보 Musical notation, 306, 308
악어의 부화 Caiman hatchling, 255
안구 운동 Eye movement, 215, 217
암묵·서술적 기억 Implicit·nondeclarative memory, 263, 264
언어 Language, 173, 177
 기원과 진화 origins and evolution, 321
 전운동 FAP로서의 언어 as premotor FAPs, 220
얼굴 세포 Face cells, 171, 174
에피디늄 Epidinium, 116
연골어류 Elasmobranchs (sharks), 97
연습 Practice, 250, 263, 271 (반복 참조)
열린 고리 Open loop, 66
예측 능력 Predictive ability, 45

예측 Prediction
 예측과 운동의 조절 and control of movement, 51
 정의 defined, 45
 운동의 시간적 결합과 예측의 중심 motor binding in time and the centralization of, 47
 뉴런 회로에 의한 예측 by neuronal circuits, 61
 예측과 자아의 기원 and origin of self, 47
 예측은 시간과 노력을 절약한다 saves time and effort, 48
 진화 evolution, 48
 중요성 importance, 46
오징어 Cuttlefish, 336, 337
올리브소뇌체계 Olivocerebellar system, 84 (아래올리브핵 참조)
외면화 Externalization, 96, 105
외부 세계 External world
 외부 세계 성질의 유입 embedding of properties of, 95, 145, 151
 외부 세계 안의 대상을 살피는 방법 how we examine objects in, 214
 외부 세계의 표상과 실제 외부 세계 간 차이의 중재 negotiation of differences between representations of and the actual, 95
외삽 Extrapolation, 330
외현·비서술적 기억 Explicit·declarative memory, 263, 264
우렁쉥이 Sea squirts, 35, 40, 123
운동 단위 Motor unit, 51, 53
운동 Movement(s)
 운동의 조절 control of, 50
  운동의 불연속적인 본성 discontinuous nature of, 56
 운동의 실행 execution of, 25
운동뉴런 Motor neurons, 30, 97
운동성 Motricity, 91, 96

운동성의 유입 embedding of, 97
내면화와 운동성 internalization and, 101
근원적 운동성 myogenic, 98
신경적 운동성 neurogenic, 98
리듬 있는 운동성 rhythmic, 97
단세포 운동성 single-cell, 96
운동의 되먹임 성분 Feedback component of movement, 52
운동의 전방향 먹임 성분 Feedforward component of movement, 66, 74
운동의 조절 Motor control, 50, 55, 60 (조절계 참조)
  차원 dimensionality, 51, 53, 55
  운동 조절에서의 최적화 · 단순화 과정 optimization · simplification process in, 84
  운동 조절에 관한 원리와 개념들 principles and ideas regarding, 83
운동적 결합 Motor binding, 179
운율 Prosody, 321, 333, 337, 339
원거리 지각 Remote sensing, 149
원형감각질 Proto-qualia, 310
원핵생물 Prokaryotes, 115
월드 와이드 웹 World Wide Web, 354
위계적 연결 Hierarchical connectivity, 178
유글레나 Euglena, 116
유전적 기억 Genetic memory (종족발생적 기억 참조)
의도 Intention, 21
의미 Meaning, 348, 359
의사소통 Communication, 347, 353, 359, 363
의식 Consciousness
  자각과 의식 awareness and, 300
  의식을 가질 능력 capacity to have, 259
  집단 의식 collective, 354, 364
  지각적 단일성 perceptual unity, 179, 181

시간의 일치로서의 의식 timeness as, 178
이미지 Images, 150, 155, 162 (자아 이미지 참조)
이온 통로 Ion channels, 130
이온 Ions, 114, 117, 130, 139
인 Phosphorus, 121, 122
인지적 결합 Cognitive binding, 179, 182
인터넷 Internet (월드 와이드 웹 참조)

자각 Awareness, 294, 300 (의식 참조)
자기 이미지 Self image, 347
자기 자각 Self awareness, 47
자기뇌파검사(MEG) Magnetoencephalographic records 168
자기참조적 행동 Self-referential behavior, 74
자기활성화계 Self-activating system, 93
자아 Self, 33, 47, 62
작업 기억 Working memory, 261, 268
잠재의식적인 Subconscious, 240
장기 억압(LTD) Long-term depression, 269
장기 상승작용(LTP) Long-term potentiation, 269
재생적 발화 Regenerative firing, 79
전기긴장적 결합 Electrotonic coupling, 136, 138, 139
전기적 공명 Resonance, electrical, 33
전기적 진동 Oscillation (electrical), 30
  감마 진동 gamma, 182
전기화학적 결합 · 신호 Electrochemical coupling · signaling, 136
전기화학적 기울기 Electrochemical gradient, 129
전압 Voltage, 29 (막 전위 참조)
전역적인 뇌 기능 상태 Global functional brain states, 19

전운동 구조 Premotor constructs, 90
전운동 주형 Premotor templates, 91
전운동·감각운동 이미지 Premotor·
　sensorimotor images, 68
전정핵 Vestibular nucleus, 188
정보 전달 Information transfer, 352, 355
　(의사소통, 언어 참조)
정지 세포 Resting cell, 132
정형적 운동·행동 Stereotypical
　movement·behavior, 296
조절계 Control(ler) system, 56, 60, 65, 69,
　76, 84
종족발생적 기억 Phylogenetic memory,
　254, 257, 271
주관성 Subjectivity, 167, 186, 192
주기적 조절계 Periodic control system, 61
주의 Attention, 169, 175, 192
줄타기 Tightrope walking, 249
중간뉴런 Interneurons, 31, 126
중심점 Center point, 307
중앙 패턴 생성기(CPG) Central pattern
　generators, 198
중추신경계(CNS) Centralnervoussystem,
　89, 93, 197, 200, 210
　존재 이유 reason for existence of, 288
증가된 눈과 손 협응의 진화 Eye·hand
　coordination, evolution of increased, 340
지각 능력의 기원과 진화 Perceptual abilities,
　origin·evolution of, 92
지각 학습 Perceptual learning, 265
지각 Perception, 22, 27, 33 (외부 세계 참조)
지각적 결합의 문제 Perceptual binding
　problem, 351
지능 Intelligence, 45, 68
지질막 Lipid membranes, 117
지질양층 Lipid bilayer, 115

지향성 Intentionality, 301, 320, 339
진동하는 뉴런의 행동 Oscillatory neuronal
　behavior, 76
진핵세포 Eukaryotic cells, 117, 118, 122,
　128
진화 Evolution (생명 참조)
집단 마음 Collective knowledge·mind,
　356, 361, 366

창의력 Creativity, 244
척색의 진화 Chordate evolution, 39
척수 운동뉴런 Spinal cord motor neurons,
　127
척수 Spinal cord, 25, 126
척추동물 대 무척추동물 Vertebrates vs.
　invertebrates, 26
청각계 Auditory system, 90
　높은 진동수 발화 high-frequency firing, 310
체계를 형성하는 단세포 운동성의 유입 Single-
　cell motricity, embedded to form a
　system, 96
초유기체 Super-organism, 123
초점 Focus, 241
추상 Abstraction, 36, 242, 247
축색과 축색 종말 Axon and axon terminal,
　133, 135
축소형 흥분성 시냅스후 전위(MEPP)
　Miniature excitable postsynaptic
　potential, 134, 137
친숙함 Familiarity, 332
칠성장어 Lampreys, 102

칼륨 막 전류 Potassium membrane
　current, 129
칼륨 통로 Potassium channel, 129
칼모듈린 Calmodulin, 122

칼슘 Calcium, 121
코도넬라 캄파넬라 Codonella companella, 303
코필리아 Copilia, 155, 157, 160
클뤼버-부시 증후군 Kluver-Bucy syndrome, 236

ㅌ

탈분극 Depolarization, 132
통증 Pain, 229
투렛 증후군 Tourette's syndrome, 207, 220

ㅍ

파킨슨병 Parkinson's disease, 207
페로몬 Pheromones, 323
포르투갈 군함 Portuguese Man-O'-war, 123
표상 Representations, 162 (추상 참조)
표정 Facial expressions, 227, 243
표지된 노선 Labeled lines, 310
푸르키니에 세포 Purkinje cells, 78, 127, 181
피낭동물 Tunicates (우렁쉥이 참조)
피라밋로 Pyramidal tract, 339

ㅎ

하르말린 Harmaline, 82
학습 과정에 일어나는 변화 Learning process, changes that occur during, 274
학습 Learning
    감정의 학습 emotional, 265
    자연에 의해 주어진 학습의 조건 requirements for, given by nature, 278
    감각 경험을 요구하는 학습 requires sensory experience, 258
    숙련된 운동의 학습 of skilled movements, 266
할머니 세포 Grandmother cells (얼굴 세포 참조)
해초강 Ascidiacea (우렁쉥이 참조)
해파리 Jellyfish, 124
협동 근육 Muscle synergies, 53, 57, 64, 67, 69, 70, 84
활동의 부정 Negation of activity, 201
활동전위 Action potentials, 131 (기억 참조)
효소 Enzymes, 116, 132
후뇌 Rhinencephalon, 226, 237
흥분성 세포의 막이 가진 전기적 성질 Membranes of excitable cells, electrical properties of, 111, 131, 137

꿈꾸는 기계의 진화
뇌과학으로 보는 철학 명제

초판 1쇄 발행 2007년 4월 30일
복간본 2쇄 발행 2019년 11월 25일

지은이 로돌포 R. 이나스
옮긴이 김미선
펴낸이 송주영
펴낸곳 (주)북센스
기획 송주영
편집 장정민, 양선화
디자인 나인플러스, 정지연
마케팅 이혜인

출판등록 2019년 6월 21일 제2019-000061호
주소 서울시 은평구 통일로 684 서울혁신파크 미래청 401호
전화 02-3142-3044
팩스 0303-0956-3044
이메일 ibooksense@gmail.com

ISBN 978-89-956772-3-0 (03470)

*책값은 뒤표지에 있습니다. 잘못 만들어진 책은 구입하신 서점에서 바꿔드립니다.